Educational Producer For Your Success

알기쉽게 풀어쓴!

에듀피디 환경기능사 필기 + 실기

6판

| 전나훈 편저 |

- 필수적으로 암기해야 하는 부분의 암기방법을 두문자를 통해 제시
- 기출문제 및 관련 이론을 집중적으로 학습할 수 있도록 구성
- 과년도 기출문제를 통한 실력 향상
- **부록** 더 확실한 합격을 위한 자료 + 실기 자료 제공

Craftsman
Environmental

에듀피디 동영상강의 www.edupd.com

알기 쉽게 풀어쓴 환경기능사 필기 6판

1판 1쇄 인쇄   2018년 1월 15일
6판 1쇄 발행   2025년 10월 17일

편저자   전나훈
발행처   에듀피디
등 록   제300-2005-146
주 소   서울 종로구 대학로 45 임호빌딩 2층 (연건동)

전 화   1600-6690
팩 스   02)747-3113

※ 이 책은 저작권법에 따라 보호받는 저작물이므로 무단전재와 무단복제를 금지하며 책 내용의 전부 또는 일부를 이용하려면 반드시 저작권자와 에듀피디의 서면 동의를 받아야 합니다.

알기 쉽게 풀어쓴 환경기능사  6판

환경기능사
출제가이드

01
CBT 전면시행에 따른 알기쉬운 CBT PREVIEW

02
출제 기준

CBT 전면시행에 따른 알기 쉬운 CBT PREVIEW

 **수험자 정보 확인**

시험장 감독위원이 컴퓨터에 나온 수험자 정보와 신분이 일치하는지를 확인하는 단계입니다.
수험번호, 성명, 주민등록번호, 응시종목, 좌석번호를 확인합니다.

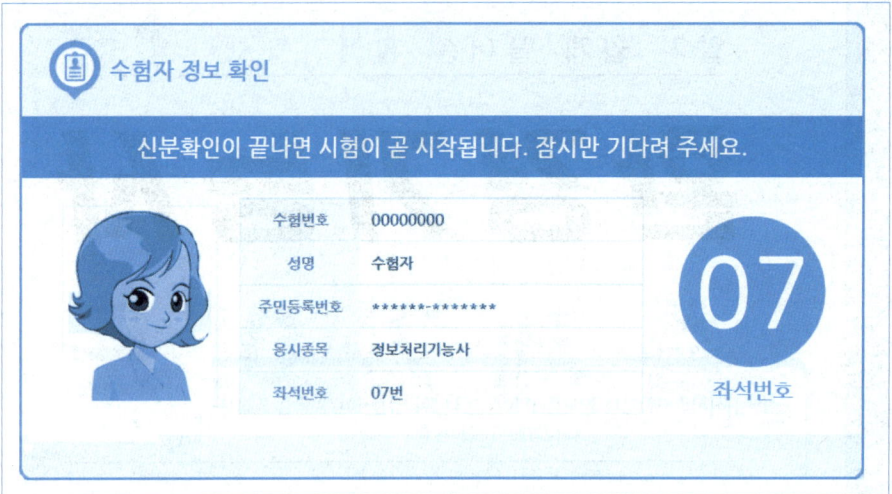

 **안내사항**

시험에 관한 안내사항입니다.

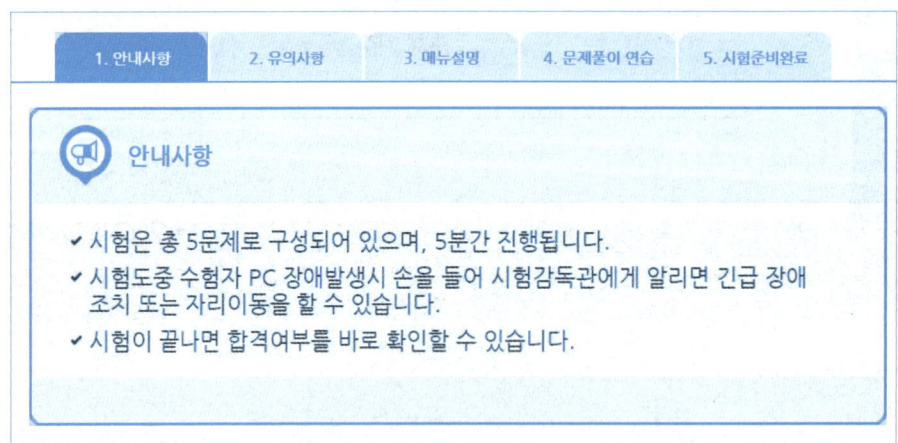

◉ 한국산업인력공단에서는 자격검정 CBT 웹 체험을 제공하고 있습니다.(큐넷 http://www.q-net.or.kr 참고)

 **유의사항**

시험 부정행위로 적발시 시험 무효처리가 된다고 하니 꼭 잊지마세요!

 문제풀이 메뉴 설명

문제풀이 메뉴 설명을 확인합니다. 각 메뉴에 관한 모든 설명을 확인해주세요!

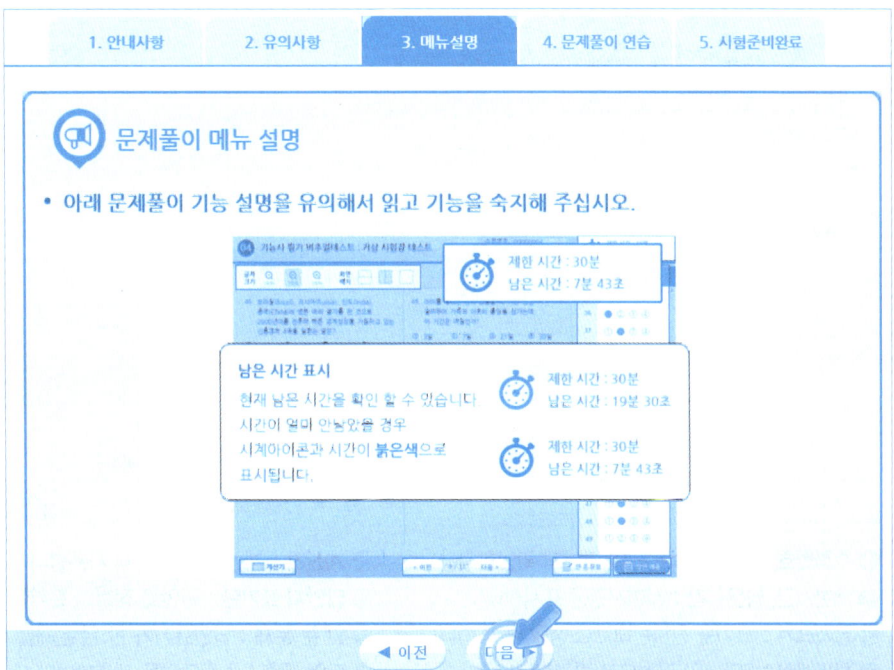

CBT 전면시행에 따른 알기 쉬운 CBT PREVIEW

 시험준비 완료

이제 시험에 응시할 준비를 완료합니다.

> 📢 **시험 준비 완료**
> ✓ 아래의 시험 준비 완료 버튼을 클릭해주세요.
> ✓ 잠시 후 시험감독관의 지시에 따라 시험이 자동으로 시작됩니다.

 **시험화면**

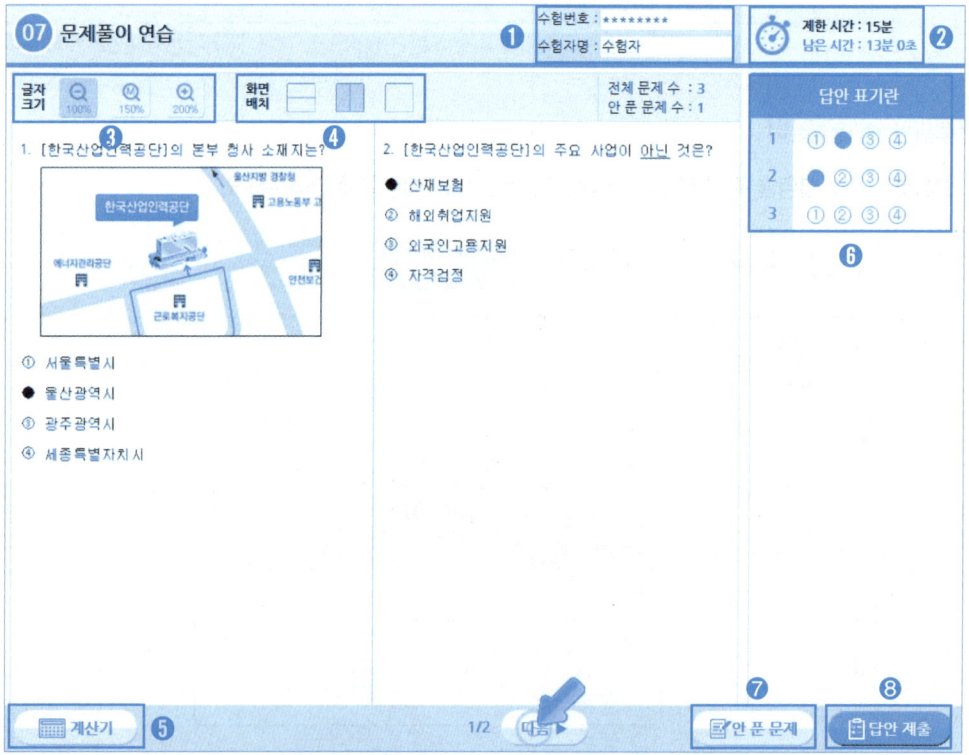

❶ **수험번호, 수험자명** : 본인이 맞는지 확인합니다.
❷ **제한시간, 남은시간** : 시험시간을 표시합니다.
❸ **글자크기** : 크기를 원하는대로 조정할 수 있습니다.
❹ **화면배치** : 2단, 1단 구성으로 변경합니다.
❺ **계산기** : 계산이 필요할 시 사용합니다.
❻ **답안지 표기란** : 답안을 정확히 표기합니다.
❼ **안 푼 문제** : 답안표기가 안 된 문제를 확인합니다.
❽ **답안 제출** : 최종답안을 제출합니다.

 **답안 제출**

문제를 다 푼 후 답안 제출을 클릭하면 제출중이라고 나오고 나서
점수와 함께 합격여부가 확인이 됩니다.

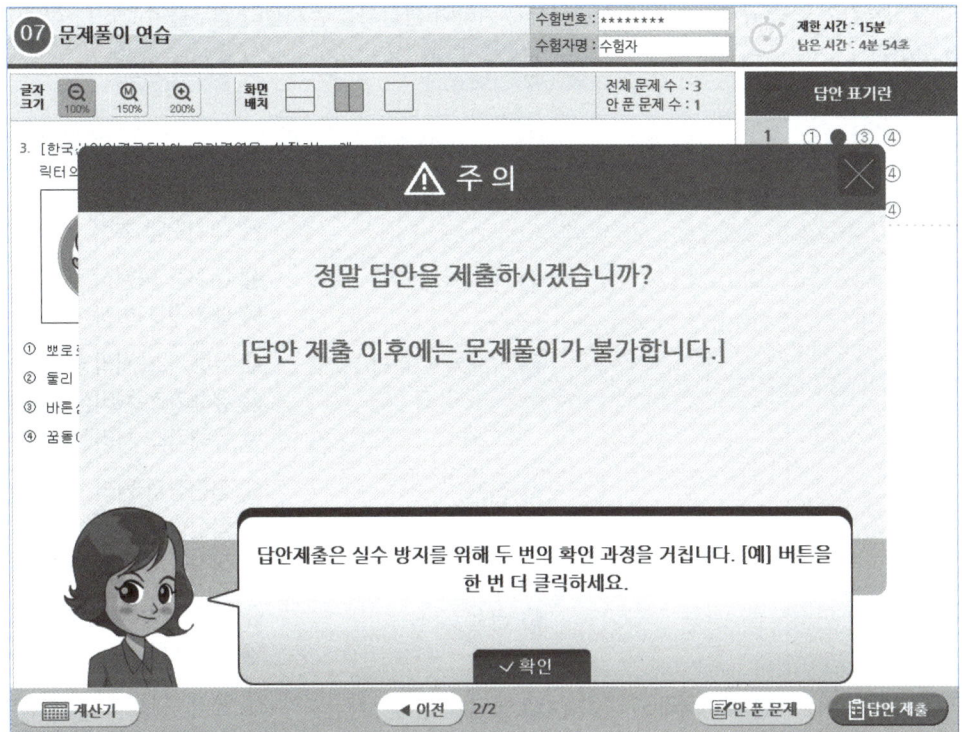

 CBT 모의시험 응시 방법 안내 영상

QR코드를 스캔해주세요.
CBT 모의시험 응시 방법 안내
영상이 재생됩니다.

GUIDE 출제기준(필기)

직무분야	환경·에너지	중직무분야	환경	자격종목	환경기능사	적용기간	2025.1.1. ~ 2027.12.31.

○ 직무내용: 대기환경, 수질환경, 폐기물, 소음·진동 분야의 오염원에 대한 현황조사 및 측정하고, 관계법규에서 규정된 배출허용기준 또는 규제기준 이내로 관리하기 위하여 환경시설 유지관리 업무를 수행하는 직무이다.

필기검정방법	객관식	문제수	60	시험시간	1시간

필기과목명	문제수	주요항목	세부항목	세세항목
대기오염방지, 폐수처리, 폐기물처리, 소음진동방지	60	❶ 대기오염 방지	❶ 대기오염	❶ 대기오염 발생원 ❷ 대기오염 측정
			❷ 대기현상	❶ 대기중 물현상 ❷ 대기 먼지현상
			❸ 유해가스 처리	❶ 유해가스 처리 원리 ❷ 유해가스 처리장치 종류 ❸ 유해가스 처리장치 유지관리
			❹ 집진	❶ 집진장치 원리 ❷ 집진장치 종류 ❸ 집진장치 유지관리
			❺ 연소	❶ 연료의 종류 및 특성 ❷ 연소이론
		❷ 폐수처리	❶ 물의 특성 및 오염원	❶ 물의 특성 ❷ 수질오염 발생원 및 특성
			❷ 수질오염 측정	❶ 시료채취·운반·보관 ❷ 관능법 분석 ❸ 무게차법 분석 ❹ 적정법 분석 ❺ 전극법 분석 ❻ 흡광 광도법 분석 ❼ 세균 검사
			❸ 물리적 처리	❶ 물리적 처리 원리 ❷ 물리적 처리의 종류 ❸ 물리적 처리의 유지관리
			❹ 화학적 처리	❶ 화학적 처리 원리 ❷ 화학적 처리의 종류 ❸ 화학적 처리의 유지관리
			❺ 생물학적 처리	❶ 생물학적 처리 원리 ❷ 생물학적 처리의 종류 ❸ 생물학적 처리의 유지관리

필기과목명	문제수	주요항목	세부항목	세세항목
		❸ 폐기물처리	❶ 폐기물특성	❶ 폐기물 발생원 ❷ 폐기물 종류 ❸ 시료채취 ❹ 폐기물 측정
			❷ 수거 및 운반	❶ 폐기물 분리저장 ❷ 폐기물 수거 ❸ 적환장 관리 ❹ 폐기물 수송
			❸ 전처리 및 중간처분	❶ 기계적 선별 분리공정 ❷ 잔재물 관리 ❸ 고형화 ❹ 소각
			❹ 자원화	❶ 건설폐기물 자원화 ❷ 가연성 폐기물 재활용 ❸ 유기성 폐기물 재활용 ❹ 무기성 폐기물 재활용
			❺ 폐기물 최종처분	❶ 매립방법 ❷ 침출수 및 매립가스 관리
		❹ 소음진동방지	❶ 소음진동 발생 및 전파	❶ 소음진동의 기초 ❷ 소음진동 발생원과 전파 ❸ 소음진동 측정
			❷ 소음방지 관리	❶ 기초 방음대책 ❷ 방음재료 및 시설 ❸ 소음방지 기술
			❸ 진동방지 관리	❶ 기초 방진대책 ❷ 방진재료 및 시설 ❸ 진동방지 기술

GUIDE 출제기준(실기)

직무분야	환경·에너지	중직무분야	환경	자격종목	환경기능사	적용기간	2025.1.1. ~ 2027.12.31.

○ **직무내용** : 대기환경, 수질환경, 폐기물, 소음·진동 분야의 오염원에 대한 현황조사 및 측정하고, 관계법규에서 규정된 배출허용기준 또는 규제기준 이내로 관리하기 위하여 환경시설 유지관리 업무를 수행하는 직무이다.

○ **수행준거** :
1. 수질시료 중 일반 수질오염 항목에 대하여 표준화된 분석방법으로 정량화된 값을 구할 수 있다.
2. 대기오염물질 배출시설에 대한 배출특성을 파악하여 측정분석계획을 수립하고, 공정시험기준에 따라 대기오염물질을 측정·분석할 수 있다.
3. 안전한 폐기물관리를 위하여 폐기물공정시험기준에 근거로 폐기물 조사계획을 수립하고 시료채취와 폐기물을 분석할 수 있다.
4. 소음·진동측정방법, 인원투입, 측정일정, 소요예산 및 평가계획 등을 수립하고 배경, 대상소음·진동과 발생원을 측정할 수 있다.

실기검정방법	작업형	시험시간	2시간 정도

필기과목명	주요항목	세부항목	세세항목
환경오염공정시험방법 실무	❶ 일반 항목 분석	❶ 시료 채취하기	❶ 수질오염공정시험기준에 근거하여 시료채취준비를 할 수 있다. ❷ 수질오염공정시험기준에 근거하여 시료를 채취할 수 있다. ❸ 수질오염공정시험기준에 근거하여 시료를 안전하게 보관·운반·저장할 수 있다.
		❷ 수질오염물질 분석하기	❶ 수질오염공정시험기준에 근거하여 일반 항목을 분석할 수 있다. ❷ 무기물질(금속류)을 분석할 수 있다. ❸ 유기물질을 분석할 수 있다.
	❷ 폐수물 조사분석	❸ 시료 채취하기	❶ 폐기물공정시험기준에 근거하여 폐기물별 시료채취준비를 할 수 있다. ❷ 폐기물공정시험기준에 근거하여 폐기물별 시료를 채취할 수 있다. ❸ 폐기물공정시험기준에 근거하여 시료를 안전하게 보관·운반·저장할 수 있다.
		❹ 폐기물 분석하기	❶ 폐기물공정시험기준에 근거하여 폐기물 일반 항목을 분석할 수 있다. ❷ 폐기물 중 무기물질(금속류)을 분석할 수 있다. ❸ 폐기물 중 유기물질을 분석할 수 있다. ❹ 폐기물 중 감염성미생물을 분석할 수 있다.

필기과목명	문제수	주요항목	세부항목	세세항목
		❸ 소음진동 측정	❶ 측정범위파악하기	❶ 소음·진동 측정대상, 측정목적을 확인할 수 있다. ❷ 소음·진동 측정대상, 측정목적에 적합하게 측정방법을 검토할 수 있다.
			❷ 배경·대상 소음·진동측정하기	❶ 배경 및 대상소음·진동을 측정할 수 있는 환경조건을 확인할 수 있다. ❷ 소음·진동 관련법 및 기준에 따라 배경 및 대상소음·진동을 측정할 수 있다.
			❸ 발생원 측정하기	❶ 관련법 및 기준에 따라 발생원의 소음·진동 크기 정도를 측정할 수 있다.
		❹ 대기오염물질 측정분석	❶ 시료 채취하기	❶ 공정시험기준에 따라 대기오염물질에 대한 시료채취 방법을 결정할 수 있다. ❷ 공정시험기준에 따라 시료채취 준비와 채취를 할 수 있다. ❸ 공정시험기준에 따라 시료를 안전하게 보관·운반할 수 있다. ❹ 시료채취 과정 중에 발생한 현장의 특이사항과 현장 조건 등을 기록할 수 있다.
			❷ 가스상 물질 기기분석하기	❶ 공정시험기준에 따라 가스상 대기오염물질 분석을 위한 기기를 선정할 수 있다. ❷ 공정시험기준에 따라 기기분석에 필요한 전처리를 수행할 수 있다. ❸ 가스상 대기오염물질 분석에 필요한 기기를 사용하여 정량·정성 분석할 수 있다.

책의 목차

기초공식 환경기능사 공식정리 — 013
- CHAPTER 01 대기환경 공식정리 — 014
- CHAPTER 02 수질환경 공식정리 — 020
- CHAPTER 03 폐기물처리 공식정리 — 025
- CHAPTER 04 소음진동 공식정리 — 028

기초이론 환경기능사 기초이론 — 033
- CHAPTER 01 세상 쉬운 환경공학기초 — 034
- CHAPTER 02 환경공학관련법칙 — 044

제1과목 대기오염방지 — 051
- CHAPTER 01 대기오염 — 052
- CHAPTER 02 유해가스 처리 — 073
- CHAPTER 03 집진 — 079
- CHAPTER 04 연소 — 091

제2과목 폐수 처리 — 097
- CHAPTER 01 물의 특성 및 오염원 — 098
- CHAPTER 02 물리적 처리 — 116
- CHAPTER 03 화학적 처리 — 124
- CHAPTER 04 생물학적 처리 — 133

제3과목 폐기물 처리 — 147
- CHAPTER 01 폐기물 발생 — 148
- CHAPTER 02 폐기물 중간처분 — 159
- CHAPTER 03 폐기물 최종처분 — 179

제4과목 소음·진동방지 — 187
- CHAPTER 01 소음, 진동발생 및 전파 — 188
- CHAPTER 02 소음방지 관리 — 201
- CHAPTER 03 진동방지 관리 — 204

기출문제 과년도 기출문제 — 213
- CHAPTER 01 문제편 — 215
- CHAPTER 02 해설편 — 331

부록 — 403
- 부록1 더 확실한 합격을 위해! — 404
- 부록2 환경기능사 실기 — 410

알기 쉽게 풀어쓴 환경기능사 6판

환경기능사
기초공식정리

01
대기환경 공식정리

02
수질환경 공식정리

03
폐기물처리 공식정리

04
소음진동 공식정리

01 CHAPTER 대기환경 공식정리

1 단위환산

식 ① $ppm(mL/m^3) = X(mg/m^3) \times \dfrac{22.4}{M}$ (M.W : 분자량)

식 ② $X(mg/m^3) = ppm(mL/m^3) \times \dfrac{M}{22.4}$ (M.W : 분자량)

2 최대착지농도(C_{max})

식 $C_{max} = \dfrac{2 \cdot Q}{He^2 \cdot \pi \cdot e \cdot U}\left(\dfrac{C_z}{C_y}\right)$

Q : 가스량(m³/sec)
e : 자연대수(2.718)
He : 유효굴뚝높이(m)
$C_{max} \propto He^{-2}$

π : 3.14
U : 풍속(m/sec)
C_y, C_z : 수평, 수직 확산계수

3 최대착지거리(X_{max})

식 $X_{max} = \left(\dfrac{He}{C_z}\right)^{2/2-n}$

n : 안정도 계수

4 유효굴뚝높이(He)

식 $He = H + \Delta H$

H : 실제굴뚝의 높이
ΔH : 굴뚝상단에서 연기의 중심축까지 거리

5 리차드슨 수(Ri)

$$R_i = \frac{g}{T_m}\left(\frac{\Delta T/\Delta Z}{(\Delta U/\Delta Z)^2}\right)$$

ΔT : 온도차 ΔZ : 고도차
ΔU : 풍속차 T_m : 평균온도
g : 중력가속도(9.8m/sec^2)

6 연료비 = $\dfrac{고정탄소}{휘발분}$

7 이론산소량

① $O_o(m^3/kg) = 1.867C + 5.6(H - \dfrac{O}{8}) + 0.7S$

② $O_o(kg/kg) = 2.667C + 8H + S - O$

8 이론공기량

① $A_o(m^3/kg) = O_o(m^3/kg) \times \dfrac{1}{0.21}$

② $A_o(kg/kg) = O_o(kg/kg) \times \dfrac{1}{0.232}$

9 공기비(m)

① 완전연소(CO=0%)

$$m = \frac{21}{21 - O_2}, \quad m = \frac{N_2}{N_2 - 3.76 O_2}$$

② 불완전연소(CO ≠ 0%)

$$m = \frac{N_2}{N_2 - 3.76(O_2 - 0.5CO)}$$

⑩ 이론가스량(G_o)

① 이론건조가스량(G_{od}) = $0.79A_o + CO_2 + SO_2 + N_2$
② 이론습윤가스량(G_{ow}) = $0.79A_o + CO_2 + H_2O + SO_2 + N_2$

⑪ 실제가스량(G)

① 건조가스량(G_d) = $(m-0.21)A_o + CO_2 + SO_2 + N_2$
② 습윤가스량(G_w) = $(m-0.21)A_o + CO_2 + H_2O + SO_2 + N_2$

⑫ 발열량

① 고체, 액체연료
$$Hh = Hl + 600(9H + W)$$
$$Hl = Hh - 600(9H + W)$$

② 기체연료
$$Hh = Hl + 480 \sum H_2O$$
$$Hl = Hh - 480 \sum H_2O$$

※ H_2O : 물 몰수

⑬ 집진효율

① 유입유량 = 유출유량

$$\eta = \left(1 - \frac{C_o}{C_i}\right) \times 100$$

② 유입유량 ≠ 유출유량

$$\eta = (1 - \frac{C_o \times Q_o}{C_i \times Q_i}) \times 100$$

③ 2단 직렬연결

$$\eta_t = \eta_1 + \eta_2(1 - \eta_1)$$

④ 부분집진효율

$$\eta_d = (1 - \frac{C_o \cdot R_o}{C_i \cdot R_i}) \times 100$$

여기서, C_i, C_o : 입·출구측 농도
 Q_i, Q_o : 입·출구측 유량
 R_i, R_o : 입·출구측 분포비율

⑤ 통과율(P) = $1 - \eta$

⑭ 중력침강속도(V_g)

$$V_g(cm/sec) = \frac{d_p^2(\rho_p - \rho)g}{18 \cdot \mu}$$

d_p : 입자의 직경(cm)　　　ρ_p : 입자의 밀도(g/cm³)
ρ : 공기의 밀도(g/cm³)　　g : 중력가속도(980cm/sec)
μ : 처리기체의 점도(g/cm·sec)

⑮ 중력집진장치의 효율

$$효율(\eta) = \frac{V_g}{V} \times \frac{L}{H}$$

L : 침강실의 길이(cm)　　　H : 침강실의 높이(cm)

16 여과포 소요갯수(n)

① 원통형

$$\text{식} \quad n = \frac{Q_f}{Q_i} = \frac{Q_f}{\pi \cdot D \cdot L \cdot V_f}$$

② 평판형

$$\text{식} \quad n = \frac{Q_f}{Q_i} = \frac{Q_f}{H \cdot L \cdot V_f}$$

17 전기집진장치의 효율

$$\text{식} \quad \eta = 1 - \exp\left(-\frac{A \cdot We}{Q}\right)$$

A : 집진면적   We : 입자의 겉보기 이동속도   Q : 처리가스량

18 연속방정식

$$\text{식} \quad Q = A \times V$$

Q : 유량(㎥/sec)   A : 단면적(㎡)   V : 유속(m/sec)

19 송풍기 소요 동력(kW)

$$\text{식} \quad P(kW) = \frac{\Delta P \cdot Q}{102 \times \eta} \times \alpha$$

ΔP : 압력손실(mmH₂O)   Q : 처리가스량(㎥/sec) α : 여유율

20 상당직경(Do)

$$\text{식} \quad D_o = \frac{2ab}{a+b}$$

21 통풍력(Z)

$$Z = 273 \times H\left(\frac{\gamma_a}{273+t_a} - \frac{\gamma_g}{273+t_g}\right)$$

Z : 통풍력(mmH$_2$O)
H : 굴뚝의 높이(m)
t_a : 대기의 온도(℃)
t_g : 가스의 온도(℃)
γ_a : 대기의 밀도(제시되지 않은 경우 1.3으로 대입)
γ_g : 가스의 밀도(제시되지 않은 경우 1.3으로 대입)

22 배출가스의 유속(V)

$$V = C\sqrt{\frac{2 \cdot g \cdot P_v}{\gamma}}$$

C : 피토관 계수
g : 중력가속도(9.8m/sec)
P_v : 동압(mmH$_2$O)
γ : 비중량(kg/m^3)

23 헨리의 법칙

$$P = H \times C$$

P : 분압(atm)
C : 액체 중의 농도(kmol/m³)
H : 헨리상수(atm · m³/kmol)

24 탄화수소의 완전연소 반응식

$$C_mH_n + (m + \frac{n}{4})O_2 \rightarrow mCO_2 + \frac{n}{2}H_2O$$

CHAPTER 02 수질환경 공식정리

1 수소이온농도(pH)

식 ① $pH = \log\dfrac{1}{[H^+]} = -\log[H^+]$, $[H^+] = mol/L$

식 ② $pOH = \log\dfrac{1}{[OH^-]} = -\log[OH^-]$, $[OH^-] = mol/L$

식 ③ $[H^+] = 10^{-pH}$ $[OH^-] = 10^{-pOH}$

식 ④ $pH = 14 - pOH$ $pOH = 14 - pH$

2 중화공식

① 완전중화

식 $NVf = N'V'f'$

② 불완전중화

식 $N_o = \dfrac{N_1V_1 + N_2V_2}{V_1 + V_2}$

N_o : 혼합액의 N농도

3 BOD공식

① 소모공식

식 $BOD_t = BOD_u(1 - 10^{-k \cdot t})$, $BOD_t = BOD_u(1 - e^{-k \cdot t})$

② 잔류공식

식 $BOD_t = BOD_u \times 10^{-k \cdot t}$, $BOD_t = BOD_u \times e^{-k \cdot t}$

4 경도

$$\text{TH(HD)} = \Sigma Mc^{2+} \times \frac{50}{Eq} \quad (\text{mg/L as CaCO}_3)$$

5 알칼리도

$$\text{Alk} = \Sigma Ca^{2+} \times \frac{50}{Eq}$$

6 세포의 비증식 속도(Monod공식)

$$\mu = \mu_{\max} \times \left(\frac{S}{K_s + S}\right)$$

μ : 세포의 비증식 속도(T^{-1})
K_s : 반포화 농도(mg/L)
$\mu_{\max}$: 최대 비증식 속도(T^{-1})
S : 기질 농도(mg/L)

7 R_e(레이놀드수)

$$R_e = \frac{\text{관성력}}{\text{점성력}} = \frac{D \cdot V \cdot \rho}{\mu}$$

μ = 점도(kg/m·sec)
V = 유속(m/sec)
D = 관 직경(m)
ρ = 유체밀도(kg/m³)

8 BOD 제거율

$$\eta(\text{제거율}) = \frac{BOD_i - BOD_o}{BOD_i} \times 100$$

9 BOD 부하량(kg/day)

$$\text{식 } BOD농도(mg/L) \times 폐수량(m^3/day)$$

10 BOD 용적부하(L_v)

$$\text{식 } L_v = \frac{BOD_i \times Q_i}{\forall} \left(\frac{kg}{m^3 \cdot day}\right)$$

11 BOD 면적부하(L_A)

$$\text{식 } L_A = \frac{BOD_i \times Q_i}{A} \left(\frac{kg}{m^2 \cdot day}\right)$$

12 유량(Q)

$$\text{식 } Q = A \cdot V = \frac{\forall}{t} \quad \forall = Q \times t, \quad t = \forall \div Q$$

13 프로인들리히(Freundlich) 등온흡착식

$$\text{식 } \frac{X}{M} = K \cdot C^{1/n}$$

X : 흡착제에 흡착된 피흡착물질의 양(mg/L)
M : 흡착제 사용량(mg/L)
C : 흡착후 출구 농도(mg/L)
K, n : 온도에 따라 변하는 상수

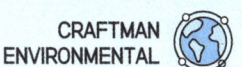

⑭ 균등계수(U)

$$U = \frac{P_{60}}{P_{10}}$$

P_{60} : 여재 60%를 통과한 입자의 크기
P_{10} : 여재 10%를 통과한 입자의 크기

⑮ SRT(고형물 체류시간) = MCRT(미생물 체류시간)

$$SRT = \frac{\forall \cdot X}{Q_w X_w}$$

V : 폭기조 부피(m³)
X : 폭기조내의 고형물의 농도(MLSS 농도, mg/L)

⑯ F/M비(BOD-MLSS부하)

$$\frac{F}{M} = \frac{BOD \times Q}{\forall \cdot X} = \frac{L_V}{X}$$

⑰ 슬러지 지표(SVI)

① $SVI(mL/g) = \dfrac{SV_{30}(mL/L)}{MLSS(mg/L)} \times 10^3$

② $SVI = \dfrac{SV_{30}(\%)}{MLSS(mg/L)} \times 10^4$

⑱ 1차 반응 속도식

$$\ln \frac{C_t}{C_o} = -K \cdot t$$

C_o : 초기농도 C_t : t시간 후 농도   t : 시간

⑲ 우수유출량(합리식)

$$\text{식} \quad Q(m^3/sec) = \frac{1}{360} C \cdot I \cdot A$$

C : 유출계수   I : 강우강도(mm/hr)   A : 배수면적(ha)

⑳ 침강속도(V_g)

$$\text{식} \quad V_g(cm/sec) = \frac{dp^2(\rho_p - \rho_w)g}{18 \cdot \mu}$$

d_p : 입자의 직경(cm) ρ_p : 입자의 밀도(g/cm³)
ρ_w : 물의 밀도(g/cm³)   g : 중력가속도(980cm/sec)
μ : 유체의 점도(g/cm · sec)

㉑ 중요 반응식 정리

① $C_5H_7NO_2 + 5O_2 \rightarrow 5CO_2 + 2H_2O + NH_3$
② $C_2H_5NO_2 + 3.5O_2 \rightarrow 2CO_2 + 2H_2O + HNO_3$
③ $CH_3OH + 1.5O_2 \rightarrow CO_2 + 2H_2O$
④ $C_2H_5OH + 3O_2 \rightarrow 2CO_2 + 3H_2O$
⑤ $CH_2O + O_2 \rightleftarrows CO_2 + H_2O$
⑥ $C_6H_{12}O_6 + 6O_2 \rightarrow 6CO_2 + 6H_2O$
⑦ $C_6H_{12}O_6 \rightarrow 3CO_2 + 3CH_4$ (혐기성반응)

03 CHAPTER 폐기물처리 공식정리

1 물질수지식 : 건조, 농축, 탈수

식 $V_1(100-W_1) = V_2(100-W_2)$

V_1 : 처음 슬러지량 V_2 : 나중 슬러지량
W_1 : 처음 함수율 W_2 : 나중 함수율

2 폐기물 발생량

식 ① $X(m^3/day) = \dfrac{발생량(kg/인·일) \times 인구수(인)}{밀도(kg/m^3)}$

식 ② $X(kg/인·일) = \dfrac{쓰레기량(m^3/일) \times 쓰레기밀도(kg/m^3)}{인구수(인)}$

3 트럭대수

식 트럭대수 $= \dfrac{쓰레기량(m^3/day) \times 쓰레기밀도(kg/m^3)}{적재용량(kg/대)}$

4 고위발열량(kcal/kg, 듀롱식)

식 HHV(kcal/kg) = 81C + 342.5(H − O/8) + 22.5S

5 MHT

식 $MHT = \dfrac{총작업시간}{총수거량} = \dfrac{Man(인) \times t(hr)}{W(ton)}$

6 압축비(CR)

$$\text{식} \quad CR = \frac{V_1}{V_2} = \frac{\text{압축전부피}}{\text{압축후부피}} = \frac{100}{(100-VR)}$$

7 부피감소율(VR)

$$\text{식} \quad \text{부피감소율}(VR) = \left(\frac{V_1-V_2}{V_1}\right) \times 100 = \left(1-\frac{V_2}{V_1}\right) \times 100 = \left(1-\frac{1}{CR}\right) \times 100$$

8 함수율과 슬러지의 밀도변화

$$\text{식} \quad \frac{\text{슬러지량}(SL)}{\text{밀도}(\rho_{SL})} = \frac{\text{고형물량}(TS)}{\text{밀도}(\rho_{TS})} + \frac{\text{수분량}(W)}{\text{밀도}(\rho_w)}$$

$$\frac{SL}{\rho_{SL}} = \frac{VS}{\rho_{VS}} + \frac{FS}{\rho_{FS}} + \frac{W}{\rho_W}$$

9 공연비(AFR)

$$\text{식} \quad ① \; AFR_m = \frac{m_a \times M_a}{m_f \times M_f} \; (\text{kg} \cdot \text{Air/kg} \cdot \text{fuel})$$

$$\text{식} \quad ② \; AFR_v = \frac{m_a \times 22.4}{m_f \times 22.4}$$

m_a : 공기의 mol 수, M_a : 공기의 분자량(≒29)
m_f : 연료의 mol 수, M_f : 연료의 분자량

10 최대탄산 가스율(CO_{2max})(%)

$$\text{식} \quad CO_{2max}(\%) = \frac{CO_2}{G_{od}} \times 100$$

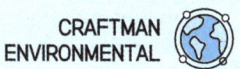

⑪ 연소실 열발생율(Qv)

$$\text{식}\quad Q_v = \frac{G_f \times Hl}{\forall}$$

G_f : 연료량(kg/hr), Hl : 저위발열량(kcal/kg), $\forall$: 연소실 체적(m³)

⑫ 쓰레기 소각능력(kg/m² · hr)

$$\text{식}\quad 쓰레기\ 소각능력(kg/m^2 \cdot hr) = \frac{쓰레기의\ 양(kg/hr)}{화격자의\ 면적(m^2)}$$

CHAPTER 04 소음진동 공식정리

1 주파수(frequency : f)

$$식\ f = \frac{c}{\lambda} = \frac{1}{T}(Hz)$$

2 주기(period : T)

$$식\ T = \frac{1}{f}(sec)$$

3 파장(wavelength : λ)

$$식\ \lambda = \frac{c}{f}(m)$$

4 음속(speed of sound : C)

$$식\ c = 331.42 + 0.6t(℃)$$

5 음압(sound pressure : P)

$$식\ P = \frac{P_m}{\sqrt{2}}(N/m^2)\quad (P_m : 피크치)$$

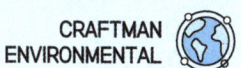

6 음의 세기(sound intensity : I)

$$\text{[식]}\quad I = P \times v = \frac{P^2}{\rho c}\ (w/m^2)$$

7 음의 세기 레벨(sound intencity level : SIL)

$$\text{[식]}\quad SIL = 10\log\left(\frac{I}{I_o}\right)dB \quad I_o(\text{최소가청음의 세기}) = 10^{-12}\,w/m^2$$

8 음압레벨(sound pressure level : SPL)

$$\text{[식]}\quad SPL = 20\log\left(\frac{P}{P_o}\right)dB \quad P_o(\text{최소음압실효치}) = 2\times 10^{-5}\,N/m^2$$

9 음향파워레벨(sound power level : PWL)

$$\text{[식]}\quad PWL = 10\log\left(\frac{W}{W_o}\right)dB \quad W_o(\text{기준음향파워}) = 10^{-12}\,W$$

10 음의 크기(loudness : S)

$$\text{[식]}\quad S = 2^{(L_L - 40)/10}\ (sone)\ (L_L \text{은 phon 수이다.})$$

11 투과손실(TL)

$$\text{[식]}\quad TL = 10\log\left(\frac{1}{t}\right) \qquad t(\text{투과율}) = \frac{I_t}{I_i}\times 100$$

⑫ 소음계산

식 ① 합 $L = 10 \log(10^{L_1/10} + 10^{L_2/10} + \cdots\cdots 10^{L_n/10})$ (L = 음압레벨)

식 ② 차 $L = 10 \log(10^{L_1/10} - 10^{L_2/10})$

⑬ 평균흡음률($\bar{a}$)

식 $\bar{a} = \dfrac{\sum S_i \cdot a_i}{\sum S_i}$

S_i : 표면적, a_i : 흡음률

⑭ 감음계수(NRC)

식 $NRC = \dfrac{1}{4}(a_{250} + a_{500} + a_{1000} + a_{2000})$

1/3 옥타브 대역으로 측정한 중심 주파수 250, 500, 1000, 2000Hz에서의 흡음율 산술평균치

⑮ 단일벽의 투과손실

① 수직입사

식 $TL = 20\log(m \cdot f) - 43 \, (dB)$

② 난입사

식 $TL = 18\log(m \cdot f) - 44 \, (dB)$

m : 벽체의 면밀도(kg/㎡)   f : 입사되는 주파수(Hz)

16 진동레벨(VAL)

$$VAL = 20\log\left(\frac{A_{rms}}{A_r}\right) \text{ dB}$$

A_{rms} : 측정대상 진동의 가속도 실효치(m/sec²) ($\frac{A_m}{\sqrt{2}}$)

A_r : 10^{-5} (m/sec²)

A_m : 진동가속도 진폭(m/sec²)

17 평균청력손실

$$\frac{a+2b+c}{4}(dB)$$

a : 옥타브밴드 500Hz에서 청력손실(dB)
b : 옥타브밴드 1,000Hz에서 청력손실(dB)
c : 옥타브밴드 2,000Hz에서 청력손실(dB)

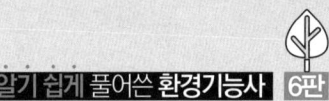

알기 쉽게 풀어쓴 환경기능사 6판

환경기능사
기초이론

01
세상 쉬운 환경공학기초

02
환경공학관련법칙

01 CHAPTER
세상 쉬운 환경공학기초

안녕하세요. 반갑습니다. 여러분과 환경공학을 끝까지 함께하는 전나훈입니다. 제가 하는 깊은 고민은 늘 한가지입니다. 수험생 여러분께서 어떻게 하면 쉽게 이해하실 수 있을까? 고민하던 끝에 구어체로, 마치 강의를 듣는 것처럼 읽을 수 있게 교재를 만들었습니다. 지금부터 마음을 열고 환경공학과 친해지는 시간이 되었으면 합니다. 환경공학을 미술작품으로 비유한다면, 환경공학이라는 작품은 이미 훌륭한 학자분들께서 만들어 놓으셨고, 저는 가이드로써 작품을 해설해드리도록 하겠습니다. 그럼 시작하겠습니다.

1 원자와 분자

(1) 원자

물질의 구성하는 기본 입자로, 전자와 양성자[1], 중성자[2]로 구성되어 있으며, 몇몇의 예외 원자를 제외하고 거의 모든 원자는 양성자와 중성자가 서로 같은 개수로 붙어 있습니다. 양성자의 수로 원자번호가 결정되고, 양성자+중성자수로 원자량이 결정됩니다. 그러니 대부분의 원자의 원자량은 원자번호의 2배가 되겠죠? (예 N(질소) 원자번호 7, 원자량 14) 그 외에 약간의 원자량이 차이가 있는 원자들도 있습니다. 그런 것들은 외워야겠죠? 아래 주기율표는 환경공학에서 필수적으로 암기가 요구되는 원자번호 20번까지의 원자들입니다.

[주기율표]

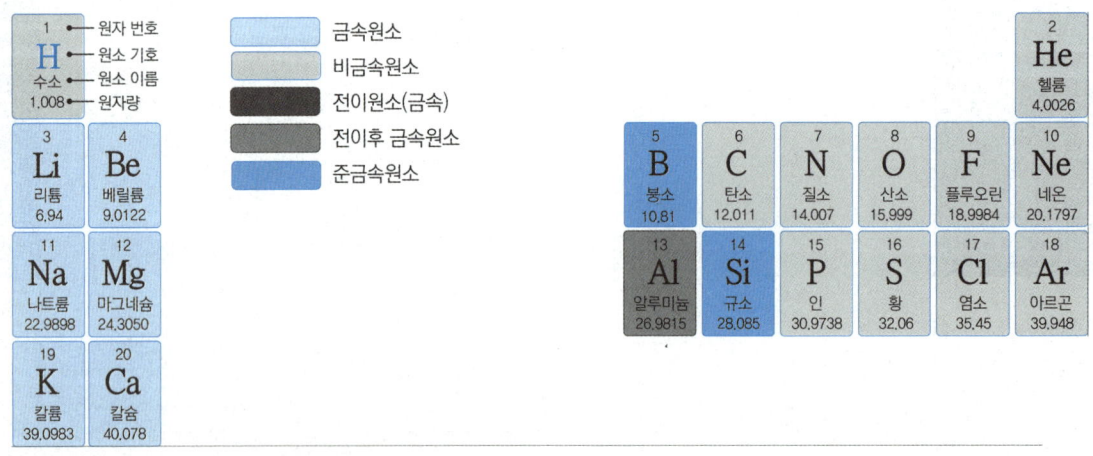

---

1) 전자와 등량의 양전기를 가지는 소립자
2) 전하가 없는 소립자

[환경공학에서 자주쓰는 주기율표 20번까지의 원자량]

1. H (수소) : 1	8. O(산소) : 16	15. P(인) : 31
2. He (헬륨) : 4	9. F(플루오린, 불소) : 19	16. S(황) : 32
3. Li (리튬) : 7	10. Ne(네온) : 20	17. Cl(염소) : 35.5
4. Be(베릴륨) : 9	11. Na(나트륨) : 23	18. Ar(아르곤) : 40
5. B (붕소) : 10.8	12. Mg(마그네슘) : 24	19. K(칼륨) : 39
6. C(탄소) : 12	13. Al(알루미늄) : 27	20. Ca(칼슘) : 40
7. N(질소) : 14	14. Si(규소) : 28	

(2) 분자

원자가 2개 이상으로 이루어져 있는 물질을 말합니다. 분자량의 계산은 각 원자량을 모두 더하여 구합니다.
(예) $NaCl = 23 + 35.5 = 58.5$, $H_2SO_4 = (1 \times 2) + 32 + (16 \times 4) = 98$)

❷ 단위와 단위계

(1) 단위

환경공학에서 사용하는 단위에 대해 알아보겠습니다. 환경공학에서는 Si단위(국제단위)를 채용하고, 이 Si단위(국제단위)를 간단히 말하면, 단위들 간의 차이가 $10^3(1000)$배 차이가 나는 단위들의 모임입니다.

1) 길이

Si단위계에서 길이단위의 기준은 m(미터)이고, 환경공학에서 주로 사용되는 길이 단위는 아래와 같습니다.

$$(Å) - nm - \mu m - mm - m - km$$
옹스트롬 – 나노미터 – 마이크로미터 – 밀리미터 – 미터 – 킬로미터

※ Å(옹스트롬)$= 10^{-10} m = 10^{-8} cm$

2) 무게

Si단위계에서 무게단위의 기준은 kg(킬로그램)이고, 환경공학에서 주로 사용되는 무게단위는 아래와 같습니다. 여기서, 의문이 생길 수도 있는 것이 ton(톤) 단위를 괄호 안에 집어넣은 이유는 톤은 Si단위는 아니지만, 통상적으로 1000kg=1ton으로 사용하여 Si단위처럼 사용되기에 수록하였습니다.

$$ng - \mu g - mg - g - kg - (ton)$$
나노그램 – 마이크로그램 – 밀리그램 – 그램 – 킬로그램 – 톤

3) 부피

Si단위계에서 부피단위의 기준은 L(리터)이고, 환경공학에서 주로 사용되는 부피단위는 아래와 같습니다.

$$nL - \mu L - mL - L - KL$$

- $mL = cm^3 = cc$
- $KL = m^3$

길이와 무게 그리고 부피단위의 공통점은 m, g, L 앞에 붙는 접두사가 같은 규칙으로 붙어있다는 것을 확인할 수가 있습니다. 한번 머릿속으로 떠올려보겠습니다. "미터와 마이크로미터는 몇 배 차이가 나지? 10^6배 차이가 나는구나, 나노그램과 그램은 10^9배 차이가 나는구나" 하고 반복해서 떠올려서 생각하는 것이 앞으로 맞이하게 될 계산문제를 빠르고 정확하게 풀 수 있게 해줄 것입니다.

4) 점도(μ)

유체의 흐름에서 어려움의 크기를 나타내는 양, 쉽게 말하면 끈끈함의 정도라 할 수 있겠습니다. 기호는 μ(뮤)라고 읽습니다.

① **점도의 단위**

1Poise(g/cm·sec=dyne·sec/cm^2), Pa·s(N·sec/m^2), 1cP(Ceti Poise=0.01g/cm·sec)

② **점도의 특성**

㉠ 액체 및 고체는 온도와 점도가 반비례한다. (온도가 커지면, 점도는 작아짐)
㉡ 기체는 온도와 점도가 비례한다. (온도가 커지면, 점도도 커짐)

5) 압력

단위 면적당 작용하는 힘 또는 중량, 압력의 기본단위들을 아래에 나열하였습니다. 이것들은 필수로 알아두셔야 합니다.

$$P = \frac{F}{A} = \frac{W}{A}$$

※ 1atm = 760mmHg = 760torr = 10,332mm H_2O = 1.0332kgf/cm^2 = 1013.25mbar = 14.7PSI = 101,325Pa

(2) MKS와 CGS

① **MKS** : m, kg, sec를 사용하는 단위를 말합니다. (예 m/sec, kg/m^3 등)
② **CGS** : cm, g, sec를 사용하는 단위를 말합니다. (예 g/cm·sec, g/cm^3 등)

(3) 차원

① **1차원** : L(길이)의 세계를 말합니다.
② **2차원** : L^2(면적)의 세계를 말합니다.

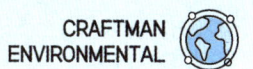

③ **3차원** : L³(부피)의 세계를 말합니다.
④ **속도(V)** : L(길이)/T(시간) (예 m/sec, km/hr)
⑤ **유량(Q)** : L³(부피)/T(시간) (예 m³/sec, L/sec)

유량은 환경공학에서 매우 중요한 단위입니다. 단위를 살펴보면, 시간 당 흘러가는 부피로 이해할 수 있습니다. 유체가 액체 또는 기체라고 생각하고, 1m³/sec라는 단위를 떠올려보면, 1초에 1m³ 박스만큼의 유체가 흘러가는 단위라는 것을 느낄 수가 있습니다.

※ 유량과 면적, 속도의 관계 : 아래의 식들을 매우 많이 사용할 것입니다. 환경공학에서 "유량을 구해라."라고 한다면 면적과 속도를 찾아서 곱하고, "면적을 구해라"라고 한다면, 유량을 속도로 나누어 구합니다. 또한 "속도를 구해라"라고 한다면 유량을 면적으로 나누어야 하겠지요?

식 유량(Q) = A(면적) × V(속도)   식 $A = \dfrac{Q}{V}$ 식 $V = \dfrac{Q}{A}$

3 비중과 농도

(1) 비중

비중이란 대상물질의 밀도를 표준물질의 밀도로 나눈 것으로 표준물질에 비해 대상물질의 무거움 또는 가벼움 정도를 나타냅니다. 액체 및 고체에서 표준물질은 물이고, 기체에서 표준물질은 공기입니다.

식 비중(S) = $\dfrac{\text{대상물질의 밀도}}{\text{표준물질의 밀도}}$

(예) 황산의 비중은 1.840이다. $S_{황산} = \dfrac{1.84g/cm^3}{1g/cm^3}$)

(예) 아황산가스의 비중은 2.20이다. $S_{SO_2} = \dfrac{64g/22.4SL}{29g/22.4SL}$)

1) 밀도

밀도는 질량 나누기 단위부피로, 여기서 단위라는 말은 하나(1)를 나타냅니다. 예를 들면, 1L당 Xkg, 1mL당 Xg 이런식으로 부피 하나가 가지고 있는 질량을 나타냅니다. 기체에서는 1mol당 모든 기체의 부피가 표준상태에서 22.4L로 일정하므로, 부피를 22.4L 기준으로 22.4L에 해당하는 질량인 분자량(g)으로 하여 밀도를 산출합니다.
(1mol 개념이 어려우셨다면, 다음 5)번 몰농도(M)을 먼저 공부하고 오시면 수월합니다.)

$$밀도(\rho) = \frac{질량}{단위부피}$$

※ 물의 밀도 $= 1g/cm^3 = 1kg/L = 1톤/m^3$
※ 공기의 밀도 $= 29g/22.4SL = 1.29g/SL = 1.29kg/Sm^3$
  공기의 분자량 $= 28 \times 0.79 + 32 \times 0.21 = 28.84 ≒ 29$
  (공기분자량은 공기 중 질소가 79%, 산소가 21%로 가정하여 산출합니다.)
※ 동점성계수 $= \frac{점도}{밀도}$ (단위는 주로 st사용, st $= cm^2/sec$)

2) %(백분율)

물질을 100개로 쪼개어서 비율을 나타내는 단위입니다. 3%는 100분의 3, 10%는 100분의 10입니다. 그러므로 %로 나타내려면 분자와 분모의 단위가 같은 상태에서 100을 곱하여 산출합니다. %는 중량 백분율과 부피 백분율로 구분됩니다. (예 $3\% = \frac{3}{100} \times 100$)

① w/w %(중량 백분율) : 중량 대 중량
② v/v %(부피 백분율) : 부피 대 부피
※ w/v %(중량 대 부피 백분율) : 중량 대 부피 백분율은 예외사항으로 부피가 물일 때 적용가능 합니다. 백분율은 분자와 분모의 단위가 같아야 하는데 물의 경우 밀도가 1kg/L이므로 부피와 중량이 같아서 적용이 가능합니다. (예 시약 황산 95% = 95g(황산)/100mL(물))

3) ppm(백만분율)

물질을 10^6(백만)개로 쪼개어서 비율을 나타내는 단위입니다. 구하는 원리는 %와 같습니다. 다른 방법으로 백만분율은 분자와 분모의 단위차이가 백만 배 차이가 나게 하여 나타낼 수 있습니다. 중량 ppm과 부피 ppm으로 구분됩니다. (예 $3ppm = \frac{3}{10^6} \times 10^6$, $3ppm = \frac{3mL}{m^3}$, $3ppm = \frac{3mg}{kg}$)

① w/w ppm(중량 ppm) : 중량 대 중량, 주로 폐기물의 오염물질 단위로 mg/kg으로 사용합니다.
② v/v ppm(부피 ppm) : 부피 대 부피, 주로 대기에서의 오염물질 단위로 mL/m³으로 사용합니다.
③ 1% = 10^4ppm
※ w/v ppm(중량 대 부피 ppm) : 중량 대 부피 ppm도 역시나 예외사항으로 부피가 물일 때 적용가능 합니다. 특히, 수질에서 오염물질의 농도를 나타낼 때 사용합니다. 수질에서의 ppm은 mg/L 단위로 사용합니다. (예 w/v ppm = mg/L)

4) ppb(10억분율)

물질을 10^9(10억)개로 쪼개어서 비율을 나타내는 단위입니다. 구하는 원리는 %와 같습니다. ppm과 ppb의 차이는 10^3배입니다.

- 1ppm=10^3ppb

5) 몰농도(M)

몰농도는 1L 물에 들어있는 mol의 양을 기호로 나타낸 것입니다. 여기서 mol이란, 물질의 분자량을 1mol 이라 합니다. 모든 물질은 1mol에 분자량, 그리고 기체일 때 표준상태기준으로 22.4L의 부피, 6.02×10^{23} 개의 분자갯수를 가지고 있습니다.

$$식\quad M = \frac{mol}{L}$$

$$식\quad mol(몰) = 분자량(g) = 22.4L(표준상태기준) = 6.02 \times 10^{23}개$$

(예) H_2O 1mol=18g)

(예) 황산 $2M = \frac{2mol}{L} = \frac{2 \times 98g}{L}$)

6) 노르말농도(N)

노르말농도는 1L 물에 들어있는 eq(당량)의 양을 기호로 나타낸 것입니다. 여기서 eq란, 물질의 분자량을 가수로 나누어 준 것입니다. 가수라는 것은 산화수를 의미하고, 분자의 산화수를 구하는 방법은 아래의 방법으로 구합니다.

$$식\quad N = \frac{eq}{L}$$

$$식\quad eq = \frac{분자량}{가수}$$

(예) $Ca(OH)_2$ $2N = \frac{2eq}{L} = \frac{2 \times (74/2)g}{L}$)

💡 **산화수(가수)를 구하는 방법**

1. H^+ 또는 OH^-를 찾기
   물질은 대부분 안정된 상태로 존재하고, 여기서 안정된 상태란 +와 -의 숫자가 같은 상태를 말합니다. 예를 들어 NaOH라고 한다면, OH^- 하나가 있으므로, Na^+가 되었을 때 1가로 안정됩니다. H_2SO_4의 경우에는 H^+가 2개 있으므로 SO_4^{-2}가 되어 2가로 안정되게 됩니다. 안정되는 개수로 산화수를 구합니다.

2. 그 외의 분자
   $KMnO_4$(5가), $K_2Cr_2O_7$(6가) 시험에 나오는 특이한 두 녀석은 외우겠습니다.

4 단위환산

이제 환경공학기초의 마지막 단계입니다. 먼저 이 교재를 접하기 전에 단위환산방법을 터득하는 분들은 이 과정은 생략하셔도 좋습니다. 그럼 시작하겠습니다. 단위환산하는 방법은 다음과 같습니다. 첫 번째, 목표단위를 좌항에 위치시킵니다. 그런 다음 문제에서 주어진 단위를 우항 첫 번째에 위치시킵니다. 그 다음 환산을 시작합니다. 환산은 같은 단위끼리 대각선에 위치시키고, 환산인자는 분자와 분모의 개념이 같아야 합니다. 아래의 문제들은 설명드린 환산방법을 이용하여 풀어보았습니다.

01. 기린 2마리는 다리가 몇 개인가?

[해설] X개 $=$ 기린 2마리 $\times \dfrac{4개}{1마리} = 8$개

⇒ 기린 X 마리 = 다리 4X개

02. 여친과 100일된 남자는, 현재 몇 초 째 연애중인가?

[해설] X초 $= 100\text{day} \times \dfrac{24\text{hr}}{\text{day}} \times \dfrac{60\min}{\text{hr}} \times \dfrac{60\sec}{\min} = 8,640,000$초

03. 1g/cm·sec(CGS)를 MKS단위로 환산하여라.

[해설] $X\text{kg/m·sec} = \dfrac{1g}{cm \cdot sec} \times \dfrac{1kg}{10^3 g} \times \dfrac{100cm}{1m} = 0.1\text{kg/m·sec}$

04. 우사인볼트는 100m를 9초 만에 주파한다고 한다. 볼트는 시속 40km로 달리는 버스보다 더 빠를지 느릴지 판단하시오.

[해설] 볼트가 시속 몇 km인지 환산 후 비교!

$X\text{km/hr} = \dfrac{100\text{m}}{9\text{sec}} \times \dfrac{1\text{km}}{1000\text{m}} \times \dfrac{60\sec}{1\min} \times \dfrac{60\min}{\text{hr}} = 40\text{km/hr}$

[결론] 비겼지만 볼트가 오래 못 달리므로 버스 승....!

05. 미국인 친구는 유로를 많이 가지고 있는 한국인 친구 돈을 바꾸려고 한다. 미국인 친구가 와플 2개를 사려면 몇 달러가 필요한가? (단, 1달러=1,400원, 1유로=1,600원, 1와플=5유로)

[해설] X달러 $= 2$개 $\times \dfrac{5유로}{1개} \times \dfrac{1,600원}{1유로} \times \dfrac{1달러}{1,400원} = 11.43$달러

풀어 보셨나요? 여기까지 환경공학기초를 배워보았습니다. 머리가 아주 뜨거워 지셨을 걸로 예상됩니다. 맛있는 간식 드시면서 당을 보충하시는 것이 좋을 거 같습니다. 고생하셨습니다. 그럼 곧 다음 챕터에서 뵙겠습니다.

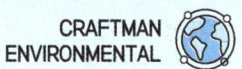

A-B-A 복습정리 | 세상 쉬운 환경공학기초

1 원자와 분자

(1) 원자

물질의 구성하는 기본 입자, 대부분의 원자량은 원자번호×2

(2) 분자

원자가 2개 이상 이루어져 있는 물질, 분자량은 각 원자량을 더해서 구한다.

2 단위와 단위계

(1) SI단위(국제단위)

단위들 간의 차이가 10^3(1000)배 차이가 나는 단위들의 모임

1) 길이 : (Å) − nm − μm − mm − m − km (※ Å(옹스트롬)= $10^{-10}m = 10^{-8}cm$)
2) 무게 : ng − μg − mg − g − kg − (ton)
3) 부피 : nL − μL − mL − L − KL
   ① mL=cm³=cc
   ② KL=m³

4) 점도(μ)
   ① **점도의 단위** : 1Poise(g/cm·sec=dyne·sec/cm²), Pa·s(N·sec/m²), 1cP(Ceti Poise=0.01g/cm·sec)
   ② **점도의 특성**
      ㉠ 액체 및 고체는 온도와 점도가 반비례한다. (온도가 커지면, 점도는 작아짐)
      ㉡ 기체는 온도와 점도가 비례한다. (온도가 커지면, 점도도 커짐)

(2) MKS와 CGS

① **MKS** : m, kg, sec를 사용하는 단위
② **CGS** : cm, g, sec를 사용하는 단위

(3) 차원

$$Q = A \times V$$
$$A = \frac{Q}{V}$$
$$V = \frac{Q}{A}$$

❸ 비중과 농도

(1) 비중(S) = $\dfrac{\text{대상물질의 밀도}}{\text{표준물질의 밀도}}$

$$\text{밀도}(\rho) = \frac{\text{질량}}{\text{단위부피}}$$

※ 물의 밀도 = $1g/cm^3 = 1kg/L = 1$톤$/m^3$
※ 공기의 밀도 = $29g/22.4SL = 1.29g/SL = 1.29kg/Sm^3$
※ 동점성계수 = $\dfrac{\text{점도}}{\text{밀도}}$ (단위는 주로 st사용, st = cm²/sec)

(2) %(백분율) = $\dfrac{X}{100} \times 100$

(3) ppm(백만분율) = $\dfrac{X}{10^6} \times 10^6$

   1% = 10^4ppm, ppm = mg/L = mL/m³ = mg/kg

(4) ppb(10억분율) = $\dfrac{X}{10^9} \times 10^9$

   1ppm = 10^3ppb

(5) 몰농도(M)

$$M = \frac{mol}{L}$$

(6) 노르말농도(N)

$$\boxed{식}\ N=\frac{eq}{L},\quad \boxed{식}\ eq=\frac{분자량}{가수}$$

④ 단위환산

(1) 목표단위 좌항에, 주어진 단위 우항 첫번째에
(2) 같은 단위는 대각선으로 위치시켜 정리
(3) 단위환산인자는 분자와 분모가 개념이 같아야 함

> 💡 예 자장면 5그릇은 몇 달러인가? (1달러 = 1400원, 자장면 1그릇 = 8,000원)
>
> X달러(목표단위) $= 5$그릇(주어진 단위) $\times \dfrac{8,000원}{1그릇} \times \dfrac{1달러}{1,400원} = 28.57$달러

02 CHAPTER 환경공학 관련법칙

안녕하세요. 이번 시간은 과학법칙들 중 환경공학에서 자주 사용되는 법칙들에 대해 알아보겠습니다. 이 법칙들을 이용하여 오염상태를 판단하고 정화작업을 진행하게 됩니다. 그럼 시작하겠습니다.

1 기체관련법칙

(1) 보일의 법칙 : 기체의 부피는 압력에 반비례

문제 풍선 1L에 가해지는 압력은 1atm, 압력이 2atm으로 바뀐다면?

정답 $X L = 1L \times \dfrac{1atm}{2atm} = 0.5L$

(2) 샤를의 법칙 : 기체의 부피는 온도에 비례

1) 온도는 절대온도(K)사용, 절대온도에 비례해서 부피가 변하기 때문
2) 0K=-273℃, 273K=0℃

문제 현재온도는 10℃일 때, 풍선의 부피는 1L이다. 온도가 20℃로 상승한다면, 풍선의 부피는 얼마가 되겠는가?

정답 $X L = 1L \times \dfrac{273+20}{273+10} = 1.0353L$

(3) 아보가드로의 법칙 : 온도와 압력이 일정할 때 부피는 몰수에 비례

식 $PV = nRT$

- P : 압력
- n : 몰수
- T : 온도(K)
- V : 부피
- R : 이상기체상수

※ 1mol = 22.4L(표준상태) = 6.02×10^{23}개

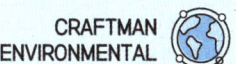

(4) 돌턴의 법칙

전체 압력은 각각의 기체의 부분압력을 모두 더한 값과 같다는 법칙(부분압은 부분부피와 비례)

(예) 공기 1L = 질소 0.79L + 산소 0.21L이라면, 공기 1atm = 질소 0.79atm + 산소 0.21atm)

(5) 헨리의 법칙

용매에 잘 녹지 않는 기체(난용성 기체)의 용해되는 양은 그 액체 위에 미치는 기체분압에 비례

$$C_g = H \times P \text{ (수질에서 주로 사용)}$$
$$P = H \times C \text{ (대기에서 주로 사용)}$$

- C_g : 용해된 기체의 농도(mol/L)
- H(mol/atm·L) → 수질식에서 적용
  H(atm·m³/kmol) → 대기식에서 적용
- P : 공기 중의 기체의 분압
※ 대표적 난용성 기체 : NO, NO_2, CO, O_2, N_2, HC
※ 헨리상수가 클수록 난용성 기체임

(6) 그레이엄의 법칙

기체분출속도는 그 기체 분자량의 제곱근에 반비례한다는 법칙

(예) 분자량이 작으면 분출속도는 커짐. 수소(H_2) 1mol = 2g = 22.4L, 이산화탄소(CO_2) 1mol = 44g = 22.4L)

(7) 라울의 법칙

비휘발성 용질을 포함하는 용액의 증기압은, 순용매의 증기압과 용액 속 용매의 몰분율의 곱과 같아진다는 법칙

(예) 증기압이 높은 에탄올, 증기압[3]이 낮은 설탕 → 에탄올+물과 설탕+물의 증기압 비교시 에탄올+물의 증기압이 높아짐)

(8) 게이뤼삭 법칙

기체들이 반응해서 다른 기체를 형성할 때, 온도와 압력이 동일한 조건에서 부피를 측정하면, 반응물과 생성물의 부피간의 비율은 자연수(정수)라는 법칙

---

3) 증기압 : 물질이 증발할 때 생기는 압력으로 휘발성이 높은 물질일수록, 온도가 높을수록 증기압은 커진다.

2 유체역학법칙

(1) **베르누이의 정리** : 유선에 따라 압력관 위치가 변할 때의 속도는 변한다는 정리

$$P + \frac{1}{2}\rho V^2 + \rho gh = \text{일정}$$

1) 베르누이 방정식의 제한조건(이상유체 조건)
   ① 정상유동(정상상태의 흐름)
   ② 비압축성 유동
   ③ 마찰이 없는 유동
   ④ 유선에 따라 움직이는 유동(직선관, 곡선관)
   ⑤ 비교적 느린 유체에 잘 적용

(2) **레이놀드 수**

유체의 흐름이 층류(잠잠한 흐름=혼합되지 않는 흐름)인지 난류(산만한 흐름=혼합되는 흐름)인지 판단해주는 지표
① **층류** : 유체의 흐름에서 유체 인접층이 서로 혼합되지 않고 흐르는 상태(잠잠한 흐름)
② **난류** : 유체 인접층이 파괴되어 유체분자가 격렬한 운동을 하면서 서로 혼합되어 흐르는 상태(산만한 흐름)
③ **흐름판별** : 레이놀드수(N_{Re})

$$N_{Re} = \frac{\text{관성력}}{\text{점성력}} = \frac{DV\rho}{\mu}$$

- D : 관 직경
- V : 유속
- ρ : 유체의 밀도
- μ : 유체의 점도

- **층류** : $2100 > N_{Re}$
- **난류** : $4000 < N_{Re}$
- **천이구역** : $2100 < N_{Re} < 4000$

> 💡 **입자레이놀드수**
>
> $$N_{Rep} = \frac{\text{관성력}}{\text{점성력}} = \frac{D_p V \rho}{\mu}$$
>
> - D_p : 입자 직경

$1 > N_{Re}$: 층류, $1000 < N_{Re}$: 난류(자유대기)

(3) **연속방정식** : 단면적과 유속의 관계

$$A_1 V_1 = A_2 V_2$$

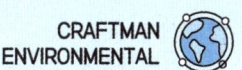

(4) 프루드 수 : 관성력과 중력의 비

$$F_r = \frac{V}{\sqrt{gH}}$$

- V : 유속   · g : 중력가속도   · H : 수심

① 프루드 수가 1보다 작으면 잠잠한 흐름
② 프루드 수가 1보다 크면 산만한 흐름
③ 프루드 수가 1이면 임계류, 유체의 총에너지가 최소

(5) 크누센 수 : 진공하에서의 기체의 흐름

$$K_n = \frac{\lambda}{d_p}$$

- λ : 평균자유행정(평균 자유이동거리)   · d_p : 입자직경

(6) 슈미트 수 : 유체의 운동 점성도와 그 유체 속에 있는 물질의 확산상수와의 비

$$Sc = \frac{\mu}{\rho D}$$

- μ : 유체점도   · ρ : 유체밀도   · D : 물질의 확산상수

① 슈미트 수가 1에 가까운 경우 유체가 기체
② 슈미트 수가 수백 ~ 수천인 경우 유체가 액체
 → 슈미트수가 작은 물질은 확산정도가 큽니다.

(7) 침강속도와 부상속도

① **침강속도** : 입자가 중력에 의해 아래로 침강하는 속도입니다. 침강속도식은 침강속도와 관계있는 인자들로 만들어집니다. 직경과 비례, 입자밀도와 유체밀도의 차에 비례, 중력가속도에 비례, 점도에 반비례하는 관계를 가지고 있습니다.

$$V_s = \frac{d_p^2(\rho_p - \rho)g}{18\mu}$$

- d_p : 입자의 직경(입경)
- ρ : 유체의 밀도
- μ : 유체의 점도
- ρ_p : 입자의 밀도
- g : 중력가속도(9.8m/sec²)

② **부상속도식** : 부상속도식은 침강속도식과 아주 유사합니다. 밀도차가 침강속도식과 반대가 되는 것을 유의하여 학습하셔야 합니다.

$$V_b = \frac{d_p^2(\rho - \rho_p)g}{18\mu}$$

- d_p : 입자의 직경(입경)
- ρ : 유체의 밀도
- μ : 유체의 점도
- ρ_p : 입자의 밀도
- g : 중력가속도(9.8m/sec²)

(8) darcy 법칙

다공질 매질에서의 유체흐름을 설명하는 식, 주로 토양에서의 물의 흐름을 설명할 때 사용됩니다.

$$V = \frac{KI}{\epsilon}$$

- V : 유속
- I : 동수경사(동수구배)
- K : 투수계수(수리전도도, m/sec)
- ϵ : 공극률

> **PLUS⁺ 하나 더!**
>
> - 총량(질량/시간) = 유량 × 농도
> - 단면적 = 유량 / 유속, $A = \pi D^2 / 4$
> $D = \sqrt{\dfrac{A \times 4}{\pi}}$
> - 밀도 = $\dfrac{질량}{부피}$, 부피 = $\dfrac{질량}{밀도}$, 질량 = 밀도 × 부피

실력 굳히기 | 실전문제

01. 다음 중 분자량이 가장 큰 기체는?

① CO_2 ② H_2S
③ NH_3 ④ SO_2

해설 ① CO_2 : 12 + 16×2 = 44
② H_2S : 1×2 + 32 = 34
③ NH_3 : 14 + 1×3 = 17
④ SO_2 : 32 + 16×2 = 64

02. 0.5m³/min의 송분 펌프로 2시간 가동했을 때 송분된 분뇨의 양은 얼마인가?

① 50m³ ② 60m³
③ 70m³ ④ 80m³

해설 식 분뇨의 양 = $\dfrac{0.5m^3}{\min} \times 2hr \times \dfrac{60\min}{1hr} = 60m^3$

03. 1시간에 7,200m³이 발생되는 배기가스를 2m/sec의 속도로 원형 송풍관을 통과시켜 전기집진장치로 보내려 할 때, 이 원형 송풍관의 반지름(r)은 몇 cm로 해야 하는가? (단, 기타 조건은 무시한다.)

① 42.8 ② 48.6
③ 56.4 ④ 59.7

해설 식 $A = \dfrac{Q}{V}$

$A = \dfrac{7200 m^3/hr}{2m/\sec} \times \dfrac{1hr}{3600\sec} = 1m^2$

$A = \pi r^2 = 1m^2 \quad \therefore r = 0.5641m = 56.41cm$

04. 어떤 물질을 분석한 결과 1,500ppm의 결과를 얻었다. 이것을 %로 환산하면 얼마나 되겠는가?

① 0.15% ② 1.5%
③ 15%   ④ 150%

해설 1% = 10,000ppm

05. 2V/Vppm에 상당하는 W/W ppm 값이 가장 큰 대기오염물질은?

① 염화수소 ② 이산화황
③ 이산화질소 ④ 시안화수소

해설
- v/v ppm 은 분자 분모의 수가 10^6 차이가 나는 부피단위 농도(예) mL/m³, μℓ/L)
- w/w ppm 은 분자 분모의 수가 10^6 차이가 나는 무게단위 농도(예) mg/kg, μg/g)
- 1mol = 22.4L = 분자량(g)
- 공기분자량 = 29

① 염화수소(HCl, 분자량 36.5)

$X \, W/Wppm = \dfrac{2mL}{m^3} \times \dfrac{36.5mg}{22.4mL} \times \dfrac{22.4m^3}{29kg}$

$= 2.52mg/kg$

② 이산화황(SO_2, 분자량 64)

$X \, W/Wppm = \dfrac{2mL}{m^3} \times \dfrac{64mg}{22.4mL} \times \dfrac{22.4m^3}{29kg}$

$= 4.41mg/kg$

③ 이산화질소(NO_2, 분자량 46)

$X \, W/Wppm = \dfrac{2mL}{m^3} \times \dfrac{46mg}{22.4mL} \times \dfrac{22.4m^3}{29kg}$

$= 3.17mg/kg$

④ 시안화수소(HCN, 분자량 27)

$X \, W/Wppm = \dfrac{2mL}{m^3} \times \dfrac{27mg}{22.4mL} \times \dfrac{22.4m^3}{29kg}$

$= 1.86mg/kg$

정답 01. ④ 02. ② 03. ③ 04. ① 05. ②

06. 농황산의 비중이 약 1.84, 농도는 75% 정도라면 이 농황산의 몰농도(mole/L)는? (단, 농황산의 분자량은: 98)

① 10   ② 12
③ 14   ④ 16

해설 $X(mole/L, M) = \frac{1.84g}{mL} \times 0.75 \times \frac{10^3 mL}{1L} \times \frac{1mol}{98g}$

$= 14.08 mole/L$

- 1mole = 분자량(g) = 22.4L(표준상태 기준)
- 액체 또는 고체물질의 비중은 밀도단위로 단위를 붙일 수 있다. (예) 황산 비중 1.84 → 1.84g/cm³

07. 유해가스와 물이 일정온도에서 평형상태에 있을 때 기상의 유해가스 분압이 76mmHg이고, 수중 유해가스 농도가 2Kmol/m³라 가정하면 헨리상수(atm·m³/kmol)는? (단, 전압은 atm으로 하며, 헨리의 법칙은 P = HC, P : 분압, H : 헨리상수, C : 농도)

① 0.05   ② 0.2
③ 20   ④ 38

해설 식 $H = \frac{P}{C} = \frac{76mmHg}{2Kmol/m^3} \times \frac{1atm}{760mmHg}$

$= 0.05 atm \cdot m^3/kmol$

08. 35℃, 750mmHg 상태에서 NO_2 50g이 차지하는 부피는 몇 L인가? (단, NO_2의 분자량은 46임)

① 22.4   ② 25.6
③ 27.8   ④ 29.2

해설 1mole = 분자량(g) = 22.4L(표준상태 기준)

식 $XL = 50g \times \frac{22.4 SL(표준상태)}{46g} \times \frac{273+35}{273} \times \frac{760}{750}$

$= 27.84 L$

09. 20℃, 740mmHg에서 SO_2가스의 농도가 5ppm이다. 표준상태(S.T.P)로 환산한 농도는 몇 ppm인가?

① 4.54   ② 5.00
③ 5.51   ④ 12.96

해설 현재 20℃, 740mmHg 상태의 a(실측상태)의 가스부피를 0℃, 760mmHg(표준상태)로 환산하면 분자의 5amL와 분모의 am³가 모두 온도압력보정하여 답을 산출한다.

식 $Xppm(표준상태, SmL/Sm^3)$

$= \frac{5 amL}{am^3} \times \frac{273}{273+20} \times \frac{740}{760} \times \frac{273+20}{273} \times \frac{760}{740}$

$= 5 SmL/Sm^3$

10. 순수한 물의 농도는?

① 45.56M   ② 55.56M
③ 65.56M   ④ 75.56M

해설 물의 밀도는 1g/mL이므로 이를 이용하여 M농도로 환산하여 산출한다.

식 $XM(mol/L) = \frac{1g}{mL} \times \frac{1mol}{18g} \times \frac{10^3 mL}{1L} = 55.56 M$

정답 06. ③   07. ①   08. ③   09. ②   10. ②

알기 쉽게 풀어쓴 환경기능사 6판

제 1 과 목
대기오염방지

01
대기오염

02
유해가스 처리

03
집진

04
연소

01 CHAPTER 대기오염

UNIT 01 대기공학기초(법칙)

① **보일의 법칙** : 기체의 부피는 압력에 반비례
   (예 풍선에 압력을 가하면 풍선의 부피는 작아짐)

② **샤를의 법칙** : 기체의 부피는 온도에 비례
   (예 풍선을 가열하면 풍선의 부피는 커짐)
   ※ 273K = 0℃ (K : 절대온도, ℃ : 섭씨온도)
   ※ ℉ = ℃ × 1.8 + 32
   ※ ℃ = (℉ − 32) ÷ 1.8

③ **아보가드로의 법칙** : 온도와 압력이 일정할 때 모든 기체는 같은 부피 속에 같은 수의 분자를 포함한다는 법칙
   ⇨ [1mole = 분자량(g) = 6.02×10^{23}개 = 22.4L(표준상태)]

④ **돌턴의 법칙** : 전체 압력은 각각의 기체의 부분압력을 모두 더한 값과 같다는 법칙(부분압 ∝ 부분부피)
   (예 공기 1atm = 질소 0.79atm + 산소 0.21atm, 공기 1L = 질소 0.79L + 산소 0.21L)

⑤ **헨리의 법칙** : 용매에 잘 녹지 않는 기체(난용성기체)의 용해되는 양은 그 액체 위에 미치는 기체 분압에 비례
   ※ 대표적 난용성기체 : NO, NO_2, CO, O_2, N_2, HC

   식 $P = H \times C$

   P : 압력
   H : 헨리상수(기체가 난용성일수록 커짐)
   C : 농도

⑥ **그레이엄의 법칙** : 기체분출속도는 그 기체 분자량의 제곱근에 반비례한다는 법칙

⑦ **라울의 법칙** : 비휘발성 용질을 포함하는 용액의 증기압은, 순용매의 증기압과 용액 속 용매의 몰분율의 곱과 같아진다는 법칙
   (같은 비율로 혼합한 설탕(비휘발성)+물의 증기압4)은 같은 비율로 혼합한 에탄올(휘발성)+물의 증기압 보다 작다.)

---
4) 증기압 : 물질이 증발할 때 생기는 압력으로 휘발성이 높은 물질일수록, 온도가 높을수록 증기압은 커진다.

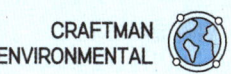

기출문제로 다지기 | UNIT 01 대기공학기초

01. 20℃, 740mmHg에서 SO₂가스의 농도가 5ppm이다. 표준상태(S.T.P)로 환산한 농도(ppm)는? 16년, 1회

① 4.54   ② 5.00
③ 5.51   ④ 12.96

해설 $Xppm(mL/m^3) =$
$\dfrac{5\,amL}{am^3} \times \dfrac{273}{273+20} \times \dfrac{740}{760} \times \dfrac{273+20}{273} \times \dfrac{760}{740}$
$= 5\,SmL/Sm^3$

02. 기체의 용해도에 대한 설명이 틀린 것은? 16년, 1회

① 온도가 증가할수록 용해도가 커진다.
② 용해도는 기체의 압력에 비례한다.
③ 용해도가 작은 기체는 헨리 상수가 크다.
④ 헨리의 법칙이 잘 적용되는 기체는 용해도가 작은 기체이다.

해설 기체의 용해도는 온도가 증가할수록 작아진다.

03. 아황산가스 농도 0.02ppm을 질량농도로 고치면 몇 mg/Sm³인가?(단, 표준상태 기준) 15년, 2회

① 0.057   ② 0.065
③ 0.079   ④ 0.083

해설 $Xmg/m^3 = \dfrac{0.02mL}{m^3} \times \dfrac{64mg}{22.4SmL} = 0.0571mg/m^3$

04. 다음 중 헨리법칙이 가장 잘 적용되는 기체는? 15년, 2회

① O₂   ② HCl
③ SO₂   ④ HF

해설 헨리법칙에는 난용성 기체가 잘 적용된다.
• 대표적인 난용성 기체 : NO, NO₂, CO, O₂, N₂, HC

05. 다음 기체 중 비중이 가장 큰 것은? 15년, 1회

① SO₂   ② CO₂
③ HCHO   ④ CS₂

해설 기체의 비중은 기체의 분자량과 비례한다. 각 기체당 분자량은 아래와 같다.
① SO₂ : 32 + 16×2 = 64
② CO₂ : 12 + 16×2 = 44
③ HCHO : 1×2 + 12 + 16 = 30
④ CS₂ : 12 + 32×2 = 76

06. 다음 중 섭씨 온도가 20℃인 것은? 15년, 1회

① 20K   ② 36℉
③ 68℉   ④ 273K

해설 식 ℉ = ℃ × 1.8 + 32 = 20 × 1.8 + 32 = 68℉

07. 0.3g/Sm³인 HCl의 농도를 ppm으로 환산하면?(단, 표준상태 기준) 14년, 5회

① 116.4ppm   ② 137.7ppm
③ 167.3ppm   ④ 184.1ppm

해설 HCl의 분자량 = 1 + 35.5 = 36.5
$XmL/m^3 = \dfrac{0.3g}{Sm^3} \times \dfrac{22.4L}{36.5g} \times \dfrac{10^3 mL}{1L} = 184.11 mL/m^3$

 정답 01. ②   02. ①   03. ①   04. ①   05. ④   06. ③   07. ④

08. 표준상태에서 물 6.6g을 수증기로 만들 때 부피는? 14년, 2회

① 약 5.16L   ② 약 6.22L
③ 약 7.24L   ④ 약 8.21L

[해설] 물(H_2O) 분자량 = 1×2+16 = 18
$$XL = 6.6g \times \frac{22.4L}{18g} = 8.21L$$

09. 다음 압력 중 크기가 다른 하나는? 14년, 2회

① $1.013N/m^2$ ② 760mmHg
③ 1013mbar   ④ 1atm

[해설] 1atm = 760mmHg = 1013mbar = 10332mmH$_2$O
= 1013250dyne/cm^2 = 10.13N/cm^2 = 101,325N/m^2(Pa)

정답 08. ④   09. ①

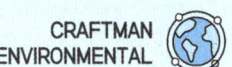

UNIT 02 대기의 특성

1 대기의 성분

우리가 살고있는 지표면에 위치한 대기의 성분은 아래와 같습니다.

질소(N_2) 78.08% > **산소**(O_2) 20.95% > **아르곤**(Ar) 0.93% > **탄산가스**(CO_2) 0.04% > **네온**(Ne) 18.18ppm > **헬륨**(He) 5.24ppm > **메탄**(CH_4) 2.0ppm > **크립톤**(Kr) 1.14ppm 기타 등등

⇨ **질 산 아 탄 네!** : 성분함량순서
⇨ **아 네 헬 크** : 불활성기체 성분함량순서

2 대기 내 물질별 체류시간

질소(N_2) 4×10^8년 > **산소**(O_2) 6,000년 > **탄산가스**(CO_2) 50~200년 > **아산화질소**(N_2O) 20~100년 > **메탄**(CH_4) 3~8년 > **수소**(H_2) 4~7년 > **일산화탄소**(CO) 5개월 > **황산화물**(SO_x) 2~5일 > **질소산화물**(NO_x) 1~4일

⇨ **질 산 탄 아 메 수 일 소 노**

3 대기의 구성

대기는 지구의 중력으로 지구주위를 둘러싸고 있는 공기를 말하며, 4권역으로 분류되고, 또, 조성에 따라 균질층, 이질층으로 분류됩니다.

(1) 대류권

① 고도 0~12km(극지방 8km, 적도지방 16km)
② 불안정한 대기(고도 100m 증가 시 0.65℃ 감소)
③ 기상현상 존재

(2) 성층권

① 고도 12~50km(오존층 25~30km)
② 안정한 대기(비행기 이동항로)
③ O_3은 300nm 이하의 유해자외선을 흡수하여 지상의 생물권 보호

(3) 중간권

① 고도 50~80km

② 불안정한 대기 (중간권계면온도 -90~-130℃)

③ 수증기가 없으므로 기상현상도 없음

(4) 열권

① 고도 80km 이상

② 안정한 대기

③ 분자들이 원자로 존재하는 원자층, 해리층이라 불림

④ 분자의 분해·생성반응은 느리게 일어나며, 공기이동속도는 매우 빠르고, 공기평균자유행로도 김

(5) 균질층과 이질층

① **균질층** : 고도 88km 까지의 대기 - 대기성분조성이 균일(질소 78%, 산소 20.8%, …)

② **이질층** : 고도 88km 이상의 대기 - 대기성분조성이 층마다 차이가 있음(질소층, 산소층, 헬륨층, 수소층)

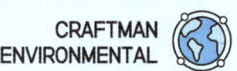

기출문제로 다지기 — UNIT 02 대기의 특성

01. 다음 표준상태(0℃, 760mmHg)에 있는 건조공기 중 대기 내의 체류시간이 가장 긴 것은? 15년, 1회

① N_2 ② CO
③ NO ④ CO_2

[해설] 대기 내 체류시간 순서 : 질 산 탄 아 메 수 일 소 노

02. 다음 중 건조대기 중에 가장 많은 비율로 존재하는 비활성 기체는? 14년, 5회

① He ② Ne
③ Ar ④ Xe

[해설] 대기 내 비활성기체 부피순서 : 아 네 헬 크

03. 고도에 따라 대기권을 분류할 때 지표로부터 가장 가까이 있는 것은? 14년, 5회

① 열권 ② 대류권
③ 성층권 ④ 중간권

04. 다음 중 대기권에 대한 설명으로 옳은 것은? 15년, 2회

① 대류권에서는 고도 1km 상승에 따라 약 9.8℃ 높아진다.
② 대류권의 높이는 계절이나 위도에 관계없이 일정하다.
③ 성층권에서는 고도가 높아짐에 따라 기온이 내려간다.
④ 성층권에는 지상 20~30km 사이에 오존층이 존재한다.

[해설] ④항만 올바르다.

[오답해설]
① 대류권에서는 고도 1km 상승에 따라 약 6.5℃ 낮아진다. (건조단열감률기준 9.8℃, 표준감률기준 6.5℃)
② 대류권의 높이는 여름에 최대, 겨울에 최소가 되고, 위도에 따라 적도부근에서 최대, 극지방에서 최소가 된다.
③ 성층권에서는 고도가 높아짐에 따라 기온이 상승한다.

05. 오존층의 두께를 표시하는 단위는? 14년, 2회

① Plank ② Dobson
③ Albedo ④ Donora

06. 대기층의 구조에 관한 설명으로 옳지 않은 것은? 13년, 5회

① 오존농도의 고도분포는 지상으로부터 약 10km 부근인 성층권에서 35ppm 정도의 최대농도를 나타낸다.
② 대류권에서는 고도증가에 따라 기온이 감소한다.
③ 열권은 지상 80km 이상에 위치한다.
④ 중간권 중 상부 80km 부근은 지구대기층 중 가장 기온이 낮다.

[해설] 오존농도의 고도분포는 지상으로부터 약 25~30km 부근인 성층권 내 오존층에서 10ppm 정도의 최대농도를 나타낸다.

 정답 01. ① 02. ③ 03. ② 04. ④ 05. ② 06. ①

UNIT 03 대기오염물질과 그 발생원

1 오염물질의 분류

(1) 1차, 2차오염물질

① **1차오염물질** : 발생원에서 배출된 오염물질
  ⇨ 못된놈 – 태생적으로 못됐다. (예 $NaCl$, SO_2, HCl, HF, Rn, 석면 등)

② **2차오염물질** : 대기에 존재하던 물질이 분해·결합과정을 통해 형성된 오염물질
  ⇨ [착한놈 → 몹쓸놈] – 착하게 태어났으나 친구 잘못 만나 몹쓸놈이 되었다.
  (예 O_3, $NOCl$, 아크로레인($CH_3COOONO_2$), H_2O_2, PAN 등)

③ **1·2차오염물질** : 발생원에서 배출되어 생성되거나, 발생원에서 배출된 오염물질이 분해·결합과정을 통해 형성된 오염물질 ⇨ [못된놈 → 몹쓸놈] – 못되게 태어나 더 못되어졌다.
  (예 N_2O_3, 케톤류, 유기산류, 알데하이드류, SO_2, SO_3, NO_2, NO_3 등)

(2) 점, 선, 면 오염원

① **점오염원** : 한 지점에서 배출되는 오염원 (예 가정, 상업, 공업용 굴뚝 등)
② **선오염원** : 배출지점이 선을 그리며 형성되는 오염원 (예 기차, 선박, 자동차, 항공기 등 이동배출원)
③ **면오염원** : 배출지점이 면으로 배출되는 오염원 (예 공업단지, 상업단지, 주택단지 등)

(3) 가스, 입자상 오염물질

1) 가스상 오염물질 (기체상 오염물질)

① **탄소화합물**

  ㉠ **메탄계** : 파라핀계, 단일결합, 광화학반응성 낮음, 메탄의 대기 중 농도(2ppm) [예 CH_4(메테인), C_2H_6(에테인), C_3H_8(프로페인), C_4H_{10}(뷰테인)]
  ㉡ **비메탄계** : 올레핀계, 이중결합, 광화학반응성 높음 [예 테르펜, 이소프렌, 알켄(C_nH_{2n})]
  ㉢ **일산화탄소** : 불완전연소의 지표, 질식성, 헤모글로빈과 결합력이 산소보다 210배 강함(결합 시 카르복시 헤모글로빈 형성), 자동차에서 많이 발생
  ㉣ **이산화탄소** : 대기 중 약 400ppm 존재(0.04%), 잠재적 오염물질, 지구온난화의 가장 큰 기여, 30% 정도 해양의 흡수, 계절에 따른 농도변화(봄·여름에 감소, 가을·겨울에 증가)

② 황산화물
  ㉠ **아황산가스(SO$_2$)** : 황산화물의 대부분 차지, 산화제와 환원제로 이용, 표백성, 자극성, 수용성, 비가연성
  ㉡ **삼산화황(SO$_3$)** : 독성이 아황산가스보다 강함, 폭발성, 표백성, 자극성, 수용성

③ 질소산화물
  ㉠ **일산화질소(NO)** : 질소산화물의 대부분을 차지, 질식성, 헤모글로빈과 결합력이 CO의 수십~수백배 (결합 시 메타헤모글로빈 형성), 난용성
  ㉡ **이산화질소(NO$_2$)** : 독성이 일산화질소보다 강함, 자극성, 난용성
  ㉢ **아산화질소(N$_2$O)** : 과잉비료로 인한 토양에서 발생, 대기 중 0.5ppm 존재, 스마일가스, 대류권에서 온실가스, 성층권에서 오존층 파괴

④ **불소 및 염소화합물(플루오린 및 염소화합물)** : 자극성, 수용성, 상기도에 악영향, 피부작열감, 반응성 좋음. 거의 단분자로 존재하지 않음

⑤ 기타 오염물질
  ㉠ **암모니아(NH$_3$)** : 염기성 기체, 미생물의 분해과정에서 발생, 독성, 비료성분
  ㉡ **시안화수소(HCN)** : 독가스, 액화하면 청산, 강한 자극성
  ㉢ **이황화탄소(CS$_2$)** : 비스코스섬유공업에서 발생, 중추신경계의 영향, 자극성

2) 입자상 오염물질

① 먼지
  ㉠ **PM-10** : 먼지의 직경이 공기동력학적 직경으로 $10\mu m$ 이하인 먼지(미세먼지)
  ㉡ **PM-2.5** : 먼지의 직경이 공기동력학적 직경으로 $2.5\mu m$ 이하인 먼지(초미세먼지)
  ㉢ **강하먼지** : 먼지의 직경이 공기동력학적 직경으로 $20\mu m$ 이하인 먼지
  ※ 공기동력학적 직경(공기역학적 직경) : 대상입자와 침강속도가 같고 단위밀도(1g/cm^3)를 갖는 구형입자의 직경
    → 먼지의 직경을 측정하는 물리적인 방법
  • **미스트** : 대기 중의 미립자가 액체로 된 것(시정거리 1km 이상)
  • **안개** : 대기 중의 미립자가 액체로 된 것(시정거리 1km 미만)
  • **매연** : 연료 연소 시 배출되는 눈에 보이는 연기, 불완전연소 시 배출되는 유리탄소의 배출이 주된 원인이 된다.
  • **검댕** : 매연의 응결
  • **흄(Fume)** : 금속이 승화되어 날아간 증기가 응축된 것

② 대기오염 발생원의 종류

물질명	배출원
암모니아(NH₃)	비료공장, 냉동시설, 암모니아 제조시설 등 (암기TIP) 비 냉 암모!)
일산화탄소(CO)	연소시설, 코크스 제조시설, 자동차 등
염화수소(HCl)	소다공업, 비료공장, 도금시설, 염산, 제조시설 등
이산화황(SO₂)	연소보일러, 황산공장, 제련소 등
질소산화물(NOx)	내연기관, 보일러, 비료공장 등
불화수소(HF)	요업공장, 유리공장, 알루미늄공장 등
비소(As)	유리공장, 농약 제조시설 등
카드뮴(Cd)	전지공장, 도금공장
크롬(Cr)	도금공장, 염료 제조시설, 인쇄시설 등
납(Pb)	건전지 및 축전지 제조시설, 안료제조시설

💡 **스모그란?**
- 연기(Smoke) + 안개(Fog) = Smog의 합성어
- 둘의 성질을 다 가진 오염상태

③ 대기오염사건

사건명	발생일시	발생국가	주 오염물질
뮤즈계곡사건	1930년	벨기에	SOx, 먼지
횡빈(도쿄-요코하마)사건	1946년	일본	원인불명
도노라사건	1948년	미국	SOx, 먼지
포자리카사건	1950년	멕시코	H₂S
런던사건	1952년	영국	SOx, 먼지
LA 사건	1954년	미국	NOx, HC
세베소 사건	1976년	이탈리아	염소, 다이옥신
보팔사건	1984년	인도	MIC
체르노빌사건	1986년	우크라이나	방사능
후쿠시마사건	2011년	일본	방사능

💡 **대기오염사건의 공통인자** : 무풍상태, 기온역전

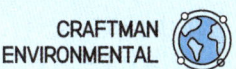

④ 대기오염물질의 지표식물

㉠ 불소화합물(플루오린화합물)
- 식물에 대한 영향 가장 큼(저농도에서도 피해)
- 어린식물 및 잎의 가장자리에 피해가 큼 [암기TIP] 불우이웃돕기 - 소년소녀가장
- 엽록반점 : 엽록부를 상아색이나 갈색으로 고사시킴 [암기TIP] 불후의 명곡 MC - 신동엽

㉡ 황산화물
- 백화현상 : 잎이 회백색이나 황갈색으로 변하게 함
- 습도가 높을 경우 피해가 큼
- 맥간반점 : 잎의 엽맥사이에 반점이 생김(백색으로 형성)

㉢ 질소산화물
- 식물에 대한 피해는 약한 편
- 맥간반점 : 잎의 엽맥사이에 반점이 생김
- 소나무에 엽침 내부를 갈색 또는 흑갈색으로 변화시킴

㉣ PAN
- 잎을 은색이나 금속색의 광택현상 유발

㉤ 오존
- 잎의 해면조직에 피해로 회백색 또는 갈색의 반점형성

㉥ 분진
- 광합성, 증산, 호흡 방해

㉦ 에틸렌
- 꽃받침의 마름, 잎의 기형
- 식물의 모든 부분의 피해를 줌
- 성숙한 잎에 피해
- 식물에 호르몬으로 작용, 상편생장 촉진, 전두운동 방해

㉧ 염소
- 성숙한 잎에 가장 민감
- 표백현상
- 잎의 끝 또는 가장자리가 타거나 기관 탈리

㉨ 암모니아
- 갈색 또는 초록색으로 삶아진 형태로 나타나거나 흑색으로 변화
- 성숙한 잎에 가장 민감

㉩ 황화수소
- 가장자리를 태움
- 어린 잎에 영향

> **PLUS⁺ 하나 더!**
>
> **[물질별 지표식물 정리]** ★★
>
> - **불소화합물 : 불 금 모 임 옥 자**
>   (불소화합물 : 글라디올러스, 메밀(모밀), 옥수수, 자두)
> - **황산화물 : 황제 육자회담 시보목고**
>   (황산화물 : 육송, 자주개나리(알팔파), 담배, 시금치, 보리, 목화, 고구마)
> - **질소산화물 : 진 해 담!**
>   (질소산화물 : 진달래, 해바라기, 담배)
> - **PAN : 셀 상 강 시!**
>   (PAN : 셀러리, 상추, 강낭콩, 시금치)
> - **오존 : 토시오파 담!**
>   (오존 : 토마토, 시금치, 파, 담배)
> - **에틸렌 : 앱 스 토 완!**
>   (에틸렌 : 스위트피, 토마토, 완두콩)
> - **암모니아 : 토 해!**
>   (암모니아 : 토마토, 해바라기)
> - **황화수소 : 달다! (강한 식물)**
>   (황화수소 : 사과, 딸기, 복숭아)

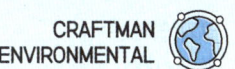

UNIT 03 대기오염물질과 그 발생원

01. 다음 중 2차 대기오염 물질에 속하는 것은? 15년, 1회

① HCl ② Pb
③ CO ④ H_2O_2

해설 2차대기오염물질은 주로 광분해에 의해 형성된 광화학부산물이 대표적이다.
※ 광화학부산물 : PAN, O_3, 아크로레인, H_2O_2, NOCl

02. 다음 대기오염물질과 관련된 업종 중 불화수소가 주된 배출원에 해당하는 것은? 15년, 1회

① 고무가공, 인쇄공업
② 인산비료, 알루미늄제조
③ 내연기관, 폭약제조
④ 코우크스 연소로, 제철

03. 대류권에서는 온실가스이며 성층권에서는 오존층 파괴물질로 알려져 있는 것은? 15년, 1회

① CO ② N_2O
③ HCl ④ SO_2

04. 다음 중 주로 광화학반응에 의하여 생성되는 물질은? 14년, 5회

① PAN ② CH_4
③ NH_3 ④ HC

해설 ※ 광화학부산물 : PAN, O_3, 아크로레인, H_2O_2, NOCl

05. 다음 중 1차 및 2차 오염물질에 모두 해당될 수 있는 것은? 11년, 1회

① 이산화탄소 ② 납
③ 알데하이드 ④ 일산화탄소

06. 〈보기〉에 해당하는 대기오염물질은? 14년, 5회

〈보기〉
보통 백화현상에 의해 맥간반점을 형성하고 지표식물로는 자주개나리, 보리, 담배 등이 있고, 강한 식물로는 협죽도, 양배추, 옥수수 등이 있다.

① 황산화물 ② 탄화수소
③ 일산화탄소 ④ 질소산화물

07. 다음 중 아황산가스에 대한 식물저항력이 가장 약한 것은? 14년, 2회

① 담배 ② 옥수수
③ 국화 ④ 참외

해설 황산화물의 지표식물, 즉 황산화물에 약한 식물의 종류는 아래와 같다.
• 황산화물 : 육송, 자주개나리(알팔파), 담배, 시금치, 보리, 목화, 고구마

08. 역사적인 대기오염 사건 중 포자리카(Poza Rica)사건은 주로 어떤 오염물질에 의한 피해였는가? 14년, 2회

① O_3 ② H_2S
③ PCB ④ MIC

해설 방구를 포하고 핀다. (포자리카 방구냄새(H_2S))

정답 01. ④ 02. ② 03. ② 04. ① 05. ③ 06. ① 07. ① 08. ②

09. 자동차가 공회전할 때 많이 배출되며 혈액에 흡수되면 헤모글로빈과의 결합력이 산소의 약 210배 정도로 강하고, 이에 따라 중추신경계의 장애를 초래하는 가스는?　14년, 2회

① Ozone　　　② HC
③ CO　　　　④ NOx

10. 런던 스모그와 비교한 로스앤젤레스형 스모그 현상의 특성으로 옳은 것은?　16년, 1회

① SO_2, 먼지 등이 주오염물질
② 온도가 낮고 무풍의 기상조건
③ 습도가 높은 이른 아침
④ 침강성 역전층이 형성

해설 ④항만 올바르다.
오답해설
① NOx, HC 등이 주 오염물질
② 온도가 높고 무풍의 기상조건
③ 습도가 낮고 햇빛이 많은 한낮

정답　09. ③　10. ④

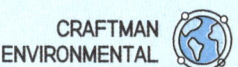

UNIT 04 대기오염의 확산 및 지구대기환경문제

1 대기안정도

(1) 정적안정도와 동적안정도
   ① **정적안정도** : 대기의 수직흐름에 대한 안정도, 고도에 따른 기온으로 판정
      ※ 판정기구 : 라디오존데(고도, 기온, 기압, 습도 측정기구)
   ② **동적안정도** : 대기의 수평흐름에 대한 안정도, 기온과 풍속으로 판정
      ※ 판정 : 리차드슨수(Ri)

(2) 기온감률 : 고도가 올라감에 따라 기온감소하는 정도를 나타낸다.
   ① **건조단열감률(γ_d)** : 비교습도 0% 가정하의 대기의 기온감률 = 0.98℃/100m(약 1℃/100m)
   ② **습윤단열감률(γ_w)** : 비교습도 100% 가정하의 대기의 기온감률 = 0.5℃/100m
   ③ **표준감률(γ_s)** : 세계표준습도 대기의 기온감률 = 0.65℃/100m
   ④ **환경감률(γ)** : 라디오존데가 측정한 실시간 기온감률

(3) 대기안정도의 종류
   ① **매우불안정(과단열)** : 지표가 매우 가열된 상태에서 발생, 대기의 수직이동흐름이 활발, 한낮에 잘 발생, 대기오염도 낮음 ($\gamma_d < \gamma$)
   ② **중립** : 햇빛이 없고 바람이 많은 흐린 날 잘 발생, 바람(기계적 난류)에 의한 대기확산만 존재 ($\gamma = \gamma_d$)
   ③ **등온** : 고도에 따른 기온변화가 없는 상태 ($\gamma=0℃/100m$)
   ④ **역전** : 대기의 수직이동이 없는 상태, 지표가 냉각된 밤~새벽 사이에 잘 발생, 대기오염도 높음 ($\gamma_d \gg \gamma$)
   ⑤ **약한불안정(미단열, 준단열, 약한안정)** : 대기의 수직흐름이 약하게 존재하는 상태, 지표면이 약하게 가열된 상태에서 발생 ($\gamma_d > \gamma > 0$)

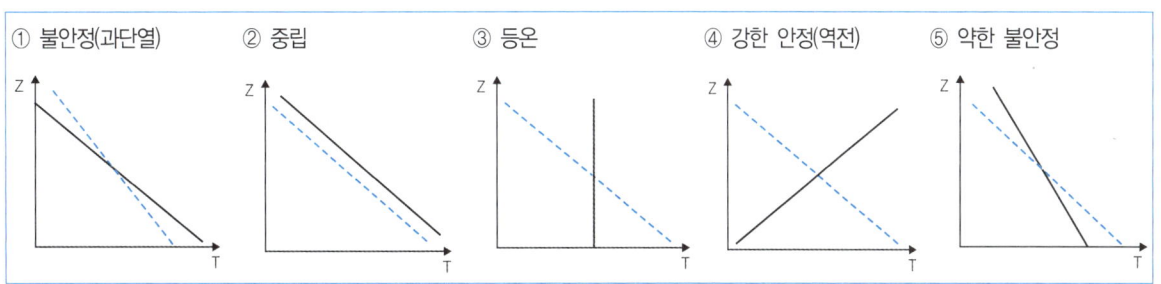

(4) 대기안정도에 따른 굴뚝의 연기모형 (▶ 유튜브 "초록별엔진" 참고)

① **환상형(Looping)** : 연기가 상하로 활발하게 확산되는 형태, 대기가 불안정상태에서 발생
  ㉠ 대기오염도 낮음
  ㉡ 최대착지농도가 최대
② **부채형(Fanning)** : 연기가 상하로 이동하지 않고 배출높이에서 수평으로만 이동하는 형태, 대기가 역전상태에서 발생
  ㉠ 대기오염도 높음
  ㉡ 최대착지거리가 최대
③ **훈증형(Fumigation)** : 연기가 굴뚝 하층으로만 확산되는 형태, 상층은 안정, 하층은 불안정
  ㉠ 지속시간 짧음
  ㉡ 대기오염도 낮음, 연기에 의한 오염 높음
④ **지붕형(Lofting)** : 연기가 굴뚝 상층으로만 확산되는 형태, 상층은 불안정, 하층은 안정
  ㉠ 지속시간 짧음
  ㉡ 대기오염도 높음, 연기에 의한 오염 낮음
⑤ **추형(Coning)** : 연기가 추모양으로 확산되는 형태, 대기 중립상태에서 발생
  ㉠ 연기가 일정하게 확산되므로 모델링에서 많이 활용, 가우시안모델에서 많이 활용되므로 추형을 가우시안형이라고도 함
⑥ **구속형(Trapping)** : 상층의 침강역전과, 하층의 복사역전 사이에 연기가 갇히는 형태
  ㉠ 대기오염도 높음
  ㉡ 드물게 발생

(5) 유효굴뚝높이

① **유효굴뚝높이란?** : 굴뚝높이 + 유효상승고
  ㉠ **유효상승고** : 연기가 상승하는 높이
② **유효굴뚝높이 상승요건**
  ㉠ 가스배출온도를 높임 → 배출온도 높임, 외기와의 온도차 크게 함
  ㉡ 가스배출속도를 높임 → 굴뚝 단면적을 줄임, 송풍기 가동
  ㉢ 외기 풍속이 낮을 때 배출
  ㉣ 굴뚝 내 마찰력 감소

2 기온역전

(1) 지표역전 : 땅이 차가워서 발생!

① **복사역전** : 지구복사로 인한 지표가 냉각되는 밤부터 ~ 새벽 사이에 발생, 여름을 제외한 계절에서 잘 발생, 일교차가 클 때 잘 발생(맑고, 일사량이 많고, 습도가 적고, 바람이 적을 때)
② **이류역전** : 찬 지표면 위에 따뜻한 공기가 불어오면서 형성(예 높새바람)

(2) 공중역전 : 윗 공기가 뜨거울 때 발생!

① **침강역전** : 고기압의 정체로 상층의 기단이 압축되면서, 단열승온현상으로 인해 발생, 장기간 지속
(예 LA 스모그)
② **전선역전** : 온난전선이 한랭전선 위로 위치하면서 발생, 기상현상 동반, 대기오염도 낮음.
③ **난류역전** : 난류로 인해 하단 공기가 일시적으로 냉각되면서 발생, 지속시간 짧음, 역전으로 인한 대기오염도 낮음 (예 해풍역전)

3 지구대기환경문제

(1) 산성비 : 빗물의 pH가 5.6 이하일 때

① **pH 5.6으로 기준하는 이유** : 대기 중의 CO_2의 농도는 400ppm 정도 존재하고, 이 CO_2가 빗물속에 완전히 용존되었을 때, pH는 약 5.7 정도가 되고, 이 수치 이하가 되면, 다른 오염물질로 인한 pH 저하로 판단하여 산성비로 판정
② **산성비 생성 메커니즘** : 대기 중으로 배출된 SOx, NOx, 염소화합물 등이 빗물에 용해되면서 황산, 질산, 염산 등으로 변하여 pH를 저하시킴
③ **산성비의 피해** : 토양의 산성화, 수계의 산성화, 건물의 부식, 문화재 손상, 피부자극 등

(2) 지구온난화

① **메커니즘** : 대기 중 온실가스의 증가로 인해 지구복사가 과도한 흡수 또는 재복사되면서 지구의 온도가 상승하는 현상
② **GWP(지구온난화 지수)** - 육 각 수 암 웨 이(육 > 과 > 수 > 아 > 메 > 이)

물질	SF_6 (육불화황)	PFCs (과불화탄소)	HFCs (수소불화탄소)	N_2O (아산화질소)	CH_4 (메탄)	CO_2 (이산화탄소)
GWP	23,900	7,000	1,300	310	21	1

③ **지구온난화의 피해** : 생태계의 교란, 병균 및 바이러스 증가, 농작물의 피해, 열사병, 해수면상승으로 인한 피해, 기상현상으로 인한 피해

(3) 오존층파괴 : 오존층파괴물질 생성으로 인한 오존층의 오존량 감소

① **오존파괴물질** : 할론류, 프레온가스류(CFCs), 사염화탄소 등
② **오존홀** : 극지방의 오존의 두께가 100DU 이하로 감소될 때
③ **오존층파괴의 피해** : 자외선량의 증가, 피부염, 피부암, 각막의 손상, 식물의 피해

기출문제로 다지기 — UNIT 04 대기오염의 확산 및 지구대기환경문제

01. 산성비의 주된 원인 물질로만 올바르게 나열된 것은? 14년, 5회

① SO_2, NO_2, Hg
② CH_4, NO_2, HCl
③ CH_4, NH_3, HCN
④ SO_2, NO_2, HCl

02. 다음 온실가스 중 지구온난화지수(GWP)가 가장 큰 것은? 14년, 5회

① CH_4
② SF_6
③ CO_2
④ N_2O

해설 지구온난화지수(GWP)순서 : 육 각 수 아 메 이
(육불화황 > 과불화탄소 > 수소불화탄소 > 아산화질소 > 메탄 > 이산화탄소)

03. 복사역전에 대한 다음 설명 중 옳지 않은 것은? 15년, 1회

① 복사역전은 공중에서 일어난다.
② 맑고 바람이 없는 날 아침에 해가 뜨기 직전에 강하게 형성된다.
③ 복사역전이 형성될 경우 대기오염물질의 수직이동, 확산이 어렵게 된다.
④ 해가 지면서부터 열복사에 의한 지표면의 냉각이 시작되므로 복사역전이 형성된다.

해설 복사역전과 이류역전은 지표역전으로 지표에서부터 발생한다.

04. 상층부가 불안정하고 하층부가 안정을 이루고 있을 때의 연기의 모양은? 16년, 1회

① 환상형
② 부채형
③ 지붕형
④ 훈증형

해설
• 지붕형 : 상층부가 불안정하고 하층부가 안정을 이루고 있을 때의 연기의 모양
• 훈증형 : 상층부가 안정하고 하층부가 불안정을 이루고 있을 때의 연기의 모양

05. 대기환경보전법상 온실가스에 해당하지 않는 것은? 16년, 1회

① NH_3
② CO_2
③ CH_4
④ N_2O

해설 온실가스 6종 : 육 각 수 아 메 이(육불화황, 불화탄소, 수소불화탄소, 아산화질소, 메탄, 이산화탄소)

06. 다음 〈보기〉에서 설명하는 현상으로 옳은 것은? 15년, 4회

〈보기〉
• 맑고 바람이 없는 날 아침에 해가 뜨기 직전에 지표면 근처에서 강하게 형성되며, 공기의 수직혼합이 일어나지 않기 때문에 대기오염물질의 축적으로 이어지게 된다.
• 지표부근에서 일어나므로 지표역전이라고도 한다.
• 보통 가을로부터 봄에 걸쳐서 날씨가 좋고, 바람이 약하며, 습도가 적을 때 잘 형성된다.

① 공중역전
② 침강역전
③ 복사역전
④ 전선역전

07. 오존층을 파괴하는 특정물질과 거리가 먼 것은? 15년, 4회

① 염화불화탄소(CFC)
② 황화수소(H_2S)
③ 염화브롬화탄소(Halons)
④ 사염화탄소(CCl_4)

정답 01. ④ 02. ② 03. ① 04. ③ 05. ① 06. ③ 07. ②

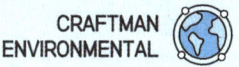

08. 대기오염으로 인한 지구환경 변화 중 도시지역의 공장, 자동차 등에서 배출되는 고온의 가스와 냉난방시설로부터 배출되는 더운 공기가 상승하면서 주변의 찬 공기가 도시로 유입되어 도시지역의 대기오염물질에 의한 거대한 지붕을 만드는 현상은?   15년, 2회

① 라니냐 현상 ② 열섬 현상
③ 엘니뇨 현상 ④ 오존층 파괴 현상

09. 대기상태에 따른 굴뚝 연기의 모양으로 옳은 것은? 14년, 2회

① 역전 상태 – 부채형
② 매우 불안정 상태 – 원추형
③ 안정 상태 – 환상형
④ 상층 불안정, 하층 안정 상태 – 훈증형

해설 ①항만 올바르다.
오답해설
② 매우 불안정 상태 – 환상형
③ 안정 상태 – 부채형
④ 상층 불안정, 하층 안정 상태 – 지붕형

10. 연기의 상승높이에 영향을 주는 인자와 가장 거리가 먼 것은?   14년, 2회

① 배출가스 유속
② 오염물질 농도
③ 외기의 수평풍속
④ 배출가스 온도

11. 대기권에서 발생하고 있는 기온역전의 종류에 해당하지 않는 것은?   14년, 2회

① 자유역전 ② 이류역전
③ 침강역전 ④ 복사역전

 08. ② 09. ① 10. ② 11. ①

UNIT 05 대기오염 측정 및 법규

1 대기오염측정

(1) 총칙

① **상온** 15~25℃, **실온** 1~35℃, **냉수** 15℃ 이하, **찬곳** 0~15℃, **온수** 60~70℃, **열수** 100℃
② **즉시** : 30초 이내에 조작
③ **항량으로 건조한다** : 1시간 더 건조 또는 가열하였을 때, 전후 무게의 차가 g당 0.3mg 이하가 되는 것
④ **용액 제조 요령**
   ㉠ a + b = a : b (예 염산 1+2 : 염산 1, 물 2)
   ㉡ a → b : a 만큼 넣고 총량을 b 만큼 (예 염산 1 → 2, 염산 1 넣고 총량 2로, 즉 물 1)
⑤ **정확히 단다 / 정확히 취한다**
   ㉠ 정확히 단다 : 0.1mg 까지 무게를 측정
   ㉡ 정확히 취한다 : 홀피펫(부피피펫) 또는 메스플라스크(용량플라스크)를 이용하여 부피를 측정
⑥ **감압 또는 진공** : 압력이 15mmHg 이하인 것
⑦ **방울수** : 20℃에서 정제수 20방울을 적하할 때 그 부피가 약 1mL가 되는 것을 뜻한다.
⑧ **약** : 기재된 양에 대하여 ±10% 이상의 차가 있어서는 안 된다.
⑨ **용기**
   a. **밀폐용기** : 취급 또는 저장하는 동안에 이물질이 들어가거나 내용물이 손실되지 아니하도록 내용물을 보호하는 용기를 말한다.
   b. **밀봉용기** : 취급 또는 저장하는 동안에 기체나 미생물이 침입하지 아니하도록 보호하는 용기를 말한다.
   c. **차광용기** : 광선이 투과하지 않는 용기
   d. **기밀용기** : 취급 또는 저장하는 동안에 밖으로부터의 공기나 다른 가스가 침입하지 아니하도록 내용물을 보호하는 용기를 말한다.

(2) 가스상 및 입자상 오염물질의 분석방법

물질명	분석방법	암기법
일산화탄소(CO)	정전위전해법, 비분산적외선분석법, 가스크로마토그래프	일 정 비 가스
황산화물(SOx)	자동측정법, 침전적정법(아르세나조Ⅲ법)	황 자 침
질소산화물(NOx)	아연환원 나프틸에틸렌디아민법, 자동측정법	질 나 자
총 탄화수소	비분산형적외선분석법, 불꽃이온화검출기법(FID)	탄 비 F
페놀	4-아미노안티피린법, 가스크로마토그래프	페 4 가스
벤젠	가스크로마토그래프	벤 가스
브로민화합물(Br)	싸이오시안산제2수은법(UV/VIS법), 이온크로마토그래피, 차아염소산염법(적정법)	브 싸 이 차

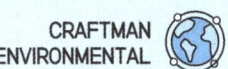

황화수소	메틸렌블루법, 가스크로마토그래피	황수 메 가스
염소	오르토톨리딘법, 4-피리딘카복실산-피라졸론법	염 오 4
염화수소	싸이오시안산제이수은법, 이온크로마토그래피	염 싸 이
폼알데하이드	아세틸아세톤법, 크로모트로핀산법, 고성능 액체크로마토그래피법	폼 아 크 액체
이황화탄소	자외선/가시선분광법(UV/VIS법, 흡광광도법), 가스크로마토그래프법	이황 흡 가스
사이안화수소(HCN)	4-피리딘카복실산-피라졸론법(UV/VIS법), 연속흐름법	사 피 연
매연	링겔만 매연 농도법, 불투명도법, 광학기법	매 링 불 광
먼지	수동, 자동, 반자동	먼 수자반
플루오린화합물	란타넘-알리자린컴플렉션법(UV/VIS법), 이온선택전극법, 이온크로마토그래피, 연속흐름법	플 란 이 연
하이드라진	• HCl 흡수액 - 자외선/가시선 분광법 • 황산함침여지채취 - 고성능액체크로마토그래피 • HCl 흡수액 - 고성능액체크로마토그래피 • HCl 흡수액 - 기체크로마토그래피	하 자 고 기
암모니아	인도페놀법	암 인

(3) 기기분석법 핵심정리

① **가스크로마토그래프(GC)** : 기체시료를 운반가스를 통해 분리관에서 전개시켜 얻어지는 크로마토그램을 분석하여 정량/정성(얼마나/어떤 것이 있는지) 분석하는 방법이다.

② **자외선/가시선분광법(UV)** : 빛이 시료용액 속을 통과할 때에 입사광과 투사광강도의 변화를 이용하여 용액의 흡광도를 측정한다. 중금속 측정 시 반응물질 및 추출용매 필요

③ **원자흡수분광광도법(AA)** : 시료를 불꽃 속으로 주입하였을 때, 생성된 바닥상태의 중성원자가 고유 파장의 빛을 흡수하는 현상을 이용해 측광부에서 흡광도를 측정한다.

④ **유도결합플라스마 분광법(ICP)** : 시료를 플라스마에 도입하여 6,000~8,000K에서 들뜬상태의 원자가 바닥상태로 이동될 때 방출하는 발광선과 발광강도를 측정한다.

(4) 특정대기유해물질

1. 카드뮴 및 그 화합물
2. 사이안화수소
3. 납 및 그 화합물
4. 폴리염화비페닐
5. 크롬 및 그 화합물
6. 비소 및 그 화합물
7. 수은 및 그 화합물
8. 프로필렌 옥사이드
9. 염소 및 염화수소
10. 불소화물
11. 석면
12. 니켈 및 그 화합물
13. 염화비닐
14. 다이옥신
15. 페놀 및 그 화합물
16. 베릴륨 및 그 화합물
17. 벤젠
18. 사염화탄소
19. 이황화메틸
20. 아닐린
21. 클로로포름
22. 폼알데하이드
23. 아세트알데히드
24. 벤지딘
25. 1,3-부타디엔
26. 다환 방향족 탄화수소류
27. 에틸렌옥사이드
28. 디클로로메탄
29. 스틸렌
30. 테트라클로로에틸렌
31. 1,2-디클로로에탄
32. 에틸벤젠
33. 트리클로로에틸렌
34. 아크릴로니트릴
35. 하이드라진

기출문제로 다지기 — UNIT 05 대기오염 측정 및 법규

01. 대기환경보전법규상 특정대기유해물질이 아닌 것은?

15년, 1회

① 석면
② 시안화수소
③ 망간화합물
④ 사염화탄소

02. 대기오염공정시험기준상 각 오염물질에 대한 측정방법의 연결로 옳지 않은 것은?

14년, 5회

① 일산화탄소 – 비분산 적외선 분석법
② 염소 – 질산은 적정법
③ 황화수소 – 메틸렌 블루법
④ 암모니아 – 인도페놀법

[해설] 염소분석방법 : 오르토톨리딘법, 4-피리딘카복실산-피라졸론법

03. 다음 설명하는 장치분석법에 해당하는 것은?

14년, 1회

> 이 법은 기체시료 또는 기화한 액체나 고체시료를 운반가스에 의하여 분리, 관내에 전개시켜 기체상태에서 분리되는 각 성분을 분석하는 방법으로 일반적으로 무기물 또는 유기물의 대기오염 물질에 대한 정성, 정량분석에 이용한다.

① 흡광광도법
② 원자흡광광도법
③ 가스크로마토그래프법
④ 비분산적외선분석법

04. 대기오염공정시험기준상 굴뚝 배출가스 중 질소산화물을 분석하는데 사용되는 방법은?

13년, 2회

① 아연환원 나프틸에틸렌다이아민법
② 중화적정법
③ 침전적정법
④ 아르세나조 Ⅲ법

[해설] 질소산화물 분석방법 : 아연환원 나프틸에틸렌다이아민법, 자동측정법

05. 대기오염공정시험방법상 시험의 용어에 관한 설명으로 틀린 것은?

10년, 2회

① "정확히 단다"라 함은 규정한 량의 검체를 취하여 분석용 저울로 0.1mg까지 다는 것을 뜻한다.
② 시험조작 중 "즉시"란 1분 이내에 표시된 조작을 하는 것을 뜻한다.
③ "항량이 될 때까지 건조한다 또는 강열한다"라 함은 따로 규정이 없는 한 보통의 건조 방법으로 1시간 더 건조 또는 강열할 때 전후 무게의 차가 매 g당 0.3mg 이하일 때를 뜻한다.
④ "감압 또는 진공"이라 함은 따로 규정이 없는 한 15mmHg 이하를 뜻한다.

[해설] "즉시"란 30초 이내에 표시된 조작을 하는 것을 뜻한다.

06. 다음 중 링겔만 농도표와 관계가 깊은 것은 어느 것인가?

09년, 5회

① 매연 측정
② 가스 크로마토그래프
③ 오존농도 측정
④ 질소산화물 성분 분석

정답 01. ③ 02. ② 03. ③ 04. ① 05. ② 06. ①

유해가스 처리

UNIT 01 유해가스 처리방법과 원리

1 흡수법

물 또는 세정액에 가스를 흡수시켜 처리하는 방법으로 물에 잘 녹는 수용성이 높은 가스에 적합하고, 처리비용이 비교적 저렴합니다. (처리대상 : SOx, HF, HCl 등 수용성 가스)

① **액분산형** : 탑 내에 액을 분산시켜 처리, 수용성이 큰 가스에 적용(H↓)
② **가스분산형** : 탑 내에 가스를 분산시켜 처리, 수용성이 작은 가스에 적용(H↑)

※ 흡수법으로 용해되는 가스는 헨리의 법칙이 적용됩니다.

식 $P = H \times C$

P : 가스의 분압
C : 가스가 용해된 흡수액의 농도
H : 헨리상수(용해도가 크면 작고, 작으면 큼)

2 흡착법

가스내에 오염물질을 흡착제에 흡착시켜 처리하는 방법으로 효율이 좋고, 흡착제로 인해 처리비용이 비쌉니다.
(처리대상 : SOx, NO₂, 물, VOC 등 분자량이 큰 물질)

① **활성탄** : 비극성 흡착제로, 극성을 제외한 거의 모든 물질 흡착
② **실리카겔** : 극성 흡착제로, 극성물질 흡착(예 물, HCl, H_2SO_4)
③ **제올라이트** : 결정 모양을 변화시켜 원하는 물질을 선택적으로 흡착
④ **석회석** : 황산화물을 석고로 전환시켜 제거

3 산화 · 환원법

오염가스를 산화 또는 환원시켜 유용한 물질 또는 안전한 물질로 변환하는 방법(처리대상 : SOx, NOx)

(1) 접촉산화법 : 아황산가스를 촉매(오산화바나듐)를 이용하여 삼산화황으로 산화시킨 후 물을 주입하여 황산으로 회수하거나 황산암모늄으로 회수하는 방법

> **반응식**
> $$SO_2 + 0.5O_2 \xrightarrow{V_2O_5(촉매)} SO_3$$
> $$SO_3 + H_2O \rightarrow H_2SO_4(황산)$$
> $$SO_3 + 2NH_4OH \rightarrow (NH_4)SO_4 + H_2O$$

(2) SCR(선택적 촉매 환원법) : 암모니아를 환원제로 이용하고, 촉매를 사용하여 질소산화물을 질소가스와 물로 전환하여 처리하는 방법

> **반응식**
> $$6NO_2 + 8NH_3 \rightarrow 7N_2 + 12H_2O$$
> $$6NO + 4NH_3 \rightarrow 5N_2 + 6H_2O$$
> $$4NO + 4NH_3 + O_2 \rightarrow 4N_2 + 6H_2O$$

4 소각법

오염가스를 가열 또는 소각하여 처리하는 방법

(1) 직접소각

소각로에 직접 오염가스를 주입하여 소각

> 💡 **특징**
> ① 운전온도 650~850℃
> ② 고농도, 대용량 가스처리 적합
> ③ 폭발 및 질소산화물 생성문제

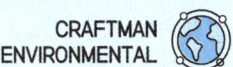

(2) 가열소각

가열로에서 가스를 보조연료를 이용하여 무산소상태에서 환원시켜 처리하는 방법

> 💡 **특징**
> ① 운전온도 500~700℃
> ② 저농도, 소용량 가스처리 적합
> ③ 부산물 생성(연료), 보조연료 필요

(3) 촉매소각

소각 시 촉매(Pt, Co, Ni)를 이용하여 효율을 높이고, 운전온도를 낮추어 처리하는 방법

> 💡 **특징**
> ① 운전온도 250~450℃   ② 효율이 98% 이상
> ③ 비용이 적게 듦   ④ 촉매독문제
> ⑤ 저농도, 소유량가스처리 적합

5 생물학적 처리

미생물 또는 식물을 이용하여 오염가스 처리

> 💡 **특징**
> ① 2차오염이 없음
> ② 독성이 취약, 온도 및 습도 조절 필수
> ③ 안정화되는데 시간이 오래 걸림

6 플라즈마

플라즈마를 조사하여 라디칼을 형성하고, 형성된 라디칼이 오염가스와 결합하여 유용한 물질(질산, 황산) 또는 무해한 가스로 전환하여 처리하는 방법

UNIT 02 유해가스 처리장치 종류

1 흡수장치

① **액분산형** : 충전탑, 분무탑, 벤츄리스크러버, 제트스크러버
② **가스분산형** : 단탑(다공판탑, 포종탑), 기포탑

충전물의 구비조건	흡수액의 구비조건
• 불활성일 것 • 충전밀도가 높을 것 • 압력손실이 낮을 것 • 액의 홀드업이 낮을 것 • 내식성, 내열성, 내구성이 좋을 것 • 액가스 분포를 균일하게 할 것	• 용해도가 클 것 • 휘발성이 적을 것 • 부식성이 없을 것 • 점성이 작을 것 • 화학적으로 안정되고 독성이 없을 것 • 용매의 화학적 성질과 비슷할 것

2 흡착장치

(1) 고정상 흡착장치 : 흡착제가 고정, 2개 이상을 기본으로 합니다.

> 💡 **특징**
> ① 흡착제의 마모손실이 적음
> ② 운전사항 변동에 따른 대응이 용이(2개 이상이므로)
> ③ 수직형은 소용량, 수평형은 대용량에 사용된다.

(2) 이동상 흡착장치 : 흡착제는 위에서 아래로, 가스는 아래에서 위로 이동하는 향류 접촉식과 흡착제가 회전흡착기 내에서 회전하며 흡착하는 연속흡착장치가 있습니다.

> 💡 **특징**
> ① 흡착제의 재생이 용이
> ② 접촉효율 양호
> ③ 재생시 소요되는 에너지 절감
> ④ 흡착제의 마모손실 있음

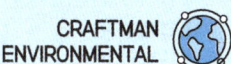

(3) 유동상 흡착장치 : 흡착제가 계속해서 이동하는 유동층에서, 가스를 접촉시키는 방법입니다.

> 💡 **특징**
> ① 접촉효율 우수
> ② 흡착제의 마모가 큼
> ③ 많은 양의 가스처리가능

기다 – 기출문제로 다지기 ▶ 유해가스 처리

01. 유해가스 흡수장치의 흡수액이 갖추어야 할 조건으로 옳은 것은? 16년, 1회

① 용해도가 작아야 한다.
② 휘발성이 커야 한다.
③ 점성이 작아야 한다.
④ 화학적으로 불안정해야 한다.

해설 [흡수액의 구비조건]
㉠ 용해도가 크고, 빙점이 낮을 것
㉡ 휘발성이 없을 것
㉢ 부식성과 독성이 없을 것
㉣ 점성이 작고, 화학적으로 안정될 것
㉤ 가격이 저렴할 것
㉥ 용매의 화학적 성질과 비슷할 것

02. 유해가스 제거방법 중 흡수법에 사용되는 흡수액의 구비조건으로 옳은 것은? 15년, 2회

① 흡수능력과 용해도가 커야 한다.
② 화학적으로 안정하고 휘발성이 높아야 한다.
③ 독성과 부식성에는 무관하다.
④ 점성이 크고 가격이 낮아야 한다.

03. 충전탑에서 충진물의 구비조건에 관한 설명으로 옳지 않은 것은? 15년, 2회

① 내식성과 내열성이 커야 한다.
② 압력손실이 작아야 한다.
③ 충진밀도가 작아야 한다.
④ 단위용적에 대한 표면적이 커야 한다.

해설 충진밀도가 커야 한다.

04. 대기오염방지시설 중 유해가스상 물질을 처리할 수 있는 흡착장치의 종류와 가장 거리가 먼 것은? 15년, 1회

① 고정층 흡착장치   ② 촉매층 흡착장치
③ 이동층 흡착장치   ④ 유동층 흡착장치

05. 유해가스 처리를 위한 흡착제 선택 시 고려해야 할 사항으로 옳지 않은 것은? 14년, 5회

① 흡착효율이 우수해야 한다.
② 흡착제의 회수가 용이해야 한다.
③ 흡착제의 재생이 용이해야 한다.
④ 기체의 흐름에 대한 압력손실이 커야 한다.

해설 기체의 흐름에 대한 압력손실이 작아야 한다.

정답 01. ③ 02. ① 03. ③ 04. ② 05. ④

03 CHAPTER 집진

UNIT 01 집진기초

1 집진 시 고려사항

입자의 크기, 입자밀도, 입자의 비표면적, 분진농도, 폭발성, 입경분포, 전기저항, 가스의 유속

2 먼지의 입경측정

(1) **광학직경** : 현미경으로 입자의 크기 측정
   ① **마틴직경** : 입자를 이등분하는 선을 직경으로 함
   ② **헤이후드직경(등면적 직경)** : 입자의 투영면적과 같은 면적의 원의 직경을 직경으로 함
   ③ **페레트 직경** : 투영면적의 양끝 가장자리를 수직으로 내려 이은 선을 직경으로 함

(2) **운동특성에 의한 입경**
   ① **스토크스경** : 대상분진과 침강속도가 같고, 밀도도 같은 구형입자의 직경
   ② **공기동력학경** : 대상분진과 침강속도가 같고, 단위밀도를 갖는 구형입자의 직경
      ※ 단위밀도 = 1g/cm^3(물의 밀도)

(3) **입경측정방법**
   ① **직접측정법** : 표준체측정법, 현미경법
   ② **간접측정법** : 공기투과법, 액상침강법, 광투과법, Cascade impactor(관성충돌법)

3 집진효율계산

(1) **기본식** : $\eta(\%) = \left(1 - \dfrac{C_o}{C_i}\right) \times 100$

(2) **부분집진효율** : $\eta_f = \left(1 - \dfrac{C_o \cdot f_o}{C_i \cdot f_i}\right) \times 100$

(3) **침강속도** : $V_g = \dfrac{d_p^{\,2}(\rho_p - \rho_g)g}{18\mu}$

UNIT 02 집진장치의 종류와 원리

1 중력집진장치 : 중력을 이용하여 분진제거

(1) 장·단점

장점	단점
• 다른 집진장치에 비하여 압력손실이 적다. • 전처리장치(1차 집진장치)로 많이 이용된다. • 구조 간단, 운전비·설치비용이 적게 든다. • 고부하가스, 고온가스 처리에 용이하다. • 조대한 입자를 선별하여 포집할 수 있다.	• 미세한 입자의 포집곤란, 효율이 낮다. • 먼지부하 및 유량변동에 적응성이 낮다.

(2) 중력집진장치의 기능향상조건

① 길이를 길게 한다.
② 수평유속을 작게 한다.(입구폭을 넓게 함)
③ 높이를 낮게 한다.(단수 증가시킴)
④ 교란방지

(3) 설계관련공식

> 💡 **기본산식** $\dfrac{V_g}{V} = \dfrac{H}{L}$

> 💡 **집진효율식**
> $$\eta_d = \frac{V_g}{V} \times \frac{L}{H} = \frac{d_p^2(\rho_p - \rho)gL}{18\mu VH} = \frac{d_p^2(\rho_p - \rho)gWL}{18\mu Q}$$

❷ 관성력집진장치 : 중력 + 관성력을 이용하여 분진을 제거

(1) 관성력집진장치의 특징

① 충돌식과 반전식이 있으며, 일반적으로 고온가스의 처리가 가능하므로 굴뚝 또는 배관내에 적용될 때가 있다.
② 액체입자의 포집에 사용되는 multibaffle형을 1μm 전후의 미립자 제거가 가능하나, 완전하게 처리하기 위해 가스출구에 충전층을 설치하는 것이 좋다.
③ 집진가능한 입자는 주로 10μm 이상의 조대입자이며 일반적으로 집진율은 50~70% 정도이다.

(2) 관성력집진장치의 집진효율향상조건

① 충돌식은 일반적으로 충돌직전의 처리가스 속도가 크고, 처리 후 출구 가스속도는 느릴수록 미립자의 제거가 쉽다.
② 반전식은 기류의 방향 전환 시 곡률반경이 작을수록, 방향전환 횟수는 많을수록, 압력손실은 커지나 집진효율은 좋다.
③ 호퍼(DUST BOX)는 적당한 모양과 크기가 필요하다.
④ 출구의 가스속도가 작을수록 집진효율이 좋다.
⑤ 충돌식의 경우 충돌직전의 각속도가 클수록 집진율이 높아진다.

❸ 원심력집진장치 : 중력 + 관성력 + 원심력을 이용하여 분진을 제거

(1) 사이클론의 집진율 향상조건

① 미세먼지의 재비산을 방지하기 위해 Skimmer와 turning vane 등을 설치한다.
② 배기관경(내경)이 작을수록 입경이 작은 먼지를 제거할 수 있다.
③ 먼지폐색(dust plugging) 효과를 방지하기 위해 축류집진장치를 사용한다.
④ 고용량 가스를 비교적 높은 효율로 처리해야 할 경우 소구경 Cyclone을 여러 개 조합시킨 multicyclone을 사용한다.

(2) Blow Down(블로우 다운)방식

> **Blow Down 효과의 정의**
> 사이클론의 집진효율을 높이는 방법으로 하부의 더스트박스(Dust Box)에서 처리가스량의 5~10%를 처리하여 사이클론내의 난류현상을 억제시킴으로 먼지의 재비산을 막아주며, 장치내벽 부착으로 일어나는 먼지의 축적도 방지하는 효과이다.

(3) Blow Down의 장점

① 원추하부에 가교현상을 억제시켜 재비산을 방지한다.
② 더스트박스에서 유입유량의 5~10%에 상당하는 가스를 추출시켜 집진장치의 기능을 향상시킨다.
③ 유효원심력을 증가시킨다.
④ 원추하부 또는 출구에 분진이 퇴적되는 것을 방지한다.

(4) 사이클론의 집진효율 공식

> **100% 제거입경**
> $$d_{pmin} = \sqrt{\frac{9\mu B}{\pi V(\rho_p - \rho_g)N}} \times 10^6 (\mu m)$$

> **50% 제거입경**
> $$d_{p50} = \sqrt{\frac{9\mu B}{2\pi V(\rho_p - \rho_g)N}} \times 10^6 (\mu m)$$

> **부분집진율**
> $$\eta_f(\%) = \frac{d_p^2 \times \pi \times V \times (\rho_p - \rho_g) \times N}{9 \times \mu \times B} \times 100$$

- μ : 점도
- V : 유속
- ρ_p : 입자밀도
- B : 입구폭
- N : 유효회전수
- ρ_g : 가스밀도

4 세정집진장치

(1) 메커니즘(포집기구)
관성충돌, 차단작용, 확산작용, 중력, 증습

(2) 장단점

장점	단점
① 가동부분이 적고 조작이 간단하다.	① 소수성 먼지의 집진효과가 낮다.
② 제진된 먼지의 재비산 염려가 없다.	② 폐수가 발생한다.
③ 처리가스의 흡수, 증습 등의 조작이 가능하다.	③ 압력손실이 비교적 높아 동력소비량이 크다.
④ 고온가스 및 연소성 및 폭발성 가스의 처리가 가능하다.	④ 많은 물이 필요하다.
⑤ 중소형시설로 대량의 가스처리가능	
⑥ 먼지와 유해가스를 동시에 처리할 수 있다.	
⑦ 점착성 및 조해성 분진의 처리가 가능하다.	

(3) 세정집진장치의 종류
① **유수식** : S임펠러형
② **회전식** : 타이젠 와셔, 임펄스 스크러버 (암기TIP) 시계는 회전한다. 시간은 타 임)
③ **가압수식** : 제트스크러버, 벤츄리 스크러버

> **벤츄리 스크러버**
> 함진가스를 벤츄리관의 목(throat)부에 유속 60~90m/sec로 빠르게 공급하여 목부주변의 노즐로부터 세정액이 흡입분사되게 함으로써 포집하는 방식이다. (압력손실 300~800mmH$_2$O)

5 여과집진장치

(1) 메커니즘(포집기구) : 관성충돌, 차단작용, 확산작용, 중력, 체거름(가교작용)

(2) 장·단점

장점	단점
• 미세입자에 대한 집진효율이 높다.	• 소요면적이 많이 든다.
• 여러가지 형태의 분진을 포집할 수 있다.	• 폭발성, 점착성 분진제거가 곤란하다.
• 다양한 용량의 가스를 처리할 수 있다.	• 가스의 온도에 제한을 받는다.
	• 수분, 여과속도에 적응성이 낮고, 유지비용이 비싸다.

(3) 블라인딩 효과(눈막힘 현상)

점착성 또는 부착성이 강한 분진을 처리할 때 함진 배기가스 중에 함유된 수분의 응결로 인하여 여과포에 부착된 분진이 탈리되지 않고 그대로 부착되어 압력손실을 증가시키게 되는 현상을 말한다.

(4) 여포의 종류

① **목면** : 80도까지 사용가능, 산에 취약
② **데비론** : 150도까지 사용가능, 산, 알칼리에 모두 강함
③ **비닐론** : 150도까지 사용가능, 산, 알칼리에 모두 강함
④ **카네카론** : 150도까지 사용가능, 산, 알칼리에 모두 강함
  암기TIP 데 비 카! : 산 · 알칼리에 모두 강함
⑤ **글라스화이버** : 250도까지 사용가능, 알칼리에 취약

6 전기집진장치

(1) 집진메커니즘

방전극에는 -(마이너스), 집진판에는 +(플러스) 전류를 흘려보내면서, 방전극과 집진판 사이의 강전계를 형성하고 이를 통과하는 함진가스는 대전되면서 집진판에 부착되어 제거

(2) 장·단점

장점	단점
① 미세입자에 대한 집진효율이 높다.	① 설치비용이 많이 든다.
② 비교적 운영비가 적게 든다.	② 운전조건의 변화에 따른 유연성이 낮다.
③ 낮은 압력손실로 대량가스 처리가 가능하다.	③ 넓은 설치면적이 요구된다.
④ 광범위한 온도범위에서 설계가 가능하다.	④ 특히 비저항이 큰 분진을 제거하는데 어려움이 있다.

(3) 집진효율 : $\eta = 1 - \exp\left(-\dfrac{A \times We}{Q}\right)$

(4) 장애현상

① **재비산현상** : 먼지의 겉보기 전기저항이 $10^4 \Omega \cdot cm$ 이하일 때, 유속이 과도하게 빠를 때 발생한다.
② **역전리현상** : 먼지의 겉보기 전기저항이 $10^{11} \Omega \cdot cm$ 이상일 때 발생한다.
  ※ 정상운전 비저항 범위 : $10^4 \sim 10^{11} \Omega \cdot cm$

UNIT 03 환기 및 통풍

1 전체환기와 국소배기

(1) **전체환기** : 공간전체를 환기

> 💡 **적용**
> ① 오염원이 이동성일 때
> ② 오염원이 분산되어 있을 때
> ③ 오염물질의 농도가 낮을 때

(2) **국소배기** : 오염원과 오염원 주위를 환기

> 💡 **적용**
> ① 오염원이 고정되어 있을 때
> ② 오염물질의 농도가 높을 때
> ③ 독성물질이나 감염성물질이 존재할 때
> ④ 법적으로 규제하는 공간일 때

2 후드의 흡인요령 (암기TIP 개 발 국 충)

① **개**구면적을 작게 할 것
② **발**생원에 접근시킬 것
③ **국**소적 흡인방식을 취할 것
④ **충**분한 흡인속도를 유지할 것

3 후드의 종류

① **포위식** : 드래프트 챔버형, 장갑부착상자형, 부스형(부분포위)
② **외부식** : 루버, 슬로트, 그리드
③ **리시버식(수형)** : 캐노피형, 그라인더커버형

4 환기 관련공식

(1) 소요동력

$$P(kW) = \frac{\Delta P \cdot Q}{102 \cdot \eta} \times \alpha$$

- ΔP : 압력손실(mmH$_2$O)
- η : 효율
- Q : 유량(m³/sec)
- α : 여유율

⇨ 모든 단위를 MKS로 통일하자!

(2) **상사법칙** : 송풍기 회전수 변화에 따른 인자의 변화 (암기TIP) 요압동 123승)

① 회전수변화에 유량은 1승에 비례

$$Q_2 = Q_1 \times \left(\frac{N_2}{N_1}\right)$$

② 회전수변화에 압력은 2승에 비례

$$P_{s2} = P_{s_1} \times \left(\frac{N_2}{N_1}\right)^2$$

③ 회전수변화에 동력은 3승에 비례

$$P_2 = P_1 \times \left(\frac{N_2}{N_1}\right)^3$$

(3) 피토관 유속

$$V = C \times \sqrt{\frac{2gP_v}{\gamma}} \text{ (MKS로)}$$

- C : 피토관 계수
- P_v : 동압(mmH$_2$O)
- g : 중력가속도(9.8m/sec²)
- γ : 가스밀도 or 비중량(kg/m³)

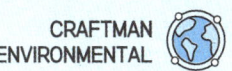

CHAPTER 03 집진

01. 여과집진장치에 사용되는 다음 여포재료 중 가장 높은 온도에서 사용이 가능한 것은? 　16년, 1회

① 목면　　　　　② 양모
③ 카네카론　　　④ 글라스화이버

[해설] 글라스화이버(유리섬유)가 250℃까지 사용가능하여 여포중에 가장 사용온도가 높다. 아무리 글라스화이버라고 해도 여과집진장치는 고온에 약하다는 것을 기억하자!

02. 일반적으로 배기가스의 입구처리속도가 증가하면 제거효율이 커지며, 블로다운 효과와 관련된 집진장치는? 　16년, 1회

① 중력집진장치　　② 원심력집진장치
③ 전기집진장치　　④ 여과집진장치

03. 집진효율이 50%인 중력침강 집진장치와 99%인 여과식 집진장치가 직렬로 연결된 집진시설에서 중력침강집진장치의 입구 먼지농도가 200mg/Sm³이라면, 여과식 집진장치의 출구 먼지의 농도(mg/Sm³)는? 　15년, 1회

① 1　　　　　② 5
③ 10　　　　④ 50

[해설] [식] $\eta(\%) = \left(1 - \dfrac{C_o}{C_i}\right) \times 100$

[식] $\eta_T(\%) = 1 - (1-\eta_1)(1-\eta_2) = 1 - (1-0.5)(1-0.99)$
　　　$= 0.995 = 99.5\%$

$99.5 = \left(1 - \dfrac{C_o}{200}\right) \times 100$,

$\therefore\ C_o = 1\,mg/Sm^3$

04. 집진장치에 관한 설명으로 옳지 않은 것은? 　14년, 5회

① 중력집진장치는 $50\mu m$ 이상의 큰 입자를 제거하는데 유용하다.
② 원심력집진장치의 일반적인 형태가 사이클론이다.
③ 여과집진장치는 여과재에 먼지를 함유하는 가스를 통과시켜 입자를 분리, 포집하는 장치이다.
④ 전기집진장치는 함진가스 중의 먼지에 +전하를 부여하여 대전시킨다.

[해설] 전기집진장치는 함진가스 중의 먼지에 (-)전하를 부여하여 대전시킨다.

05. 사이클론으로 100% 집진할 수 있는 최소입경을 의미하는 것은? 　16년, 1회

① 절단입경　　　② 기하학적 입경
③ 임계입경　　　④ 유체역학적 입경

06. 직경이 5μm이고 밀도가 3.7g/cm³인 구형의 먼지입자가 공기 중에서 중력침강할 때 종말침강속도는? (단, 스톡스 법칙 적용, 공기의 밀도 무시, 점성계수 1.85×10^{-5} kg/m·s) 　16년, 1회

① 약 0.27cm/s　　② 약 0.32cm/s
③ 약 0.36cm/s　　④ 약 0.41cm/s

[해설] [식] $V_s = \dfrac{d_p^{\,2}(\rho_p - \rho)g}{18\mu}$

- $d_p = 5\mu m = 5 \times 10^{-4}\,cm$
- $\rho_p = 3.7\,g/cm^3$
- ρ : 무시하므로 계산 시 사용 안 함
- $g = 9.8\,m/sec^2 = 980\,cm/sec^2$
- $\mu = 1.85 \times 10^{-5}\,kg/m \cdot sec = 1.85 \times 10^{-4}\,g/cm \cdot sec$

정답 01. ④　02. ②　03. ①　04. ④　05. ③　06. ①

$$\therefore V_s = \frac{(5\times10^{-4}cm)^2 \times 3.7g/cm^3 \times 980cm/sec^2}{18\times 1.85\times 10^{-4} g/cm\cdot sec}$$
$$= 0.27 cm/sec$$

07. 굴뚝에서 배출되는 가스의 유속을 측정하고자 피토우관을 굴뚝에 넣었더니 동압이 5mmH₂O이었다. 이 때 배출가스의 유속은 얼마인가? (단, 피토우관 계수는 0.85이고, 공기의 비중량은 1.3kg/m³이다.) 14년, 5회

① 5.92m/sec ② 7.38m/sec
③ 8.84m/sec ④ 9.49m/sec

해설 [피토관 유속공식] $V = C \times \sqrt{\dfrac{2\times g \times P_v}{\gamma}}$

$\therefore V = 0.85 \times \sqrt{\dfrac{2\times 9.8 \times 5}{1.3}} = 7.38 m/sec$

08. 후드의 설치 및 흡인요령으로 가장 적합한 것은? 16년, 1회

① 후드를 발생원에 근접시켜 흡인시킨다.
② 후드의 개구면적을 점차적으로 크게 하여 흡인속도에 변화를 준다.
③ 에어커텐(air curtain)은 제거하고 행한다.
④ 배풍기(blower)의 여유량은 두지 않고 행한다.

해설 ①항만 올바르다.
오답해설
② 후드의 개구면적을 작게 하여 흡인속도를 크게 한다.
③ 에어커텐(air curtain)은 가능한 설치한다.
④ 배풍기(blower)는 반드시 여유량을 둔다.

09. 전기집진장치에 관한 설명으로 가장 거리가 먼 것은? 16년, 1회

① 대량의 가스 처리가 가능하다.
② 전압변동과 같은 조건변동에 쉽게 적용할 수 있다.
③ 초기 설비비가 고가이다.
④ 압력손실이 적어 소요동력이 적다.

해설 전압변동과 같은 조건변동에 적응이 어렵다.

10. 포집먼지의 중화가 적당한 속도로 행해지기 때문에 이상적인 전기집진이 이루어질 수 있는 전기저항의 범위로 가장 적합한 것은? 16년, 1회

① $10^2 \sim 10^4$ Ω·cm
② $10^5 \sim 10^{10}$ Ω·cm
③ $10^{12} \sim 10^{14}$ Ω·cm
④ $10^{15} \sim 10^{18}$ Ω·cm

해설 이상적인 전기집진이 이루어질 수 있는 전기저항의 범위 : $10^4 \sim 10^{11}$ Ω·cm

11. 다음 중 전기 집진장치의 특성으로 옳은 것은? 15년, 2회

① 압력손실이 100~150mmH₂O 정도이다.
② 전압변동과 같은 조건변동에 대해 쉽게 적응한다.
③ 초기시설비가 적게 든다.
④ 고온 가스(350℃ 정도)의 처리가 가능하다.

해설 ④항만 올바르다.
오답해설
① 압력손실이 20mmH₂O 정도이다.
② 전압변동과 같은 조건변동에 대해 대응이 좋지 못하다.
③ 초기시설비가 많이 든다.

12. 중력식 집진장치의 효율향상 조건으로 옳지 않은 것은? 15년, 2회

① 침강실 내 처리가스 속도가 빠를수록 미립자가 포집된다.
② 침강실의 높이가 작고, 길이가 길수록 집진율은 높아진다.
③ 침강실 입구폭이 클수록 유속이 느려져 미세한 입자가 포집된다.
④ 다단일 경우에는 단수가 증가될수록 압력손실은 커지나 효율은 증가한다.

정답 07. ② 08. ① 09. ② 10. ② 11. ④ 12. ①

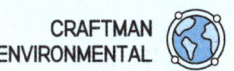

해설 처리가스의 속도가 느릴수록 효율이 증가한다.

13. 원심력 집진장치의 효율을 증가시키는 방법으로 가장 거리가 먼 것은? 15년, 2회

① 배기관경이 작을수록 입경이 작은 먼지를 제거할 수 있다.
② 입구유속에는 한계가 있지만 그 한계 내에서는 입구 유속이 빠를수록 효율이 높은 반면 압력손실도 높아진다.
③ 블로우 다운 효과로 먼지의 재비산을 방지한다.
④ 고농도일 경우 직렬로 사용하고, 응집성이 강한 먼지는 병렬연결(5단 한계)하여 사용한다.

해설 고농도일 경우 병렬로 사용하고, 응집성이 강한 먼지는 직렬 연결하여 사용한다.

14. A집진장치의 압력손실이 444mmH$_2$O, 처리가스량이 55m^3/sec인 송풍기의 효율이 77%일 때, 이 송풍기의 소요동력은? 15년, 4회

① 256kW   ② 286kW
③ 298kW   ④ 311kW

해설 식 $P(\text{kW}) = \dfrac{\Delta P \times Q}{102 \times \eta} \times \alpha = \dfrac{444 \times 55}{102 \times 0.77} = 310.92\text{kW}$

15. 함진가스를 방해판에 충돌시켜 기류의 급격한 방향전환을 이용하여 입자를 분리·포집하는 집진장치는? 15년, 1회

① 중력 집진장치   ② 전기 집진장치
③ 여과 집진장치   ④ 관성력 집진장치

16. 다음 중 집진효율이 가장 낮은 집진장치는? 15년, 1회

① 전기 집진장치   ② 여과 집진장치
③ 원심력 집진장치 ④ 중력 집진장치

17. 다음 집진장치 중 일반적으로 압력손실이 가장 큰 것은? 14년, 2회

① 중력집진장치   ② 원심력집진장치
③ 전기집진장치   ④ 벤츄리 스크러버

해설 벤츄리 스크러버는 압력손실이 300~800mmH$_2$O으로 집진장치 중 압력손실이 가장 높다.

18. 다음 중 여과집진장치에 관한 설명으로 옳은 것은? 14년, 2회

① 350℃ 이상의 고온의 가스처리에 적합하다.
② 여과포의 종류와 상관없이 가스상 물질도 효과적으로 제거할 수 있다.
③ 압력손실이 약 20mmH$_2$O 전후이며, 다른 집진장치에 비해 설치면적이 작고, 폭발성 먼지 제거에 효과적이다.
④ 집진원리는 직접 차단, 관성 충돌, 확산 등의 형태로 먼지를 포집한다.

해설 ④항만 올바르다.
오답해설
① 250℃ 이상의 고온의 가스처리에 부적합하다.
② 가스상 물질은 제거가 어렵다.
③ 압력손실이 약 100~200mmH$_2$O 전후이며, 다른 집진장치에 비해 설치면적이 크고, 폭발성, 부착성 먼지 제거에 부적합하다.

정답 13. ④ 14. ④ 15. ④ 16. ④ 17. ④ 18. ④

19. 세정식 집진장치의 유지관리에 관한 설명으로 옳지 않은 것은? 　　　　　　　　　　　　　　　　14년, 2회

① 먼지의 성상과 처리가스 농도를 고려하여 액가스비를 결정한다.
② 목부는 처리가스의 속도가 매우 크기 때문에 마모가 일어나기 쉬우므로 수시로 점검하여 교환한다.
③ 기액분리기는 시설의 작동이 정지해도 잠시 공회전을 하여 부착된 먼지에 의한 산성의 세정수를 제거해야 한다.
④ 벤츄리형 세정기에서 집진효율을 높이기 위하여 될 수 있는 한 처리가스 온도를 높게 하여 운전하는 것이 바람직하다.

해설 벤츄리형 세정기에서 집진효율을 높이기 위하여 될 수 있는 한 처리가스 온도를 낮게 하여 운전하여야 증습에 의한 포집 효율을 높일 수 있다.

20. 다음 중 벤츄리 스크러버의 입구 유속으로 가장 적합한 것은? 　　　　　　　　　　　　　　　　14년, 2회

① 60~90m/sec　　② 5~10m/sec
③ 1~2m/sec　　　④ 0.5~1m/sec

04 CHAPTER 연소

UNIT 01 연료의 종류 및 특성

1 연료의 종류 및 특성

(1) 고체연료

① **석탄(Coal)** : 지질시대 식물이 퇴적, 매몰된 후 열과 압력의 작용을 받아 변질 생성된 흑갈색의 가연성 광물, 대형보일러, 발전소에서 사용
② **코크스** : 석탄을 고온건류하여 생기는 다공질의 고체연료로 해탄이라고도 하며, 매연이 생성되지 않는 특징을 가지고 있다. 회분이 많아 분진생성량은 많은 편이다.

(2) 액체연료

① **중유** : 가솔린, 경유, 등유 등을 증류하고 나서 얻는 기름으로 원유 연료 중 비중이 높고 밀도가 높다.
② **경유** : 원유를 분별증류하여 얻는다. 끓는점이 250~350℃로 높은 편이다. 디젤기관의 원료가 된다. 황분이 함유되어 있어 연소 시 황산화물이 배출된다.
③ **등유** : 휘발유 다음으로 유출되는 석유로서 끓는점은 180~250℃이고, 가정난방에 많이 사용된다.
④ **휘발유** : 나프타를 정제하여 얻어지는 연료, 끓는점은 30~200℃이고, 인화성이 좋아 공기와 혼합되면 폭발성을 지닌다.
⑤ **LPG** : 액화석유가스의 약자로 프로페인 및 뷰테인을 주성분으로 한다. 가정용에는 프로페인 함량이 많고, 자동차용에는 뷰테인의 함량이 높다.

(3) 기체연료

① **천연가스(CH_4)** : 천연적으로 지하로부터 발생하는 가스로 주성분은 메테인이다. 천연가스를 개량하여, LNG(도시가스), CNG(압축천연가스)로 사용한다. 매연이 발생하지 않는다.
② **아세틸렌(C_2H_2)** : 카바이트에 물을 접촉시켜 발생된다. 연소 시 고온을 낼 수 있어 산업용으로 많이 활용된다. 삼중결합구조이다.

③ **발생로가스** : 코크스, 석탄에 한정된 공기를 공급하여 불완전 연소시켜 얻어지는 가스
④ **코크스로 가스** : 석탄을 건류할 때 발생하는 가스
⑤ **고로가스** : 제철시 용광로에서 뿜어내는 가스
⑥ **수성가스** : 고온으로 가열한 코크스에 수증기를 작용시켜 생기는 가스

> 💡 대기오염도 : 고체연료 > 액체연료 > 기체연료
> ⇨ 석탄 > 중유 > 경유 > 등유 > 휘발유 > LPG > 천연가스

UNIT 02 연소이론

1 가연분과 불연분

(1) 가연분

탄소, 수소, 황, 산소(조연분) 그리고 이들로 이루어진 물질(예 C, H, O, S, CH_4, C_2H_2, C_3H_8, H_2S, CO 등)

(2) 불연분

질소, 수분, 회분 그리고 연소반응이 완료된 물질(예 N, N_2, CO_2, SO_2, H_2O, 재)

2 연소반응식

(1) 연소

물질이 산소 또는 산화제와 결합하여 빛과 열을 내는 반응

(2) 반응식 완성요령

좌항과 우항의 계수를 맞춘다. – 마지막에 산소계수를 맞춘다.
- $C + O_2 \rightarrow CO_2$
- $H_2 + 0.5O_2 \rightarrow H_2O$
- $S + O_2 \rightarrow SO_2$
- $CH_4 + 2O_2 \rightarrow CO_2 + 2H_2O$
- $C_3H_8 + 5O_2 \rightarrow 3CO_2 + 4H_2O$

- $CxHy + \left(x + \dfrac{y}{4}\right)O_2 \rightarrow xCO_2 + \dfrac{y}{2}H_2O$

- $H_2S + 1.5O_2 \rightarrow H_2O + SO_2$

- $CO + 0.5O_2 \rightarrow CO_2$

③ 연소계산

(1) 이론산소량, 공기량

1) **이론산소량**(O_o) : 물질을 연소할 때 필요로 하는 산소량

   식 $O_o = 1.8667C + 5.6H + 0.7S - 0.7O$ (연료가 중량, 산소는 부피)
   $O_o = 2.6667C + 8H + S - O$ (연료가 중량, 산소도 중량)
   (여기서, C, H, S, O는 연료 1kg 당 성분의 함량을 의미한다.)

   예 조성이 탄소 80%, 수소 20%인 중유 1kg를 연소할 때 이론산소량(m³)은?

	C	+	O_2	→	CO_2
	1mol	:	1mol		
	12kg	:	32kg		
	22.4m³	:	22.4m³		
	H_2	+	$0.5O_2$	→	H_2O
	1mol	:	1mol		
	2kg	:	16kg		
	22.4m³	:	11.2m³		

   $O_o = \dfrac{22.4\text{m}^3}{12\text{kg}} \times 0.8\text{kg} + \dfrac{11.2\text{m}^3}{2\text{kg}} \times 0.2\text{kg}$
   $= 1.8667 \times 0.8 + 5.6 \times 0.2 = 2.6133 \text{m}^3/\text{kg}$

2) **이론공기량**(A_o) : 물질을 연소할 때 필요로 하는 공기량

   식 $A_o = O_o \times \dfrac{100(\text{Air})}{21(O_2)}$ (부피)

   $A_o = O_o \times \dfrac{100(\text{Air})}{23.2(O_2)}$ (중량)

(2) 공기비(m)

1) **공기비**(m) = 실제공기량/이론공기량(실제공기량 = 이론공기량 × 공기비)

2) **실제공기량** = 이론공기량 + 과잉공기량

$$m = \frac{N_2}{N_2 - 3.76 O_2}(완전연소), \quad m = \frac{N_2}{N_2 - 3.76(O_2 - 0.5CO)}(불완전연소)$$

(3) 발열량

1) **고위발열량**(Hh) : 열량계로 측정한 열량

$$Hh = 8,100C + 34,000\left(H - \frac{O}{8}\right) + 2,500S (kcal/kg, 연료가 중량)$$

2) **저위발열량**(Hl) : 고위발열량에서 물의 증발잠열을 제외한 열량

$$Hl = Hh - 600(9H + W)(kcal/kg, 연료가 중량)$$
$$Hl = Hh - 480 \times (생성된\ 물의\ 몰수)(kcal/m^3, 연료가\ 부피)$$

4 내연기관에서의 연소

(1) 가솔린기관과 디젤기관

① **가솔린기관** : 불꽃점화, 연료와 공기 동시 주입, 압축비 낮음, 연비 낮음, 발생오염물질(NOx, HC, CO, Pb)
② **디젤기관** : 자동압축점화, 공기가 채워진 연소실에 연료만 주입, 압축비 높음, 연비 높음, 발생오염물질 (NOx, HC, CO, SOx, 매연)

※ 디젤은 NOx 배출량 많음, 가솔린은 CO, HC 배출량 많음

(2) 운전상태에 따른 오염물질의 발생

오염물질 \ 운전상태	가속	공전	감속
NOx	많음	적음	적음
CO	적음	많음	보통
HC	적음	보통	많음

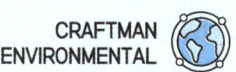

기출문제로 다지기 — CHAPTER 04 연소

01. 중량비로 수소가 15%, 수분이 1% 함유되어 있는 중유의 고위발열량이 13,000kcal/kg이다. 이 중유의 저위발열량은?
14년, 5회

① 11,368kcal/kg   ② 11,976kcal/kg
③ 12,025kcal/kg   ④ 12,184kcal/kg

해설 식 $Hl = Hh - 600(9H + W)$
∴ $Hl = 13,000 - 600(9 \times 0.15 + 0.01) = 12,184 kcal/kg$

02. 연료의 연소과정에서 공기비가 너무 큰 경우 나타나는 현상으로 가장 적합한 것은?
16년, 1회

① 배기가스에 의한 열손실이 커진다.
② 오염물의 농도가 커진다.
③ 미연분에 의한 매연이 증가한다.
④ 불완전 연소되어 연소효율이 저하된다.

해설 ①항만 올바르다.
오답해설
② 오염물의 총량은 많아지나, 농도는 적어진다.
③ 미연분의 감소로 매연이 감소한다.
④ 완전연소되어 연소효율이 높아진다. 단, 너무 많은 양의 공기가 주입되면 연소실냉각으로 인해 연소효율이 저하된다.

03. 메탄 94%, 이산화탄소 4%, 산소 2%인 기체연료 1m³에 대하여 9.5m³의 공기를 사용하여 연소하였다. 이 경우 공기비(m)는? (단, 표준상태 기준)
15년, 4회

① 1.07   ② 1.27
③ 1.47   ④ 1.57

해설 식 $m = \dfrac{A}{A_o}$

- A(실제공기량) = 9.5m³
- $A_o = \dfrac{1}{0.21} \times O_o = \dfrac{1}{0.21} \times 1.86 = 8.86 m^3$

반응식 $CH_4 + 2O_2 \rightarrow CO_2 + 2H_2O$

- $O_o = (2 \times 0.94) - 0.02 = 1.86 m^3$

∴ $m = \dfrac{9.5}{8.86} = 1.07$

04. 중량비로 수소 13.5%, 수분 0.65%인 중유의 고위발열량이 11,000kcal/kg인 경우 저위발열량(kcal/kg)은?
15년, 4회

① 약 9,880   ② 약 10,270
③ 약 10,740   ④ 약 10,980

해설 식 $Hl = Hh - 600(9H + W)$
∴ $Hl = 11,000 - 600(9 \times 0.135 + 0.0065)$
$= 10,267.1 kcal/kg$

05. 질소산화물의 발생을 억제하는 연소방법이 아닌 것은?
15년, 1회

① 저과잉공기비 연소법   ② 고온 연소법
③ 2단 연소법   ④ 배기가스 재순환법

해설 저온 연소법으로 해야 한다.

06. CO 200kg을 완전연소시킬 때 필요한 이론 산소량(Sm³)은? (단, 표준상태 기준)
15년, 1회

① 15   ② 56
③ 80   ④ 381

 정답   01. ④   02. ①   03. ①   04. ②   05. ②   06. ③

해설 $CO + 0.5O_2 \rightarrow CO_2$
     28kg : $0.5 \times 22.4m^3$
     200kg : X, ∴ $X = 80m^3$

07. 연소조절에 의하여 NOx 발생을 억제하는 방법 중 옳지 않은 것은? 14년, 5회

① 연소시 과잉공기를 삭감하여 저산소 연소시킨다.
② 연소의 온도를 높여서 고온 연소를 시킨다.
③ 버너 및 연소실 구조를 개량하여 연소실 내의 온도분포를 균일하게 한다.
④ 화로 내에 물이나 수증기를 분무시켜서 연소시킨다.

해설 연소온도를 낮춰야 한다.

08. 소각로에서 연소효율을 높일 수 있는 방법과 거리가 먼 것은? 14년, 5회

① 공기와 연료의 혼합이 좋아야 한다.
② 온도가 충분히 높아야 한다.
③ 체류시간이 짧아야 한다.
④ 연료에 산소가 충분히 공급되어야 한다.

해설 체류시간이 길어야 한다.

09. 황성분 1%인 중유를 20ton/hr로 연소시킬 때 배출되는 SO_2를 석고($CaSO_4$)로 회수하고자 할 때 회수되는 석고의 양은? (단, 24시간 연속 가동되며, 연소율: 100%, 탈황율: 80%, 원자량 S:32, Ca:40) 14년, 2회

① 6.83kg/min   ② 11.33kg/min
③ 12.75kg/min   ④ 14.17kg/min

해설 반응식 S + O_2 → SO_2
           32kg   : $22.4m^3$

$\dfrac{20톤}{hr} \times \dfrac{1}{100} \times \dfrac{10^3 kg}{1톤}$: X_1

$X_1 = 140 \times 0.8 = 112 m^3/hr$

반응식 $SO_2 + CaCO_3 + 0.5O_2 \rightarrow CaSO_4 + CO_2$
       $22.4m^3$:   136kg
       $112m^3/hr$: X_2

∴ X_2(석고) = 680kg/hr = 11.33kg/min

10. 연소 시 연소상태를 조절하여 질소산화물 발생을 억제하는 방법으로 가장 거리가 먼 것은? 14년, 2회

① 저온도 연소
② 저산소 연소
③ 공급공기량의 과량 주입
④ 수증기 분무

해설 공급공기량을 줄여야 한다.

11. 가솔린을 연료로 사용하는 자동차의 엔진에서 NOx가 가장 많이 배출될 때의 운전 상태는? 16년, 1회

① 감속   ② 가속
③ 공회전   ④ 저속(15km 이하)

12. 다음은 연소의 종류에 대한 내용이다. (   ) 안에 알맞은 말은 어느 것인가? 23년, 2회 CBT

> 목재, 석탄, 타르 등은 연소 초기에 가연성 가스가 생성되고, 이것이 긴 화염을 발생시키면서 연소하는데 이러한 연소를 (   )라 한다.

① 표면연소
② 분해연소
③ 확산연소
④ 자기연소

정답 07. ② 08. ③ 09. ② 10. ③ 11. ② 12. ②

알기 쉽게 풀어쓴 환경기능사 6판

제 2 과 목
폐수처리

01
물의 특성 및 오염원

02
물리적 처리

03
화학적 처리

04
생물학적 처리

01 CHAPTER 물의 특성 및 오염원

UNIT 01 물의 특성

1 물의 성질

① 물은 4℃에서 밀도가 최대
② 물은 용해열이 크고, 비열이 크며, 녹는점, 끓는점이 높다.
③ 물은 극성으로 아주 우수한 용매
④ 물은 산소 1개, 수소 2개를 가지고 공유결합을 형성한다.
⇨ 이러한 특성이 있어 생물권을 보호!

2 수질오염지표

(1) BOD(생물화학적 산소요구량)

미생물이 유기물을 분해하는데 필요로 하는 산소량을 측정하므로써 물 속에 유기물량을 알 수 있는 지표

1) 소모식
- 상용대수 Base : $BOD_t = BOD_u \times (1 - 10^{-K \cdot t})$
- 자연대수 Base : $BOD_t = BOD_u \times (1 - e^{-K \cdot t})$

2) 잔류식
- 상용대수 Base : $BOD_t = BOD_u \times 10^{-K \cdot t}$
- 자연대수 Base : $BOD_t = BOD_u \times e^{-K \cdot t}$
- BOD_t : t일 후 BOD
- BOD_u : 최종 BOD(생물학적으로 최대로 분해될 수 있는 BOD)

(2) COD(화학적 산소요구량)

산화제를 이용하여 물 속의 산소량을 알 수 있는 지표, BOD로 측정이 어려운 시료에 적용, 생물학적으로 분해 불가능한 부분도 측정가능(예 호소수, 해수, 공장폐수 등)

- COD=BDCOD(생물학적 분해 가능 COD)+NBDCOD(생물학적 분해 불가능 COD)
  COD=SCOD(용해성 COD)+ICOD(비용해성 COD)
  COD=(BDSCOD+NBDSCOD)+(BDICOD+NBDICOD)
  ※ BDCOD = BODu = ThOD

(3) SS : 물 위에 떠있거나, 용존되어 있지 않은 물질을 말함

(4) pH : 수소이온농도, 산과 염기의 정도를 나타낸다.

(5) T-N, T-P : 총 질소, 총 인, 수중의 총 질소량과 총 인량을 나타내는 지표, 영양물질의 함량을 나타낸다.

(6) 경도, 알칼리도

1) 경도

물의 세기 정도(유발물질 : Ca^{2+}, Mg^{2+}, Fe^{2+}, Mn^{2+}, Sr^{2+})

① **경도계산** : 경도유발물질을 모두 합한 후 $CaCO_3$로 환산한다.

$$\text{식 } HD = \sum \left(X \times \frac{100/2}{eq} \right)$$

② **가경도** : 경도유발물질은 아니지만 비누소모량을 늘려 경도와 유사한 현상을 나타내는 작용(예 Na^+, K^+)

2) 알칼리도 : 산을 중화시킬 수 있는 능력(유발물질 : OH^-, HCO_3^-, CO_3^{2-})

(7) 콜로이드

1) 친수성 콜로이드 : 물에 잘 섞여 유탁상태로 존재하는 콜로이드

① 다량의 염을 주입하여도 침전되지 않음
② 에멀션 상태

2) 소수성 콜로이드 : 물에 잘 섞이지 않고 현탁상태로 존재하는 콜로이드

① 소량의 염을 주입하여도 침전됨
② 서스펜션 상태, 틴들현상[5] 있음

---

5) 틴들현상 : 물 속에 빛을 비출 때, 물 속에 존재하는 입자의 산란으로 비추는 빛의 색이 보이는 현상

UNIT 02 수자원의 특성

1 수자원의 특성

(1) 해수

① 바닷물, 전체 수자원 중 가장 많은 양(약 97%)
② pH는 8.2(해수 8.2 – 해파리로 암기)
③ 35%는 TKN(유기질소 + 암모니아성질소), 65% 무기질소(아질산성 질소 + 질산성 질소)
④ 해수의 Mg/Ca 비는 3~4
⑤ 해수의 구성성분(Holy Seven)
  $Cl^- > Na^+ > SO_4^{2-} > Mg^{2+} > Ca^{2+} > K^+ > HCO_3^-$
  ㄴ 염소 > 나트륨 > 황산염 > 마그네슘 > 칼슘 > 칼륨 > 중탄산 (암기TIP 염 라 (대) 황 막 칼 가는 중)

(2) 하천수

① 최대유량과 최소유량의 비율이 크다.(하상계수가 크다.)
② 유기물 함량이 지하수에 비해 많다.
③ 미생물과 자외선에 의한 자정작용을 갖는다.

(3) 호소수

① 물이 고여있는 호수나 저수지를 말한다.
② 조류와 박테리아가 공생관계를 가진다.
③ 부영양화의 우려가 있다.(녹조 문제)
④ 유기물 측정을 COD로 하여야 한다.

(4) 지하수

① 수온변동이 작고 암반을 통과하며 여과되어 탁도가 낮다.
② 미생물이 거의 없고 오염물질이 적다.
③ CO_2 농도가 높고, 자정속도가 느리다.
④ 경도가 높다.

UNIT 03 수자원 관리

1 하천의 수질관리

(1) 하천의 정화단계

① Wipple의 4지대
- ㉠ **분해지대** : 오염이 시작, DO 감소, 균류 증식
- ㉡ **활발한 분해지대** : DO가 거의 없음, 혐기성 세균 출현, CH_4, H_2S, CO_2, NH_3 가스발생, 물이 회색 또는 흑색으로 변함
- ㉢ **회복지대** : 유기물감소로 인한 DO 농도의 증가, 조류 출현, 원생동물과 미소후생동물의 출현
- ㉣ **정수지대** : DO 농도 정상, 호기성 세균 번식, 물고기류 번식

② Marson-Kolkwitz의 하천오염정화 4단계
- ㉠ **강부수성(빨강)** : DO가 거의 없음, H_2S, CH_4, NH_3 가스발생, 미생물 종류는 적고 수는 많은 상태, 활발한 분해지대와 비슷
- ㉡ **α-중부수성(노랑)** : DO 약간 존재, 황세균 출현, 규조류·남조류의 서식으로 인한 가스제거
- ㉢ **β-중부수성(녹색)** : 유기물감소로 인한 DO 농도의 증가, 철세균과 원생동물, 남조류, 녹조류의 출현으로 인한 수질개선
- ㉣ **빈부수성(파랑)** : DO 농도 크게 증가, BOD 농도 크게 감소, 수질 및 생태계회복

(2) 하상계수 및 자정계수

① 하상계수

$$\text{하상계수} = \frac{\text{최대하천유량}}{\text{최소하천유량}}$$

우리나라는 여름에 집중적으로 비가 많이 오므로, 하상계수가 큽니다.

② 자정계수

$$f(\text{자정계수}) = \frac{K_2}{K_1}$$

2 호·저수지의 수질관리

(1) 성층 및 전도현상

① **성층현상(Stratification)** : 성층은 여름과 겨울에 물의 온도에 따른 밀도차에 의해 발생합니다. 성층이 형성되면, 호·저수지의 물은 상층은 표수층, 중간층은 수온약층, 하층은 심수층으로 3개의 층으로 나뉘어져서 서로 혼합되지 않습니다.

  ㉠ **표수층(표층, epilimnion)** : 가장 상부에 있는 층으로, 바람과 마찰에 의해 혼합이 잘 이루어집니다. 대기로부터의 산소공급과 조류의 산소공급으로 DO과포화상태가 유지됩니다.

  ㉡ **수온약층(변온층, thermocline)** : 이름대로 수온의 변동이 가장 활발한 층입니다. 수심 1m당 ±0.9℃로 변합니다.

  ㉢ **심수층(정체층, Hypolimnion)** : 가장 하부에 있는 층으로, 수질의 이동이 거의 없으며, 용존산소의 공급이 부족하여 혐기성상태에 가깝고, 혐기성미생물의 증식으로 인한 가스(H_2S, CH_4, CO_2, H_2)의 발생과 수중미생물의 사체가 쌓여서 영양염류(N, P)의 함량이 높습니다.

② **전도현상(turn over)** : 전도현상은 물의 표면온도가 4℃가 되는 봄과 가을에 발생합니다. 수표면이 4℃가 되어 표층의 물의 밀도가 가장 커지므로 표층의 물이 아래로 내려가면서 성층이 파괴되며 물 전체가 혼합됩니다. 전도현상이 발생하면 유기물의 혼합이 이루어지므로 수질을 악화시키며, 영양분을 순환시킵니다.

(2) 부영양화(Eutrophication)

① **부영양화 현상**

부영양화란 물에 질소와 인 등 영양염류가 과다유입되었을 때 조류의 이상증식으로 물이 늪지대로 변해가는 과정입니다.

② **부영양화의 특징**

  ㉠ **영양염류** : 질소농도 0.2~0.3mg/L 이상, 인농도 0.01~0.02mg/L 이상

  ㉡ **DO** : 부영양화 초기에는 조류의 증식으로 DO농도는 증가하지만, 계속된 조류의 증식은 조류의 사멸과 분해로 DO농도의 감소를 초래하고 혐기성으로 변해가게 됩니다.

  ㉢ **조류독성** : 조류는 자체적으로 독성을 가지고 있어 수생생물들을 폐사시켜, 생물종을 감소시키고, 물의 이취미를 유발하여 취수를 곤란하게 만듭니다.

③ **부영양화의 평가방법** : 부영양화 평가방법에는 여러 가지 방법이 있고, 여러 방법들은 주로 N, P, 투명도, 엽록소를 평가합니다.

  ㉠ Vollenweider는 N, P의 농도를 통해 부영양화의 정도를 판단합니다.

  ㉡ Carlson의 TSI는 클로로필-a(엽록소), T-P, 투명도(SD)를 가지고 부영양화를 판단합니다.

(3) 호소수 수질오염 대책

① **발생원 대책** : 유입저감대책(하수고도처리, 배출허용기준 강화 등)
② **녹조제거** : 활성탄, 황산구리 살포
③ **성층현상 방지** : 양수법, 증기확산법

3 연안의 수질관리

(1) 연안의 오염특성

① **발생원** : 육상배출, 해양 내 배출
② **영향 및 피해**
  ㉠ **적조**
    • 조류독성으로 인한 어패류의 폐사
    • 어패류에 농축되어 식중독 유발
  ㉡ **중금속 오염**
    • 해양생태계 파괴 및 수중생물 섭취 시 피해
  ㉢ **유류오염**
    • 플랑크톤의 광합성 저해
    • 가스교환의 억제로 용존산소 결핍유발
    • 수생생물의 피해
    • 선박항해 피해

(2) 적조현상과 그 대책

① **적조현상 발생원인**
  ㉠ 영양염류의 유입   ㉡ 연직안정도가 큰 정체수역
  ㉢ 수온증가   ㉣ 염도감소
  ㉤ 홍수 시   ㉥ 용승류(upwelling) 발생 시

② **적조현상 대책**
  ㉠ **황토살포** : 황토를 이용하여 영양염류를 흡착함과 동시에 플랑크톤을 응집하여 침전시킵니다.
  ㉡ **약품살포** : 황산구리, 차아염소산나트륨
  ㉢ **응집제살포**
  ㉣ **점토(Clay) 살포** : 점토의 알루미늄 성분은 조류을 흡착침전시킨다.

(3) 유류오염과 그 대책

① **유류오염의 발생원** : 해양사고
② **유류오염 방지대책**
  ㉠ **오일펜스** : 기름의 폐쇄
  ㉡ **회수장치** : 회수하여 에멀션 연료로 사용
  ㉢ 유처리제
  ㉣ 유흡착제
  ㉤ 오일 분산제
  ㉥ 황토 및 점토

4 지하수관리

(1) 지하수 오염의 특징

① **발생원**
  ㉠ **매립지** : 매립지 침출수의 유입
  ㉡ **농경지** : 비료 및 살충제의 유입
  ㉢ **유류저장탱크** : 탱크 또는 송유관의 파손으로 인한 유류의 유입
  ㉣ **폐광산** : 광산폐기물에서 유출된 오염물질의 유입

② **특징**
  ㉠ 처리가 어려움
  ㉡ 오염물질의 유입경로가 다양
  ㉢ 미생물에 의한 자연분해가 어려움
  ㉣ 광범위한 오염으로 진행될 가능성이 높음

(2) 지하수오염대책

① **발생원대책**
  ㉠ **차수막 설치** : 차수막을 설치하여 침출수 등 오염물질의 토양층 통과를 억제하고 모여진 오염물질은 하수관으로 배출하여 하수처리장으로 유입시켜 처리하는 방법
  ㉡ **토양오염 방지기술** : 토양오염을 정화하여 지하수까지의 오염피해를 차단하는 방법
  • in-situ : 지중처리, 굴착 X(예 토양증기추출법, 생물학적 분해법 등)
  • ex-situ : 지상처리, 굴착 O(예 토양세척법, 토양경작법 등)

② **제거대책**

　㉠ **양수처리방법** : 오염된 지하수를 양수하여 지상에서 수처리를 통해 오염물질을 제거하는 방법

　㉡ **미생물처리방법(생물학적 분해법)** : 영양물질과 산소의 공급을 통해 미생물의 활성을 증대시켜 오염물질을 제거하는 방법

　㉢ **투과성 반응벽체** : 오염원이 구간에 반응벽체를 설치하여 지하수의 수리지질학적 흐름을 이용하여 오염물질을 제거하는 방법

　㉣ **동전기법** : 이온상태의 오염물을 양극과 음극의 전기장에 의하여 이동시켜 제거하는 방법

5 수질모델링

(1) 모델링이란?

① **모델링** : 실제상황을 본 떠 만든 상황을 설정하여 실제와 같은 영향인자들을 산출하고 대입한 후, 실험과 컴퓨터를 이용하여 시간에 따른 변화를 예측하는 것으로 광범위한 오염부지의 조사나 사업을 시행하기 전후 등의 오염상태를 효과적으로 판단하기 위한 방법입니다.

② **절차** : 모형의 개발 또는 선정 → 보정 → 검증 → 감응도 분석 → 수질예측 → 평가

(2) 모델의 종류와 특징

① **Streeter-Phelps** : 최초의 하천수 모델로 오염원, 점오염원으로 가정, 유기물의 DO 소비로 인한 탈산소와 재폭기만을 고려한 모델

② **DO SAG - Ⅰ·Ⅱ·Ⅲ** : Streeter-Phelps Model을 기본으로 하는 1차원 정상상태 모델, 점오염원과 비점오염원의 영향까지 고려한 모델

③ **WASP5** : Streeter-Phelps식을 수정하여 만들어진 모델로, 1, 2, 3차원까지 고려 가능, SOD의 영향을 고려

④ **WQRRS** : 하천 및 호수의 부영양화를 고려한 생태계 모델, 정적 및 동적인 하천의 수질 및 수문학적 특성을 광범위하게 고려, 수심별 1차원 모델이 적용

⑤ **QUAL - Ⅰ·Ⅱ** : EPA(미국환경보호청)에서 개발하여 사용하고 있는 모델로, 음해법으로 산출되며, 하천과 대기의 열복사 및 열교환이 고려되는 것이 특징입니다. 또한 확산계수를 유속, 수심, 조도계수를 통해 결정합니다.

⑥ **Vollenweider** : 호·저수지의 영양물질 유입에 따른 부영양화 그리고 녹조현상을 예측하는데 이용되는 모델, 질소와 인만 고려하는 모델

UNIT 04 폐수 발생원 및 특성

1 발생원과 영향

오염 물질	발생원	영향
카드뮴(Cd)	아연제련, 건전지, 플라스틱 안료	이따이이따이병, 골연화증, 빈혈증, 고혈압
크롬(Cr)	도금, 피혁재료, 염색공업	폐암, 피부염, 피부궤양
납(Pb)	축전지, 인쇄, 페인트, 휘발유	다발성 신경염, 관절염
시안(CN)	도금, 석유정제	질식, 소화장애
PCB	변압기 절연유	가네미유증
수은(Hg)	제련, 살충제, 온도계, 압력계 제조	미나마타병, 신경장애, 지각장애
유기인	농약(말라티온, 파라티온 등)	청력장애, 언어장애
구리(Cu)	전기용품, 합금	간경변, 구토, 윌슨씨병
비소(As)	비소광산, 농약, 유리 공업	피부염, 색소침착

2 오염원의 분류

(1) 점오염원

일정한 지점에서 배출되는 오염원, 비가 오지 않는 갈수기에 오염이 심함(예 공장폐수, 가정하수, 축산폐수 등)

(2) 비점오염원

불특정지점에서 불특정하게 배출되는 오염원, 비가 많이 오는 홍수기에 오염이 심함(예 농경지 배수, 과수원, 강우 유출수, 도로, 산지 등)

UNIT 05 수질오염 측정

1 정도보증 및 정도관리

(1) 바탕시료
실험과정에서의 오차를 보정하기 위한 시료

(2) 검정곡선법
3개 이상의 이미 농도를 알고 있는 시료를 가지고 검정곡선을 작성하여 미지시료의 농도를 알아내는 방법

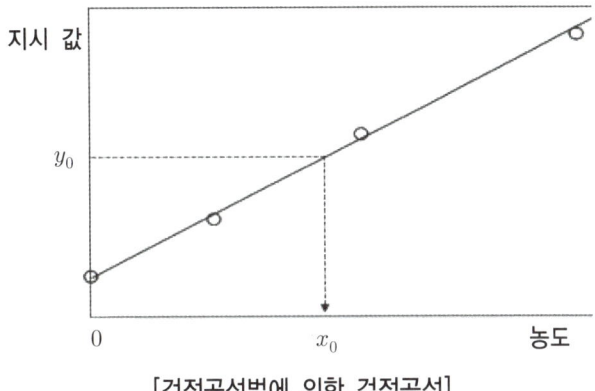

[검정곡선법에 의한 검정곡선]

(3) 표준물질첨가법
각각의 물질에 같은 농도의 표준물질을 첨가하여 검정곡선을 작성하는 방법

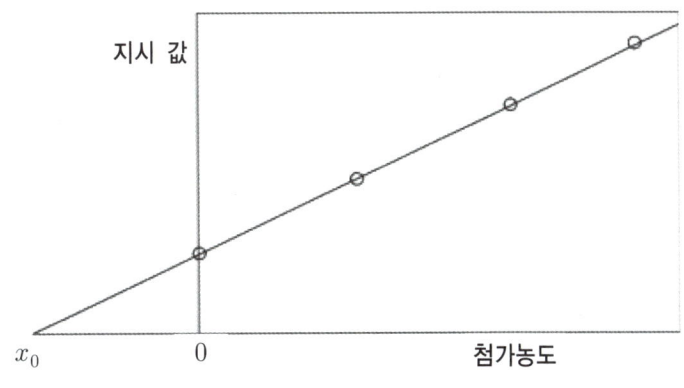

[표준물첨가법에 의한 검정곡선]

(4) 내부표준법(상대검정곡선법)

검정곡선 작성용 표준용액(R_s)과 시료에 동일한 양(R_x)의 내부표준물질을 첨가하여 시험분석절차, 기기 또는 시스템의 변동으로 발생하는 오차를 보정하기 위해 사용하는 방법

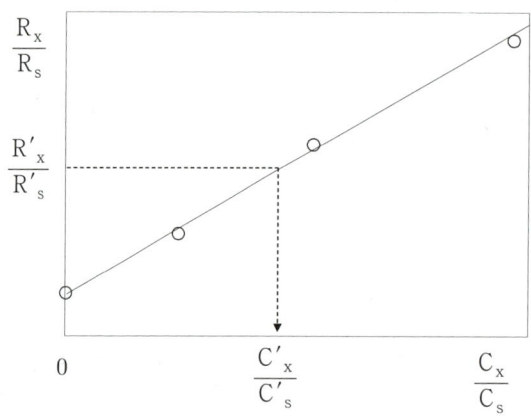

[내부표준법에 의한 검정곡선]

(5) 검출한계

1) 기기 검출한계

시험분석대상물질을 기기가 검출할 수 있는 최소농도 또는 양, S/N비의 2배~5배 농도 또는 바탕시료를 반복 측정 분석할 결과의 표준편차의 3배한 값

2) 방법 검출한계

시료와 비슷한 매질 중에서 시험분석 대상을 검출할 수 있는 최소한의 농도로서, 제시된 정량한계부근의 농도를 포함하도록 준비한 n개의 시료를 반복 측정하여 얻은 결과의 표준편차(s)에 99% 신뢰도에서의 t-분포값을 곱한 것

3) 정량한계(LOQ)

시험분석 대상을 정량화할 수 있는 측정값, 반복 측정하여 얻은 결과의 표준편차(s)에 10배한 값을 사용한다. (LOQ=10×s)

4) 정밀도

식 정밀도(%) = $\dfrac{s}{\overline{x}} \times 100$ (s : 표준편차, $\overline{x}$: 평균값)

2 유량측정

(1) 적용범위

유량계	공장폐수 원수	1차 처리수	2차 처리수	1차 슬러지	반송 슬러지	농축 슬러지	폭기액	공정수
벤투리미터(Venturi Meter)	○	○	○	○	○	○	○	
유량측정용 노즐(Nozzle)	○	○	○	○	○	○	○	○
오리피스(Orifice)								○
피토관(Pitot)								○
자기식 유량측정기 (Magnetic Flow Meter)	○	○	○	○	○	○		○

(2) 관수로 유량계의 특성

1) 벤투리미터
① 최대유속과 최소유속의 비가 4 : 1이다.
② 목 부분의 조절이 불가하여 유량의 조절이 불가능하다.
③ 압력손실은 작은 편이다.

2) 오리피스
① 최대유속과 최소유속의 비가 4 : 1이다.
② 압력손실이 큼, 비교적 유량이 정확하게 측정된다.
③ 목 부분을 조절하여 유량의 조절이 가능하다.

3) 유량측정용 노즐
① 최대유속과 최소유속의 비가 4 : 1이다.
② 약간의 고형 부유물질이 포함된 폐·하수에도 이용할 수 있다.
③ 벤투리와 오리피스의 장점을 합쳐놓은 측정장치이다.

4) 피토관
① 최대유속과 최소유속의 비는 3 : 1이다.
② SS가 많은 폐·하수에서는 측정이 곤란하고, SS농도가 낮은 대형관로에 적합하다.

5) 자기식 유량측정기
① 최대유속과 최소유속의 비는 10 : 1이다.
② 고농도 SS 함유의 유량측정이 가능

③ 전도체에 전류 통과로 생긴 전압측정으로 유속을 산출한다.
④ 물속의 활성도, 점도, 수온, 탁도에 영향을 받지 않고 유량측정

6) 개수로의 유량계 특성

① 파샬플룸
  ㉠ 자연유하식, 정확도 양호
  ㉡ 고농도의 부유물질 또는 토사 등이 있어도 측정 가능

② 위어(웨어)
  ㉠ 직각 3각 위어 : $Q = K \times h^{(5/2)}$
  ㉡ 4각 위어 : $Q = K \times b \times h^{(3/2)}$ (K : 계수, b : 폭, h : 위어의 수두(m))

③ 용기에 의한 유량측정
  ㉠ 최대 1m³/분 미만일 경우 : 용기용량 100~200L를 사용하여 물은 20초 이상 받아야 한다.
  ㉡ 최대 1m³/분 이상일 경우 : 침전지, 저수지 등 수조의 유량측정 시 이용된다.

3 시료채취

(1) 하천수
 ① 수심이 2m 미만일 경우 : 수심의 1/3에서 채수한다.
 ② 수심이 2m 이상일 경우 : 수심의 1/3 및 2/3에서 각각 채수한다.

(2) 배출허용기준의 적합여부 판정
 ① 수동으로 시료 채취 시 30분 이상 간격으로 2회 이상 채취한다.
 ② 자동시료채취기로 시료를 채취할 경우에 6시간 이내에 30분 이상의 간격으로 2회 이상 채취한다.
 ③ 수소이온농도(pH), 수온 등 현장에서 즉시 측정·분석하여야 하는 항목인 경우에는 30분 이상의 간격으로 2회 이상 측정한 후 산술평균하여 측정분석값을 산출한다.
 ④ 시료의 성상, 유량, 유속 등의 시간별 변화를 고려하여 현장을 대표할 수 있어야 한다.

(3) 시료채취 시의 유의사항
 ① 채취용기는 시료를 채우기 전에 시료로 3회 이상 씻은 다음 채수한다.
 ② 용존가스, 환원성물질, 휘발성 유기화합물, 유류 및 수소이온 측정시료는 가득 채운 후 빠르게 뚜껑을 닫는다.
 ③ 시료채취량은 보통 3~5L 정도이어야 한다.
 ④ 지하수 시료는 취수정 내에 고여 있는 물의 4~5배 정도를 퍼낸 후 채취하도록 한다.

(4) 시료용기

① **유리용기** : 냄새, 노말헥산, 페놀류, 유기인, PCB, 휘발성 유기화합물(VOC), 물벼룩 급성독성
② **갈색유리용기** : 잔류염소, 다이에틸헥실프탈레이트, 1,4-다이옥산, 염화비닐, 아크릴로 니트릴, 브로모폼, 석유계 총탄화수소
③ **폴리에틸렌(PE)** : 플루오린(불소)

(5) SS 측정

유리섬유여과지를 이용하여 시료를 통과시킨 후 전후 무게차를 산출하여 부유물질의 양을 구합니다.
① **건조온도** : 105~110℃
② **건조시간** : 건조기 안에서 2시간 건조 후 데시게이터 안에서 방랭

(6) BOD 측정

시료의 용존산소(DO)를 측정하고 배양기에서 5일 동안 증식, 분해, 호흡작용을 거친 후 다시 DO를 측정하여 소비된 DO량을 측정하여 BOD를 산출합니다.

$$BOD = (D_1 - D_2) \times P$$

1) 전처리방법

① **잔류염소 함유** : 아자이드화나트륨, 요오드화칼륨, 염산, 전분, 식종
② **산성이나 알칼리성** : 염산 또는 수산화나트륨으로 중화, 식종
③ **DO가 과포화** : 수온을 23~25℃로 하여 15분간 통기하고 방랭하여 수온을 20℃로 조정

(7) COD 측정

1) 산성 과망간산칼륨법 : Cl 2,000mg/L 이하에만 적용

황산산성 유지 → 과망간산칼륨 주입 → 30분 수욕상에서 가열 → 적정
(종말점 : 엷은 홍색, 적정액 : 0.005M 과망간산칼륨)

2) 알칼리성 과망간산칼륨법 : Cl 2,000mg/L 이상에만 적용

알칼리성 유지 → 과망간산칼륨 주입 → 60분 수욕상에서 가열 → 적정
(종말점 : 무색, 적정액 : 0.025M 싸이오황산나트륨)

3) 다이크롬산칼륨법

황산산성 유지 → 다이크롬산칼륨 주입 → 2시간 가열 → 적정
(종말점 : 청록색 → 적갈색, 적정액 : 0.025N 황산제1철암모늄)

4) COD 계산

① 산성 과망간산칼륨 : $COD_{Mn} = (a-b)(f)\left(\dfrac{1,000}{V}\right)(0.2)$

② 알칼리성 과망간산칼륨 : $COD_{Mn} = (a-b)(f)\left(\dfrac{1,000}{V}\right)(0.2)$

③ 산성 과망간산칼륨 : $COD_{Cr} = (a-b)(f)\left(\dfrac{1,000}{V}\right)(0.2)$

(a: 적정량, b: 공시험 적정량, f: 역가(농도계수), V: 시료량)

(8) 시험기준

① 암모니아성 질소 : UV/VIS법, 이온전극법, 적정법
자외선/가시선분광법 : 청암소63 - 630nm(청색)

② 아질산성 질소 : UV/VIS법, IC법
자외선/가시선분광법 : 적아질54 - 540nm(적색)

③ 질산성 질소 : UV/VIS법, IC법, 데발다합금 환원증류법
UV/VIS법(브루신법) : 황질산41 - 410nm(황색)

④ 총 질소 : UV/VIS법, 연속흐름법
자외선/가시선분광법(산화법) : 총질22 - 220nm

⑤ 인산염인 : UV/VIS법, IC법
㉠ UV/VIS법(이염화주석환원법) : 청이염69 - 690nm(청색)
㉡ UV/VIS법(아스크로빈산환원법) : 아스88 - 880nm

⑥ 총인 : UV/VIS법, 연속흐름법
UV/VIS법 : 청인88 - 880nm(청색)

⑦ 페놀류 : UV/VIS법, CFA법(연속흐름법)
자외선/가시선분광법 : 페오일 - 510nm(수용액), 페품 - 460nm(클로로폼)

⑧ 시안 : UV/VIS법, CFA법, IE법
UV/VIS법(피리딘피라졸론) : 시피이62 - pH 2, 620nm(청색)

⑨ 플루오린 화합물 : UV/VIS법, IC법, IE법
UV/VIS법 : 청불유기 - 620nm(청색)

⑩ 음이온계면활성제 : UV/VIS법(청음65 - 650nm 청색), CFA법

> **용어 정리**
> - CFA : 연속흐름법
> - IE : 이온전극법
> - IC : 이온크로마토그래피
> - UV/VIS : 자외선/가시선 분광법

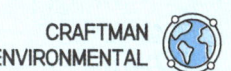

기출문제로 다지기 — CHAPTER 01 물의 특성 및 오염원

01. 우리나라 강수량 분포의 특성으로 가장 거리가 먼 것은?

16년, 1회

① 월별 강수량 차이가 큰 편이다.
② 하천수에 대한 의존량이 큰 편이다.
③ 6월과 9월 사이에 연 강수량의 약 2/3 정도가 집중되는 경향이 있다.
④ 세계 평균과 비교 시 연간 총 강수량은 낮으나, 인구 1인당 가용수량은 높다.

[해설] 세계 평균과 비교 시 연간 총 강수량은 높으나, 인구 1인당 가용수량은 낮다.

02. 폐수 중 총인을 자외선 가시선 분광법으로 측정할 때의 분석파장으로 옳은 것은?

15년, 1회

① 220nm　　② 450nm
③ 540nm　　④ 880nm

03. 오염물질을 배출하는 형태에 따라 점오염원과 비점오염원으로 구분된다. 다음 중 비점오염원에 해당하는 것은?

16년, 1회

① 생활하수　　② 농경지 배수
③ 축산폐수　　④ 산업폐수

04. 해수의 특성으로 옳지 않은 것은?

15년, 1회

① 해수의 밀도는 수심이 깊을수록 증가한다.
② 해수의 pH는 5.6 정도로 약산성이다.
③ 해수의 Mg/Ca비는 3~4 정도이다.
④ 해수는 강전해질로서 1L당 35g 정도의 염분을 함유한다.

[해설] 해수의 pH는 8.2 정도로 약알칼리성이다. (암기TIP 해파리)

05. 시중 판매되는 농황산의 비중은 약 1.84, 농도는 96%(중량기준)일 때, 이 농황산의 몰농도(mole/L)는?

15년, 1회

① 12　　② 18
③ 24　　④ 36

[해설] $X\text{mol/L} = \dfrac{1.84\text{g}}{\text{mL}} \times \dfrac{1\text{mol}}{98\text{g}} \times \dfrac{10^3\text{mL}}{1\text{L}} \times 0.96 = 18.02\,\text{mol/L}$

06. 다음 보기에서 우리나라 하천수의 일반적인 수질적 특징만을 골라 묶여진 것은?

16년, 1회

〈보기〉
ㄱ. 계절에 따라 수위 변화가 심하다.
ㄴ. 여름철과 겨울철에 성층이 형성된다.
ㄷ. 수온이 비교적 일정하고 무기물이 풍부하다.
ㄹ. 오염물의 이동, 분해, 희석 등 자정작용이 활발하다.

① ㄱ, ㄴ　　② ㄴ, ㄷ
③ ㄷ, ㄹ　　④ ㄱ, ㄹ

07. C_2H_5OH이 물 1L에 92g 녹아 있을 때 COD(g/L)값은? (단, 완전분해 기준)

16년, 1회

① 48　　② 96
③ 192　　④ 384

[해설] COD는 기타조건이 없을 때, ThOD와 같은 것으로 보고, ThOD는 반응식을 이용하여 구한다.
[반응식] $C_2H_5OH + 3O_2 \rightarrow 2CO_2 + 3H_2O$
　　46g : 3×32g
　　92g : X　　∴ $X = 192\text{g}$

 정답 01. ④　02. ④　03. ②　04. ②　05. ②　06. ④　07. ③

08. 다음 중 해역에서 적조 발생의 주된 원인 물질은?

16년, 1회

① 수은　　　② 산소
③ 염소　　　④ 질소

해설 적조발생의 주된 원인은 질소와 인이다.

09. 0.1M NaOH 1,000mL를 0.3M H_2SO_4으로 중화 적정할 때 소비되는 이론적 황산량은?

16년, 1회

① 126mL　　　② 167mL
③ 234mL　　　④ 277mL

해설 중화적정시에 중화적정공식을 이용하여 답을 산출한다.
$NV = N'V'$
- $N = \dfrac{0.3\text{mol}}{L} \times \dfrac{98g}{1\text{mol}} \times \dfrac{1\text{eq}}{98g/2} = 0.6N$
- $N' = 0.1N$(NaOH는 1가이므로 N = M)
- $V' = 1000\text{mL}$

$0.6N \times V = 0.1N \times 1000\text{mL}, \therefore V = 166.67\text{mL}$

10. 수질오염공정시험기준에 의거 페놀류를 측정하기 위한 시료의 보존방법(㉠)과 최대보존기간(㉡)으로 가장 적합한 것은?

16년, 1회

① ㉠ 현장에서 용존산소 고정 후 어두운 곳 보관, ㉡ 8시간
② ㉠ 즉시 여과 후 4℃ 보관, ㉡ 48시간
③ ㉠ 20℃ 보관, ㉡ 즉시 측정
④ ㉠ 4℃ 보관 H_3PO_4로 pH 4 이하 조정한 후 $CuSO_4$ 1g/L 첨가, ㉡ 28일

11. 다음은 BOD용 희석수(또는 BOD용 식종 희석수)를 검토하기 위한 시험방법이다. ( ) 안에 알맞은 것은?

15년, 1회

> ( ) 각 150mg씩을 취하여 물에 녹여 1,000mL로 한 액 5mL − 10mL를 3개의 300mL BOD병에 넣고 BOD용 희석수(또는 BOD용 식종 희석수)를 완전히 채운 다음 BOD 시험방법에 따라 시험한다.

① 설퍼민산 및 수산화나트륨
② 글루코오스 및 글루타민산
③ 알칼리성 요오드화 칼륨 및 아자이드화 나트륨
④ 황산구리 및 설퍼민산

12. 다음 중 물 속에 녹아 경도를 유발하는 물질로 거리가 먼 것은?

15년, 4회

① K　　　② Ca
③ Mg　　　④ Fe

해설 경도유발물질 : 칼슘(Ca), 망간(Mn), 철(Fe), 스트론튬(Sr), 마그네슘(Mg)

13. 혐기성 소화조의 완충능력(Buffer capacity)을 표현하는 것으로 가장 적합한 것은?

15년, 4회

① 탁도　　　② 경도
③ 알칼리도　　　④ 응집도

해설 혐기성 소화시 메탄생성을 위한 pH 7~80이고, 메탄생성 전 단계인 유기산 생성시 pH가 저하되게 되는데 이때, pH를 저하되지 않게 해주는 정도가 알칼리도이다. 따라서 혐기성소화를 위해서는 알칼리도가 꼭 필요하다.

정답 08. ④　09. ②　10. ④　11. ②　12. ①　13. ③

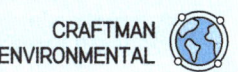

14. 수질오염공정시험기준상 따로 규정이 없는 한 감압 또는 진공의 기준으로 옳은 것은? 15년, 4회

① 5mmHg 이하   ② 10mmHg 이하
③ 15mmHg 이하 ④ 20mmHg 이하

15. 수질오염공정시험기준에서 "취급 또는 저장하는 동안에 이 물질이 들어가거나 또는 내용물이 손실되지 아니하도록 보호하는 용기"를 무엇이라 하는가? 15년, 1회

① 차광용기   ② 밀봉용기
③ 기밀용기   ④ 밀폐용기

16. 다음 중 지하수의 일반적인 수질특성에 관한 설명으로 옳지 않은 것은? 15년, 1회

① 수온의 변화가 심하다.
② 무기물 성분이 많다.
③ 지질 특성에 영향을 받는다.
④ 지표면 깊은 곳에서는 무산소 상태로 될 수 있다.

17. 지하수의 수질을 분석하였더니 $Ca^{2+}=24mg/L$, $Mg^{2+}=14mg/L$의 결과를 얻었다. 이 지하수의 경도는? (단, 원자량은 Ca=40, Mg=24 이다.) 15년, 1회

① 98.7mg/L   ② 104.3mg/L
③ 118.3mg/L ④ 123mg/L

해설 경도는 경도유발물질을 meq로 환산한 후, $CaCO_3$로 다시 환산하여 산출한다.

식 경도(HD)
$$= \left(\frac{24mg}{L} \times \frac{1meq}{40mg/2} + \frac{14mg}{L} \times \frac{1meq}{24mg/2} \right)$$
$$\times \frac{100/2mg(CaCO_3)}{1meq} = 118.3mg/L$$

18. 포기조에 가해진 BOD부하 1g당 100L의 공기를 주입시켜야 한다면 BOD가 100mg/L인 하수 1,000L/day를 처리하기 위해서는 얼마의 공기를 주입시켜야 하는가? 15년, 4회

① $1m^3/day$ ② $10m^3/day$
③ $100m^3/day$ ④ $1,000m^3/day$

해설 $X m^3/day = \frac{100L}{1g(BOD)} \times \frac{100mg(BOD)}{L} \times \frac{1,000L}{day}$
$$\times \frac{1g}{10^3 mg} \times \frac{1m^3}{10^3 L} = 10 m^3/day$$

19. A공장의 BOD 배출량이 500명의 인구당량에 해당하고, 그 수량은 $50m^3/day$이다. 이 공장 폐수의 BOD 농도는? (단, 한 사람이 하루에 배출하는 BOD는 50g 이다.) 15년, 4회

① 350mg/L   ② 410mg/L
③ 475mg/L   ④ 500mg/L

해설 총량=농도×유량, 농도=$\frac{총량}{유량}$

$X mg/L = \frac{50g}{인·일} \times 500인 \times \frac{day}{50m^3} \times \frac{10^3 mg}{1g} \times \frac{1m^3}{10^3 L} = 500mg/L$

20. 다음은 수질오염공정시험기준상 방울수에 대한 설명이다. ( ) 안에 알맞은 것은? 14년, 5회

> 방울수라 함은 20℃에서 정제수 (㉠)을 적하할 때, 그 부피가 약 (㉡)되는 것을 뜻한다.

① ㉠ 10방울, ㉡ 1mL   ② ㉠ 20방울, ㉡ 1mL
③ ㉠ 10방울, ㉡ 0.1mL   ④ ㉠ 20방울, ㉡ 0.11mL

21. 위어(weir)의 설치 목적으로 가장 적합한 것은? 14년, 5회

① pH 측정   ② DO 측정
③ MLSS 측정 ④ 유량 측정

 정답 14. ③ 15. ④ 16. ① 17. ③ 18. ② 19. ④ 20. ② 21. ④

CHAPTER 02 물리적 처리

UNIT 01 스크린, 침사, 흡착, 침전, 부상, 여과, 혼합 등

1 스크린

하·폐수 속에 함유된 협잡물을 제거하여 펌프, 기계류를 보호하면서 관로의 막힘을 방지하기 위해 설치한다.

(1) **조목스크린** : 유효간격 50~150mm

(2) **중목스크린** : 유효간격 25~50mm

(3) **세목스크린** : 유효간격 5~25mm

(4) **미세목스크린** : 유효간격 2~5mm

※ 조목 > 중목 > 세목 > 미세목

(5) **주요 설계요소**
① **스크린 접근 유속** : 0.45m/sec 이상, **통과유속** : 1m/sec 미만
② **수두차** : 0.6~1m
③ **스크린 각도** : 인력식(50°), 자동식(70°)

2 침사

모래, 자갈 등 Grit을 중력을 이용하여 가라앉히는 것

(1) **유체의 흐름판단**

① 레이놀드수(Re) : $\dfrac{DV\rho}{\mu}$

② 층류 : $Re < 2,100$
③ 난류 : $Re > 4,000$

(2) 침전의 기본이론 → 중력 → Stoke's 침강속도식

$$\boxed{식}\ V_s = \frac{d_p^2(\rho_p - \rho_w)g}{18\mu}$$

- d_p : 입자의 직경
- ρ_p : 입자의 밀도
- ρ_w : 물의 밀도
- μ : 점도
- g : 중력가속도

(3) 침사지 : 모래, 자갈 등 Grit을 침전시켜 제거하는 조

3 침전

SS, 유기물을 중력을 이용하여 가라앉히는 것

(1) 1차 침전지(최초 침전지) : 주로 SS나 콜로이드 성분 침전 제거

(2) 2차 침전지(종말 침전지) : 슬러지와 미량유해물질 침전 제거

(3) 침전형태
① 1형 침전(독립침전) : 입자가 독립적으로 침전하는 형태
② 2형 침전(응집침전) : 입자가 서로 응집하여 Floc을 형성하여 서로 상대적 위치를 변경시키며 침전하는 형태
③ 3형 침전(간섭침전) : 응집된 Floc들이 서로 엉키여 띠를 형성하며 경계층을 형성하고 서로 상대적 위치를 변경시키지는 않으며 침전하는 형태
④ 4형 침전(압축침전) : 침전하는 입자들이 압축되면서 수분함량이 줄어드는 침전형태

(4) 관련공식
① 표면부하율($m^3/m^2 \cdot day$) = $\dfrac{유입유량(m^3/day)}{침전지\ 표면적(m^2)}$

② 월류부하($m^3/m \cdot day$) = $\dfrac{유입유량(m^3/day)}{월류길이(m)}$

③ 체류시간(day) = $\dfrac{조의\ 부피(m^3)}{유입유량(m^3/day)}$

4 부상

침전이 어려운 유류, 그리스, 부유물질 등을 물 위로 띄우는 것

(1) 부상관련식

[부상속도] $V_b = \dfrac{d_p^{\,2}(\rho_w - \rho_p)g}{18\mu}$

- d_p : 입자의 직경
- ρ_p : 입자의 밀도
- ρ_w : 물의 밀도
- μ : 점도
- g : 중력가속도=9.8m/sec²

[기고비(A/S비)] $A/S = \dfrac{\gamma \cdot S_a(f \cdot P - 1)}{SS} \times R$

- γ : 공기밀도=1.3kg/m³(표준상태 기준)
- f : 분율
- R : 반송비
- S_a : 공기용해도
- P : 압력

(2) 부상조

침전이 어려운 유류, 그리스, 부유물질 등을 부상시켜 스크래퍼로 제거(폐수는 주로 부상, 하수는 주로 침전처리)

※ 스크래퍼 : 물 위에 있는 오염물을 긁어내어 제거하는 장치

[가압부상조]

(3) 부상법의 종류

① **용존공기 부상법** : 용존 기체가 과포화 상태로 있는 기체와 액체의 혼합액을 대기 중에서 압력을 감소시켜서 기포를 발생하도록 하여 부상시키는 방법

② **공기 부상법** : 공기를 대기압하에서 다공판이나 프로펠러로 수중에 포기하여 부상시키는 방법
③ **진공 부상법** : 공기를 포화시킨 상태에서 부상조의 상부층을 진공으로 하여 공기의 용해도를 감소시켜서 기포를 발생시켜 부상시키는 방법

5 흡착

오염물질을 흡착제에 흡착시켜 처리하는 방법, 이취미, 미량유해물질 제거용으로 주로 고도처리에 사용된다.

(1) 흡착장치 : 고정식, 이동식, 유동식 〈대기오염방지 파트와 같음〉

(2) 생물활성탄(BAC)

① 사용시간이 김
② 부착 · 응집에 의한 수두손실 증가
③ 정상상태까지의 기간이 김
④ 병원균의 서식 가능성 있음
⑤ 재생이 필요 없음

(3) 관련식

① 프로인들리히(물리적 흡착 공식)

$$\boxed{식}\ \frac{X}{M} = K \cdot C^{\frac{1}{n}}$$

(X : 흡착된 오염물질량, M : 흡착제의 양, K, n : 상수, C : 유출된 오염물질량)

② 랭뮤어(화학적 흡착 공식)

$$\boxed{식}\ \frac{X}{M} = \frac{abp}{1+ap}$$

(X : 흡착된 오염물질량, M : 흡착제의 양, a, b : 상수, p : 유체의 압력)

6 여과

침전으로 제거하기 어려운 미세입자들을 모래(여과사), 무연탄등과 같은 여재를 이용하여 오염물질을 걸러냄으로써 SS, 탁도 제거 및 전처리에 이용된다.

(1) 급속여과

표면여과–내부여과, 여과속도 빠름($120 \sim 150 m^3/m^2 \cdot day$), 물리적 제거, 대부분의 정수장에서 이용
- 급속여과지 여재 : 모래, 자갈, 안트라사이트

(2) 완속여과

표면여과, 여과속도 느림($1.2 \sim 4.8 m^3/m^2 \cdot day$), 물리적 제거 + 생물학적 제거, 소규모 처리장에서 이용

(3) 여과 운영상 문제점

여과지 부수두, 머드볼, 공기결합, 여재층의 수축

7 혼합

수질 특성이 다른 두 종류의 물을 혼합하여 처리, 가정하수와 공장폐수 또는 산성과 알칼리성 폐수 혼합처리

(1) 혼합처리의 효과

① 희석효과로 인한 독성 저감
② 입자 석출
③ 처리장 단일화에 따른 경제적 부담 감소

(2) 혼합공식

$$C_m = \frac{C_1 Q_1 + C_2 Q_2}{Q_1 + Q_2}$$

C_1 : a물질의 농도
C_2 : b물질의 농도
Q_1 : a물질의 유량
Q_2 : b물질의 유량
※ 여기서 a, b는 혼합될 임의의 두 물질을 의미한다.

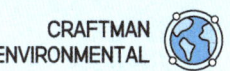

기출문제로 다지기 — CHAPTER 02 물리적 처리

01. 기름입자 A와 B의 지름은 동일하나 A의 비중은 0.88이고, B의 비중은 0.91이다. 이 때의 A/B의 부상속도비는? (단, 기타 조건은 같다.) 16년, 1회

① 1.03   ② 1.33
③ 1.52   ④ 1.61

해설 비중을 제외하고 나머지 조건이 같음을 이용하여 부상속도식을 정리한다.

$V_B = \dfrac{d_p^{\,2}(\rho - \rho_p)g}{18\mu} \rightarrow V_B = K \times (\rho - \rho_p)$

- $V_{B(A)} = K \times (1 - 0.88)$
- $V_{B(B)} = K \times (1 - 0.91)$

$\therefore V_{B(A)}/V_{B(B)} = \dfrac{K \times (1 - 0.88)}{K \times (1 - 0.91)} = 1.33$

02. 다음 용어 중 흡착과 가장 관련이 깊은 것은? 16년, 1회

① 도플러효과   ② VAL
③ 플랑크상수   ④ 프로인들리히의 식

해설 물리적 흡착에 관련되는 식은 프로인들리히, 화학적 흡착에 관련되는 식은 랭뮤어 식이다.

03. 살수여상의 표면적이 300m², 유입분뇨량이 1,500m³/일이다. 표면부하는 얼마인가? 16년, 1회

① 3m³/m²·일   ② 5m³/m²·일
③ 15m³/m²·일   ④ 18m³/m²·일

해설 식 표면부하(m³/m²·day) = $\dfrac{유량}{표면적}$

$\therefore$ 표면부하(m³/m²·day) = $\dfrac{1500}{300}$ = 5m³/m²·day

04. 다음 중 레이놀즈수(Reynold's number)와 반비례 하는 것은? 14년, 5회

① 액체의 점성계수   ② 입자의 지름
③ 액체의 밀도   ④ 입자의 침강속도

해설 식 $N_{Re} = \dfrac{DV\rho}{\mu}$

05. 125m³/h의 폐수가 유입되는 침전지의 월류부하가 100m³/m·day일 경우 침전지 월류웨어의 유효길이는? 16년, 1회

① 10m   ② 20m
③ 30m   ④ 40m

해설 식 월류부하(m³/m·day) = $\dfrac{유량}{유효길이}$

$100 = \dfrac{125 \times 24}{유효길이}$, $\therefore$ 유효길이 = 30m

06. 폐수처리공정에서 유입폐수 중에 포함된 모래, 기타 무기성의 부유물로 구성된 혼합물을 제거하는데 사용되는 시설은? 14년, 5회

① 응집조   ② 침사지
③ 부상조   ④ 여과조

07. Stokes의 법칙에 의한 침강속도에 영향을 미치는 요소로 가장 거리가 먼 것은? 14년, 5회

① 침전물의 밀도   ② 침전물의 입경
③ 폐수의 밀도   ④ 대기압

정답 01. ②   02. ④   03. ②   04. ①   05. ③   06. ②   07. ④

해설 대기압은 침강속도식에 포함되는 인자가 아니다.

식 $V_s = \dfrac{d_p^2(\rho_p - \rho)g}{18\mu}$

08. 물리적 처리에 관한 설명으로 거리가 먼 것은?   15년, 1회

① 폐수가 흐르는 수로에 관망을 설치하여 부유물 중 망의 유효간격보다 큰 것을 망 위에 걸리게 하여 제거하는 것이 스크린의 처리원리이다.
② 스크린의 접근유속은 0.15m/sec 이상이어야 하며, 통과유속이 5m/sec를 초과해서는 안된다.
③ 침사지는 모래, 자갈, 뼈조각, 기타 무기성 부유물로 구성된 혼합물을 제거하기 위해 이용된다.
④ 침사지는 일반적으로 스크린 다음에 설치되며, 침전한 그릿이 쉽게 제거되도록 밑바닥이 한 쪽으로 급한 경사를 이루도록 한다.

해설 스크린의 접근유속은 0.45m/sec 이상이어야 하며, 통과유속이 1m/sec를 초과해서는 안된다.

09. 유입하수량이 2,000m³/일이고, 침전지의 용적이 250m³이다. 이 때 체류시간은?   15년, 1회

① 3시간   ② 4시간
③ 6시간   ④ 8시간

해설 식 $t = \dfrac{\forall}{Q} = \dfrac{250m^3}{2000m^3/일} \times \dfrac{24시간}{1일} = 3시간$

10. 물 속에서 침강하고 있는 입자에 스토크스(Stokes)의 법칙이 적용된다면 입자의 침강속도에 가장 큰 영향을 주는 변화 인자는?   15년, 1회

① 입자의 밀도   ② 물의 밀도
③ 물의 점도   ④ 입자의 직경

해설 입자의 직경은 제곱에 비례하므로 가장 큰 영향을 준다.

식 $V_s = \dfrac{d_p^2(\rho_p - \rho)g}{18\mu}$

11. 침사지의 수면적부하 1,800m³/m²·day, 수평유속 0.32m/sec, 유효수심 1.2m인 경우 침사지의 유효길이는?   15년, 4회

① 14.4m   ② 16.4m
③ 18.4m   ④ 20.4m

해설 수면적부하 $= \dfrac{Q}{A_1(수면적)} = \dfrac{V \times A_2(유입단면적)}{A_1}$

$= \dfrac{V \times W \times H}{L \times W} = \dfrac{V \times H}{L}$

$\therefore L = \dfrac{V \times H}{수면적부하} = \dfrac{0.32(m/sec) \times 1.2m}{1,800(m^3/m^2 \cdot day)} \times \dfrac{86,400sec}{1day}$

$= 18.43m$

12. 폐수 중의 오염물질을 제거할 때 부상이 침전보다 좋은 점을 설명한 것으로 가장 적합한 것은?   15년, 4회

① 침전속도가 느린 작거나 가벼운 입자를 짧은 시간 내에 분리시킬 수 있다.
② 침전에 의해 분리되기 어려운 유해 중금속을 효과적으로 분리시킬 수 있다.
③ 침전에 의해 분리되기 어려운 색도 및 경도 유발물질을 효과적으로 분리시킬 수 있다.
④ 침전속도가 빠르고 큰 입자를 짧은 시간 내에 분리시킬 수 있다.

13. 폐수처리에서 여과공정에 사용되는 여재로 가장 거리가 먼 것은?   15년, 4회

① 모래   ② 무연탄
③ 규조토   ④ 유리

정답 08. ②   09. ①   10. ④   11. ③   12. ①   13. ④

14. 흡착에 관한 다음 설명 중 가장 거리가 먼 것은? 15년, 4회

① 폐수처리에서 흡착이라 함은 보통 물리적 흡착을 말하며, 그 대표적인 예로는 활성탄에 의한 흡착이다.
② 냄새나 색도의 제거에도 쓰인다.
③ 고도처리 시 질소나 인의 제거에 가장 유효하다.
④ 흡착이란 제거대상 물질이 흡착제의 표면에 물리적 또는 화학적으로 부착되는 현상이다.

해설 고도처리시 질소나 인 제거는 주로 생물학적 처리나 화학적 처리(공기탈기, 염소주입, 약품침전 등)로 처리한다.

15. 독립침전영역에서 스토크스의 법칙을 따르는 입자의 침전속도에 영향을 주는 인자와 거리가 먼 것은? 15년, 4회

① 물의 밀도 ② 물의 점도
③ 입자의 지름 ④ 입자의 용해도

해설 식 $V_s = \dfrac{d_p^{\,2}(\rho_p - \rho)g}{18\mu}$

16. 침전지 또는 농축조에 설치된 스크레이퍼의 사용목적으로 가장 적합한 것은? 15년, 4회

① 침전물을 부상시키기 위해서
② 스컴(scum)을 방지하기 위해서
③ 슬러지(sludge)를 혼합하기 위해서
④ 슬러지(sludge)를 끌어 모으기 위해서

17. 다음 수처리 공정 중 스톡스(Stokes) 법칙이 가장 잘 적용되는 공정은? 15년, 4회

① 1차 소화조
② 1차 침전지
③ 살균조
④ 포기조

정답 14. ③ 15. ④ 16. ④ 17. ②

CHAPTER 03 화학적 처리

| UNIT 01 | 화학 반응 |

1 산화와 환원

(1) 산화

산소를 얻는 작용, 수소 및 전자를 잃는 현상
- 산화제 : 산소를 주는 물질(예 O_3, $KMnO_4$, Cl, H_2O_2 등)

(2) 환원

산소를 잃는 작용, 수소 및 전자를 받는 현상
- 환원제 : 산소를 받는 물질(예 H_2, NH_3, Na_2SO_3 등)

2 화학적 처리의 특징

① 처리시간이 짧다.
② 처리효과가 일정하며 안정적이다.
③ 장치를 Compact하게 할 수 있다.
④ 처리단가가 높다.
⑤ 2차 오염의 문제가 있다.
⑥ 용존고형물(TDS)의 양이 증가한다.
⑦ 운전이 어렵다.

UNIT 02 중화, 응집, 흡착, 살균, 유해물질처리

1 중화

(1) 산성폐수 중화

  1) **알칼리 금속염** : 가성소다(NaOH), 소다회(Na_2CO_3)
    ① 용해도가 크기 때문에 용액의 주입이 편하고 반응력이 크다.
    ② 값이 비싸지만, 반응이 빠르고, pH 조정이 정확하다.

  2) **알칼리 토금속염** : 소석회($Ca(OH)_2$), 생석회(CaO)
    ① 용해도가 낮아, 미분말 상태로 주입, 값이 싸고 응집효과 약간 있다.
    ② 반응 생성물은 불용성이 많아서 슬러지가 많다.

> 💡 **석회의 종류**
> - **석회석($CaCO_3$)** : 탄산칼슘
> - **소석회($Ca(OH)_2$)** : 수산화칼슘
> - **생석회(CaO)** : 산화칼슘
> - **석고($CaSO_4$)** : 황산칼슘

(2) 알카리성 폐수 중화

  ① **황산** : 부식성이 강하므로 주의
  ② **염산** : 휘발성이 크고 부식성이 강함
  ③ **탄산가스** : 반응성이 적은 편

(3) pH 조절시 주의사항

  ① **완충작용** : 중탄산이온을 함유한 폐수는 완충작용을 가짐
  ② **온도** : 알카리성에서 온도에 따른 pH 영향 큼

(4) 중화적정식

산과 알카리용액을 중화하거나, 강산과 약산, 강염기와 약염기용액을 희석할 때 사용

$$NV = N'V'$$

  ① N(eq/L) : 산(강산 or 강염기)의 노르말 농도
  ② V(L) : 산(강산 or 강염기)의 용량
  ③ N'(eq/L) : 염기(약산 or 약염기)의 노르말 농도
  ④ V'(L) : 염기(약산 or 약염기)의 용량

2 응집

미립자의 척력(제타전위)는 줄이고, 인력(반데르발스힘)은 증가시켜 서로 엉기게 함으로써 크기를 증가시켜 침강

(1) 콜로이드, 진흙입자, 유기물, 세균, 조류, 색도, 맛, 탁도, 냄새 제거

(2) 급속교반과 완속교반

① **급속교반** : 약품과 응집제를 물 속에 잘 혼합하기 위한 교반
② **완속교반** : floc형성을 위한 교반(floc을 거대하게 만드는 과정)

> 식 교반기 동력 $P = G^2 \cdot \mu \cdot \forall$
>
> - P : 동력(kW)
> - μ : 점도
> - G : 속도경사(1/sec)
> - $\forall$: 부피

(3) Jar test(응집교반실험) : 응집제의 선정과 주입량을 산정하기 위한 실험

(4) 응집제의 종류

1) 무기응집제

① **황산알루미늄(황산반토, 명반)** : 부식성과 자극성이 없음, 취급 간편, 무독성, 알칼리도 소모, 가격 저렴, 사용범위 넓음, pH(5.5~8.5) 범위 좁음
② **황산 제1철** : Floc이 무거움, 가격 저렴, 부식성이 강함, 산화 필요, pH(9~11) 범위 좁음
③ **염화 제2철** : Floc이 무거움, 색도 제거에 유효, pH(4~12) 범위 넓음, 부식성 강함, 처리 후 색도가 남음
④ **PAC** : 응집속도 빠름, pH 영향 적음, 고탁도, 착색수 처리우수, 가격 비쌈

2) 유기응집제

- **폴리머(고분자 응집제)** : pH 영향 거의 없음, 슬러지량 적고, 탈수성 좋음

3 흡착(화학적 흡착)

① 흡착제와 피흡착 물질이 화학적으로 결합하는 강한 흡착(수소결합, 이온결합)
② 비가역적
③ 활성화에너지를 필요로 함
④ Langmuir 흡착등온 (단분자층 흡착)

※ 물리적 흡착과 화학적 흡착

흡착형태	물리적 흡착	화학적 흡착
계	개방계	폐쇄계
흡착제의 재생여부	재생가능	재생불가
흡착형태	다분자층	단분자층
선택성	비선택적	선택적
흡착온도	낮을수록	높을수록

4 살균

(1) 염소

1) 장단점

① **장점** : 잔류성이 있음, 전염병 살균력 좋음, 보관용이, 가격저렴
② **단점** : THM 생성, pH와 온도에 영향 많이 받음, 페놀계 처리불가, 부식성 있음
※ **THM(트리할로메탄)** : 메탄(CH_4)에 수소 3개를 할로겐물질(Cl, Br 등)로 치환한 물질로 주로 염소소독, 브롬소독 시 유기물과 결합하여 생성되는 물질이다. 발암성을 가지고 있으며, THM의 대부분은 클로로포름이다.(예 $CHCl_3$(클로로포름), $CHBr_3$(브로모포름))

2) 염소의 살균력

① 온도가 높을수록, 반응시간이 길수록, 농도가 높을수록 살균력이 강함
② pH 조절 중요(낮은 pH에서 HOCl 생성량 많고, 높은 pH에서 OCl 생성량 많음)
  → HOCl은 pH 5 부근에서 최대, OCl은 pH 10 부근에서 최대
③ HOCl(차아염소산) > OCl(차아염소산이온) > 클로라민
  → 따라서 pH를 5 부근으로 설정할수록 살균력은 증대된다.
④ 클로라민(모노클로라민(pH 8.5 이상), 다이클로라민(pH 4.5~8.5), 트리클로라민(pH 4.4 이하)

3) 파과점 : 유리잔류염소가 나타나 실제로 살균이 시작되는 점

4) 염소요구량 : 염소요구량은 다음과 같이 구한다.

> 💡 **염소주입량 = 염소요구량 + 잔류량**
> • 정수처리시 잔류염소는 0.2ppm 유지해야 함

(2) 이산화염소

① **장점** : 이취미해결가능, 바이러스까지 사멸, 클로라민 생성 없음, THM 생성없음, 잔류성 있음
② **단점** : 보관이 어렵고, 즉시 만들어 사용해야 함, 부식성 있음

(3) 오존

① **장점** : 살균, 탈색, 탈취, 탈미, 철·망간 제거, 시안화합물 제거, 페놀류 제거, 유기물 제거
② **단점** : 잔류성이 없음, 부식성 있음

(4) 자외선(UV)

① **장점** : 무해하고, 2차오염이 없음, 바이러스까지 사멸, 용존고형물 증가 없음
② **단점** : 잔류성이 없음

5 유해물질처리

(1) 크롬함유폐수처리

① **환원중화침전법** : 환원제로 6가크롬을 3가로 환원 → pH 7.5~9.5 범위에서 NaOH를 주입하여 수산화물 형태로 침전
② **일반적 환원처리방법** : 폐수의 pH를 2~3으로 조절 → 환원제로 6가크롬을 3가로 환원 → 알칼리를 주입하여 수산화물 형태로 침전

(2) 시안함유폐수처리

1) 알칼리염소법

① 폐수를 알칼리성으로 만든 후 염소계 산화제로 탄산가스와 질소로 분해
② pH 10 이상에서 NaClO를 넣는다.

2) 오존산화법

pH 12 이상에서 반응 촉진

3) 전해산화법

산화분해하여 시안산으로 만든 후, 시안 농도를 낮춰 알칼리 염소처리

4) 산성탈기법

① 시안 함유 폐수를 강산성으로 하여 HCN으로 가스화시켜 처리
② HCN의 처리가 문제됨

(3) 카드뮴 함유 폐수처리

① 수산화물 침전법 : $Cd^{+2} + Ca(OH)_2 \rightarrow Cd(OH)_2\downarrow + Ca^{+2}$
② 황화물 침전법 : Na_2S 첨가
③ 탄산염 침전법 : $NaCO_3$ 첨가
④ 알칼리 염소법 분해 후 수산화물 침전법(pH 10.5)
⑤ 부상분리법, 활성탄 흡착법, 이온교환법

(4) 비소 함유 폐수처리

① 금속비소로 환원시켜 분리하는 방법 : AsH_3(비화수소) 가스의 발생 가능성
② 수산화물 침전법, 황화물 침전법, 이온교환법, 활성탄 흡착법
③ 수산화 제2철 공침법 : 철, 카드뮴, 바륨, 알루미늄 등에 흡착시켜 공침

(5) 납 함유 폐수처리

① 질산에만 녹도 수용성 화합물 형태로 존재 : Pb^{+2}, 질산납, 초산납
② 수산화물 침전법(pH 9~10)
③ 황화물 침전법

(6) 수은 함유 폐수처리

① 유기계 수은(CH_3Hg^-, $C_2H_5Hg^-$) : 흡착법, 산화분해법
② 무기계 수은 : 화합물 응집 침전법, 활성탄 흡착법, 이온 교환법, 황화물 응집침전법

(7) 유기인 함유 폐수처리 : 활성탄 흡착 후 가수분해가 가장 효과적

(8) PCB 함유 폐수처리 : 응집침전, 활성탄 흡착, 용제 추출법, 핵산, 아세톤, 에탄올

기출문제로 다지기 — CHAPTER 03 화학적 처리

01. 어느 공장폐수의 Cr^{6+}이 600mg/L이고, 이 폐수를 아황산나트륨으로 환원처리 하고자 한다. 폐수량이 40m³/day 일 때, 하루에 필요한 아황산나트륨의 양은?(단, Cr 원자량 52, Na_2SO_3 분자량 126)   16년, 1회

$$2H_2CrO_4 + 3Na_2SO_3 + 3H_2SO_4 \rightarrow Cr_2(SO_4)_3 + 3Na_2SO_4 + 5H_2O$$

① 72kg ② 80kg
③ 87kg ④ 95kg

해설 반응식을 이용하여 크롬과 아황산나트륨의 비로 양을 산출한다.
$2H_2CrO_4 + 3Na_2SO_3 + 3H_2SO_4 \rightarrow Cr_2(SO_4)_3 + 3Na_2SO_4 + 5H_2O$
 2Cr : $3Na_2SO_3$
 2×52 : 3×126
$\frac{600mg}{L} \times \frac{1kg}{10^6 mg} \times \frac{10^3 L}{1m^3} \times \frac{40m^3}{day} : X$
∴ $X = 87.23 kg/day$

02. 폐수의 살균에 대한 설명으로 옳은 것은?   16년, 1회

① NH_2Cl보다는 HOCl이 살균력이 작다.
② 보통 온도를 높이면 살균속도가 느려진다.
③ 같은 농도일 경우 유리잔류염소는 결합잔류염소보다 빠르게 작용하므로 살균능력도 훨씬 크다.
④ HOCl이 오존보다 더 강력한 산화제이다.

해설 ③항만 올바르다.
오답해설
① NH_2Cl보다는 HOCl이 살균력이 크다.
② 보통 온도를 높이면 살균속도가 빨라진다.
④ HOCl보다 오존이 더 강력한 산화제이다.

03. 명반을 폐수의 응집조에 주입 후, 완속교반을 행하는 주된 목적은?   15년, 1회

① floc의 입자를 크게 하기 위하여
② floc과 공기를 잘 접촉시키기 위하여
③ 명반을 원수에 용해시키기 위하여
④ 생성된 floc의 수를 증가시키기 위하여

04. 오존 살균 시 급수계통에서 미생물의 증식을 억제하고, 잔류살균효과를 유지하기 위해 투입하는 약품은?   16년, 1회

① 염소 ② 활성탄
③ 실리카겔 ④ 활성알루미나

05. 염소 살균에서 용존 염소가 반응하여 물의 불쾌한 맛과 냄새를 유발하는 것은?   14년, 5회

① 클로로페놀 ② PCB
③ 다이옥신 ④ CFC

06. 수처리 시 사용되는 응집제와 거리가 먼 것은?   14년, 5회

① 입상활성탄 ② 소석회
③ 명반 ④ 황산반토

해설 입상활성탄은 흡착제에 해당한다.

07. 수돗물을 염소로 소독하는 가장 주된 이유는?   14년, 5회

① 잔류염소 효과가 있다. ② 물과 쉽게 반응한다.
③ 유기물을 분해한다. ④ 생물농축 현상이 없다.

해설 결정적으로 염소는 잔류성이 있어 여러 수도관을 통과하는 과정에서 재오염이 되어도 살균력을 유지할 수 있다.

정답 01. ③ 02. ③ 03. ① 04. ① 05. ① 06. ① 07. ①

08. 중화 반응공정에서 폐수가 산성일 때 약품조에 들어갈 약품으로 옳은 것은? 15년, 4회
① 황산 ② 염산
③ 염화나트륨 ④ 수산화나트륨

09. 폐수에 명반(Alum)을 사용하여 응집침전을 실시하는 경우 어떤 침전물이 생기는가? 15년, 4회
① 탄산나트륨 ② 수산화나트륨
③ 황산알루미늄 ④ 수산화알루미늄

10. A공장의 최종 방류수 4,000m³/day에 염소를 60kg/day로 주입하여 방류하고 있다. 염소주입 후 잔류염소량이 3mg/L이었다면 이 때 염소 요구량은 몇 mg/L인가? 15년, 1회
① 12mg/L ② 17mg/L
③ 20mg/L ④ 23mg/L

해설 주입량 = 요구량 + 잔류량
요구량 = 주입량 − 잔류량
• 주입량 = $\dfrac{60\text{kg/day}}{4{,}000\text{m}^3/\text{day}} \times \dfrac{10^6\text{mg}}{1\text{kg}} \times \dfrac{1\text{m}^3}{10^3\text{L}}$
= 15mg/L
∴ 요구량 = 15 − 3 = 12mg/L

11. 다음 중 유기수은계 함유폐수의 처리방법으로 가장 적합한 것은? 15년, 1회
① 오존처리법, 염소분해법
② 흡착법, 산화분해법
③ 황산분해법, 시안처리법
④ 염소분해법, 소석회처리법

12. Jar-test와 가장 관련이 깊은 것은? 13년, 1회
① 응집제 선정과 주입량 결정
② 흡착제(물리, 화학) 선정과 적용
③ 황산분해법, 시안처리법
④ 염소분해법, 소석회처리법

13. $Cr_2O_7^{2-}$ 이온에서 크롬(Cr)의 산화수는? 13년, 2회
① −5 ② −6
③ +5 ④ +6

해설 −2 = (X × 2) + (−2 × 7)
∴ X = 6
$Cr_2O_7^{2-}$의 분자는 2− 산화수이고 산소는 원자당 2−의 산화수를 가지고 있으므로 크롬 원자의 산화수는 6이다.

14. 정수 시설에서 오존처리에 관한 설명으로 가장 거리가 먼 것은? 23년, 3회 CBT
① 오존은 강력한 산화력이 있어 원수 중의 미량 유기물질의 성상을 변화시켜 탈색효과가 뛰어나다.
② 맛과 냄새 유발물질의 제거에 효과적이다.
③ 소독 효과가 우수하면서도 소독 부산물을 적게 형성한다.
④ 잔류성이 뛰어나 잔류 소독효과를 얻기 위해 염소를 추가로 주입할 필요가 없다.

해설 오존과 자외선 소독은 잔류효과가 없어 잔류효과가 필요한 경우 염소를 주입하여야 한다.

 08. ④ 09. ③ 10. ① 11. ② 12. ① 13. ④ 14. ④

15. 염소가스를 물에 흡수시켰을 때 살균력은 pH가 낮은 쪽이 유리하다고 한다. pH가 9 이상에서 물속에 많이 존재하는 것으로 옳은 것은?   23년, 3회 CBT

① OCl보다 $HOCl$이 많이 존재한다.
② $HOCl$보다 OCl이 많이 존재한다.
③ pH에 관계없이 항상 $HOCl$이 많이 존재한다.
④ NH_3가 없는 물속에서는 NH_2Cl_2가 많이 존재한다.

해설 pH가 5에 가까울수록 $HOCl$의 비율이 높아지고, pH가 10에 가까울수록 OCl의 비율이 높아진다.

정답 15. ②

04 CHAPTER 생물학적 처리

UNIT 01 미생물

1 미생물의 분류

(1) 수온에 따른 분류

① **저온성** : 수온이 10℃ 이하에서 잘 활동하는 친랭성 미생물
② **중온성** : 수온이 10~40℃에서 잘 활동하는 친온성 미생물
③ **고온성** : 수온이 50℃ 이상에서 잘 활동하는 친열성 미생물
※ 온도가 10℃ 상승할 때마다 미생물의 증식속도는 2배 빨라진다.

(2) 용존산소에 따른 분류

① **호기성 미생물** : 세포합성과 유지에 필요한 에너지나 전구물질을 얻기 위해 용존산소를 필요로 하는 미생물

$$C_6H_{12}O_6 + 6O_2 \rightarrow 6CO_2 + 6H_2O \text{ (호기성 분해)}$$

② **혐기성 미생물** : 세포합성과 유지에 필요한 에너지나 전구물질을 얻기 위해 무기물질과 유기물질의 분자 속에 결합된 산소를 얻어 생존하는 미생물(용존산소가 있으면 생장하지 않음)

$$E = \left(1 - \frac{VS_2/FS_2}{VS_1/FS_1}\right) \times 100$$

(3) 영양에 따른 분류

① **독립영양계** : CO_2를 먹이로 하는 미생물(질산화미생물, 조류, 황세균 등)
② **종속영양계** : 유기물, 환원된 탄소를 먹이로 하는 미생물(세균, 균류, 원생동물 등)

(4) 동화와 이화

① **동화** : 저분자물질이 고분자물질이 되는 과정, 간단한 물질이 복잡한 물질로 되는 과정(세포합성, 광합성 등)

② **이화** : 고분자물질이 저분자물질이 되는 과정, 복잡한 물질이 간단한 물질로 되는 과정(세포호흡, 소화작용 등)

2 미생물의 종류

(1) 세균(Bacteria)

① **형태** : 구균(공모양), 간균(막대기모양), 나선균(나선모양)

② 수분 80%, 고형물 20%

③ 호기성과 혐기성세균이 존재

④ **박테리아 분자식** : $C_5H_7O_2N$

⑤ **크기** : 0.8~5㎛

(2) 균류(Fungi)

① **분자식** : $C_{10}H_{17}O_6N$

② 호기성 미생물

③ 극한상황에서 잘 생존(산성, 건조, 용존산소 희박)

④ 침전성 불량 → 슬러지 벌킹(팽화)의 원인

(3) 조류(Algae)

1) 종류

① **남조류(원핵생물)** : 핵막으로 싸인 핵 및 엽록체를 갖지 않는 조류, 원형질연락이 없고, 유성생식을 하지 않는다.

② **녹조류(단세포 또는 다세포)** : 가장 간단한 체제를 갖고, 엽록체를 갖는 조류

③ **규조류(단세포)** : 세포벽이 규산화되어 있고, 다양하고 복잡한 모양을 가진다.

2) 분자식 : $C_5H_8O_2N$

3) 수중생태계의 1차 생산자

4) 광합성작용을 통한 생장

3 미생물에 의한 자정과정

(1) 마르슨 – 콜크비츠의 4지대

강부수성(빨간색) – α–중부수성(노란색) – β–중부수성(초록색) – 빈부수성(파랑색)

(2) 휘플(Wipple)의 4지대

분해지대 – 활발분해지대 – 회복지대 – 정수지대

UNIT 02 호기성처리, 혐기성처리 등

1 호기성처리

(1) 미생물의 증식

유도기 → 대수성장단계(log성장기) → 감소성장단계(플록형성기) → 내생호흡단계

$$\text{식}\ \text{Monod} - \text{비증식속도}(\mu) = \mu_{max} \times \frac{S}{K_s + S}$$

- μ : 비증식속도(1/hr)
- μ_{max} : 최대증식속도(1/hr)
- S : 기질(mg/L)
- K_s : 반포화농도(mg/L)

(2) 증식필요인자

① 온도 : 중온(20~35)℃ 유지
② 영양물질비 : BOD : N : P = 100 : 5 : 1
③ 용존산소(DO) : 2mg/L 이상으로 유지
④ pH : 중성영역(7~7.5)

(3) 활성슬러지법

1) 호기성처리법의 기본

2) 공정도

스크린 ⇨ 침사지 ⇨ 1차 침전지 ⇨ 폭기조 ⇨ 2차 침전지 ⇨ 방류

3) 관련식

① HRT(수리학적 체류시간) = 폭기조 용적/유입유량 = $\dfrac{\forall}{Q}$

② SRT(고형물 체류시간) = 폭기조 내 슬러지량/유출 슬러지량 = $\dfrac{MLSS \cdot \forall}{Q_w \cdot SS_r + Q_o \cdot SS_o}$

③ BOD 용적부하 = 유입 BOD량/폭기조 용적 = $\dfrac{BOD \cdot Q}{\forall} = \dfrac{BOD}{t}$

④ F/M비 = 유입 BOD량/슬러지량 = $\dfrac{BOD \cdot Q}{MLSS \cdot \forall} = \dfrac{BOD}{MLSS \cdot t}$

⑤ SVI(슬러지 용적 지표) = $\dfrac{SV_{30}(\text{mL/L})}{MLSS(\text{g/L})}$ (mL/g)

⑥ SDI(슬러지 밀도 지표) = $\dfrac{100}{SVI}$ (g/100mL)

⑦ R(반송비) = $\dfrac{MLSS}{SS_r - MLSS} = \dfrac{SV(\%)}{100 - SV(\%)}$

4) 운전 중 장애현상

① 슬러지 팽화(Bulking)

사상균과 곰팡이균류의 과다번식으로 플록 침강성이 저하되어 상등수의 수질이 악화되는 현상 → 슬러지의 부피가 커지는 SVI 200 이상일 때 발생

② 슬러지 부상(Rising)

수중의 용존산소가 과포화되어 질산화 된 슬러지가 탈질 현상이 발생하며, 발생하는 질소가스로 인해 슬러지가 부상하는 현상

③ 핀 플록(Pin floc)

플록에 사상균이나 곰팡이균이 전혀 없을 때, 플록의 크기가 작고 쉽게 부서지는 형태가 되어 플록이 부상하여 상등수의 수질이 악화되는 현상 → 슬러지의 부피가 작아지는 SVI 50 이하일 때 발생

④ 거품발생

㉠ 흰 거품 : 유기물의 함량이 높거나, 공정 내 슬러지량이 부족할 때 발생
㉡ 갈색 거품 : 유기물의 함량이 적고, 공정 내 슬러지량이 많을 때 발생

(4) 활성슬러지변법

기존의 활성슬러지법에서 유입수의 양을 조절하거나, 폭기시스템을 변경 또는 슬러지 반송시스템을 변경하여 효율을 높이는 공법들에 해당한다.

1) 계단식 폭기법
폭기조 유입부에 반송슬러지를 전량유입시키고 유입수를 구획을 나누어 분할하여 유입시키는 공법
→ 폭기조의 유입부에 유기물함량이 많아 혐기화가 되는 것을 방지하기 위함

2) 점감식 폭기법
폭기조 유입부에 폭기량을 많이 주입하고, 점차 폭기량을 줄이면서 운전하는 공법
→ 폭기조의 유입부에 산소요구량이 많아 혐기화가 되는 것을 방지하기 위함

3) 순산소 폭기법
공기 대신에 산소를 폭기조에 공급하여, 용존산소를 높게 유지하는 공법
→ 폭기시간, 폭기조의 크기를 줄일 수 있고, F/M비를 높게 운전가능함

4) 심층 폭기법
폭기조의 수심을 깊게 하여 수압을 크게 유지하여 용존되는 산소량을 증대시키는 공법
→ 폭기조면적을 효율로 이용할 수 있고, F/M비를 높게 운전가능함

5) 연속회분식 반응조(SBR)
공정을 한 개의 조로 운전하면서 유입 – 반응 – 침전 등 원하는 조작을 유동적으로 운전할 수 있는 공법
→ 부하변동에 따른 대응성이 우수하며, 벌킹과 라이징에 대한 대응가능

6) 접촉안정법
활성슬러지와 하수를 약 30~60분간 혼합탱크에서 혼합하여 유기물을 활성슬러지에 흡착시키고, 이 슬러지를 안정화탱크(재폭기조)에서 3~8시간 폭기 함으로 플록형성이 강한 활성슬러지로 재생한다. 1차 침전지를 생략가능함

7) 클라우스공법
슬러지소화액을 폭기조에 공급하므로 영양염류를 보충하여 미생물의 원활한 유기물섭취를 도모하는 공법

(5) 산화지법

호소수의 자정원리를 이용하여 조류와 박테리아의 공생관계를 형성하여 유기물을 제거하는 공정

1) 장점
① 운전이 용이
② 유지관리비가 적게 든다.

2) 단점

　① 유기물 제거효율이 낮은 편이다.
　② 악취 문제
　③ 부지면적을 많이 소요한다.
　④ 기상에 따른 영향이 크다.

(6) 부착증식공법

　1) 살수여상법

　　① 장점
　　　㉠ 운전이 용이
　　　㉡ 슬러지량이 적게 발생
　　　㉢ 슬러지 벌킹이 없음

　　② 단점
　　　㉠ 악취발생 및 처리효율 낮음
　　　㉡ 여상의 폐쇄문제
　　　㉢ 물막의 탈락 우려
　　　㉣ 기상의 영향

　2) 회전원판법

　　① 장점
　　　㉠ 운전이 용이
　　　㉡ 슬러지량이 적게 발생
　　　㉢ 탈질과 탈인반응을 어느 정도 기대할 수 있음
　　　㉣ 동력소모량이 적음

　　② 단점
　　　㉠ 악취발생 및 처리효율 낮음
　　　㉡ 생물막의 탈락 우려
　　　㉢ 기상의 영향

(7) 부유증식공법과 부착증식공법의 비교

구분	부유증식	부착증식
독성에 대한 대응	불량	좋음
동력소모	많음	적음
부하변동에 따른 대응	불량	좋음
슬러지 발생량	많음	적음
처리효율	높음	낮음
처리속도	빠름	느림

2 혐기성처리

산소공급 없는 상태에서 혐기성미생물이 유입수 내 결합산소를 이용하여 유기물을 제거하는 방법

(1) 혐기성 소화 공정

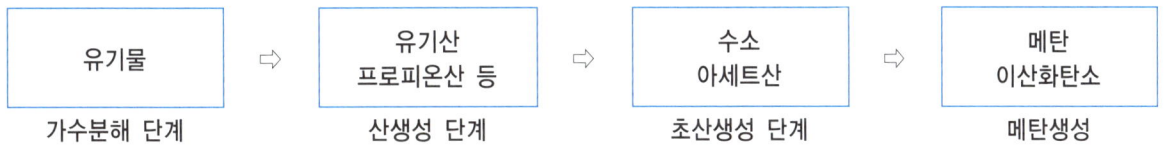

① **가수분해** : 탄수화물, 지방, 단백질을 포도당, 지방산, 아미노산으로 분해하는 과정입니다.
② **산생성** : 포도당, 지방산, 아미노산을 유기산과 알코올 등으로 분해하는 것을 말합니다.
③ **초산생성** : 유기산을 초산으로 분해하는 과정으로 부산물로 수소가 발생합니다.
④ **메탄생성** : 초산과 수소를 메탄으로 전환하는 과정입니다. 초산은 메탄과 이산화탄소로 전환되고, 수소와 이산화탄소는 메탄과 물로 전환됩니다.

(2) 혐기성처리의 목적

슬러지의 안정화, 안전화, 부피감소

(3) 혐기성처리 영향인자

① **체류시간** : 고온소화 1~2주, 중온소화 20~30일
② **온도** : 고온소화 50~55℃, 중온소화 30~35℃
③ **영양염류** : 어느 정도 충분해야 함
④ **pH** : 중성 ~ 약알칼리 (7~8)
⑤ **독성물질** : 유입이 없어야 함
⑥ **알칼리도** : 4,000mg/L 이상

(4) 혐기성처리 장단점

1) 장점
   ① 고농도 유기물 처리가능
   ② 슬러지 발생량 적음
   ③ 유지관리비 적음
   ④ 메탄 생성

2) 단점
   ① 처리속도가 느림
   ② 초기 시설비 및 설치비 많음
   ③ 악취발생
   ④ 처리효율 낮음(호기성에 비해)

UNIT 03 고도처리

N, P와 같은 영양염류를 처리하는 공정

(1) 화학적 처리

1) 질소제거

① 파과점 염소주입법

염소를 일정량 주입하다 보면, 유기물이 염소와 반응하는 구간(A 구간)에서 염소가 모두 반응하여 잔류량이 없다가 계속 주입하면 암모니아성 질소와 염소가 반응하면서 클로라민을 형성하는 구간(B 구간)이 되고, 계속 주입하면 클로라민이 파괴되어 HOCl만 남게 되는 데(C 구간) 클로라민이 파괴될 때, 수중의 질소성분이 질소가스(N_2) 형태로 날아가며 제거된다.

② Air stripping

수중의 질소성분은 암모늄(NH_4^+)형태로 존재하고, 암모늄을 알칼리제를 투입하여 pH를 10 이상으로 상승시키면, 암모늄이 암모니아로 변한다. 이때, 공기를 주입하여 암모니아가스로 탈기시켜 제거한다.

$$\text{식}\ NH_4^+ + OH^- \rightarrow NH_3 + H_2O$$

2) 인제거

약품침전(황산알루미늄, 염화제2철, 석회) : 응집제를 이용하여 응집침전시켜서 인을 제거하는 방법

(2) 생물학적 처리

1) 탈질미생물과 탈인미생물

- **질산화미생물** : 수중의 암모니아성질소 또는 유기질소를 질산화한다.(Nitrosomonas, Nitrobacter)

   질산화과정

  유기질소, 암모니아성 질소 → 아질산성질소(NO_2-N) → 질산성질소(NO_3-N)

  (1단계 질산화)   (2단계 질산화)

  - 1단계 질산화 미생물 : Nitrosomonas
  - 2단계 질산화 미생물 : Nitrobacter

- **탈질미생물** : 질산화된 질소를 질소가스로 전환한다.

   탈질화과정

  질산성질소(NO_3-N) → 질소가스(N_2)

- **탈질화 미생물의 종류** : Pseudomonas, Bacillus, Micrococcus, Achromobacter
- **탈인 미생물** : 인의 방출을 도모한다.
- **탈인 미생물의 종류** : Acinetobacter, Bacillus, Pseudomonas
  (가장 큰 영향을 주는 미생물은 Acinetobacter)

2) 반응조 별 기능

① **혐기조** : 인의 방출
② **무산소조** : 탈질
③ **호기조(폭기조)** : 유기물 제거 및 질산화, 인의 과잉 섭취

3) 공정 별 특징

① A/O

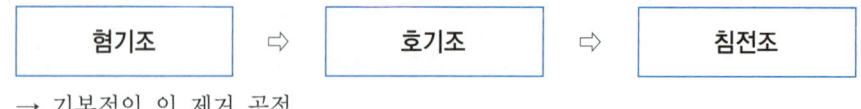

→ 기본적인 인 제거 공정

② A²/O

→ 기본적인 인, 질소 제거 공정(반송슬러지 혐기조로 반송)

③ Bardenpho(4단계, 5단계)

㉠ 4단계

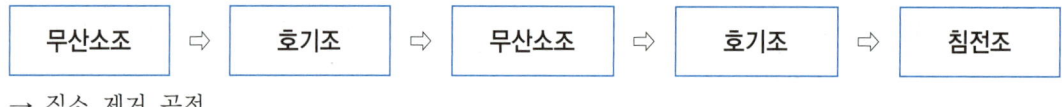

→ 질소 제거 공정

㉡ 5단계

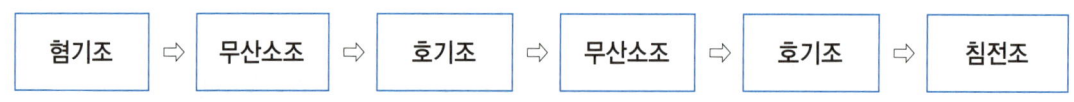

→ 인, 질소 제거 공정(질소제거 위주)

④ VIP

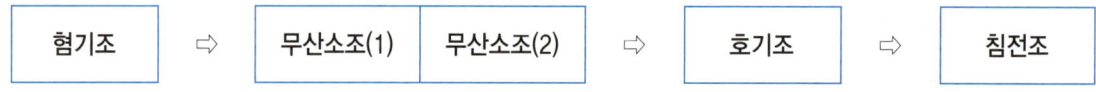

→ 인, 질소 제거 공정(호기조에서 무산소조(1)로 내부순환, 무산소조(2)에서 혐기조로 내부순환)

⑤ UCT

→ 인, 질소 제거 공정(반송슬러지가 무산소조로 반송, 무산소조에서 혐기조로 내부순환)

⑥ SBR

하나의 반응탱크로 처리하는 공정(유입, 반송, 침전, 유출)
→ 조 내를 혐기, 무산소, 호기로 조정하면서 인, 질소 제거 가능

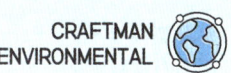

CHAPTER 04 생물학적 처리

01. 폐수 처리분야에서 미생물이라 하는 개체의 크기 기준으로 가장 적절한 것은? 16년, 1회

① 1.0mm 이하 ② 3.0mm 이하
③ 5.0mm 이하 ④ 10.0mm 이하

02. 버섯은 어느 부류에 속하는가? 16년, 1회

① 세균 ② 균류
③ 조류 ④ 원생동물

03. 살수여상 처리과정에 주의해야 할 점으로 거리가 먼 것은? 16년, 1회

① 악취 ② 연못화
③ 팽화 ④ 동결

해설 살수여상 같은 부착증식공정에서는 슬러지 팽화 및 부상의 문제가 없다.

04. 생물학적으로 인을 제거하는 반응의 단계로 옳은 것은? 16년, 1회

① 혐기 상태 → 인 방출 → 호기 상태 → 인 섭취
② 혐기 상태 → 인 섭취 → 호기 상태 → 인 방출
③ 호기 상태 → 인 방출 → 혐기 상태 → 인 섭취
④ 호기 상태 → 인 섭취 → 혐기 상태 → 인 방출

05. 활성슬러지법은 여러 가지 변법이 개발되어 왔으며, 각 방법은 특별한 운전이나 제거효율을 달성하기 위하여 발전되었다. 다음 중 활성슬러지법의 변법으로 볼 수 없는 것은? 14년, 5회

① 다단 포기법 ② 접촉 안정법
③ 장기 포기법 ④ 오존 안정법

해설 활성슬러지변법은 폭기(공기주입)의 형태를 변화시키는 방법을 말한다.

06. 다음 중 임호프콘(Imhoff cone)이 측정하는 항목으로 가장 적합한 것은? 14년, 5회

① 전기음성도 ② 분원성대장균군
③ pH ④ 침전물질

07. SVI와 SDI의 관계식으로 옳은 것은? (단, SVI : Sludge Volume Index, SDI : Sludge Density Index) 14년, 5회

① SVI = 100/SDI ② SVI = 10/SDI
③ SVI = 1/SDI ④ SVI = SDI/1,000

08. 하수처리장의 유입수 BOD가 225mg/L이고, 유출수의 BOD가 55ppm이었다. 이 하수처리장의 BOD제거율은? 14년, 5회

① 약 55% ② 약 76%
③ 약 83% ④ 약 95%

해설 $\eta(\%) = \left(1 - \dfrac{C_o}{C_i}\right) \times 100 = \left(1 - \dfrac{55}{225}\right) \times 100 = 75.56\%$

09. 다음 포기조 내의 미생물 성장 단계 중 신진 대사율이 가장 높은 단계는? 14년, 5회

① 내생 성장 단계 ② 감소 성장 단계
③ 대수 성장 단계 ④ 감소와 내생 성장 단계 중간

 01. ① 02. ② 03. ③ 04. ① 05. ④ 06. ④ 07. ① 08. ② 09. ③

10. 회전 원판식 생물학적 처리시설로 유량 1,000m³/day, BOD 200mg/L로 유입될 경우, BOD부하(g/m²·day)는? (단, 회전원판의 지름은 3m, 300매로 구성되어 있으며, 두께는 무시하며, 양면을 기준으로 한다.)
14년, 5회

① 29.4　　② 47.2
③ 94.3　　④ 107.6

해설 식 $BOD부하(g/m^2 \cdot day) = \dfrac{BOD량}{표면적}$

- $BOD량(g) = \dfrac{1,000m^3}{day} \times \dfrac{200mg}{L} \times \dfrac{10^3 L}{1m^3} \times \dfrac{1g}{10^3 mg}$
  $= 200,000g$
- $표면적(m^2) = \dfrac{(3m)^2 \times \pi}{4} \times 300매 \times 2 = 4241.15m^2$
- $\therefore BOD부하(g/m^2 \cdot day) = \dfrac{200,000}{4241.15} = 47.16 g/m^2 \cdot day$

11. 탈질(denitrification)과정을 거쳐 질소 성분이 최종적으로 변환된 질소의 형태는?
14년, 5회

① NO_2-N　　② NO_3-N
③ NH_3-N　　④ N_2

12. 하천의 자정작용을 4단계(Whipple)로 구분할 때 순서대로 옳게 나열한 것은?
15년, 1회

① 분해지대 – 활발분해지대 – 회복지대 – 정수지대
② 정수지대 – 활발분해지대 – 분해지대 – 회복지대
③ 활발분해지대 – 회복지대 – 분해지대 – 정수지대
④ 회복지대 – 분해지대 – 활발분해지대 – 정수지대

13. 750g의 Glucose($C_6H_{12}O_6$)가 완전한 혐기성 분해를 할 경우 발생 가능한 CH_4 가스량은?
14년, 5회

① 187L　　② 225L
③ 255L　　④ 280L

해설 $C_6H_{12}O_6 \rightarrow 3CO_2 + 3CH_4$
　　180g　：　3×22.4L
　　750g　：　X
$\therefore X = \dfrac{750 \times 3 \times 22.4}{180} = 280L$

14. 포기조의 용량이 500m³, 포기조 내의 부유물질의 농도가 2,000mg/L일 때, MLSS의 양은?
14년, 5회

① 500kg MLSS　　② 800kg MLSS
③ 1,000kg MLSS　　④ 1,500kg MLSS

해설 $MLSS(kg) = \dfrac{2,000mg}{L} \times 500m^3 \times \dfrac{10^3 L}{1m^3} \times \dfrac{1kg}{10^6 mg}$
$= 1,000 kg$

15. 활성슬러지공법에서 슬러지 반송의 주된 목적은?
14년, 5회

① MLSS 조절　　② DO 공급
③ pH 조절　　④ 소독 및 살균

해설 F/M를 조절하는 것이 활성슬러지의 가장 중요한 운전인자이고, 여기서, M의 양을 조정하는 것은 반송량이 크게 기여한다.

16. 하천의 유량은 1,000m³/일, BOD농도 26ppm 이며, 이 하천에 흘러드는 폐수의 양이 100m³/일, BOD농도 165ppm이라고 하면 하천과 폐수가 완전 혼합된 후 BOD농도는? (단, 혼합에 의한 기타 영향 등은 고려하지 않는다.)
14년, 5회

① 38.6ppm　　② 44.9ppm
③ 48.5ppm　　④ 59.8ppm

해설 식 $C_m = \dfrac{C_1 Q_1 + C_2 Q_2}{Q_1 + Q_2}$

$C_m = \dfrac{1,000 \times 26 + 100 \times 165}{1,000 + 100} = 38.63 mg/L$

정답　10. ②　11. ④　12. ①　13. ④　14. ③　15. ①　16. ①

17. MLSS 농도 3,000mg/L인 포기조 혼합액을 1,000mL 메스실린더로 취해 30분간 정치시켰을 때 침강슬러지가 차지하는 용적은 440mL이었다. 이 때 슬러지밀도지수(SDI)는?

16년, 1회

① 146.7 ② 73.4
③ 1.36   ④ 0.68

해설 식 $SDI(g/100mL) = \dfrac{MLSS(g/L)}{SV(mL/L)} \times 100$

$SDI(g/100mL) = \dfrac{3g/L}{440mL/L} \times 100 = 0.68g/100mL$

18. 다음은 미생물의 종류에 관한 설명이다. ( ) 안에 들어갈 말로 옳은 것은?

15년, 4회

미생물은 영양섭취, 온도 또는 산소의 섭취 유무에 따라서도 분류하기도 하는 데, ( ) 미생물은 용존산소가 아닌 SO_4^{2-}, NO_3 등과 같은 화합물에서 산소를 섭취하고, 그 결과 황화수소, 질소 가스 등을 발생시킨다.

① 자산성   ② 호기성
③ 혐기성   ④ 고온성

19. 호기성 상태에서 미생물에 의한 유기질소의 분해 과정을 순서대로 나열한 것은?

15년, 4회

① 유기질소 – 아질산성 질소 – 암모니아성 질소 – 질산성 질소
② 유기질소 – 질산성 질소 – 아질산성 질소 – 암모니아성 질소
③ 유기질소 – 암모니아성 질소 – 아질산성 질소 – 질산성 질소
④ 유기질소 – 아질산성 질소 – 질산성 질소 – 암모니아성 질소

20. 박테리아에 관한 설명으로 옳지 않은 것은?

15년, 4회

① 60%는 수분, 40%는 고형물질로 구성되어 있다.
② 막대기모양, 공모양, 나선모양 등이 있다.
③ 단세포 미생물로서 용해된 유기물을 섭취한다.
④ 일반적인 화학조성식은 $C_5H_7O_2N$으로 나타낼 수 있다.

21. 생물학적 폐수처리에 있어서 팽화(Bulking)현상의 원인으로 가장 거리가 먼 것은?

15년, 4회

① 유기물 부하량이 급격하게 변동될 경우
② 포기조의 용존산소가 부족할 경우
③ 유입수에 고농도의 산업유해폐수가 혼합되어 유입될 경우
④ 포기조 내 질소와 인이 유입될 경우

해설 팽화현상은 미생물의 생육조건이 불량할 때 발생한다. 질소와 인이 유입되면 과영양으로 이상증식현상이 일어나 부영양화를 초래한다.

22. 생물학적으로 질소와 인을 제거하는 A^2/O 공정중 혐기조의 주된 역할은?

15년, 1회

① 질산화   ② 탈질화
③ 인의 방출   ④ 인의 과잉섭취

23. 다음 중 산화와 거리가 먼 것은?

15년, 1회

① 원자가가 감소하는 현상
② 전자를 잃는 현상
③ 수소를 잃는 현상
④ 산소와 화합하는 현상

해설 산화는 원자가가 증가하는 현상이다.

24. 활성슬러지 공법에 의한 운영상의 문제점으로 옳지 않은 것은?

15년, 1회

① 거품 발생   ② 연못화 현상
③ Floc 해체 현상 ④ 슬러지부상 현상

해설 연못화는 살수여상법의 문제점이다.

정답 17. ④ 18. ③ 19. ③ 20. ① 21. ④ 22. ③ 23. ① 24. ②

25. 생물학적 처리방법에 관한 설명으로 옳지 않은 것은?

15년, 1회

① 주로 유기성 폐수의 처리에 적용한다.
② 미생물을 이용한 처리방법으로 호기성 처리방법은 부패조 등이 있다.
③ 살수여상은 부착 성장식 생물학적 처리공법이다.
④ 산화지는 자연에 의하여 처리하기 때문에 활성슬러지법에 비해 적정처리가 어렵다.

해설 부패조는 혐기성 처리에 해당한다.

26. 용존산소가 충분한 조건의 수중에서 미생물에 의한 단백질 분해순서를 올바르게 나타낸 것은?

15년, 1회

① $NO^{-3} \rightarrow NO^{-2} \rightarrow NH_4^+ \rightarrow$ Amino acid
② $NH_4^+ \rightarrow NO^{-2} \rightarrow NO^{-3} \rightarrow$ Amino acid
③ Amino acid $\rightarrow NO^{-3} \rightarrow NO^{-2} \rightarrow NH_4^+$
④ Amino acid $\rightarrow NH_4^+ \rightarrow NO^{-2} \rightarrow NO^{-3}$

27. 활성슬러지공법의 폐수처리장 포기조에서 요구되는 공기공급량이 28.3m³/kg BOD이다. 포기조내 평균유입 BOD가 150mg/L, 포기조의 유입유량이 7,570m³/day일 때 공급해야 할 공기량은?

15년, 4회

① 70.8m³/min
② 48.1m³/min
③ 31.1m³/min
④ 22.3m³/min

해설 $X\text{m}^3/\text{min} = \dfrac{28.3\text{m}^3}{\text{kg(BOD)}} \times \dfrac{150\text{mg}}{\text{L}} \times \dfrac{7{,}570\text{m}^3}{\text{day}} \times \dfrac{1\text{kg}}{10^6\text{mg}}$
$\times \dfrac{10^3 L}{1m^3} \times \dfrac{1 day}{1440 \min} = 22.32 \text{m}^3/\min$

28. 활성슬러지 공법에서 2차침전지 슬러지를 포기조로 반송시키는 주된 목적은?

15년, 4회

① 슬러지를 순환시켜 배출슬러지를 최소화하기 위해
② 포기조내 요구되는 미생물 농도를 적절하게 유지하기 위해
③ 최초침전지 유출수를 농축하기 위해
④ 폐수 중 무기고형물을 산화하기 위해

정답 25. ② 26. ④ 27. ④ 28. ②

알기 쉽게 풀어쓴 환경기능사 6판

제 3 과목
폐기물처리

01
폐기물 발생

02
폐기물 중간처분

03
폐기물 최종처분

01 CHAPTER 폐기물 발생

UNIT 01 폐기물 종류

※ **폐기물이란?**

사람의 생활이나 사업활동에 필요하지 아니하게 된 물질로 개개인 마다 차이가 존재하는 주관성을 가지고 있습니다.

1 폐기물의 분류체계

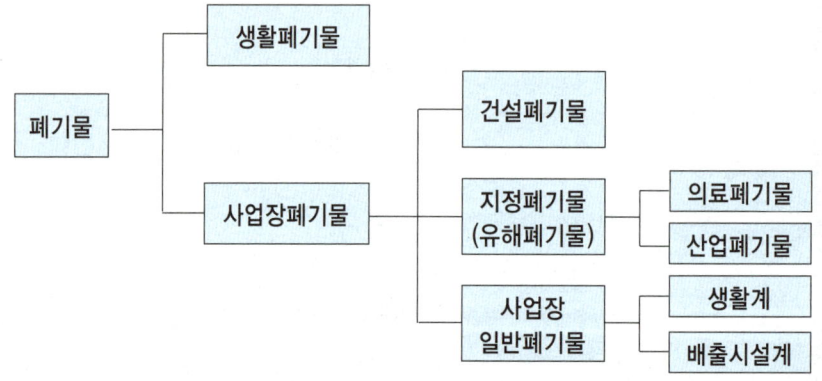

(1) **지정폐기물**: 주변 환경을 오염시킬 수 있거나 인체에 위해를 줄 수 있는 물질로서 대통령령이 정하는 폐기물

① 폐합성 고분자화합물
② 오니류
③ 부식성 폐기물(폐산 - pH 2 이하, 폐알칼리 - pH 12.5 이상)
④ 유해물질함유 폐기물(광재, 분진, 폐주물사, 폐내화물, 소각재, 안정화 또는 고화처리물, 폐촉매 등)
⑤ 폐유기용제
⑥ 폐페인트 및 폐래커
⑦ 폐유
⑧ 폐석면

⑨ PCB 함유 폐기물
⑩ 폐유독물질

(2) 지정폐기물의 유해성 분류기준
부식성, 인화성 및 폭발성, 반응성, EP독성, 유해 가능성, 난분해성, 용출특성

(3) 의료폐기물
격리의료폐기물, 위해의료폐기물, 일반의료폐기물

UNIT 02 폐기물 특성

1 폐기물 측정

(1) 3성분
수분, 가연분(고정탄소+휘발분), 회분 → 3성분분석(공업분석, 개량분석) : 폐기물 내의 3성분을 빠른 시간내에 알아봄으로써 폐기물의 연소력을 측정

(2) 폐기물 시료의 축소방법

1) 구획법

① 모아진 대시료를 네모꼴로 얇게 균일한 두께로 편다.

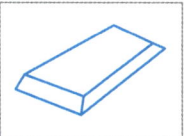

② 이것을 가로 4등분 세로 5등분하여 20개의 덩어리로 나눈다.

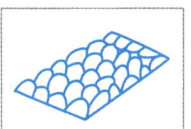

③ 20개의 각 부분에서 균등량씩을 취하여 혼합하여 하나의 시료로 한다.

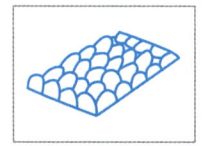

[그림 1] 구획법

2) 교호삽법

① 분쇄한 대시료를 단단하고 깨끗한 평면 위에 원추형으로 쌓는다.

② ①의 원추를 장소를 바꾸어 다시 쌓는다.

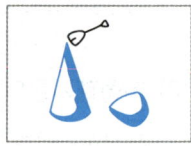

③ 원추에서 일정량을 취하여 장방형으로 도포하고 계속해서 일정량을 취하여 그 위에 입체로 쌓는다.

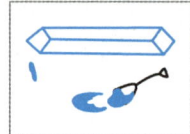

④ ③의 육면체의 측면을 교대로 돌면서 균등량씩을 취하여 두개의 원추를 쌓는다.

⑤ 하나의 원추는 버리고 나머지 원추를 ① ~ ④의 조작을 반복하면서 적당한 크기까지 줄인다.

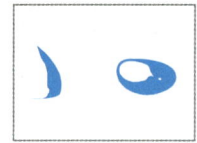

[그림 2] 교호삽법

3) 원추사분법

① 분쇄한 대시료를 단단하고 깨끗한 평면 위에 원추형으로 쌓아 올린다.

② ①의 원추를 장소를 바꾸어 다시 쌓는다.

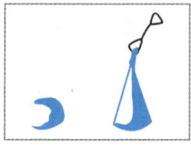

③ 원추의 꼭지를 수직으로 눌러서 평평하게 만들고 이것을 부채꼴로 사등분한다.

④ 마주 보는 두 부분을 취하고 반은 버린다.

⑤ 반으로 준 시료를 ① ~ ④의 조작을 반복하여 적당한 크기까지 줄인다.

[그림 3] 원추 4분법

(3) 수분, 고형물, 강열감량, 유기물 측정

1) 수분, 고형물 측정
① 수분(%) = $(W_2 - W_3)/(W_2 - W_1) \times 100$
② 고형물(%) = $(W_3 - W_1)/(W_2 - W_1) \times 100$
　㉠ W_2 : 건조 전 용기 내 시료
　㉡ W_3 : 건조 후 용기 내 시료
　㉢ W_1 : 용기

2) 강열감량 및 유기물함량
① 강열감량(%) = $(W_2 - W_3)/(W_2 - W_1) \times 100$
　※ 강열감량 = 유기물(휘발성고형물) + 수분
② 휘발성고형물(%) = 강열감량(%) − 수분(%)
③ 유기물함량(%) = [휘발성고형물(%)/고형물(%)] × 100
　㉠ W_2 : 회화 전 용기 내 시료
　㉡ W_3 : 회화 후 용기 내 시료
　㉢ W_1 : 용기

(4) 용어의 정의
① "액상폐기물"이라 함은 고형물의 함량이 5% 미만인 것을 말한다.
② "반고상폐기물"이라 함은 고형물의 함량이 5% 이상 15% 미만인 것을 말한다.
③ "고상폐기물"이라 함은 고형물의 함량이 15% 이상인 것을 말한다.

2 폐기물의 배출특성

(1) 폐기물 발생량 영향인자
① 도시가 대도시일수록 폐기물 발생량은 증가한다.
② 생활수준이 높을수록 폐기물 발생량은 증가한다.
③ 가구당 인구수가 15인 이상인 경우 폐기물 발생량은 감소한다.
④ 폐기물 수거율이 높을수록 폐기물 발생량은 증가한다.
⑤ 쓰레기통의 크기가 클수록 폐기물 발생량은 증가한다.
⑥ 조사에 따르면 여름보다는 겨울에 폐기물 발생량이 많다.

(2) 분뇨의 배출특성

① 분뇨발생량은 1.1L/인·일(대변이 0.2, 소변이 0.9)
② 분뇨의 pH는 7~8, C/N비는 10, 고액분리가 어렵다.

UNIT 03 발생원

1 발생량 예측방법 (암기TIP) 예측하면 겉돈다 - 경 동 다)

(1) 경향법(Trend법)
시간에 따른 폐기물의 발생량 예측(시간 고려)

(2) 동적모사법
시간에 따른 폐기물의 발생과 자연적 특성, 사회적 특성, 경제적 특성 등 영향인자를 시간에 대한 함수로 표시하여 발생량 예측(시간, 영향인자)

(3) 다중회귀법
자연적 특성, 사회적 특성, 경제적 특성 등 영향인자를 고려하여 발생량 예측(영향인자)

2 발생량 조사방법

① 직접계근법　　② 적재차량계수 분석
③ 물질수지법　　④ 전수조사

3 전과정 평가(LCA : Life Cycle Assessment)

① 목적 및 범위 설정
② 목록분석
③ 영향평가
④ 개선 평가 및 해석

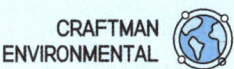

4 폐기물 관리

[폐기물 관리체계]

감량 및 감용 – 재이용 – 재활용 – 에너지 회수 – 소각 – 매립

※ 3R : 감량화(Reduction), 재이용(Reuse)/재활용(Recycle), 회수 이용(Recovery)

UNIT 04 수거 및 운반

1 폐기물의 수거

폐기물을 수거하고 운반하는 일련의 모든 과정을 말함, 폐기물처리비용 중 가장 큰 비중 차지

2 폐기물차의 수거노선 설정

① 언덕에서부터 내려오면서 수거한다.
② 작은 쓰레기는 지나가며 수거한다.
③ 가장 많은 발생량이 있는 지점부터 먼저 수거한다.
④ 유턴은 피한다.
⑤ 시계방향으로 노선을 설정한다.
⑥ 출·퇴근시간은 피한다.

▶ 유튜브 "초록별엔진" – "폐기물 수거노선 설정요령" 검색, 영상 참고하세요^^!

3 신 수송방식

① 모노레일 수송
② 컨테이너 수송(철도 수송)
③ 컨베이어 수송
④ 파이프 라인(관거) 수송
　㉠ 슬러리 수송
　㉡ 공기 수송
　㉢ 캡슐 수송

4 MHT(man · hr/ton)

폐기물 1톤을 인부 1명이 수거 시 걸리는 소요시간

$$\text{MHT} = \frac{\text{수거인부} \times \text{수거시간}}{\text{폐기물 수거량}}, \text{MHT는 작을수록 효율이 좋음}$$

5 수거차량대수

폐기물을 수거하기 위해 필요한 차량의 대수

$$\text{수거차량 대수} = \frac{\text{폐기물 수거량}}{\text{차량 적재량}} + \text{대기차량}$$

6 적환장

폐기물처리장과 발생원 중간지점에 폐기물을 수집하여 수거효율을 증대시키는 중계처리장

(1) 적환장 설치의 필요성

① 처분장소가 멀 때
② 수거차량의 적재용량이 작을 때
③ 저밀도 주거지역일 때
④ 파이프 라인 수송방식을 채택할 때
⑤ 상업지역에서 폐기물 수집에 소형용기를 많이 사용할 때

(2) 적환장의 종류

① **직접투하방식** : 큰 수거차량에 작은 수거차량이 폐기물을 투하하는 방식
② **저장투하방식** : 저장피트에 폐기물을 투하 - 압축 - 큰 수거차량으로 수거
③ **직접 · 저장투하방식** : 직접과 저장투하방식의 절충방식

(3) 적환장의 설치위치

① 수거대상 지역의 무게중심에 가까운 곳
② 주요 간선도로에 근접된 곳
③ 주변에 대한 환경성이 높고, 건설 및 작업 조작이 용이한 곳
④ 주거지역과 먼 곳

CHAPTER 01 폐기물 발생

01. 인구 50만 명이 거주하는 도시에서 1주일 동안 8,000m³의 쓰레기를 수거하였다. 쓰레기의 밀도가 420kg/m³이라면 쓰레기 발생원 단위는?
16년, 1회

① 0.91kg/인·일 ② 0.96kg/인·일
③ 1.03kg/인·일 ④ 1.12kg/인·일

해설 $Xkg/인·일 = \dfrac{8000m^3}{1주} \times \dfrac{420kg}{m^3} \times \dfrac{1}{500,000인} \times \dfrac{1주}{7일}$
$= 0.96kg/인·일$

02. 쓰레기를 수송하는 방법 중 자동화, 무공해화가 가능하고 눈에 띄지 않는다는 장점을 가지고 있으며 공기수송, 반죽수송, 캡슐수송 등의 방법으로 쓰레기를 수거하는 방법은?
16년, 1회

① 모노레일 수거 ② 관거 수거
③ 콘베이어 수거 ④ 콘테이너 철도수거

03. 쓰레기 수거노선을 결정할 때 고려사항으로 옳지 않은 것은?
16년, 1회

① 아주 많은 양의 쓰레기가 발생되는 발생원은 하루 중 가장 나중에 수거한다.
② 가능한 한 시계방향으로 수거노선을 정한다.
③ U자형 회전을 피하여 수거한다.
④ 적은 양의 쓰레기가 발생하나 동일한 수거빈도를 받기를 원하는 수거지점은 가능한 같은 날 왕복 내에서 수거하도록 한다.

해설 아주 많은 양의 쓰레기가 발생되는 발생원은 하루 중 가장 먼저 수거한다. 아주 많은 양의 쓰레기를 나중에 수거하게 되면 수거시간이 교통체증 유발시간과 겹칠 우려가 있어 수거효율이 저해되므로 가장 먼저 수거하여야 한다.

04. 적환장의 설치가 필요한 경우로 가장 거리가 먼 것은?
16년, 1회

① 인구 밀도가 높은 지역을 수집하는 경우
② 폐기물 수집에 소형 컨테이너를 많이 사용하는 경우
③ 처분장이 원거리에 있어 도중에 불법 투기의 가능성이 있는 경우
④ 공기수송방식을 사용할 경우

해설 인구 밀도가 낮은 지역을 수집하는 경우 필요하다.

05. 폐기물 수거 효율을 결정하고 수거작업간의 노동력을 비교하기 위한 단위로 옳은 것은?
16년, 1회

① ton/man·hour ② man·hour/ton
③ ton·man/hour ④ hour/ton·man

06. 다음은 폐기물공정시험기준상 어떤 용기에 관한 설명인가?
15년, 4회

> 취급 또는 저장하는 동안에 이물이 들어가거나 또는 내용물이 손실되지 아니하도록 보호하는 용기를 말한다.

① 밀봉용기 ② 기밀용기
③ 차광용기 ④ 밀폐용기

07. 쓰레기 발생량에 영향을 미치는 일반적인 요인에 관한 설명으로 옳은 것은?
16년, 1회

① 쓰레기의 성분은 계절에 영향을 받는다.
② 수거빈도와 발생량은 반비례한다.
③ 쓰레기통이 클수록 발생량이 감소한다.
④ 재활용률이 높을수록 발생량이 증가한다.

 01. ② 02. ② 03. ① 04. ① 05. ② 06. ④ 07. ①

해설 쓰레기는 성분과 양을 계절에 영향을 받는다.

오답해설
② 수거빈도와 발생량은 비례한다.
③ 쓰레기통이 클수록 발생량이 증가한다.
④ 재활용률이 높을수록 발생량이 감소한다.

08. 폐기물 오염을 측정하기 위한 시료의 축소 방법으로 거리가 먼 것은? 15년, 4회

① 구획법   ② 교호삽법
③ 사등분법 ④ 원추사분법

해설 사등분법이라는 축소 방법은 없다.

09. 1,792,500ton/year의 쓰레기를 5,450명의 인부가 수거하고 있다면 수거인부의 MHT는? (단, 수거인부의 1일 작업시간은 8시간이고 1년 작업일수는 310일이다.) 15년, 4회

① 2.02   ② 5.38
③ 7.54   ④ 9.45

해설 식 $MHT = \dfrac{수거인부수 \times 수거시간}{쓰레기 수거량}$

$\therefore MHT = \dfrac{5450인 \times \left(\dfrac{8hr}{1day} \times \dfrac{310day}{year}\right)}{1,792,500톤/year}$

$= 7.54 인 \cdot hr / 톤 (MHT)$

10. 적환장의 설치위치로 옳지 않은 것은? 15년, 4회

① 가능한 한 수거지역의 중심에 위치하여야 한다.
② 주요 간선도로와 떨어진 곳에 위치하여야 한다.
③ 수송 측면에서 가장 경제적인 곳에 위치하여야 한다.
④ 적환 작업에 의한 공중위생 및 환경 피해가 최소인 지역에 위치하여야 한다.

해설 주요 간선도로와 가까운 곳에 위치하여야 한다.

11. 다음 중 폐기물공정시험기준상 폐기물의 강열감량 및 유기물 함량을 측정하고자 할 때 사용되는 기구로만 옳게 묶여진 것은? 15년, 1회

(ㄱ) 도가니 (ㄴ) 항온수조 (ㄷ) 전기로 (ㄹ) pH 미터
(ㅁ) 전자저울 (ㅂ) 황산데시게이터

① (ㄱ), (ㄴ), (ㄷ), (ㄹ)
② (ㄴ), (ㄹ), (ㅁ), (ㅂ)
③ (ㄴ), (ㄷ), (ㅁ), (ㅂ)
④ (ㄱ), (ㄷ), (ㅁ), (ㅂ)

12. 폐기물의 수거 시 수거 작업 간의 노동력을 비교하기 위하여 사용하는 용어로서, 수거 인부 1인이 쓰레기 1톤을 수거하는데 소요되는 총 시간을 말하는 것은? 15년, 1회

① MHT   ② HHV
③ LHV   ④ RDF

13. 일정기간 동안 특정지역의 쓰레기 수거 차량의 대수를 조사하여 이 값에 밀도를 곱하여 중량으로 환산하는 쓰레기 발생량 산정 방법은? 15년, 1회

① 직접계근법   ② 물질수지법
③ 통과중량조사법 ④ 적재차량 계수분석법

14. 관거수송법에 관한 설명으로 가장 거리가 먼 것은? 15년, 1회

① 쓰레기 발생밀도가 높은 곳은 적용이 곤란하다.
② 가설 후 경로변경이 곤란하고, 설치비가 높다.
③ 잘못 투입된 물건의 회수가 곤란하다.
④ 조대쓰레기는 파쇄, 압축 등의 전처리가 필요하다.

해설 주택단지나 공업단지 같은 쓰레기 발생밀도가 높은 곳에서 사용하기 적합하다.

정답 08. ③ 09. ③ 10. ② 11. ④ 12. ① 13. ④ 14. ①

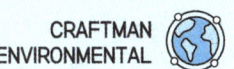

15. 다음 중 폐기물의 적환장이 필요한 경우와 거리가 먼 것은?

14년, 5회

① 폐기물 처분장소가 수집장소로부터 16km 이상 멀리 떨어져 있을 때
② 작은 용량의 수집차량($15m^3$ 이하)을 사용할 때
③ 작은 규모의 주택들이 밀집되어 있을 때
④ 상업지역에서 폐기물 수집에 대형 수거용기를 많이 사용할 때

해설 상업지역에서 폐기물 수집에 소형 수거용기를 많이 사용할 때

16. 폐기물을 분석하기 위한 시료의 축소화 방법으로만 옳게 나열된 것은?

15년, 1회

① 구획법, 교호삽법, 원추4분법
② 구획법, 교호삽법, 직접계근법
③ 교호삽법, 물질수지법, 원추4분법
④ 구획법, 교호삽법, 적재차량계수법

17. 인구 50만명인 A도시의 폐기물 발생량 중 가연성은 20%, 불연성은 80%이다. 1인당 폐기물 발생량이 1.0kg/인·일 이고, 운반차량의 적재용량이 $5m^3$일 때, 가연성 폐기물의 운반에 필요한 차량운행횟수(회/월)는? (단, 가연성 폐기물의 겉보기 비중은 $3,000kg/m^3$, 월 30일, 차량은 1대 기준)

15년, 1회

① 185
② 191
③ 200
④ 222

해설 식 운반횟수 = $\dfrac{\text{쓰레기 총량}}{\text{수거차 수거용량}}$

$\therefore X 회/월 = \dfrac{1kg}{인·일} \times 500,000인 \times \dfrac{30일}{월} \times 0.2 \times \dfrac{m^3}{3,000kg} \times \dfrac{1}{5m^3} = 200회/월$

18. 쓰레기의 양이 $4,000m^3$이며, 밀도는 $1.2ton/m^3$ 이다. 적재용량이 8ton인 차량으로 이 쓰레기를 운반한다면 몇 대의 차량이 필요한가?

14년, 5회

① 120대
② 400대
③ 500대
④ 600대

해설 식 수거차량대수 = $\dfrac{\text{쓰레기 총량}}{\text{수거차 수거용량}}$ + 대기차량

$\therefore 수거차량대수 = \dfrac{4000m^3 \times \dfrac{1.2톤}{m^3}}{8톤/대} = 600대$

19. 쓰레기 수거대상인구가 550,000명이고, 쓰레기 수거실적이 220,000톤/년이라면 1인당 1일 쓰레기 발생량(kg)은? (단, 1년 365일로 계산)

14년, 5회

① 1.1kg
② 1.8kg
③ 2.1kg
④ 2.5kg

해설 $Xkg/인·일 = \dfrac{220,000톤}{년} \times \dfrac{10^3 kg}{1톤} \times \dfrac{1년}{365일} \times \dfrac{1}{550,000인} = 1.1kg/인·일$

20. 주로 산업 폐기물의 발생량 산정법으로 먼저 조사하고자 하는 계의 경계를 정확히 설정한 다음 그 시스템으로 유입되는 모든 물질과 유출되는 모든 물질들 간의 물질수지를 세움으로써 발생량을 추정하는 방법은?

15년, 1회

① 공장공정법
② 직접계근법
③ 물질수지법
④ 적재차량계수법

 정답 15. ④ 16. ① 17. ③ 18. ④ 19. ① 20. ③

21. 도시에서 생활쓰레기를 수거할 때 고려할 사항으로 가장 거리가 먼 것은? 　　　　　　　　　　　　　14년, 5회

① 처음 수거지역은 차고지와 가깝게 설정한다.
② U자형 회전을 피하여 수거한다.
③ 교통이 혼잡한 지역은 출·퇴근 시간을 피하여 수거한다.
④ 쓰레기가 적게 발생하는 지점은 하루 중 가장 먼저 수거하도록 한다.

해설 쓰레기가 많이 발생하는 지점은 하루 중 가장 먼저 수거하도록 한다.

22. 다음 중 분뇨수거 및 처분계획을 세울 때 계획하는 우리나라 성인 1인당 1일 분뇨발생량의 평균범위로 가장 적합한 것은? 　　　　　　　　　　　　　14년, 5회

① 0.2 ~ 0.5L　　　② 0.9 ~ 1.1L
③ 2.3 ~ 2.5L　　　④ 3.0 ~ 3.5L

23. 500,000명이 거주하는 도시에서 1주일 동안 8,720m³의 쓰레기를 수거하였다. 이 쓰레기의 밀도가 0.45ton/m³이라면 1인 1일 쓰레기 발생량은? 　　　　　　　14년, 2회

① 1.12kg/인·일　　② 1.21kg/인·일
③ 1.25kg/인·일　　④ 1.31kg/인·일

해설 $X kg/인·일 = \dfrac{8,720 m^3}{1주} \times \dfrac{0.45톤}{m^3} \times \dfrac{10^3 kg}{톤} \times \dfrac{1}{500,000인} \times \dfrac{1주}{7일} = 1.12 kg/인·일$

24. 인구 30만명인 도시에서 1인당 쓰레기 발생량이 1.2kg/일이라고 한다. 적재용량이 15m³인 트럭으로 이 쓰레기를 매일 수거하려고 할 때 필요한 트럭의 수는? (단, 쓰레기 평균밀도 550kg/m³) 　　　　　　　　14년, 2회

① 31　　　② 36
③ 39　　　④ 44

해설 식 수거차량대수 $= \dfrac{쓰레기 총량}{수거차 수거용량} +$ 대기차량

∴ 수거차량대수
$= \dfrac{300,000인 \times \dfrac{1.2kg}{인·일} \times \dfrac{m^3}{550kg}}{15m^3/대} = 43.64 ≒ 44대$

02 CHAPTER 폐기물 중간처분

UNIT 01 소각

1 이론산소량, 이론공기량, 공기비

1과목 대기오염방지 연소파트 참고!

2 폐기물 소각 공정

(1) 화격자 연소 (고정식 / 이동식(Stoker))

격자모양의 판 위에 폐기물을 이동하면서 공기를 주입하여 연소하는 공정

장점	단점
설계 및 운전 경험치가 풍부	슬러지 및 플라스틱 소각 불가
소각효율이 좋음	투입공기량이 많음
건조효과 양호	클링커[6] 발생 우려

(2) 고정상 연소

상에 경사를 주고, 폐기물을 윗부분에서부터 쌓아서 연속시키는 방식

장점	단점
슬러지, 플라스틱 소각가능	처리속도 느림
용융되는 폐기물 소각용이	투입공기량이 많음
설치가 간단	클링커 발생 우려

---

[6] 클링커 : 무기질의 원료 분말을 고온 소성하여 얻어지는 괴상 혹은 입자상 물질, 연소장치에서 연소용 공기의 유입을 억제하여 연소효율을 저해시킨다.

(3) 유동층 연소

유동사(모래)를 충전 후 소각로 하부에서 고온의 공기를 주입하여 유동사를 유동시키면서, 폐기물을 투입하여 소각하는 공정

장점	단점
교반력이 좋아 클링커 생성이 없음	압력손실이 큼
투입공기량이 적음	유동사의 손실에 따른 충전비용 소요
NOx 및 SOx 발생량 적음	전처리(파쇄) 필요
화염 생성 및 소각온도가 적음	분진발생량이 많음

💡 **유동사의 구비조건**
① 불활성   ② 열충격에 강할 것
③ 비중이 작을 것   ④ 융점이 높을 것
⑤ 공급이 안정적일 것

(4) 로터리킬른

경사를 둔 회전식 로터리킬른에 폐기물을 주입하여 회전하며 연소시키는 공정

장점	단점
교반력이 좋아 클링커 생성이 없음	고무류, 플라스틱류 등 점착성 폐기물 처리 곤란
전처리(파쇄) 필요 없음	처리효율 낮음, 2차 연소실 필요
슬러지, 수분함유 폐기물의 건조효과 우수	

(5) 다단식(상) 소각로

6~8단으로 나뉘어져 있는 수평 고정상으로서 상부에서 공급된 폐기물은 회전축과 Arm에 의하여 긁어 하단부로 떨어뜨림으로써 건조, 연소, 후연소, 냉각과정이 진행된다.

장점	단점
비교적 전 연소구간의 온도가 균일함, 연 효율 좋음	가동부가 많아 고장이 잦음
교반력이 좋음, 클링커 생성 적음	섬유상 폐기물 처리 어려움
동력이 적고 분진발생이 적음	

(6) 열기류 흐름에 따른 연소방식

① **상향연소방식** : 열기류가 공정 위쪽 굴뚝에서 배출
  ↳ 수분이 많고, 발열량이 낮은 폐기물에 적용
② **하향연소방식** : 열기류가 공정 아래쪽 굴뚝에서 배출
  ↳ 수분이 적고, 휘발분이 많고, 발열량이 높은 폐기물에 적용

③ **중간류식연소방식** : 열기류가 공정 중간 굴뚝에서 배출
　↳ 투입폐기물이 일정하지 않고, 변동이 많을 때 적용

3 연소형태와 완전연소조건

(1) 연소형태

① **표면연소** : 가연성 고체가 그 표면에서 산소와 발열 반응을 일으켜 타는 연소의 한 형식. 고정탄소의 함량이 많고 휘발분의 함량이 적을 때 발생, 연소에 특유한 불길은 수반하지 않는다. 무연 연소 또는 글로라고도 한다.(예 숯, 목탄, 코크스)

② **분해연소** : 가연성분 중 고정탄소와 휘발분이 분해되면서 타기 전에 그 성분이 증발하거나 분해해서 기화하거나 한 후에 기체상에서 화염을 만드는 연소를 분해연소라 한다.(예 대부분의 고체물질)

③ **증발연소** : 고체물질이 액화되고 또는 액체물질이 기화되면서 증발한 증기가 공기 중 산소와 혼합하여 연소되는 연소형태(예 파라핀(양초), 나프탈렌)

④ **자기연소** : 물질이 내부의 산소를 가지고 있고 열분해에 의해 산소를 발생시키면서 연소할 수 있어, 외부의 산소없이도 연소되는 연소형태(예 니트로셀룰로오스, 니트로글리세린, TNT 등)

(2) 완전연소조건 : 3TO

① Temperature(온도) : 높은 온도
② Time(체류시간) : 긴 체류시간(불꽃접촉시간)
③ Turbulence(혼합) : 충분한 혼합
④ Oxigen(산소) : 충분한 산소

4 폐열회수

① **과열기(Super heater)** : 연소실 바로 앞단에 위치하여 열을 회수하는 장치, 축열식과 대류식이 있다.
② **재열기(Reheater)** : 과열기 후단에 위치하여 과열기에서 소모된 열량을 재가열하여 열을 회수하는 장치
③ **절탄기(Economizer)** : 재열기 후단에 위치하여 배기가스의 잔열로 급수를 예열하는 장치
④ **공기예열기(Air preheater)** : 절탄기 후단에 위치하여 연소용 공기를 예열하는 장치

5 열분해

(1) 정의

무산소상태의 환원적인 분위기에서 물질에 열을 가하여 무해한 물질로 전환하는 방법으로 처리 후 부산물이 생성된다.

(2) 고온열분해와 저온열분해

① **고온열분해** : 1100~1500℃, 가스와 오일생성, 저급탄화수소 많이 생성
② **저온열분해** : 500~900℃, 오일과 Char(고체연료) 생성

(3) 열분해와 소각처리의 비교

구분	열분해	소각
연소비용	많음	적음
오염물질발생	거의 없음	많음
폭발위험	적음	다소 많음
연료생성	온도에 따라 고체, 액체, 기체연료생성	없음
농도별 처리	저농도 잘 처리	고농도 잘 처리

> **PLUS⁺ 하나 더!**
>
> [분자구조에 따른 착화온도와 매연발생유무]
> - C/H비가 클수록 착화온도는 작아진다.
> - C/H비가 클수록 매연발생량은 많아진다.
> - 탈수소가 쉬울수록 매연발생량은 많아진다.
> - C-C결합을 분해하기 쉬울수록 매연발생량은 적어진다.
> - C/H비가 클수록 발열량은 높다.

UNIT 02 물리적 처리

1 압축

폐기물에 물리적으로 압력을 가하여 부피를 감소시킴

(1) 압축의 목적

① 부피감소
② 운반성 증대 및 운반비 절감
③ 유효 매립면적 증대
④ 매립시 안전성의 증대

$$\boxed{식}\ 압축비(CR) = \frac{압축전부피(V_1)}{압축후부피(V_2)} = \frac{압축후밀도(\rho_2)}{압축전밀도(\rho_1)}$$

$$\boxed{식}\ 부피감소율(VR) = \frac{압축전부피(V_1) - 압축후부피(V_2)}{압축전부피(V_1)} \times 100$$

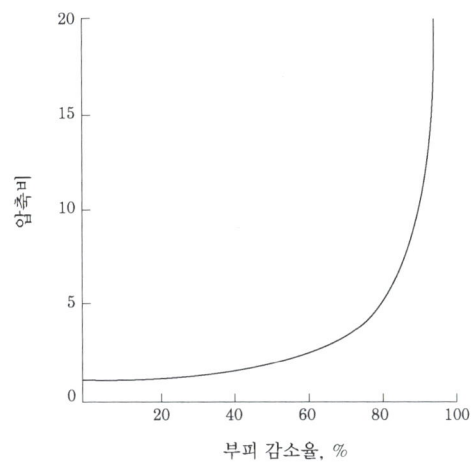

[부피감소율에 따른 압축비의 정도]

2 파쇄 및 절단

(1) 파쇄의 목적

① 안정성 증가
② 비표면적 증가
③ 운반비 감소(단, 폐지만 예외)
④ 안정화 기간단축
⑤ 건조성과 연소성 향상
⑥ 선별효율 향상
⑦ 겉보기 비중의 증가(매립지 수명 연장 및 지질의 개선)
⑧ 입경분포의 균일화

(2) 파쇄 메커니즘

충격력, 전단력, 압축력

(3) 파쇄기의 종류

① **충격파쇄기** : 파쇄속도 빠름, 고무 및 플라스틱 파쇄에 부적합

② **전단파쇄기** : 파쇄속도 느림, 파쇄된 폐기물의 크기가 균일
③ **압축파쇄기** : 대형 쓰레기 전처리 용이, 건설폐기물처리 용이

(4) kick 법칙

$$E = C \cdot \ln\left(\frac{D_1}{D_2}\right)$$

- E : 에너지
- C : 상수
- D_1 : 파쇄 전 입자의 직경
- D_2 : 파쇄 후 입자의 직경

(5) 유효입경과 균등계수

① **유효입경** : 입도 누적곡선상의 10%에 상당하는 입경
② **균등계수** : 입도 누적곡선상의 60% 입경/유효입경

$$균등계수(U) = \frac{d_{p60}}{d_{p10}}$$

3 선별

(1) 목적
유용한 물질을 회수하거나 불필요한 물질을 제거하여 재활용, 재이용, 후단의 장치보호 등의 역할을 하기 위함

(2) 선별공정의 종류
- **공기선별법(풍력분별)** : 공기를 이용하여 폐기물을 밀어내어 가벼운 폐기물을 분리하는 방법(공기주입방식에 따라 공기선별법(강한 바람)과 풍력분별로 구분하기도 함)
- **광학선별** : 폐기물에 빛을 투과시켜 투과되는 것과 투과되지 않는 것을 분리하는 방법(유리와 색유리, 돌과 유리 등)
- **스크린선별법** : 폐기물을 스크린에 통과시켜 입경별로 분류하는 방법
- **세카터** : 회전하는 드럼위에 폐기물을 떨어뜨려서 튀어나가는 정도를 통해 분리하는 방법(퇴비 중 유리 조각 선별 등)

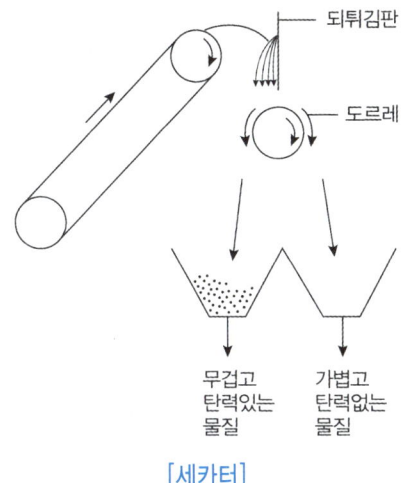

[세카터]

- **테이블** : 약간 경사진 평판에 폐기물을 올려놓고 좌우로 빠른 진동과 느린 진동을 주어 가벼운 입자는 빠른 진동쪽으로 무거운 입자는 느린 진동쪽으로 분류하는 방법

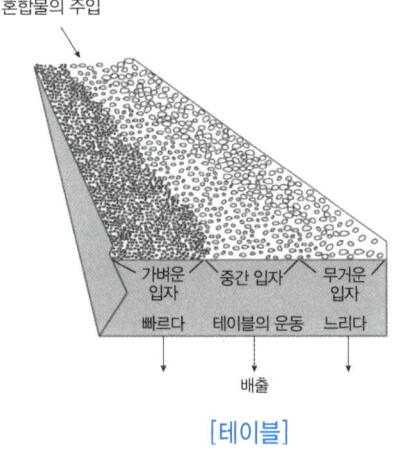

[테이블]

- **자석선별** : 자석을 이용하여 자성이 강한 물질을 분리하는 방법
- **jigs(수중체 선별법)** : 물이 잠겨있는 스크린 위에 분류하려는 폐기물을 넣고 수직으로 흔들어 가벼운 물질과 무거운 물질을 분리하는 방법(사금선별에 이용되던 방법)
- **스토너** : 약간 경사진 판에 진동을 줄 때 무거운 것이 빨리 올라가는 원리를 이용
- **와전류 분리** : 와전류를 통해 비자성이고 전기전도도가 우수한 물질을 분리하는 방법, 페러데이 법칙을 기초로 함(비철금속의 분리에 이용)
- **수선별** : 손으로 직접 선별하는 방법, 선별효율이 매우 높으나 선별과정이 다소 위험하다.
- **정전기선별** : 폐기물에 전하를 부여하고 전하량의 차에 따른 전기력으로 선별하는 장치(플라스틱과 종이의 선별)

(3) 트롬멜 스크린

① **영향인자** : 체눈의 크기, 직경, 경사도, 길이, 회전속도, 폐기물의 부하

② **최적속도** = 임계속도 × 0.45

③ **임계속도** = $\sqrt{\dfrac{g}{4\pi^2 r}}$

- r : 트롬멜 스크린 체눈의 반경

(4) **선별효율**

- Worrell식 = 회수대상 회수율 × 제거대상 제거율

$$\boxed{식}\ \eta_w = \dfrac{X_c}{X_i} \times \dfrac{Y_o}{Y_i}$$

- Rietema식 = 회수대상 회수율 − 제거대상 회수

$$\boxed{식}\ \eta_R = \dfrac{X_c}{X_i} - \dfrac{Y_c}{Y_i}$$

- X_c : 회수된 회수대상물질
- Y_o : 제거된 제거대상물질
- Y_c : 회수대상으로 유입된 제거대상물질
- X_i : 유입된 총 회수대상 물질
- Y_i : 유입된 총 제거대상 물질

4 농축 · 건조 · 탈수

(1) **슬러지 처리계통** : 농축 - 소화 - 개량 - 탈수 - 처분

(2) **농축방법** : 중력식, 부상식, 원심분리식

(3) **탈수방법** : 진공여과, 벨트프레스, 필터프레스, 원심분리

(4) **물질수지** : $V_1(1-$처리 전 수분함량$) = V_2(1-$처리 후 수분함량$)$

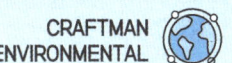

UNIT 03 고형화, 응집·침전

1 고형화

(1) 목적
① 폐기물의 취급을 용이하게 함
② 표면적 감소, 용출특성 감소
③ 폐기물 내 오염물질의 용해도 감소
④ 유해물질의 독성저하

(2) 무기성 고형화
① **시멘트기초법** : 시멘트를 폐기물과 혼합하여 수화반응에 의한 응결로 고형화하는 방법
② **석회기초법** : 석회와 포졸란[7], 그리고 폐기물을 혼합하여 고형화하는 방법으로 포졸란법이라고도 한다.
③ **자가시멘트법** : 연소가스 탈황시 발생한 슬러지에 포함된 석회성분을 이용하여 고형화하는 방법
④ **유리화법** : 폐기물에 규소를 혼합하여 유리화하는 방법으로 독성이 강한 물질에 적용

(3) 유기성 고형화
① **열가소성 플라스틱법** : 열가소성 플라스틱과 건조된 폐기물을 혼합하여 냉각시킴으로 고형화하는 방법
② **피막형성법** : 폐기물을 건조시키고 결합체와 혼합 후 고온에서 단기간 응고시킨다. 응고된 폐기물을 플라스틱으로 피막을 입혀 단단한 고체 덩어리를 형성하는 방법
③ **유기중합체법** : 폐기물을 스펀지 같은 유기중합체에 물리적으로 고립시키는 방법

(4) 무기성 고형화와 유기성 고형화의 비교

비교	무기성	유기성
비용	저렴	비쌈
적용성	다양한 폐기물에 적용가능	다양한 폐기물에 적용가능 하나, 무기성 고형화에 비해 한정적
독성	없음	있음
수밀성	양호	매우 큼
미생물, 자외선 안정성	높음	낮음
내구성	장기적 안정성	단기적 안정성

---

7) 포졸란 : 규조를 함유하는 미분상태의 물질로 석회와 결합시 불용성, 수밀성 화합물 형성

2 응집·침전

① **목적** : 폐기물 내 중금속 침전처리, 고액분리를 통한 탈수성 개선
② **적용** : 모든 액상폐기물에 적용가능
③ **방법** : 고분자응집제, 무기약품

UNIT 04 호기성 및 혐기성 분해

1 호기성 분해 : 폐수처리 파트 참고

치머만 프로세스(Zimmerman process, Zimpro, 습식산화법) : 슬러지를 고온(150~320℃), 고압(70atm 이상)하에서 산화처리하여 유기물의 안정화를 도모하는 방법이다.

2 혐기성 분해 : 폐수처리 파트 참고

(1) 소화 : 유기물을 혐기성미생물을 이용하여 분해시킴으로 부피를 감소시키고 에너지를 얻는 과정

$$\text{식}\quad 소화율(\%) = \left(1 - \frac{VS_2/VS_1}{FS_2/FS_1}\right) \times 100$$

- VS_1 : 소화 전 유기물
- FS_1 : 소화 전 무기물
- VS_2 : 소화 후 유기물
- FS_2 : 소화 후 유기물

UNIT 05 퇴비화

1 퇴비화 영향인자

① **수분량** : 50~60%
② **C/N비** : 약 30 전후

③ **온도** : 50~60℃
④ **pH** : 6~8
⑤ **공기공급** : 5~15%의 산소공급
⑥ **독성** : 중금속 주의

2 팽화제

통기성 개선과 C/N비 조절을 위해 투입하는 물질(예 볏짚, 톱밥, 낙엽 등)

UNIT 06 RDF(폐기물 재생연료)

1 정의

폐기물 중 연소성이 좋은 성분을 선별 후 가공하여 생산된 연료

2 RDF의 종류

① **Fluff RDF** : 수분함량 15~20%, 작은 덩어리 형태
② **Pellet RDF** : 수분함량 12~18%, 작은 환 형태
③ **Powder RDF** : 수분함량 4% 이하, 가루형태

3 RDF 구비조건

① 발열량이 높을 것
② 수분함량이 적을 것
③ 회분함량이 적을 것
④ 대기오염도가 낮을 것
⑤ 저장 및 운반이 용이할 것
⑥ 기존의 고체연료 연소시설에 사용이 가능할 것
※ MBT(폐기물 전처리 시설) : 폐기물을 간단한 물리적 처리를 통해 가공 후 사용되는 연료

CHAPTER 02 폐기물 중간처분

01. 수거된 폐기물을 압축하는 이유로 거리가 먼 것은? 16년, 1회

① 저장에 필요한 용적을 줄이기 위해
② 수송 시 부피를 감소시키기 위해
③ 매립지의 수명을 연장시키기 위해
④ 소각장에서 소각 시 원활한 연소를 위해

해설 소각 효율을 높이기 위해서는 표면적을 높이거나 수분함량을 낮추는 파쇄나 건조공정이 적합하다.

02. 탄소 1kg이 연소할 때 이론적으로 필요한 산소의 질량은? 16년, 1회

① 4.1kg ② 3.6kg
③ 3.2kg ④ 2.7kg

해설 식 $C + O_2 \rightarrow CO_2$
12kg : 32kg
1kg : X ∴ X = 2.6667kg

03. 연료의 연소에 필요한 이론공기량을 A_0, 공급된 실제공기량을 A라 할 때 공기비를 나타낸 식은? 16년, 1회

① $\dfrac{A}{A_0}$ ② $\dfrac{A_0}{A}$
③ $\dfrac{A - A_0}{A_0}$ ④ $\dfrac{A - A_0}{A}$

04. 다음 중 효율적인 파쇄를 위해 파쇄대상물에 작용하는 3가지 힘에 해당되지 않는 것은? 16년, 1회

① 충격력 ② 정전력
③ 전단력 ④ 압축력

05. 쓰레기를 건조시켜 함수율을 40%에서 20%로 감소시켰다. 건조 전 쓰레기의 중량이 1톤이었다면 건조 후 쓰레기의 중량은? (단, 쓰레기의 비중은 1.0으로 가정함) 16년, 1회

① 250kg ② 500kg
③ 750kg ④ 1,000kg

해설 식 $W_1(1 - X_{w1}) = W_2(1 - X_{w2})$
1톤 × (1 − 0.4) = W_2(1 − 0.2)
∴ $W_2 = 0.75$ 톤 $= 750 kg$

06. 소각장에서 폐기물을 연소시킬 때 조건으로 가장 거리가 먼 것은? 16년, 1회

① 완전연소를 위해 체류시간은 가능한 한 짧아야 한다.
② 연료와 공기가 충분히 혼합되어야 한다.
③ 공기/연료비가 적절해야 한다.
④ 점화온도가 적정하게 유지되고 재의 방출이 최소화 될 수 있는 소각로 형태이어야 한다.

해설 완전연소를 위해 체류시간은 가능한 한 길어야 한다.

07. 다음 중 슬러지 탈수 방법으로 가장 거리가 먼 것은? 16년, 1회

① 원심분리 ② 산화지
③ 진공여과 ④ 벨트프레스

해설 산화지는 하·폐수의 유기물처리 공법이다.

정답 01. ④ 02. ④ 03. ① 04. ② 05. ③ 06. ① 07. ②

08. 폐기물을 소각할 경우 필요한 폐열회수 및 이용설비가 아닌 것은? 16년, 1회

① 과열기
② 부패조
③ 이코노마이저
④ 공기예열기

09. 다음 중 폐기물의 퇴비화 시 적정 C/N비로 가장 적합한 것은? 16년, 1회

① 1 ~ 2
② 1 ~ 10
③ 5 ~ 10
④ 25 ~ 50

10. 다음 중 퇴비화와 최적조건으로 가장 적합한 것은? 16년, 1회

① 수분 50 ~ 60%, pH 5.5 ~ 8 정도
② 수분 50 ~ 60%, pH 8.5 ~ 10 정도
③ 수분 80 ~ 85%, pH 5.5 ~ 8 정도
④ 수분 80 ~ 85%, pH 8.5 ~ 10 정도

11. 폐기물 전단파쇄기에 관한 설명으로 틀린 것은? 16년, 1회

① 전단파쇄기는 대개 고정칼, 회전칼과의 교합에 의하여 폐기물을 전단한다.
② 전단파쇄기는 충격파쇄기에 비하여 파쇄속도는 느리나, 이물질의 혼입에 대하여는 강하다.
③ 전단파쇄기는 파쇄물의 크기를 고르게 할 수 있다.
④ 전단파쇄기는 주로 목재류, 플라스틱류 및 종이류를 파쇄하는데 이용된다.

해설 전단파쇄기는 충격파쇄기에 비하여 파쇄속도가 느리고, 이물질의 혼입에 대하여 약하다.

12. 폐기물의 고형화 처리 시 유기성 고형화에 관한 설명으로 가장 거리가 먼 것은?(단, 무기성 고형화와 비교 시) 15년, 4회

① 수밀성이 매우 크며, 다양한 폐기물에 적용이 가능하다.
② 미생물 및 자외선에 대한 안정성이 강하다.
③ 최종 고화체의 체적 증가가 다양하다.
④ 폐기물의 특정 성분에 의한 중합체 구조의 장기적인 약화가능성이 존재한다.

해설 미생물 및 자외선에 대한 안정성이 약하다.

13. 혐기성 소화법과 상대 비교 시 호기성 소화법의 특징으로 거리가 먼 것은? 15년, 4회

① 상징수의 BOD 농도가 높으며, 운영이 다소 복잡하다.
② 초기 시공비가 낮고 처리된 슬러지에서 악취가 나지 않는 편이다.
③ 포기를 위한 동력요구량 때문에 운영비가 높다.
④ 겨울철은 처리효율이 떨어지는 편이다.

해설 상징수의 BOD 농도가 낮으며, 운영이 다소 복잡하다.

14. 연소가스의 잉여열을 이용하여 보일러에 주입되는 물을 예열함으로써 보일러드럼에 발생되는 열응력을 감속시켜 보일러의 효율을 높이는 장치는? 15년, 4회

① 과열기(super heater)
② 재열기(reheater)
③ 절탄기(economizer)
④ 공기예열기(air preheater)

정답 08. ② 09. ④ 10. ① 11. ② 12. ② 13. ① 14. ③

15. 폐기물의 열분해에 관한 설명으로 옳지 않은 것은?

15년, 4회

① 공기가 부족한 상태에서 폐기물을 연소시켜 가스, 액체 및 고체 상태의 연료를 생산하는 공정을 열분해 방법이라 부른다.
② 열분해에 의해 생성되는 액체 물질은 식초산, 아세톤, 메탄올, 오일 등이다.
③ 열분해 방법 중 저온법에서는 Tar, Char 및 액체상태의 연료가 보다 많이 생성된다.
④ 저온 열분해는 1100~1500℃에서 이루어진다.

해설 저온 열분해는 500~900℃에서 이루어진다.

16. 쓰레기를 연소시키기 위한 이론공기량이 $10Sm^3/kg$이고, 공기비가 1.1일 때, 실제로 공급된 공기량은? 15년, 4회

① $0.5Sm^3/kg$ ② $0.6Sm^3/kg$
③ $10.0Sm^3/kg$ ④ $11.0Sm^3/kg$

해설 $A = mA_o$
∴ $A = 1.1 \times 10 = 11Sm^3/kg$

17. 슬러지를 가열(210℃ 정도)·가압(120atm 정도)시켜 슬러지 내의 유기물이 공기에 의해 산화되도록 하는 공법은?

15년, 4회

① 가열 건조 ② 습식 산화
③ 혐기성 산화 ④ 호기성 소화

18. 분뇨처리법 중 부패조에 관한 설명으로 가장 거리가 먼 것은?

15년, 4회

① 고부하 운전에 적합하다.
② 특별한 에너지 및 기계설비가 필요하지 않은 편이다.
③ 처리효율이 낮으며, 냄새가 많이 나는 편이다.
④ 조립형인 경우 설치시공이 용이하며, 유지관리에 특별한 기술이 요구되지 않는다.

해설 고부하 처리가 어렵다. 부패조는 일정한 양으로 유출되는 고농도의 하수나 분뇨의 처리에 적합하다. 고부하(많은 양의 처리시 충분히 침전 및 소화되지 못하고 유출되어 처리가 불량해진다.

19. 쓰레기를 유동층 소각로에서 처리할 때 유동상 매질이 갖추어야 할 특성으로 옳지 않은 것은? 15년, 4회

① 공급이 안정적일 것
② 열충격에 강하고 융점이 높을 것
③ 비중이 클 것
④ 불활성일 것

해설 유동상 매질은 가열공기로 소각로 내에서 잘 혼합될 수 있어야 하므로 비중이 작아야 한다.

20. 폐수 슬러지를 혐기적 방법으로 소화시키는 목적으로 거리가 먼 것은?

15년, 4회

① 유기물을 분해시킴으로써 슬러지를 안정화시킨다.
② 슬러지의 무게와 부피를 증가시킨다.
③ 이용가치가 있는 부산물을 얻을 수 있다.
④ 유해한 병원균을 죽이거나 통제할 수 있다.

해설 슬러지의 무게와 부피를 감소시키기 위해서 소화가 이루어진다.

21. 슬러지 처리의 일반적 혐기성 소화과정이 아래와 같다면 ( ) 안에 들어갈 말로 옳은 것은?

15년, 4회

산생성균+유기물 → ( )+메탄균 → 메탄+이산화탄소

① 탄산 ② 황산
③ 무기산 ④ 유기산

정답 15. ④ 16. ④ 17. ② 18. ① 19. ③ 20. ② 21. ④

22. 폐기물의 고형화 처리방법으로 가장 거리가 먼 것은?
15년, 1회

① 활성슬러지법 ② 석회기초법
③ 유리화법 ④ 피막형성법

23. 폐기물 소각 공정에 사용되는 연소기의 종류에 해당하지 않는 것은?
15년, 1회

① Scrubber ② Stoker
③ Rotary kiln ④ Multiple hearth

해설 Scrubber는 세정기로 가스나 먼지를 물이나 세정액을 분사하여 제거하는 장치를 말한다.

24. 호기성 미생물을 이용하여 유기물을 분해하는 퇴비화공정의 최적조건의 범위로 가장 거리가 먼 것은?
15년, 1회

① 수분함량 : 85% 이상
② pH : 6.5 ~ 7.5
③ 온도 : 55 ~ 65℃
④ C/N비 : 25 ~ 30

해설 수분함량 : 55% 이상

25. 밀도가 0.4t/m³인 쓰레기를 매립하기 위해 밀도 0.85t/m³으로 압축하였다. 압축비는?
15년, 1회

① 0.6 ② 1.8
③ 2.1 ④ 3.3

해설 식 $CR = \dfrac{V_1}{V_2} = \dfrac{\rho_2}{\rho_1}$

∴ $CR = \dfrac{0.85}{0.4} = 2.125$

26. 다음 연료 중 고위발열량(kcal/Sm³)이 가장 큰 것은?
15년, 1회

① 프로판 ② 일산화탄소
③ 부틸렌 ④ 아세틸렌

해설 연료의 발열량은 일반적으로 탄소수가 많을수록 증가한다.
① 프로판(C_3H_8)
② 일산화탄소(CO)
③ 부틸렌(C_4H_8)
④ 아세틸렌(C_2H_2)
보기 중 부틸렌이 탄소수 4로 가장 많으므로 발열량이 가장 높다.

27. 착화온도에 관한 다음 설명 중 옳은 것은?
15년, 1회

① 분자구조가 간단할수록 착화온도는 낮아진다.
② 발열량이 작을수록 착화온도는 낮아진다.
③ 활성화에너지가 작을수록 착화온도는 높아진다.
④ 화학결합의 활성도가 클수록 착화온도는 낮아진다.

해설 화학결합의 활성도가 클수록 착화온도는 낮아진다. 착화온도가 낮다는 것은 연소가 잘 된다는 것이고 연소라는 것은 물질이 산소와 결합하여 빛과 열을 내는 반응이므로, 결합의 활성도가 잘 된다는 것은 연소가 잘 되는 것, 착화온도가 낮아지는 것이라 할 수 있다.

28. 장치 아래쪽에서는 가스를 주입하여 모래를 가열시키고 위쪽에서는 폐기물을 주입하여 연소시키는 형태로 기계적 구동부가 적어 고장율이 낮으며, 슬러지나 폐유 등의 소각에 탁월한 성능을 가지는 소각로는?
15년, 1회

① 고정상 소각로 ② 화격자 소각로
③ 유동상 소각로 ④ 열분해 소각로

정답 22. ① 23. ① 24. ① 25. ③ 26. ③ 27. ④ 28. ③

29. 수분함량이 30%인 어느 도시의 쓰레기를 건조시켜 수분함량이 10%인 쓰레기로 만들어 처리하려고 한다. 쓰레기 1톤당 약 몇 kg의 수분을 증발시켜야 하는가? (단, 쓰레기 비중은 1.0으로 가정함)　　　　　　　　　　　　15년, 1회

① 204kg　　② 215kg
③ 222kg　　④ 242kg

해설 **식** 증발시켜야 하는 수분량 = $W_1 - W_2$
식 $1000kg \times (1-0.3) = W_2 \times (1-0.1)$
$W_2 = 777.78kg$
- W_1 : 건조 전 쓰레기 중량 = 1톤
- W_2 : 건조 후 쓰레기 중량 = 777.78kg
∴ 증발시켜야 하는 수분량 = $1000 - 777.78 = 222.22kg$

30. 폐기물 고체연료(RDF)의 구비조건으로 틀린 것은?　　15년, 1회

① 함수율이 높을 것　　② 열량이 높을 것
③ 대기 오염이 적을 것　　④ 성분 배합률이 균일할 것

해설 함수율이 낮을 것

31. 다음 폐기물 선별방법 중 특정적으로 자장이나 전기장을 이용하는 것은?　　15년, 1회

① 중력선별　　② 관성선별
③ 스크린선별　　④ 와전류선별

32. 퇴비화의 장점으로 가장 거리가 먼 것은?　　14년, 5회

① 폐기물의 재활용
② 높은 비료가치
③ 과정 중 낮은 Energy 소모
④ 낮은 초기시설 투자비

33. 유동상 소각로에서 유동상 매질이 갖추어야 할 특성으로 거리가 먼 것은?　　14년, 5회

① 불활성일 것
② 내마모성일 것
③ 융점이 낮을 것
④ 비중이 작을 것

해설 융점이 높을 것

34. 쓰레기 소각로의 소각능력이 120kg/m²·h인 소각로가 있다. 하루에 8시간씩 가동하여 12,000kg의 쓰레기를 소각하려고 한다. 이 때 소요되는 화격자의 넓이는 몇 m²인가?　　14년, 5회

① 11.0　　② 12.5
③ 14.0　　④ 15.5

해설 풀이 1) 개념으로 산출한 식을 이용한 풀이
식 소각로소각능력 = $\dfrac{투입쓰레기}{화격자면적 \times 가동시간}$
$120kg/m^2 \cdot hr = \dfrac{12,000kg}{화격자면적 \times 8hr}$
∴ 화격자 면적 = $12.5m^2$

풀이 2) 목표 단위를 설정하고 필요없는 단위를 소거하여 산출하는 풀이
식 $X m^2 = \dfrac{m^2 \times hr}{120kg} \times 12000kg \times \dfrac{1}{8hr} = 12.5m^2$

35. 화격자 연소기의 특징으로 거리가 먼 것은?　　14년, 5회

① 연속적인 소각과 배출이 가능하다.
② 체류시간이 짧고 교반력이 강하여 수분이 많은 폐기물의 연소에 효과적이다.
③ 고온 중에서 기계적으로 구동하므로 금속부의 마모손실이 심한 편이다.
④ 플라스틱과 같이 열에 쉽게 용해되는 물질에 의해 화격자가 막힐 염려가 있다.

해설 체류시간이 길고 교반력이 약하며 수분이 많은 슬러지의 연소가 어렵다.

36. 유해폐기물 처리를 위해 사용되는 용매추출법에서 용매의 선택기준으로 옳지 않은 것은? 　　　　14년, 5회

① 끓는점이 낮아 회수성이 높을 것
② 밀도가 물과 다를 것
③ 분배계수가 낮아 선택성이 작을 것
④ 물에 대한 용해도가 낮을 것

해설 분배계수가 높아 선택성이 높을 것

37. 짐머만 공법이라고도 하며, 액상 슬러지에 열과 압력을 작용시켜 용존산소에 의해 화학적으로 슬러지내의 유기물을 산화시키는 방법은? 　　　　14년, 5회

① 호기성 산화　　② 습식 산화
③ 화학적 안정화　　④ 혐기성 소화

38. 소각로에서 완전연소를 위한 3가지 조건(일명 3T)으로 옳은 것은? 　　　　14년, 5회

① 시간-온도-혼합　　② 시간-온도-수분
③ 혼합-수분-시간　　④ 혼합-수분-온도

39. 파쇄하였거나 파쇄하지 않은 폐기물로부터 철분을 회수하기 위해 가장 많이 사용되는 폐기물 선별방법은? 　　　　14년, 5회

① 공기선별　　② 스크린선별
③ 자석선별　　④ 손선별

40. 다음은 연소의 종류에 관한 설명이다. (　)안에 알맞은 것은? 　　　　14년 5회, 23년 2회 CBT

> 목재, 석탄, 타르 등은 연소 초기에 가연성 가스가 생성되고, 이것이 긴 화염을 발생시키면서 연소하는데 이러한 연소를 (　)라 한다.

① 표면연소　　② 분해연소
③ 확산연소　　④ 자기연소

41. 폐기물의 파쇄작용이 일어나게 되는 힘의 3종류와 가장 거리가 먼 것은? 　　　　14년, 5회

① 압축력　　② 전단력
③ 수평력　　④ 충격력

42. 스크린 선별에 관한 설명으로 거리가 먼 것은? 　14년, 5회

① 스크린 선별은 주로 큰 폐기물로부터 후속 처리장치를 보호하거나 재료를 회수하기 위해 많이 사용한다.
② 트롬멜 스크린은 진동 스크린의 형식에 해당한다.
③ 스크린의 형식은 진동식과 회전식을 구분할 수 있다.
④ 회전 스크린은 일반적으로 도시폐기물 선별에 많이 사용하는 스크린이다.

해설 트롬멜 스크린은 회전식 스크린의 형식에 해당한다.

43. 밀도가 $1.2g/cm^3$인 폐기물 10kg에다 고형화 재료 5kg을 첨가하여 고형화시킨 결과 밀도가 $2.5g/cm^3$으로 증가하였다. 이 때의 부피변화율은? 　　　　14년, 2회

① 0.5　　② 0.72
③ 1.5　　④ 2.45

정답　36. ③　37. ②　38. ①　39. ③　40. ②　41. ③　42. ②　43. ②

해설 식 $VCF = \dfrac{V_2}{V_1}$

- $V_1 = 10kg \times \dfrac{cm^3}{1.2g} \times \dfrac{10^3 g}{1kg} \times \dfrac{1m^3}{(10^2 cm)^3} = 8.3333 \times 10^{-3} m^3$

- $V_2 = (10+5)kg \times \dfrac{cm^3}{2.5g} \times \dfrac{10^3 g}{1kg} \times \dfrac{1m^3}{(10^2 cm)^3} = 6 \times 10^{-3} m^3$

∴ $VCF = \dfrac{6 \times 10^{-3}}{8.3333 \times 10^{-3}} = 0.72$

44. 압축기에 플라스틱을 넣고 압축시킨 결과 부피감소율이 80%였다. 이 경우 압축비는?   14년, 2회

① 2 ② 3
③ 4 ④ 5

해설 식 $CR = \dfrac{V_1}{V_2}$

- $VR = \dfrac{V_1 - V_2}{V_1} \times 100 = 1 - \dfrac{V_2}{V_1} = 0.8$
- $V_2 = 0.2 V_1$

∴ $CR = \dfrac{V_1}{0.2 V_1} = 5$

45. 퇴비화의 단점으로 거리가 먼 것은?   14년, 2회

① 생산된 퇴비는 비료가치가 낮다.
② 생산품인 퇴비는 토양의 이화학 성질을 개선시키는 토양개선제로 사용할 수 없다.
③ 다양한 재료를 이용하므로 퇴비 제품의 품질표준화가 어렵다.
④ 퇴비가 완성되어도 부피가 크게 감소되지는 않는다. (50%이하)

해설 생산품인 퇴비는 토양의 이화학 성질을 개선시키는 토양개선제로 사용할 수 있다.

46. 폐기물의 재활용과 감량화를 도모하기 위해 실시할 수 있는 제도로 가장 거리가 먼 것은?   14년, 2회

① 예치금 제도 ② 환경영향평가
③ 부담금 제도 ④ 쓰레기 종량제

해설 환경영향평가는 건설 전에 환경상의 위해가 있는지를 대기, 수질, 폐기물, 소음진동, 토양의 다양한 측면에서 사전평가하는 방법으로 폐기물의 오염을 효율적으로 제어하는 제도이다.

47. 노의 하부로부터 가스를 주입하여 모래를 띄운 후 이를 가열시켜 상부에서 폐기물을 투입하여 소각하는 방식의 소각로는?   14년, 2회

① 유동상소각로 ② 다단로
③ 회전로 ④ 고정상소각로

48. 혐기성 소화탱크에서 유기물 75%, 무기물 25%인 슬러지를 소화처리하여 소화슬러지의 유기물이 58%, 무기물이 42%가 되었다. 소화율은?   14년, 2회

① 36% ② 42%
③ 49% ④ 54%

해설 식 $E = 1 - \left(\dfrac{VS_2 / FS_2}{VS_1 / FS_1} \right) \times 100 (\%)$

∴ $E = 1 - \left(\dfrac{0.58/0.42}{0.75/0.25} \right) \times 100 = 53.96\%$

49. 도시 폐기물의 개략분석(proximate analysis) 시 4가지 구성성분에 해당하지 않는 것은?   14년, 2회

① 다이옥신(dioxin)
② 휘발성 고형물(volatile solids)
③ 고정탄소(fixed carbon)
④ 회분(ash)

정답 44. ④ 45. ② 46. ② 47. ① 48. ④ 49. ①

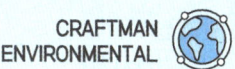

50. 함수율 25%인 쓰레기를 건조시켜 함수율이 12%인 쓰레기로 만들려면 쓰레기 1ton 당 약 얼마의 수분을 증발시켜야 하는가?

14년, 2회

① 148kg ② 166kg
③ 180kg ④ 199kg

해설 식 증발시켜야 하는 수분량 $= W_1 - W_2$
식 $1000kg \times (1-0.25) = W_2 \times (1-0.12)$
$W_2 = 852.27 kg$
- W_1 : 건조 전 쓰레기 중량 = 1톤
- W_2 : 건조 후 쓰레기 중량 = 852.27kg
∴ 증발시켜야 하는 수분량 $= 1000 - 852.27 = 147.73 kg$

51. 소각로 내의 화상 위에서 폐기물을 태우는 방식으로 플라스틱과 같이 열에 의하여 열화되는 물질의 소각에 적합하며 국부적으로 가열의 염려가 있는 소각로는?

14년, 2회

① 회전로 ② 화격자 소각로
③ 고정상 소각로 ④ 유동상 소각로

52. 슬러지나 폐기물을 토지주입 시 중금속류의 성질에 관한 설명으로 가장 거리가 먼 것은?

14년, 2회

① Cr : Cr^{+3}은 거의 불용성으로 토양 내에서 존재한다.
② Pb : 토양 내에 침전되어 있어 작물에 거의 흡수되지 않는다.
③ Hg : 토양 내에서 활성도가 커 작물에 의한 흡수가 용이하고, 강우에 의해 쉽게 지표로 용해되어 나온다.
④ Zn : 모래를 제외한 대부분의 토양에 영구적으로 흡착되나 보통 Cu나 Ni보다 장기간 용해상태로 존재한다.

해설 토양 내에서 불활성으로 존재하고 작물에 의한 흡수가 용이하고, 강우에 의해 쉽게 지표로 용해되지 않는다.

53. 다음 중 슬러지 개량(conditioning)방법에 해당하지 않는 것은?

14년, 2회

① 슬러지 세척 ② 열처리
③ 약품처리 ④ 관성분리

해설 관성분리는 슬러지 농축 또는 탈수에 사용되는 방법이다.

54. 폐기물의 저위발열량(LHV)을 구하는 식으로 옳은 것은?

14년, 2회

HHV : 폐기물의 고위발열량(kcal/kg)
H : 폐기물의 원소분석에 의한 수소 조성비(kg/kg)
W : 폐기물의 수분 함량(kg/kg)
600 : 수증기 1kg의 응축열(kcal)

① LHV=HHV−600W
② LHV=HHV−600(H+W)
③ LHV=HHV−600(9H+W)
④ LHV=HHV+600(9H+W)

해설 식 $Hl = Hh - 600(9H + W)$

55. 소각에 비하여 열분해 공정의 특징이라고 볼 수 없는 것은?

14년, 2회

① 무산소 분위기 중에서 고온으로 가열한다.
② 액체 및 기체상태의 연료를 생산하는 공정이다.
③ NOx 발생량이 적다.
④ 열분해 생성물의 질과 양의 안정적 확보가 용이하다.

해설 열분해 생성물은 아주 유용한 연료이나 생성물을 얻기 위해 투입되는 폐기물의 성상이 일정하며, 발열량이 높은 성분이 충족되어야만 안정적 확보가 용이하다.

 50. ① 51. ③ 52. ③ 53. ④ 54. ③ 55. ④

56. 연소로 배출되는 배기가스 중의 폐열을 이용하여 보일러의 급수를 예열함으로써 열효율 증가에 기여하는 설비는?

14년, 2회

① 공기예열기　　② 절탄기
③ 재열기　　　　④ 과열기

57. 황화수소 1Sm³의 이론연소 공기량(Sm³)은? (단, 표준상태 기준, 황화수소는 완전연소되어, 물과 아황산가스로 변화됨)

14년, 2회

① 5.6　　② 7.1
③ 8.7　　④ 9.3

해설 **식** $A_o = O_o \times \dfrac{1}{0.21}$

반응식 $H_2S + 1.5O_2 \rightarrow H_2O + SO_2$
　　　　　　1　：　1.5

$\therefore A_o = 1.5 \times \dfrac{1}{0.21} = 7.14 \, m^3/m^3$

58. 슬러지나 분뇨의 탈수 가능성을 나타내는 것은?

14년, 2회, 23년 2회 CBT

① 균등계수　　② 알칼리도
③ 여과비저항　④ 유효경

정답　56. ②　57. ②　58. ③

03 CHAPTER 폐기물 최종처분

UNIT 01 매립방법

1 해양매립

(1) 수중투기(내수배제)공법

외주호안이나 중간제방 등에 의해 고립된 매립시설 내의 해수를 그대로 둔 채 폐기물을 투기하거나 일부만 배수하고 폐기물을 투기하는 방법

(2) 순차투입공법

제방을 설치하여 육지쪽에서부터 바다쪽으로 순차적으로 매립하거나 호안측에서 순차적으로 매립하는 형식

(3) 박층뿌림공법

바지선에 폐기물을 싣고, 투하지점에서 바지선의 밑면을 개방하여 매립하는 방식

2 토양매립

(1) 단순매립

비위생매립이라고도 하며, 쓰레기를 묻은 뒤 흙으로 덮어나가는 것이다. 매립한 뒤의 2차 오염을 전혀 고려하지 않는 형식이다.

(2) 위생매립

단순매립과 달리 규정된 높이로 쌓은 후 다지고, 그 위에 흙을 덮는 방식이다. 냄새나 화기, 또 해충의 발생이 적고, 매립안정에 1~2년이 소요된다.

> 💡 **위생매립의 종류**
>
> ① **샌드위치 공법**
> 매립 – 복토 – 매립 – 복토를 번갈아가며 매립하는 형식이다.
>
> > **특징** : 복토재가 적게 소요되는 편이고, 넓은 매립부지확보가 어려운 지역에 적합하다. 셀 방식에 비해 환경위생측면에서 좋지 못하다.
>
> ② **셀 공법**
> 매립지를 각각의 셀(구획)으로 나누어서 몇 개의 셀이 매립되면 복토를 완료하고 다음 셀을 매립하는 매립형식이다.
>
> > **특징** : 복토재가 많이 소요되고, 넓은 매립부지확보가 필요하지만, 침출수량과 악취발생량이 적다. 사후 토지이용에도 적합하며, 가장 위생적이다.
>
> ③ **압축매립공법**
> 폐기물을 매립 전에 미리 덩어리(bale)형태로 압축하여 매립하는 방식
>
> > **특징** : 운반이 용이하고, 안전성이 높으며, 매립면적이 적게 소요된다. 매립지 수명이 길고, 매립지의 지반이 안정적인 반면, 파쇄 및 압축을 하는 중간처리시설의 유지관리 및 비용문제가 있다.
>
> ④ **도랑형공법(Trench method)**
> 매립지를 도랑형으로 굴착하여 도랑안에 폐기물을 매립하고, 굴착시에 생긴 토양으로 복토하는 형식
>
> > **특징** : 복토재의 소요량이 적고, 토양처리공법을 동시에 활용할 수 있는 반면, 매립용량의 낭비가 크고, 침출수 문제와 지하수위가 낮은 지역에서만 이용할 수 있다.

(3) 안전매립

지정폐기물 같은 토양속에서도 여러 경로로 유출될 경우 환경·보건상 위해를 끼칠 우려가 있는 물질을 완전히 차단하는 형식이다.

> 💡 **안전매립의 종류** : **차단형 매립, 관리형 매립**

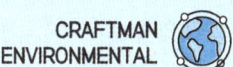

3 복토

(1) 복토방법

1) 일일복토

매일 15cm 이상으로 하는 복토

> 목적 : 화재예방, 악취방지, 우수침투 방지, 해충방지, 폐기물 비산방지

2) 중간복토

7~10일 간격으로 하는 복토, 30cm 이상으로 한다.

> 목적 : 화재예방, 악취방지, 우수침투 방지, 가스배출 억제, 운반차량 통행로 확보

3) 최종복토

최종 매립완료 후 하는 복토, 50cm 이상으로 한다.

> 목적 : 우수침투 방지, 식물생장을 위한 토양제공, 매립가스 유출차단, 해충방지, 침식방지

(2) 복토재의 구비조건

① 투수계수가 낮을 것
② 위생상 안전할 것
③ 불연성이고, 독성이 없으며, 생분해가 가능할 것
④ 단가가 낮고, 악천후에도 사용이 가능할 것

(3) 차수시설과 재료

1) 차수시설

침출수의 외부유출방지 및 지하수우수의 매립지내 유입을 방지하기 위한 시설

2) 차수재

점토, 합성 차수막, 시멘트계, 아스팔트계
└ 투수계수 10^{-7}cm/sec 이하이어야 한다.

① 점토

흡착성과 양이온교환능력으로 오염물질을 자체 정화가 가능하지만, 지반침하와 포설두께가 두꺼운 특징이 있다.

② 합성 차수막(FML)

차수재	특징
HDPE, LDPE	화학적 안정성이 큼, 강도가 높음, 유연성이 적음
CSPE	미생물에 강하고, 산과 알칼리에 강함, 시공이 용이, 유기용제 및 유지류에 약함, 강도가 낮음
EPDM	강도가 높음, 수분량이 적음, 유기용제 및 유지류에 약함, 접합이 불량한 편
BR	물에 대한 저항성이 강함, 강도가 낮음, 유기용제 및 유지류에 약함
CPE	강도가 강함, 유기용제 및 유지류에 약함, 접합이 불량한 편
PVC	시공이 용이, 강도가 큼, 자외선, 오존, 열에 약함, 유기용제 및 유지류에 약함
CR	화학적 안정성이 큼, 충격에 강함, 단가가 비쌈, 접합이 불량한 편

③ 시멘트계

3) 차수공의 비교

비교항목	연직차수공	표면차수공
지하수 집배수시설	불필요	필요
차수성의 확인	확인이 어려움	시공 후 시운전시에만 확인가능, 매립시작 후에는 확인 어려움
경제성	차수공의 단위면적당 공사비는 많이 들고, 총 공사비는 적게 든다.	차수공의 단위면적당 공사비는 적게 들고, 총 공사비는 많이 든다.
보수의 용이성	보강시공이 가능	어려움

4 구조별 매립

① **혐기성 매립** : 매립된 폐기물에 공기가 유입될 수 없는 혐기적인 구조
② **혐기성 위생매립** : 혐기성매립에 샌드위치식 복토를 한 구조
③ **개량형 위생매립** : 혐기성 위생매립 바닥저부에 침출수 배제 집수관을 설치한 구조
④ **준호기성 매립** : 개량형 위생매립 집수관에 대기에 접할 수 있는 개구부가 설치되어 대기중의 산소를 공급받는 구조
⑤ **호기성 매립** : 집수관외에 공기 송입관을 설치하여 강제로 공기를 불어넣는 구조

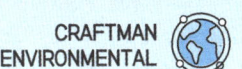

UNIT 02 침출수 및 매립가스 관리

1 침출수의 발생원과 영향인자

(1) 발생원
  ① 우수
  ② 지하수
  ③ 폐기물에 함유된 수분

(2) 영향인자
  ① 강수량 및 증발량
  ② 표면 유출량과 침투수량
  ③ 지하수위와 지하수 침투유량
  ④ 폐기물의 분해율
  ⑤ 수분의 지체시간

2 침출수 발생량 산정

(1) 물질수지 이용
  침출수량 = 강수량 − (증발량 + 유출량 + 토양의 수분보유량)

(2) Darcy식 이용

$$Q = A \cdot V, \quad V = \frac{KI_a}{n}$$

- K : 투수계수(m/hr)
- I_a : 동수경사도 = $\dfrac{\Delta h}{L}$
- n : 공극률

(3) 합리식 이용

$$Q = CIA$$

- C : 유출계수
- I : 강우강도(mm/hr)
- A : 면적(m^2)

3 침출수 처리

① **생물학적 처리** : 혐기성처리, 호기성처리
② **물리화학적 처리** : 침전, 흡착, 여과, 산화·환원, 이온교환, 역삼투 등

4 매립가스 처리

(1) 처리방법 : 소각, 대기확산, 에너지화

(2) 매립가스(LFG)의 구비조건
① 가스포집률이 50% 이상일 것
② 가스발생량이 $0.37m^3/kg$ 이상일 것
③ 발열량이 $2,200kcal/m^3$ 이상일 것

(3) 매립가스 생성과정
① 1단계 : 호기성 상태, 수분함량이 많을수록 반응이 빠르게 진행된다.
② 2단계 : 혐기성 상태(혐기성 비메탄 생성단계), 유기산, 알콜, 악취가스, CO_2가 생성되며, H_2가 생성되기 시작한다.
③ 3단계 : 메탄생성단계, CH_4의 비율은 높아지고 H_2, CO_2 비율은 낮아진다.
④ 4단계 : 정상상태단계, 메탄의 조성이 55% 이상, CO_2 40%로 혐기성분해반응이 정상적으로 진행되는 단계

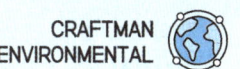

기출문제로 다지기 — CHAPTER 03 폐기물 최종처분

01. 매립지에서 발생될 침출수량을 예측하고자 한다. 이 때 침출수 발생량에 영향을 받는 항목으로 가장 거리가 먼 것은?

16년, 1회

① 강수량(Precipitation)
② 유출량(Run-off)
③ 메탄가스의 함량
④ 폐기물 내 수분 또는 폐기물 분해에 따른 수분

해설 침출수량은 강수량과 지하수량, 유출량, 증발량, 토양과 폐기물의 수분보유량에 따라 결정된다.

02. 합성차수막 중 PVC의 특성으로 가장 거리가 먼 것은?

16년, 1회

① 작업이 용이한 편이다.
② 접합이 용이한 편이다.
③ 대부분의 유기화학물질에 약한 편이다.
④ 자외선, 오존, 기후 등에 강한 편이다.

해설 자외선, 오존, 기후 등에 약한 편이다.

03. 폐기물 매립지에서 발생하는 침출수 중 생물학적으로 난분해성인 유기물질을 산화·분해시키는데 사용되는 펜턴시약(Fenton agent)의 성분으로 옳은 것은?

16년, 1회

① H_2O_2와 $FeSO_4$
② $KMnO_4$와 $FeSO_4$
③ H_2SO_4와 $Al_2(SO_4)_3$
④ $Al_2(SO_4)_3$와 $KMnO_4$

04. 투수계수가 0.5cm/sec이며 동수경사가 2인 경우 Darcy법칙을 적용하여 구한 유출속도는?

15년, 4회

① 1.5cm/sec ② 1.0cm/sec
③ 2.5cm/sec ④ 0.25cm/sec

해설 식 $V = \dfrac{K \times I}{n}$

$\therefore V = \dfrac{0.5 \times 2}{1} = 1\,cm/sec$

05. 다음 중 해안매립공법에 해당하는 것은?

15년, 4회

① 도랑형공법 ② 압축매립공법
③ 샌드위치공법 ④ 순차투입공법

해설 해안매립공법에서 순차투입공법, 내수배제공법, 박층뿌림공법이 있다.

06. 다음 중 매립지에서 유기물이 혐기성 분해될 때 가장 늦게 일어나는 단계는?

15년, 4회

① 가수분해 단계 ② 알콜발효 단계
③ 메탄 생성 단계 ④ 산 생성 단계

07. 매립시설에서 복토의 목적으로 가장 거리가 먼 것은?

15년, 4회

① 빗물 배제 ② 화재 방지
③ 식물 성장 방지 ④ 폐기물의 비산 방지

해설 최종매립까지 완료된 후에는 식생성장을 위한 영양을 제공한다.

 정답 01. ③ 02. ④ 03. ① 04. ② 05. ④ 06. ③ 07. ③

08. 다음은 어떤 매립공법의 특성에 관한 설명인가? 15년, 1회

> • 폐기물과 복토층을 교대로 쌓는 방식
> • 협곡, 산간 및 폐광산 등에서 사용하는 방법
> • 외곽 우수배제시설 필요
> • 복토재의 외부 반입이 필요

① 샌드위치공법 ② 도랑형공법
③ 박층뿌림공법 ④ 순차투입공법

09. 매립 시 발생되는 매립가스 중 악취를 유발시키는 것은? 15년, 1회

① CH_4 ② CO
③ CO_2 ④ NH_3

10. 매립지에서 매립 후 경과기간에 따라 매립가스(Landfill gas) 생성과정을 4단계로 구분할 때, 각 단계에 관한 설명으로 가장 거리가 먼 것은? 14년, 5회

① 제1단계에서는 친산소성 단계로서 폐기물 내에 수분이 많은 경우에는 반응이 가속화되어 용존산소가 쉽게 고갈되어 2단계 반응에 빨리 도달한다.
② 제2단계에서는 산소가 고갈되어 혐기성 조건이 형성되며 질소가스가 발생하기 시작하며, 아울러 메탄가스도 생성되기 시작하는 단계이다.
③ 제3단계에서는 매립지 내부의 온도가 상승하여 약 55℃ 정도까지 올라간다.
④ 제4단계에서는 매립가스 내 메탄과 이산화탄소의 함량이 거의 일정하게 유지된다.

11. 다음 중 유해 폐기물의 국제적 이동의 통제와 규제를 주요 골자로 하는 국제협약(의정서)은? 14년, 5회

① 교토의정서 ② 바젤 협약
③ 비엔나 협약 ④ 몬트리올 의정서

12. 다음 매립공법 중 해안매립공법에 해당하는 것은? 14년, 2회

① 셀공법 ② 순차투입공법
③ 압축매립공법 ④ 도랑형공법

13. 매립 시 발생되는 매립가스 중 악취를 유발시키는 물질은? 13년, 1회

① CH_4 ② CO_2
③ NH_3 ④ CO

> [해설] 매립지에서 발생하는 악취가스는 H_2S, NH_3, 아민류, 멜캅탄 등이 있다.

14. 침출수를 혐기성 여상으로 처리하고자 한다. 유입유량이 1,000m³/day, BOD가 500mg/L, 처리효율이 90% 라면, 이 때 혐기성 여상에서 발생되는 메탄가스의 양은? (단, 1.5m³가스/BOD kg, 가스 중 메탄 함량은 60% 이다.) 13년, 5회

① 350m³/day ② 405m³/day
③ 510m³/day ④ 550m³/day

> [해설] [식] 메탄가스 $= BOD \times \dfrac{1.5 m^3 가스}{BOD} \times \dfrac{60메탄}{100가스}$
>
> 메탄가스 $= \dfrac{1,000 m^3}{day} \times \dfrac{500 mg}{L} \times \dfrac{1 kg}{10^6 mg} \times \dfrac{10^3 L}{1 m^3} \times \dfrac{1.5 m^3 가스}{BOD\, kg} \times \dfrac{60메탄}{100가스} \times 0.9$
>
> $= 405 m^3/day$

정답 08. ① 09. ④ 10. ② 11. ② 12. ② 13. ③ 14. ②

알기 쉽게 풀어쓴 **환경기능사** 6판

제 4 과 목
소음·진동방지

01
소음, 진동발생 및 전파

02
소음방지 관리

03
진동방지 관리

01 소음, 진동발생 및 전파

UNIT 01 소음진동의 기초

1 용어정의

(1) 소음

① **소음** : 인간이 감각적으로 바람직하지 않다고 느껴지는 소리를 말하며, 그 물리적인 성질은 음과 동일하다.
② **소음원** : 소음을 발생하는 기계/기구, 시설 및 기타 물체 또는 환경부령으로 정하는 사람의 활동을 말한다.
③ **배경소음(암소음)** : 한 장소에 있어서의 특정의 음을 대상으로 생각할 경우 대상소음이 없을 때 그 장소의 소음을 대상소음에 대한 배경소음이라 한다.
④ **대상소음** : 배경소음 외에 측정하고자 하는 특정의 소음을 말한다.
⑤ **정상소음** : 시간적으로 변동하지 아니하거나 또는 변동폭이 작은 소음을 말한다.
⑥ **변동소음** : 시간에 따라 변화폭이 큰 소음을 말한다.
⑦ **충격음** : 폭발음, 타격음과 같이 극히 짧은 시간 동안에 발생하는 높은 세기의 음을 말한다.
⑧ **지시치** : 계기나 기록지상에서 판독한 소음도로서, 실효치를 말한다.
⑨ **배경소음도** : 측정소음도의 측정위치에서 대상소음이 없을 때 이 시험기준에서 정한 측정방법으로 측정한 소음도 및 등가소음도 등을 말한다.
⑩ **대상소음도** : 측정소음도에 배경소음을 보정한 후 얻어진 소음도를 말한다.
⑪ **평가소음도** : 대상소음도에 보정치(충격음, 관련시간대에 대한 측정소음, 발생시간의 백분율, 시간별, 지역별 등)를 보정한 후 얻어진 소음도를 말한다.
⑫ **등가소음도** : 임의의 측정시간동안 발생한 변동소음의 총 에너지를 같은 시간 내의 정상소음의 에너지로 등가하여 얻어진 소음도를 말한다.
⑬ **반사음** : 한 매질중의 음파가 다른 매질의 경계면에 입사한 후 진행방향을 변경하여 본래의 매질 중으로 되돌아오는 음을 말한다.
⑭ **측정소음도** : 소음진동 공정시험기준에서 정한 측정방법으로 측정한 소음도 및 등가소음도 등을 말한다.
⑮ **지발발파** : 수초 내에 시간차를 두고 발파하는 것을 말한다. 단, 발파기를 1회 사용하는 것에 한한다.
⑯ **파동** : 공간이나 물질의 한 부분에서 생긴 주기적인 진동이 시간의 흐름에 따라 주위로 멀리 퍼져나가는 현상을 의미한다.

㉠ **파동관련용어**
- **마루** : 파동이 진행하면서 그 위치가 변하게 될 때 변하는 위치가 가장 높은 곳
- **골** : 변화하는 위치(변위)가 가장 낮은 곳
- **파장** : 마루에서 마루까지의 거리나, 골에서 골까지의 거리
- **진폭** : 변화하는 위치가 "0"인 위치에서 마루의 높이나 골의 깊이
- **주기** : 한 번의 진동에 소요되는 시간, 마루에서 마루나 골에서 골까지 이르는데 소요되는 시간(주파수와 역수의 관계)

⑰ **등청감곡선** : 정상 청력을 가진 젊은 사람을 대상으로 한 주파수로 구성된 음에 대하여 느끼는 소리의 크기를 실험한 곡선이다.
  ㉠ 인간의 청감은 4,000Hz 주위의 음에서 가장 예민하며 저주파 영역에서는 둔하다(4,000Hz 수준에서 같은 에너지의 소리를 낮은 dB에서도 들을 수 있다).
  ㉡ 같은 크기의 에너지를 가진 소리라도 주파수에 따라 크기를 다르게 느낀다.
  ㉢ **가청주파수** : 20 ~ 20,000Hz
  ㉣ **가청음압** : $0.00002 N/m^2$ ~ $20 N/m^2$

⑱ **청감보정회로** : 40, 70, 100phon의 등청감곡선과 비슷하게 주파수에 따른 반응을 보정하여 측정한 음압수준으로 순차적으로 A, B, C 청감보정회로라 하며, 등청감곡선을 역으로 한 보정회로로 소음계에 내장되어 있다.
  ㉠ **A특성** : 40phon 등청감곡선과 비슷하게 주파수에 따른 반응을 보정하여 측정한 음압수준으로, 회화레벨과 비슷하여 가장 많이 사용된다.
  ㉡ **C특성** : 100phon 등청감곡선과 비슷하게 보정하여 측정한 값이다.
  ㉢ **A특성과 C특성 크기에 따른 상태**
    - dB(A) ≪ dB(C) : 저주파성분이 많다.
    - dB(A) ≈ dB(C) : 고주파성분이 많다.

(2) 진동

① **진동** : 기계, 기구의 사용으로 인하여 발생되는 강한 흔들림을 말한다.
② **진동원** : 진동을 발생하는 기계, 기구, 시설 및 기타 물체를 말한다.
③ **배경진동** : 한 장소에 있어서의 특정의 진동을 대상으로 생각할 경우 대상진동이 없을 때 그 장소의 진동을 대상진동에 대한 배경진동이라 한다.
④ **대상진동** : 배경진동 이외에 측정하고자 하는 특정의 진동을 말한다.
⑤ **정상진동** : 시간적으로 변동하지 아니하거나 또는 변동폭이 작은 진동을 말한다.
⑥ **변동진동** : 시간에 따른 진동레벨의 변화폭이 크게 변하는 진동을 말한다.
⑦ **충격진동** : 단조기의 사용, 폭약의 발파 시 등과 같이 극히 짧은 시간동안에 발생하는 높은 세기의 진동을 말한다.
⑧ **지시치** : 계기나 기록지상에서 판독하는 진동레벨로서 실효치(rms값)를 말한다.

⑨ **진동레벨** : 진동레벨의 감각보정회로(수직)를 통하여 측정한 진동가속도레벨의 지시치를 말하며, 단위는 dB(V)로 표시한다. 진동가속도레벨의 정의는 20 log(a/ao)의 수식에 따르고, 여기서 a는 측정하고자 하는 진동의 가속도실효치(단위 m/s^2)이며, ao는 기준진동의 가속도실효치로 10^{-5}m/s^{2}으로 한다.

$$VAL = 20\log\left(\frac{a}{a_o}\right), \ (a: 진동가속도\ 실효치,\ a_o: 기준가속도=10^{-5}\text{m/s}^2)$$

- $a = \dfrac{a_s}{\sqrt{2}}$ (a_s : 진동가속도 진폭)

⑩ **측정진동레벨** : 소음진동 공정시험기준에서 정한 측정방법으로 측정한 진동레벨을 말한다.
⑪ **배경진동레벨** : 측정진동레벨의 측정위치에서 대상진동이 없을 때 이 시험기준에서 정한 측정방법으로 측정한 진동레벨을 말한다.
⑫ **대상진동레벨** : 측정진동레벨에 배경진동의 영향을 보정한 후 얻어진 진동레벨을 말한다.
⑬ **평가진동레벨** : 대상진동레벨에 보정치를 보정한 후 얻어진 진동레벨을 말한다.

2 음의 기초

(1) 음의 발생

1) **음의 전달과정** : 표면의 진동 - 매질 - 귀
2) **음의 3요소** : 음의 크기, 음의 높이, 음색

$$\lambda = \frac{c}{f} \quad \text{(암기TIP 속주!)}$$

- λ : 음의 파장
- c : 음속
- f : 주파수

> 💡 **음속의 특징**
> ㉠ 공기의 경우 0℃, 1기압에서 음속은 약 331.5m/sec이다.
> ㉡ 1마하는 약 340m/sec이다.
> ㉢ 밀도가 클수록 음속은 증가한다.
> ㉣ 온도가 증가할수록 음속은 빨라진다.(1℃당 0.61m/sec씩 빨라짐)

(2) 음의 회절 : 장애물 뒤쪽으로 음이 전파되는 현상

① 높은 음은 음의 그림자를 만들기 쉽다.
② 낮은 음은 돌아 들어오기 쉽다.
③ 회절하는 정도는 파장에 비례한다.

④ 슬릿의 폭이 좁을수록 회절하는 정도가 크다.
⑤ 장애물이 작을수록 회절이 잘 된다.

(3) **음의 굴절** : 소리의 전달경로가 구부러지는 현상

음파는 온도가 낮은 쪽으로 굴절한다.

→ 낮에는 음파가 위로 굴절, 밤에는 음파가 아래로 굴절

(암기TIP) 낮말은 새가 듣고 밤말은 쥐가 듣는다.)

(4) **용어정리**

① 데시벨(dB) : "벨" 단위를 보기 쉽게 대수를 사용하여 음의 크기를 나타내는 단위

음압레벨(dB)	인간의 감각	회화에의 영향
0	가청한계	
10		
20	무음감	
30	매우 조용한 느낌	5m 앞의 속삭임이 들린다.
40	특별히 거슬리지 않는다.	10m 떨어져서 회의가 가능
50	소음을 느낌	3m 이내에서 보통의 회화가 가능
60	소음을 무시할 수 없다.	3m 이내에서 큰 소리로 회화가 가능
70	소음에 적응하는데 시간이 걸린다.	1m 이내에서 큰 소리로 회화가 가능
80	협대역음, 8시간에 귀막이 권장	0.3m 이내에서 큰 소리로 회화가 가능
90	광대역음, 8시간에 귀막이 권장	
100	광대역음, 8시간에 청력저하	
110		귓속말로만 대화가능
120	청각의 한계	회화 불가

〈출처 : 알기쉬운 건축환경, 기문당, 2005〉

② 폰(phon) : 음의 크기 수준을 나타내는 단위로서, 음의 데시벨은 음의 세기를 나타내지만, 주파수에 따라 음의 지각정도가 달라지므로, 순음 1,000Hz의 주파수를 가지는 음을 기준하여 나타낸 음의 크기(dB)를 폰(phon)으로 정의하여 음의 크기 수준을 판단한다.

변화량	인간의 감각
3phon	작지만 꽤 지각할 수 있다.
5phon	작지만 확실히 알 수 있다.
10phon	크기가 2배로 들린다.
15phon	매우 두드러진 변화로 느낀다.
20phon	처음부터 아주 큰 음으로 느낀다.

③ 손(sone) : 소음의 감각량을 나타내는 단위로서, 순음 1,000Hz의 40phon을 1sone으로 나타낸다.
④ 음장 : 음파가 존재하는 영역
⑤ 공명 : 2개의 진동체의 고유진동수가 같을 때 한쪽을 울리면 다른 쪽도 울리는 현상을 말한다.

⑥ **잔향** : 음원으로부터 발생되는 소리가 없어져도 반사음에 의해 계속 소리가 울려 퍼지는 것을 말한다.
⑦ **잔향시간(반향시간)** : 밀폐된 공간(실내)에서 발생한 음 에너지가 백만분의 일(10^{-6})로 감쇠할 때까지의 시간으로 음압레벨이 60dB 감쇠하는데 필요한 시간(초)로 나타낸다.

> [식] $T = \dfrac{0.161 \forall}{A} = \dfrac{0.161 \forall}{S_t \overline{\alpha}}$

- A : 공간의 면적(실내공간 기준으로 바닥+천장+벽의 면적)   • $\forall$: 공간의 부피

⑧ **음압레벨(SPL)** : 어떤 음의 음압이 기준음압의 몇 배인가를 대수로서 나타낸 것

> [식] $SPL = 20\log \dfrac{P}{P_o}$ (P: 현재음압, P_o: 기준음압(2×10^{-5}N/m²))
>
> $SPL = PWL - 10\log(4\pi r^2)$ — (PWL: 음향파워레벨, 자유공간 기준)
> $= PWL - 20\log(r) - 11$(점음원, 자유공간 기준)
>
> $SPL = PWL - 10\log(2\pi r^2)$ — (PWL: 음향파워레벨, 반자유공간 기준)
> $= PWL - 20\log(r) - 8$(점음원, 반자유공간 기준)

⑨ **음향파워(W)** : 1초간에 음원으로부터 방출되는 음에너지를 말한다.

> [식] $W = I \times S$ (I : 음의 세기, S : 표면적)

⑩ **음의 세기레벨(SIL=SPL)**

> [식] $SIL = 10\log \dfrac{I}{I_o}$ (I : 현재음의 세기, I_o: 기준음의 세기(10^{-12}W/m²)

⑪ **파워레벨(PWL)** : 기준 음향파워에 비하여 임의의 음향파워가 몇 배에 상당하는 가를 대수로 나타낸 것

> [식] $PWL = 10 \times \log\left(\dfrac{W}{W_o}\right)$ (W : 음향파워, W_o : 기준 음향파워=10^{-12} W)

⑫ **음의 거리감쇠** : 음원에서 방사된 음파가 음원으로부터 거리가 멀어짐에 따라 음의 에너지가 확산하여 파면의 면적에 역비례하여 감소하는 것을 말한다.

> [식] $L_l = 20\log\left(\dfrac{r_2}{r_1}\right)$ (r : 음원과의 거리, 점음원)
>
> ↳ 점음원에서 거리 2배 증가시 6dB 감소
>
> $L_l = 10\log\left(\dfrac{r_2}{r_1}\right)$ (r : 음원과의 거리, 선음원)
>
> ↳ 선음원에서 거리 2배 증가시 3dB 감소

⑬ **합성소음레벨** : 소음을 가진 물체가 2개 이상 존재시 소음들을 합한 값

$$\boxed{식}\ L_s = 10\log(10^{L_1/10} + 10^{L_2/10} + \cdots + 10^{L_n/10})$$

(L_1 : 소음원(1)의 음압레벨, L_2 : 소음원(2)의 음압레벨, L_n : 소음원(n)의 음압레벨)

⑭ **평균소음레벨** : 소음을 가진 물체가 2개 이상 존재시 소음들의 평균 값

$$\boxed{식}\ L_m(dB) = 10\log\left[\frac{1}{n}(10^{L_1/10} + 10^{L_2/10} + \cdots 10^{L_n/10})\right]$$

(L_1 : 소음원(1)의 음압레벨, L_2 : 소음원(2)의 음압레벨, L_n : 소음원(n)의 음압레벨)

⑮ **도플러효과** : 소음의 진행방향 쪽에서는 원래 음보다 고음으로, 진행방향 반대쪽에서는 원래 음보다 저음으로 들리는 현상(예 지나가는 기차소리)

⑯ **호이겐스원리** : 소음이 발생한 후 파면(곡선)이 시간에 따라 그 다음 파면을 형성하는 현상

⑰ **마스킹 효과(음폐효과)** : 듣고자하는 소리가 어떤 소리에 묻혀 듣기 어려워지거나 불가능하게 되는 현상(음파간섭에 기인함)
  ㉠ 저음이 고음을 잘 마스킹
  ㉡ 목적음과 방해음의 주파수 영역이 가까울수록 마스킹 효과가 커짐

⑱ **지향계수** : 특정방향에 대한 음의 지향도
  ㉠ **자유공간** : 지향계수 = 1
  ㉡ **반자유공간** : 지향계수 = 2
  ㉢ **두 면이 접하는 공간** : 지향계수 = 4
  ㉣ **세 면이 접하는 공간** : 지향계수 = 8

⑲ **지향지수** : 지향계수를 dB 단위로 나타낸 것
  ㉠ **자유공간** : 지향지수 = 0dB
  ㉡ **반자유공간** : 지향지수 = 3dB
  ㉢ **두 면이 접하는 구석** : 지향지수 = 6dB
  ㉣ **세 면이 접하는 구석** : 지향지수 = 9dB

⑳ **투과손실** : 소음이 물체를 통과한 후 감소되는 정도

$$\boxed{식}\ 투과손실(TL) = 10\log\frac{1}{\tau}$$

• τ(투과율) $= \dfrac{I_t}{I_o}$

3 귀의 구조

(1) 외이

① 귓바퀴와 외이도로 구성된다.
② 공기진동에 의한 음을 모으는 역할을 한다.
③ 외이도의 길이는 약 2.5cm 정도이다.

(2) 중이

① 고막과 공기로 차있는 공간을 말한다.
② 고막의 진동은 청소골(추골, 침골, 등골로 이루어져 있음, 이소골이라고도 함)의 운동을 일으키며, 특히 청소골(이소골) 중 등골의 진동에 의해 내이로 전달된다. 이 진동으로 소리를 증폭시켜 준다.
③ 청소골(이소골)은 음에너지를 난원창에 전달하며 내이를 보호해 주는 방어기능이 있다.

(3) 내이

① 내이 중 청각을 담당하는 곳은 달팽이관이며 전정계, 중간계, 고실계로 구성된다.
② 중간계의 기저막에는 청각기관인 코르티기관이 있으며 유모세포(Hair cell)가 있다.
③ 코의 뒷 부분부터 중이를 연결하는 유스타키오관이 있으며 중이의 환기와 분비물배출, 또한 압력평형을 유지해주는 기능을 한다.

UNIT 02 소음진동 발생원과 전파

1 소음발생

(1) 기류음

직접적인 공기의 압력변화에 의해 유체역학적 원인에 의해 발생(예 폭발음, 음성)
① **맥동음** : 주기적인 흡입·토출에 의해 발생(예 흡음, 배기음 등)
② **난류음** : 기체흐름과 와류에 의해 발생(예 선풍기, 관의 굴곡부분, 밸브 등)

(2) 고체음

물체의 진동에 의한 기계적인 원인에 의해 발생한다.(예 타악기, 충격, 마찰음)

① **동적음** : 마찰, 충격 등의 기계적 운동에 의해 발생(1차 고체음)
② **정적음** : 기계 프레임 등의 진동에 의해 발생(2차 고체음)

2 소음원의 형태

(1) 점음원
음의 파장 혹은 전파 거리에 비해서 충분히 크기가 작고, 모든 방향으로 고른 음을 방사하는 음원.
〈출처 : 건축용어사전, 현대건축관련용어편찬위원회, 성안당〉

1) 구면파
공간의 한 지점에서 다른 모든 방향으로 둥글게 퍼져나가는 파동, 구면파의 진폭은 진행한 거리에 반비례하고, 에너지는 진행한 거리의 제곱과 반비례한다.
┗ 공중에서 발생하는 파동, 점음원이 자유공간에 있을 때

2) 반구면파
점음원이 반자유공간에 있을 때, 반사율이 1인 바닥 위

3) 평면파
파면의 모양이 직선 또는 평면을 이루면서 진행하는 파동
┗ 지면에서 발생하는 파동

(2) 선음원
일직선상에 음향파워의 동일한 무수의 점 음원이 연속적으로 분포하고 있는 음원(예 고속도로의 자동차 소음, 철도 소음 등)

(3) 면음원
넓은 면에서 음이 발사되고 있는 양질의 음원(예 공장 소음, 스피커 등)

3 진동의 발생원

(1) 충격진동 : 충격을 줄 수 있는 물질이 가까운 지면에 미치는 진동, 진동공해 중의 차지하는 비율이 높음

(2) 정상진동 : 계속적으로 발생하는 주기적 진동

(3) 중첩진동 : 충격진동 + 정상진동

4 소음의 영향

(1) **소음공해의 특징** : 국소적, 다발적, 감각적, 축적성이 없음, 정신적·심리적 피해

(2) **소음에 대한 감수성**

① 임산부나 노약자가 더 큰 영향
② 남성보다 여성, 노인보다 젊은이가 소음에 대해 더 민감
③ 휴식이나 취침 중일 때 피해가 더 큼

(3) **신체적 영향**

① 혈압상승, 맥박증가, 말초혈관 수축, 심장과 간장의 흥분성 증가
② 호흡수 증가, 호흡깊이 감소
③ 타액분비량 증가, 위액의 산도저하, 위 수축운동 감소
④ 피로상승, 주의력 산만

(4) **청력손실**

1) **청력손실측정**

어떤 주파수에 대해 정상 귀의 최소 가청치와 피검자와의 최소 가청치와의 비를 dB로 나타낸 것이다.

2) **난청** : 500~2,000Hz 범위에서 청력손실이 25dB 이상이 되면 난청이라 한다.

① **소음성 난청** : 오랫동안 소음환경하에 있는 사람에게서 발생하는 난청, 4,000Hz의 청력이 저하하고 (C^5dip), 그 후 고음역, 중음역이 침범되는 현상

② **노인성 난청** : 노화에 의해 자연적으로 발생, 고주파음인 6,000Hz에서부터 난청이 시작

③ **일시적 청력손실(TTS)** : 강력한 소음에 노출되어 생기는 난청으로 4,000~6,000Hz에서 가장 많이 발생한다.

5 진동의 영향

(1) **진동의 범위**

① **공해진동의 진동수 범위** : 1~90Hz
② **문제가 되는 진동레벨** : 60~80dB
③ **진동의 역치** : 55±5dB
④ **사람이 느낄 수 있는 진동가속도 범위** : 1Gal~1,000Gal

⑤ 사람이 가장 민감하게 느끼는 수평진동의 범위 : 1~2Hz
⑥ 사람이 가장 민감하게 느끼는 수직진동의 범위 : 4~8Hz

(2) 신체장애

① 1~3Hz : 호흡장애, O_2 소비증가
② 3~6Hz : 멀미 증상, 허리 및 가슴 통증
③ 4~14Hz : 관절 및 복부 장기의 압박감과 복통유발
④ 12~16Hz : 복부의 심한 공진과 발성에 영향을 줌
⑤ 20~30Hz : 두개골 공진에 따른 시력 및 청력장애
※ 레이노드씨 현상 : 진동발생기구사용으로 인한 국소진동에 의해 말초혈관운동이 저하되어 혈액순환장애로 인해 발병되는 질환, 손가락이 희거나 검게 변하는 현상, 추울 때 더 심해짐

UNIT 03 소음진동 측정

1 측정장치

(1) 소음측정장치

① **마이크로폰** : 압력변화(음압)를 전기신호로 변화하는 장치, 마이크로폰은 지향성이 작은 압력형으로 하며, 기기의 본체와 분리가 가능하여야 한다.
② **증폭기** : 마이크로폰에 의하여 음향에너지를 전기에너지로 변환시킨 양을 증폭시키는 장치를 말한다.
③ **레벨레인지 변환기** : 측정하고자 하는 소음도가 지시계기의 범위 내에 있도록 하기 위한 감쇠기로서 유효눈금범위가 30dB 이하가 되는 구조의 것은 변환기에 의한 레벨의 간격이 10dB 간격으로 표시되어야 한다. 다만, 레벨 변환없이 측정이 가능한 경우 레벨레인지 변환기가 없어도 무방하다.
④ **교정장치** : 소음측정기의 감도를 점검 및 교정하는 장치로서 자체에 내장되어 있거나 분리되어 있어야 하며, 80dB(A) 이상이 되는 환경에서도 교정이 가능하여야 한다.
⑤ **청감보정회로** : 인체의 청감각을 주파수 보정특성에 따라 나타내는 것으로 A특성을 갖춘 것이어야 한다. 다만, 자동차 소음측정용은 C특성도 함께 갖추어야 한다.(A특성에 고정하여 사용)
⑥ **동특성 조절기** : 지시계기의 반응속도를 빠름 및 느림의 특성으로 조절할 수 있는 조절기를 가져야 한다.
⑦ **출력단자** : 소음신호를 기록기 등에 전송할 수 있는 교류단자를 갖춘 것이어야 한다.
⑧ **지시계기** : 지시계기는 지침형 또는 디지털형이어야 한다. 지침형에서는 유효지시범위가 15dB 이상이어야 하고, 각각의 눈금은 1dB 이하를 판독할 수 있어야 하며, 1dB 눈금간격이 1㎜ 이상으로 표시되어야 한다. 다만, 디지털형에서는 숫자가 소수점 한자리까지 표시되어야 한다.

⑨ **기록기** : 자동 혹은 수동으로 연속하여 시간별 소음도, 주파수밴드별 소음도 및 기타 측정결과를 그래프ㆍ점ㆍ숫자 등으로 기록하는 기기를 말한다.

⑩ **주파수 분석기** : 소음의 주파수 성분을 분석하는데 사용하는 기기로 1/1 옥타브 밴드 분석기, 1/3 옥타브 밴드 분석기 등을 말한다.

⑪ **데이터 녹음기** : 소음계 등의 아날로그 또는 디지털 출력신호를 녹음ㆍ재생시키는 장비를 말한다.

(2) 진동측정장치

① **진동픽업** : 기계적 진동량(진동신호)을 전기신호로 바꾸어 주는 장치
② **레벨레인지 변환기** : 소음측정장치 레벨레인지 변환기와 같음
③ **증폭기** : 진동픽업에 의해 변환된 전기신호를 증폭시키는 장치를 말한다.
④ **감각보정회로** : 인체의 수진감각을 주파수보정특성에 따라 나타내는 것으로 V특성(수직특성)을 갖춘 것이어야 한다.
⑤ **지시계기** : 지시계기는 지침형 또는 디지털형이어야 한다. 지침형에서 유효지시 범위가 15dB 이상이어야 하고, 각각의 눈금은 1dB 이하를 판독할 수 있어야 하며, 1dB 눈금간격이 1mm 이상으로 표시되어야 한다. 다만, 디지털형에서는 숫자가 소수점 한 자리까지 표시되어야 한다.
⑥ **교정장치** : 진동측정기의 감도를 점검 및 교정하는 장치로서 자체에 내장되어 있거나 분리되어 있어야 한다.
⑦ **출력단자** : 진동신호를 기록기 등에 전송할 수 있는 교류출력단자를 갖춘 것이어야 한다.
⑧ **기록기** : 각종 출력신호를 자동 또는 수동으로 연속하여 그래프ㆍ점ㆍ숫자 등으로 기록하는 장비를 말한다.
⑨ **데이터 녹음기** : 진동레벨의 아날로그 또는 디지털 출력신호를 녹음ㆍ재생시키는 장비를 말한다.

2 측정조건

(1) 일반사항

1) 일반사항(소음)

① 소음계의 마이크로폰은 측정위치에 받침장치(삼각대 등)를 설치하여 측정하는 것을 원칙으로 한다.
② 손으로 소음계를 잡고 측정할 경우 소음계는 측정자의 몸으로부터 0.5m 이상 떨어져야 한다.
③ 소음계의 마이크로폰은 주소음원 방향으로 향하도록 하여야 한다.
④ 풍속이 2m/sec 이상일 때에는 반드시 마이크로폰에 방풍망을 부착하여야 하며, 풍속이 5m/sec를 초과할 때에는 측정하여서는 안 된다.
⑤ 진동이 많은 장소 또는 전자장(대형 전기기계, 고압선 근처 등)의 영향을 받는 곳에서는 적절한 방지책(방진, 차폐 등)을 강구하여야 한다.

2) 일반사항(진동)

① 진동레벨계와 진동레벨 기록기를 연결하여 측정ㆍ기록하는 것을 원칙으로 한다. 진동레벨 기록기가 없는 경우에는 진동레벨계만으로 측정할 수 있다.

② 진동레벨계의 출력단자와 진동레벨 기록기의 입력단자를 연결한 후 전원과 기기의 동작을 점검하고 매회 교정을 실시하여야 한다.
③ 진동레벨계의 레벨레인지 변환기는 측정지점의 진동레벨을 예비조사한 후 적절하게 고정시켜야 한다.
④ 진동레벨계와 진동레벨기록기를 연결하여 사용할 경우에는 진동레벨계의 과부하 출력이 진동기록치에 미치는 영향에 주의하여야 한다.
⑤ 진동픽업의 연결선은 잡음 등을 방지하기 위하여 지표면에 일직선으로 설치한다.
⑥ 진동픽업(pick-up)의 설치장소는 옥외지표를 원칙으로 하고 복잡한 반사, 회절현상이 예상되는 지점은 피한다.
⑦ 진동픽업의 설치장소는 완충물이 없고, 충분히 다져서 단단히 굳은 장소로 한다.
⑧ 진동픽업의 설치장소는 경사 또는 요철이 없는 장소로 하고, 수평면을 충분히 확보할 수 있는 장소로 한다.
⑨ 진동픽업은 수직방향 진동레벨을 측정할 수 있도록 설치한다.
⑩ 진동픽업 및 진동레벨계를 온도, 자기, 전기 등의 외부영향을 받지 않는 장소에 설치한다.

(2) 측정사항

1) 측정사항(소음)

① 측정소음도의 측정은 대상 배출시설의 소음발생기기를 가능한 한 최대출력으로 가동시킨 정상상태에서 측정하여야 한다.
② 배경소음도는 대상 배출시설의 가동을 중지한 상태에서 측정하여야 한다.

2) 측정사항(진동)

① 측정진동레벨은 대상 배출시설의 진동발생원을 가능한 한 최대출력으로 가동시킨 정상상태에서 측정한다.
② 배경진동레벨은 대상 배출시설의 가동을 중지한 상태에서 측정한다.

(3) 측정시간 및 측정지점수

피해가 예상되는 적절한 측정시각에 2지점 이상의 측정지점수를 선정·측정하여 그중 가장 높은 소음도(진동레벨)를 측정소음도(진동레벨)로 한다.

(4) 성능

① 측정가능 주파수 범위는 1 ~ 90Hz 이상이어야 한다.
② 측정가능 진동레벨의 범위는 45 ~ 120dB 이상이어야 한다.
③ 감각 특성의 상대응답과 허용오차는 환경측정기기의 형식승인·정도검사 등에 관한 고시 중 진동레벨계의 구조·성능 세부기준 표 1의 연직진동 특성에 만족하여야 한다.
④ 진동픽업의 횡감도는 규정주파수에서 수감축 감도에 대한 차이가 15dB 이상이어야 한다.(연직특성)
⑤ 레벨레인지 변환기가 있는 기기에 있어서 레벨레인지 변환기의 전환오차가 0.5dB 이내이어야 한다.
⑥ 지시계기의 눈금오차는 0.5dB 이내이어야 한다.

❸ 주파수 분석기(filter) – 정비형 기준

식 $\dfrac{f_u(상한주파수)}{f_l(하한주파수)} = 2^n$

식 $f_c(중심주파수) = \sqrt{f_u \times f_l}$ (상한과 하한의 기하평균)

- n은 경우에 따라 1/1 혹은 1/3으로 적용한다.

(1) 1/1 옥타브밴드 분석기(정비형)

식 $\dfrac{f_u}{f_l} = 2^1$, $f_u = 2f_l$

식 $bw(밴드폭) = 0.707 f_c$

식 $bw(밴드폭) = f_l$

식 % $bw(밴드폭) = \dfrac{bw}{f_c} \times 100(\%)$

(2) 1/3 옥타브밴드 분석기(정비형)

식 $\dfrac{f_u}{f_l} = 2^{1/3}$, $f_u = 1.26 f_l$

식 $f_c = \sqrt{f_l \times f_u} = \sqrt{f_l \times 1.26 f_l} = \sqrt{1.26}\, f_l$

식 $bw(밴드폭) = 0.232 f_c$

식 $bw(밴드폭) = 0.26 f_l$

식 % $bw(밴드폭) = \dfrac{bw}{f_c} \times 100(\%)$

CHAPTER 02 소음방지 관리

UNIT 01 기초 방음대책

1 흡음과 차음

(1) 흡음

물체가 소리를 흡수하는 것을 말한다. 소리를 흡수하여 열에너지로 전환
① **다공성 재료** : 내부 마찰, 점성저항, 소섬유의 진동으로 에너지를 상실시킴
② **판/천** : 막진동에 의해 에너지를 상실시킴
③ **좁은 항아리** : 공명에 의해 에너지를 상실시킴

(2) 차음

외부와의 음의 교류를 차단하는 것을 말한다.
① 2중 창문
② 두꺼운 천, 철판

2 소음대책

(1) 발생원 대책 : 소음의 발생되는 근원을 차단 및 억제

① 원인제거, 운전스케줄의 변경
② 강제력 저감
③ 파동차단
④ 방사율저감, 방음박스 설치
⑤ 흡음덕트, 밀폐(소음원 위치)

(2) 전파경로 대책 : 소음의 발생되는 근원을 차단 및 억제

　① 밀폐(전파경로 위치)
　② 방음벽, 흡음재 설치
　③ 벽체의 차음, 흡음성 강화
　④ 거리감쇠
　⑤ 지향성 변환(고주파음에 유효)

(3) 수음측(수진점) 대책 : 소음을 받는 측에서의 차단 및 억제

　① 건물의 차음성 증대, 2중창 설치
　② 벽면의 투과손실과 실내 흡음력 증대
　③ 마스킹, 귀마개

(4) 기류음과 고체음의 대책

　① **기류음** : 분출유속 저감, 마찰저항 감소, 밸브의 다단화
　② **고체음** : 공명방지, 가진력 억제, 방사면 축소 및 제진처리, 방진

UNIT 02 방음재료 및 시설

1 흡음재료

(1) 다공질 흡음재

통기성이 있고, 공기의 점성마찰이나 섬유의 진동 손실에 의한 흡음 효과를 나타내는 재료의 총칭(예 유리솜, 암면, 발포재, 직물류 등)

(2) 판구조 흡음재

음파가 판을 진동시키면서 소리에너지를 소모하게 하여 흡음 효과를 나타내는 재료의 총칭(예 석고보드, 석면, 하드보드, 합판, 알루미늄 등)

(3) 공동 공명기

음의 압력이 투사되면 개구부분의 공기가 뭉쳐지고, 밀폐된 공동부분의 공기가 스프링 역할을 하여 진동한다. 공명주파수 부근의 음이 투사되면 구멍 부근의 공기가 심하게 진동되어 마찰열에너지로 변화되며 흡음 효과를 나타내는 재료

(4) 유공판 흡음재료

판구조 흡음재 + 다공질 흡음재(예 유공석고보드, 유공시멘트판 등)

2 소음기

(1) 팽창형

음파를 확대하여 에너지의 반사를 통해 소음을 제어
 ↳ 저·중음역에 유효하고, 흡음재 부착시 고음역도 효과 있음

(2) 간섭형

음의 통로 구간을 둘로 나누어 경로차와 위상차를 생성하여 음파의 간섭에 의해 감쇠시키는 방식이다.
 ↳ 저·중음역에 탁월, 주파수 성분에 유효

(3) 공명형

관로 도중에 구멍을 판 공동과 조합한 구조로 되어 공명현상에 의한 음의 흡수작용으로 소음을 제어
 ↳ 협대역 저주파 소음방지에 탁월

(4) 흡음형

흡음물을 사용하여 소음하는 방식
 ↳ 중·고음역에 유효하게 사용

03 진동방지 관리

UNIT 01 기초 방진대책

1 진동파의 종류

(1) 실체파
① **종파(소밀파, P파)** : 매질의 진동방향이 진동파의 진행방향과 나란한 파(예 소리(음파), 지진파)
② **횡파(S파)** : 매질의 진동방향이 진동파의 진행방향과 수직을 이루는 파(예 빛, 라디오파, x-ray, 수면파)

(2) 표면파
① **러브파(L파)** : 표면의 좌우로 진동이 일어나는 파. 파동의 앞단은 좌측으로, 후단은 우측으로 이동을 번갈아 가며 반복하면서 전파방향과 수평으로 작용하는 파동(예 지표면에서 발생하는 지진)
② **레일리파(R파)** : 표면의 상하로 진동이 일어나는 파. 표면의 상층부는 뒤로, 하층부는 앞으로 이동을 번갈아 가며 반복하면서 전파방향과 수평으로 작용하는 파동(예 지표면에서 발생하는 지진)

2 진동대책

(1) 발생원 대책
① 중량의 경감
② 가진력 감쇠
③ 탄성지지
④ 불평형력의 균형
⑤ 동적 흡진 원인제거

(2) 전파경로 대책

① 진동발생원의 이격
② 수진점 근방에 방진구 설치
③ 방진벽 설치

(3) 수음측(수진점) 대책

① 수진측의 탄성 지지
② 수진측의 강성 변경

UNIT 02 방진재료 및 시설

1 공기스프링

고무로 된 용기(벨로스) 안에 압축공기를 넣어 공기의 탄성을 이용한 스프링이다. 외력의 변화에 따라 스프링상수도 변하고, 용기 안의 공기량이 일정하면 스프링의 길이는 외력과 관계없이 일정하게 유지할 수 있다. 벨로스형과 다이어프램형이 있다.

(1) 적용 고유 진동수 : 1~10(Hz)

(2) 장단점

장점	단점
• 하중의 변화에 따라 고유진동수를 일정하게 유지할 수 있다. • 자동제어가 가능하다. • 부하능력이 광범위하다. • 설계수치를 광범위하게 설정할 수 있다. • 고주파진동에 대한 절연성이 좋다.	• 사용진폭이 적은 것이 많으므로, 별도의 damper를 필요로 하는 경우가 많다. • 구조가 복잡하고 시설비가 많이 든다. • 압축기 등 부대시설이 필요하다. • 공기누출 위험이 있다.

〈출처 : 공기스프링[air spring, 空氣—] (두산백과)〉

2 금속스프링

선형 또는 코일형, 나선형으로 된 금속 스프링으로 탄성을 이용하여 방진펌프나 모터, 팬의 방진에 주로 사용

(1) 적용 고유 진동수 : 4(Hz) 이하

(2) 장단점

장점	단점
• 금속패널의 종류가 많다. • 뒤틀리거나 오므라들지 않는다. • 부착이 용이하고, 내구성이 우수하다. • 용이하게 제조할 수 있으며, 가격도 저렴하다. • 저주파 차진에 좋다.(4Hz 이하) • 최대변위가 허용된다. • 환경요소에 대한 저항성이 크다.	• 감쇠가 거의 없다. • 공진시에 전달율이 매우 크다. • 고주파 진동시에 단락된다. • 서징, 락킹을 발생시킬 수 있다. • 극단적으로 낮은 스프링정수로 할 경우 소형, 경량으로 하기 어렵다. • 고주파 진동의 절연성이 고무에 비해 나쁘다. • 댐퍼를 병용할 필요가 있다.

3 방진고무

고무를 압축 또는 전단방향으로 변형시켜 그 탄력을 스프링 작용으로 이용하여, 진동을 흡수시키는 작용을 말한다.

(1) 적용 고유 진동수 : 1~10(Hz)

(2) 장단점

장점	단점
• 내부감쇠저항이 크므로 damper가 불필요하다. • 압축, 전단, 비틀림 등을 조합·사용할 수 있다. • 진동수 비가 1 이상인 방진영역에서도 진동전달율이 거의 증대하지 않는다. • 고주파 차진에 좋으며, 고주파 영역에 있어서 고체음의 절연성능이 있다. • 스프링정수를 넓은 범위에 걸쳐 선정할 수 있다. • 서징이 거의 생기지 않는다.	• 스프링정수를 극히 작게 설계하기 어렵기 때문에 고유 진동수의 하한을 4~5Hz으로 설계한다. • 내부마찰에 의한 발열 시 열화가 된다. • 대용량에 적용할 경우 비용이 많이 든다. • 금속스프링에 비하여 고온이나 저온에 대한 저항성이 낮다. • 환경변화에 대한 대응성이 금속 스프링에 비하여 떨어진다. • 기름이나 공기 중 오존에 취약하다.

〈출처, 기계공학용어사전, 한국사전연구사〉

UNIT 03 진동방지 관리

01. 두 진동체의 고유진동수가 같을 때 한 쪽을 울리면 다른 쪽도 울리는 현상은?   16년, 1회

① 공명   ② 진폭
③ 회절   ④ 굴절

02. 방음대책을 음원대책과 전파경로대책으로 구분할 때 다음 중 음원대책이 아닌 것은?   16년, 1회

① 공명방지   ② 방음벽 설치
③ 소음기 설치   ④ 방진 및 방사율 저감

해설 방음벽 설치는 전파경로대책으로 구분된다.

03. 점음원에서 5m 떨어진 지점의 음압레벨이 60dB이다. 이 음원으로부터 10m 떨어진 지점의 음압레벨은?   16년, 1회

① 30dB   ② 44dB
③ 54dB   ④ 58dB

해설 식 $L_1(거리감쇠) = 20\log\left(\dfrac{r_2}{r_1}\right)$ (r: 음원과의 거리, 점음원)

- $L_1 = 20\log\left(\dfrac{10}{5}\right) = 6.02 dB$
- ∴ 음압레벨 $= 60 - L_1 = 60 - 6.02 = 53.98 dB$

04. 변동하는 소음의 에너지 평균 레벨로서 어느 시간 동안에 변동하는 소음 레벨의 에너지를 같은 시간대의 정상 소음의 에너지로 치환한 값은?   16년, 1회

① 소음레벨(SL)   ② 등가소음레벨(Leq)
③ 시간율 소음도(Ln)   ④ 주야등가소음도(Ldn)

05. 형상의 선택이 비교적 자유롭고 압축, 전단 등의 사용방법에 따라 1개로 2축방향 및 회전방향의 스프링 정수를 광범위하게 선택할 수 있으나, 내부마찰에 의한 발열 때문에 열화되는 방진재료는?   16년, 1회

① 방진고무   ② 공기스프링
③ 금속스프링   ④ 직접지지판 스프링

06. 다음 중 종파(소밀파)에 해당하는 것은?   15년, 4회

① 물결파   ② 전자기파
③ 음파   ④ 지진파의 S파

07. 투과계수가 0.001일 때 투과손실량은?   15년, 4회

① 20dB   ② 30dB
③ 40dB   ④ 50dB

해설 $L = 10\log\dfrac{1}{c}$
- c: 투과계수
∴ $L = 10\log\dfrac{1}{0.001} = 30 dB$

08. 발음원이 이동할 때 그 진행방향 가까운 쪽에서는 발음원보다 고음으로, 진행 반대쪽에서는 저음으로 되는 현상은?   15년, 4회

① 음의 전파속도 효과
② 도플러 효과
③ 음향출력 효과
④ 음압레벨 효과

정답   01. ①   02. ②   03. ③   04. ②   05. ①   06. ③   07. ②   08. ②

09. 진동 감각에 대한 인간의 느낌을 설명한 것으로 옳지 않은 것은? 　　　　　　　　　　　15년, 4회

① 진동수 및 상대적인 변위에 따라 느낌이 다르다.
② 수직 진동은 주파수 4~8Hz에서 가장 민감하다.
③ 수평 진동은 주파수 1~2Hz에서 가장 민감하다.
④ 인간이 느끼는 진동가속도의 범위는 0.01~10Gal이다.

해설 사람이 느낄 수 있는 진동가속도 범위 : 1Gal~1,000Gal

10. 소음 발생을 기류음과 고체음으로 구분할 때 다음 각 음의 대책으로 틀린 것은? 　　　　　　　　　　　15년, 4회

① 고체음 : 가진력 억제
② 기류음 : 밸브의 다단화
③ 기류음 : 관의 곡률완화
④ 고체음 : 방사면 증가 및 공명유도

해설
- 기류음 : 분출유속 저감, 마찰저항 감소, 밸브의 다단화
- 고체음 : 공명방지, 가진력 억제, 방사면 축소 및 제진처리, 방진

11. 2개의 진동물체의 고유진동수가 같을 때 한 쪽의 물체를 울리면 다른 쪽도 울리는 현상을 의미하는 것은? 　15년, 1회

① 임피던스　　　　② 굴절
③ 간섭　　　　　　④ 공명

12. 종파(소밀파)에 관한 설명으로 옳지 않은 것은? 　15년, 1회

① 매질이 있어야만 전파된다.
② 파동의 진행방향과 매질의 진동방향이 서로 평행하다.
③ 수면파는 종파에 해당한다.
④ 음파는 종파에 해당한다.

해설 수면파는 횡파에 해당한다.

13. 점음원의 거리감쇠에서 음원으로부터의 거리가 2배로 됨에 따른 음압레벨의 감쇠치는?(단, 자유공간) 　15년, 1회

① 2dB　　　　　② 3dB
③ 6dB　　　　　④ 10dB

해설 자유공간에서는 거리 2배 증가시 6dB, 반자유공간에서는 3dB이 감소한다.

14. 진동수가 200Hz이고 속도가 100m/s인 파동의 파장은? 　15년, 1회

① 0.2m　　　　② 0.3m
③ 0.5m　　　　④ 2.0m

해설 $\lambda = \dfrac{속도}{주파수(진동수)} = \dfrac{100\text{m/sec}}{200} = 0.5m$

15. 방음벽 설치 시 유의사항으로 거리가 먼 것은? 　15년, 1회

① 음원의 지향성과 크기에 대한 상세한 조사가 필요하다.
② 음원의 지향성이 수음측 방향으로 클 때에는 벽에 의한 감쇠치가 계산치보다 크게 된다.
③ 벽의 투과손실은 회절감쇠치보다 적어도 5dB 이상 크게 하는 것이 바람직하다.
④ 소음원 주위에 나무를 심는 것이 방음벽 설치보다 확실한 방음 효과를 기대할 수 있다.

해설 방음벽은 전파경로대책에 해당하므로 소음원 주위보다 소음이 지나가는 경로에 방음벽 설치가 더 확실한 방음효과를 기대할 수 있다.

16. 음향파워가 0.2watt이면 PWL은? 　14년, 5회

① 113dB　　　　② 123dB
③ 133dB　　　　④ 226dB

정답 09. ④　10. ④　11. ④　12. ③　13. ③　14. ③　15. ④　16. ①

해설 $PWL = 10\log\left(\dfrac{W}{W_o}\right) = 10\log\left(\dfrac{0.2}{10^{-12}}\right) = 113dB$

※ $W_o = 10^{-12} watt$ (고정값)

17. 사람의 귀는 외이, 중이, 내이로 구분할 수 있다. 다음 중 내이에 관한 설명으로 옳지 않은 것은?   14년, 5회

① 음의 전달 매질은 액체이다.
② 이소골에 의해 진동음압을 20배 정도 증폭시킨다.
③ 음의 대소는 섬모가 받는 자극의 크기에 따라 다르다.
④ 난원창은 이소골의 진동을 와우각 중에 림프액에 전달하는 진동판이다.

해설 이소골에 의해 진동음압을 증폭시키는 것은 중이의 역할이다.

18. 아파트 벽의 음향투과율이 0.1% 라면 투과손실은?   14년, 5회

① 10dB   ② 20dB
③ 30dB   ④ 50dB

해설 투과율 = $10^{-L/10}$

∴ $L = 10 \times \log \dfrac{1}{(투과율)} = 10 \times \log \dfrac{1}{0.001} = 30 dB$

19. 소음계의 구성요소 중 음파의 미약한 압력변화(음압)를 전기신호로 변환하는 것은?   14년, 5회

① 정류회로   ② 마이크로폰
③ 동특성조절기   ④ 청감보정회로

20. 흡음재료 선택 및 사용상 유의점으로 거리가 먼 것은?   14년, 5회

① 다공질 재료는 산란되기 쉬우므로 표면을 얇은 직물로 피복하는 행위는 금해야 한다.
② 다공질 재료의 표면을 도장하면 고음역에서 흡음율이 저하한다.
③ 실의 모서리나 가장자리 부분에 흡음재를 부착하면 효과가 좋아진다.
④ 막진동이나 판진동형의 것은 도장해도 차이가 없다.

해설 다공질 재료는 표면에 종이를 대거나, 도장하는 것을 금해야 하고, 표면의 얇은 직물로 피복을 하면 흡음력이 상승하여 권장된다.

21. 진동측정시 진동픽업을 설치하기 위한 장소로 옳지 않은 것은?   14년, 2회

① 경사 또는 요철이 없는 장소
② 완충물이 있고 충분히 다져서 단단히 굳은 장소
③ 복잡한 반사, 회절현상이 없는 지점
④ 온도, 전자기 등의 외부 영향을 받지 않는 곳

해설 완충물이 없고 충분히 다져서 단단히 굳은 장소

22. 선음원의 거리감쇠에서 거리가 2배로 되면 음압레벨의 감쇠치는?   14년, 2회

① 1dB   ② 2dB
③ 3dB   ④ 4dB

23. 흡음재료의 선택 및 사용상의 유의점에 관한 설명으로 옳지 않은 것은?   14년, 2회

① 벽면 부착 시 한 곳에 집중시키기 보다는 전체 내벽에 분산시켜 부착한다.
② 흡음재는 전면을 접착재로 부착하는 것보다는 못으로 시공하는 것이 좋다.
③ 다공질재료는 산란하기 쉬우므로 표면에 얇은 직물로 피복하는 것이 바람직하다.
④ 다공질재료의 흡음률을 높이기 위해 표면에 종이를 바르는 것이 권장되고 있다.

정답 17. ② 18. ③ 19. ② 20. ① 21. ② 22. ③ 23. ④

해설 다공질재료의 흡음률을 높이기 위해 표면에 종이를 바르는 것은 금지사항이다. 얇은 직물로 피복하는 것이 권장된다.

24. 다음 중 종파에 해당되는 것은?   14년, 2회

① 광파   ② 음파
③ 수면파   ④ 지진파의 S파

25. 진동수가 3300Hz이고, 속도가 330m/sec인 소리의 파장은?   14년, 2회

① 0.1m   ② 1m
③ 10m   ④ 100m

해설 $\lambda = \dfrac{\text{속도}}{\text{주파수(진동수)}} = \dfrac{330 m/\sec}{3300} = 0.1 m$

26. 음의 회절에 관한 설명으로 옳지 않은 것은?   14년, 1회

① 회절하는 정도는 파장에 반비례한다.
② 슬릿의 폭이 좁을수록 회절하는 정도가 크다.
③ 장애물 뒤쪽으로 음이 전파되는 현상이다.
④ 장애물이 작을수록 회절이 잘 된다.

해설 회절하는 정도는 파장에 비례한다.

27. 다음 ( )안에 알맞은 것은?   14년, 1회

한 장소에 있어서의 특정의 음을 대상으로 생각할 경우 대상소음이 없을 때 그 장소의 소음을 대상소음에 대한 ( )이라 한다.

① 고정소음   ② 기저소음
③ 정상소음   ④ 배경소음

28. 가속도진폭의 최대값이 0.01m/s² 인 정현진동의 진동가속도 레벨은? (단, 기준 10^{-5}m/s²)   14년, 1회

① 28dB   ② 30dB
③ 57dB   ④ 60dB

해설 $VAL = 20\log\dfrac{P}{P_o} = 20\log\left(\dfrac{0.01/\sqrt{2}}{10^{-5}}\right) = 56.99 dB$

29. 공해진동에 관한 설명으로 옳지 않은 것은?   14년, 1회

① 진동수 범위는 1,000~4,000Hz 정도이다.
② 문제가 되는 진동레벨은 60dB 부터 80dB 까지가 많다.
③ 사람이 느끼는 최소진동역치는 55±5dB 정도이다.
④ 사람에게 불쾌감을 준다.

해설 공해 진동수 범위는 0~90Hz 정도이다.

30. 무지향성 점음원을 두 면이 접하는 구석에 위치시켰을 때의 지향지수는?   14년, 1회

① 0   ② +3dB
③ +6dB   ④ +9dB

해설 (1) 자유공간 - 지향계수 1, 지향지수=0dB
(2) 반자유공간 - 지향계수 2, 지향지수=+3dB
(3) 두 변이 만나는 구석 - 지향계수 4, 지향지수=+6dB
(4) 세 변이 만나는 구석 - 지향계수 8, 지향지수=+9dB

31. 음압레벨 90dB인 기계 1대가 가동중이다. 여기에 음압레벨 88dB인 기계 1대를 추가로 가동시킬 때 합성음압레벨은?   11년, 1회

① 92dB   ② 94dB
③ 96dB   ④ 98dB

해설 식 $L_s = 10\log(10^{L_1/10} + 10^{L_2/10} + \cdots + 10^{L_n/10})$
∴ $L_s = 10\log(10^{90/10} + 10^{88/10}) = 92.12 dB$

정답 24. ②   25. ①   26. ①   27. ④   28. ③   29. ①   30. ③   31. ①

32. 소음의 배출허용기준 측정방법에서 소음계의 청감보정회로는 어디에 고정하여 측정하여야 하는가? 11년, 1회
① A특성   ② B특성
③ D특성   ④ F특성

33. 공기 스프링에 관한 설명 중 틀린 것은? 13년, 1회
① 설계 시 스프링의 높이, 스프링정수를 각각 독립적으로 광범위하게 설정할 수 있다.
② 사용진폭이 작아 댐퍼가 필요한 경우가 적다.
③ 부하능력이 광범위하다.
④ 자동제어가 가능하다.

해설 사용진폭이 작아 댐퍼가 필요한 경우가 많다.

34. 많은 사람들이 진동을 겨우 느낄 수 있는 진동의 역치는? 03년, 1회
① $15 \pm 5dB$ ② $35 \pm 5dB$
③ $55 \pm 5dB$ ④ $75 \pm 5dB$

35. 어느 벽체의 입사음의 세기가 $10^{-2} W/m^2$이고, 투과음의 세기가 $10^{-4} W/m^2$이었다. 이 벽체의 투과율과 투과손실은? 13년, 1회
① 투과율=10^{-2}, 투과손실=20dB
② 투과율=10^{-2}, 투과손실=40dB
③ 투과율=10^{2}, 투과손실=20dB
④ 투과율=10^{2}, 투과손실=40dB

해설 식 $TL = 10\log\dfrac{1}{\tau}$

• $\tau(투과율) = \dfrac{I_t}{I_o} = \dfrac{10^{-4}}{10^{-2}} = 10^{-2}$

∴ $TL = 10\log\dfrac{1}{10^{-2}} = 20 dB$

36. 길이 10m, 폭 10m, 높이 10m인 실내의 바닥, 천장, 벽면의 흡음율이 모두 0.0161일 때 sabine의 식을 이용하여 잔향시간(sec)을 구하면? 13년, 2회
① 0.17   ② 1.7
③ 16.7   ④ 167

해설 식 $T = \dfrac{0.161 \forall}{A}$

• $A = (10 \times 10)m^2 \times 6 \times 0.0161 = 9.66 m^2$

∴ $T = \dfrac{0.161 \times (10 \times 10 \times 10)}{9.66} = 16.67 \sec$

37. 다음 중 소음측정의 일반사항으로 옳지 않은 것은? 23년, 2회 CBT
① 소음계의 마이크로폰은 측정위치에 받침장치(삼각대 등)를 설치하여 측정하는 것을 원칙으로 한다.
② 손으로 소음계를 잡고 측정할 경우 소음계는 측정자의 몸으로부터 1.5m 이상 떨어져야 한다.
③ 소음계의 마이크로폰은 주소음원 방향으로 향하도록 하여야 한다.
④ 풍속이 5m/sec를 초과할 때에는 측정하여서는 안 된다.

해설 손으로 소음계를 잡고 측정할 경우 소음계는 측정자의 몸으로부터 0.5m 이상 떨어져야 한다.

 정답 32. ① 33. ② 34. ③ 35. ① 36. ③ 37. ②

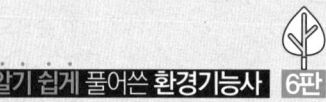

알기 쉽게 풀어쓴 환경기능사 6판

부 록

과년도 기출문제

01   2014년 제1회 환경기능사
02   2014년 제2회 환경기능사
03   2014년 제5회 환경기능사
04   2015년 제1회 환경기능사
05   2015년 제4회 환경기능사
06   2015년 제5회 환경기능사
07   2016년 제1회 환경기능사
08   2016년 제2회 환경기능사
09   2016년 제4회 환경기능사

10   CBT대비 실전모의고사(입문용) 1회
11   CBT대비 실전모의고사(입문용) 2회
12   CBT대비 실전모의고사(입문용) 3회
13   CBT대비 실전모의고사 1회
14   CBT대비 실전모의고사 2회
15   CBT대비 실전모의고사 3회
16   CBT대비 실전모의고사 4회
17   CBT대비 실전모의고사 5회
18   CBT대비 실전모의고사 6회
19   CBT대비 실전모의고사 7회

알기 쉽게 풀어쓴 환경기능사 6판

문 제 편

01 2014년 제1회 환경기능사
02 2014년 제2회 환경기능사
03 2014년 제5회 환경기능사
04 2015년 제1회 환경기능사
05 2015년 제4회 환경기능사
06 2015년 제5회 환경기능사
07 2016년 제1회 환경기능사
08 2016년 제2회 환경기능사
09 2016년 제4회 환경기능사
10 CBT대비 실전모의고사(입문용) 1회
11 CBT대비 실전모의고사(입문용) 2회
12 CBT대비 실전모의고사(입문용) 3회
13 CBT대비 실전모의고사 1회
14 CBT대비 실전모의고사 2회
15 CBT대비 실전모의고사 3회
16 CBT대비 실전모의고사 4회
17 CBT대비 실전모의고사 5회
18 CBT대비 실전모의고사 6회
19 CBT대비 실전모의고사 7회

2014년 제1회 환경기능사 기출문제

01. C_8H_{18}을 완전연소시킬 때 부피 및 무게에 대한 이론 AFR로 옳은 것은?

① 부피 : 59.5, 무게 : 15.1
② 부피 : 59.5, 무게 : 13.1
③ 부피 : 35.5, 무게 : 15.1
④ 부피 : 35.5, 무게 : 13.1

02. 프로판(C_3H_8) 44kg을 완전연소시키기 위해 부피비로 10%의 과잉공기를 사용하였다. 이 때 공급한 공기의 양은?

① 112Sm³
② 123Sm³
③ 587Sm³
④ 1,232Sm³

03. 여름철 광화학스모그의 일반적인 발생조건으로만 옳게 묶여진 것은?

> ㉠ 반응성 탄화수소의 농도가 크다.
> ㉡ 기온이 높고 자외선이 강하다.
> ㉢ 대기가 매우 불안정한 상태이다.

① ㉠, ㉡
② ㉠, ㉢
③ ㉡, ㉢
④ ㉢

04. 중력집진장치의 효율향상 조건에 관한 설명으로 옳지 않은 것은?

① 침강실내 처리가스 속도가 클수록 미립자가 포집된다.
② 침강실내 배기가스 기류는 균일하여야 한다.
③ 침강실 입구폭이 클수록 유속이 느려지고, 미세한 입자가 포집된다.
④ 다단일 경우 단수가 증가될수록 압력손실은 커지나 효율은 증가한다.

05. 원심력집진장치에서 한계(또는 분리)입경이란 무엇을 말하는가?

① 50% 처리효율로 제거되는 입자입경
② 100% 분리 포집되는 입자의 최소입경
③ 블로우다운 효과에 적용되는 최소입경
④ 분리계수가 적용되는 입자입경

06. 메탄(Methane) 1mol을 이론적으로 완전연소시킬 때, 0℃, 1기압 하에서 필요한 산소의 부피(L)는? (단, 이때 산소는 이상기체로 간주한다.)

① 22.4L
② 44.8L
③ 67.2L
④ 89.6L

07. 배출가스 중의 염소농도가 200ppm이었다. 염소농도를 10mg/Sm³로 최종 배출한다고 하면 염소의 제거율은 얼마인가?

① 95.7%
② 97.2%
③ 98.4%
④ 99.6%

08. 대기의 상태가 과단열감율을 나타내는 것으로 매우 불안정하고 심한 와류로 굴뚝에서 배출되는 오염물질이 넓은 지역에 걸쳐 분산되지만 지표면에서는 국부적인 고농도 현상이 발생하기도 하는 연기의 형태는?

① 환상형(Looping)
② 원추형(Coning)
③ 부채형(Fanning)
④ 구속형(Trapping)

09. 다음에서 설명하는 장치분석법에 해당하는 것은?

> 이 법은 기체시료 또는 기화한 액체나 고체시료를 운반가스(Carrier Gas)에 의하여 분리, 관내에 전개시켜 기체상태에서 분리되는 각 성분을 분석하는 방법으로 일반적으로 무기물 또는 유기물의 대기오염 물질에 대한 정성, 정량 분석에 이용한다.

① 흡광광도법
② 원자흡광광도법
③ 가스크로마토그래프법
④ 비분산적외선분석법

10. SO_2 기체와 물이 30℃에서 평형상태에 있다. 기상에서의 SO_2 분압이 44mmHg일 때 액상에서의 SO_2 농도는?(단, 30℃에서 SO_2 기체의 물에 대한 헨리상수는 1.6×10 atm·m³/kmol 이다.)

① 2.51×10^{-4} kmol/m³
② 2.51×10^{-3} kmol/m³
③ 3.62×10^{-4} kmol/m³
④ 3.62×10^{-3} kmol/m³

11. 전기집진장치의 집진극이 갖추어야 할 조건으로 옳지 않은 것은?

① 부착된 먼지를 털어내기 쉬울 것
② 전기장 강도가 불균일하게 분포하도록 할 것
③ 열, 부식성 가스에 강하고 기계적인 강도가 있을 것
④ 부착된 먼지의 탈진시, 재비산이 잘 일어나지 않는 구조를 가질 것

12. 연소조절에 의한 NOx 발생의 억제방법으로 옳지 않은 것은?

① 2단 연소를 실시한다.
② 과잉공기량을 삭감시켜 운전한다.
③ 배기가스를 재순환시킨다.
④ 부분적인 고온영역을 만들어 연소효율을 높인다.

13. 황(S) 성분이 1.6(wt%)인 중유가 2,000kg/hr 연소하는 보일러 배출가스를 NaOH 용액으로 처리할 때 시간당 필요한 NaOH의 양(kg)은? (단, 황성분은 완전연소하여 SO_2로 되며, 탈황률은 95%이다.)

① 76
② 82
③ 84
④ 89

14. 다음 중 오존층의 두께를 표시하는 단위는?

① VAL
② OTL
③ Pa
④ Dobson

15. 질소산화물을 촉매환원법으로 처리하고자 할 때 사용되는 촉매는 무엇인가?

① K_2SO_4
② 백금
③ V_2O_5
④ HCl

16. 다음 중 acidity 또는 hardness는 무엇으로 환산하는가?

① 염화칼슘
② 질산칼슘
③ 수산화칼슘
④ 탄산칼슘

17. 4m×3m의 여과지에 1,000m³/day의 유량을 처리하는 경우 여과율은?

① 0.96L/m²·sec
② 9.6L/m²·sec
③ 0.12L/m²·sec
④ 1.2L/m²·sec

18. 에탄올(C_2H_5OH)의 농도가 350mg/L인 폐수의 이론적인 화학적 산소요구량은?

① 620mg/L
② 730mg/L
③ 840mg/L
④ 950mg/L

19. 활성슬러지법으로 처리하고 있는 어떤 폐수처리시설 포기조의 운영관리 자료 중 적절하지 않은 것은?

① SV가 20~30%이다.
② DO가 7~9mg/L이다.
③ MLSS가 3,000mg/L이다.
④ pH가 6~8이다.

20. 시료의 5일 BOD가 212mg/L이고, 탈산소계수값이 0.15/day (밑수 10)이면 이 시료의 최종 BOD(mg/L)는?

① 243   ② 258
③ 285   ④ 292

21. 아래 〈보기〉에 알맞은 생물학적 처리공정으로 가장 적합한 것은?

〈보기〉
• 설치면적이 적게 들며, 처리수의 수질이 양호하다.
• BOD, SS의 제거율이 높다.
• 수량 또는 수질에 영향을 많이 받는다.
• 슬러지 팽화가 문제점으로 지적된다.

① 산화지법   ② 살수여상법
③ 회전원판법   ④ 활성슬러지법

22. 아연과 성질이 유사한 금속으로 체내 칼슘균형을 깨뜨려 골연화증의 원인이 되며, 이따이이따이병으로 잘 알려진 것은?

① Hg   ② Cd
③ PCB   ④ Cr^{+6}

23. SVI = 125일 때 반송슬러지 농도(mg/L)는?

① 1,000   ② 2,000
③ 4,000   ④ 8,000

24. 아래 식은 크롬 함유 폐수의 수산화물 침전과정의 화학반응식이다. □에 들어갈 알맞은 수치는?

$$Cr_2(SO_4)_3 + 6NaOH \rightarrow \Box Cr(OH)_3 \downarrow + 3Na_2SO_4$$

① 1   ② 2
③ 3   ④ 4

25. 하수의 고도처리공법 중 인(P)성분만을 주로 제거하기 위한 side stream 공정으로 다음 중 가장 적합한 것은?

① Bardenpho 공정   ② Phostrip 공법
③ A^2/O 공정   ④ UCT 공정

26. 효과적인 응집을 위해 실시하는 약품교반 실험장치(jar tester)의 일반적인 실험순서가 바르게 나열된 것은?

① 정치 침전 → 상징수 분석 → 응집제 주입 → 급속 교반 → 완속 교반
② 급속 교반 → 완속 교반 → 응집제 주입 → 정치 침전 → 상징수 분석
③ 상징수 분석 → 정치 침전 → 완속 교반 → 급속 교반 → 응집제 주입
④ 응집제 주입 → 급속 교반 → 완속 교반 → 정치 침전 → 상징수 분석

27. 다음 중 수처리시 사용되는 응집제와 거리가 먼 것은?

① PAC   ② 소석회
③ 입상활성탄   ④ 염화제2철

28. 부상법으로 처리해야 할 폐수의 성상으로 가장 적합한 것은?

① 수중에 용존유기물의 농도가 높은 경우
② 비중이 물보다 낮은 고형물이 많은 경우
③ 수온이 높은 경우
④ 독성물질을 많이 함유한 경우

29. MLSS 농도가 1,000mg/L이고, BOD농도가 200mg/L인 2,000m³/day의 폐수가 포기조로 유입될 때 BOD/MLSS 부하는? (단, 포기조의 용적은 1,000m³이다.)

① 0.1kgBOD/kgMLSS · day
② 0.2kgBOD/kgMLSS · day
③ 0.3kgBOD/kgMLSS · day
④ 0.4kgBOD/kgMLSS · day

30. 0.1N 염산(HCl) 용액의 예상되는 pH는 얼마인가? (단, 이 농도에서 염산 용액은 100% 해리한다.)

① 1   ② 2
③ 12   ④ 13

31. 다음 중 살수여상법으로 폐수를 처리할 때 유지관리상 주의할 점이 아닌 것은?

① 슬러지의 팽화   ② 여상의 폐쇄
③ 생물막의 탈락   ④ 파리의 발생

32. 166.6g의 $C_6H_{12}O_6$가 완전한 혐기성 분해를 한다고 가정할 때 발생 가능한 CH_4 가스용적으로 옳은 것은? (단, 표준상태 기준)

① 24.4L   ② 62.2L
③ 186.7L   ④ 1339.3L

33. 무기응집제인 알루미늄염의 장점으로 가장 거리가 먼 것은?

① 적정 pH 폭이 2~12 정도로 매우 넓은 편이다.
② 독성이 거의 없어 대량으로 주입할 수 있다.
③ 시설을 더럽히지 않는 편이다.
④ 가격이 저렴한 편이다.

34. 스토크스(Stokes)의 법칙에 따라 물속에서 침전하는 원형입자의 침전속도에 관한 설명으로 옳지 않은 것은?

① 침전속도는 입자의 지름의 제곱에 비례한다.
② 침전속도는 물의 점도에 반비례한다.
③ 침전속도는 중력가속도에 비례한다.
④ 침전속도는 입자와 물 간의 밀도차에 반비례한다.

35. 완속여과의 특징에 관한 설명으로 가장 거리가 먼 것은?

① 손실수두가 비교적 적다.
② 유지관리비가 적은 편이다.
③ 시공비가 적고 부지가 좁다.
④ 처리수의 수질이 양호한 편이다.

36. 쓰레기 발생량과 성상에 영향을 미치는 요인에 관한 설명으로 가장 거리가 먼 것은?

① 수집빈도가 높을수록, 그리고 쓰레기통이 클수록 발생량이 감소하는 경향이 있다.
② 일반적으로 도시의 규모가 커질수록 쓰레기 발생량이 증가한다.
③ 쓰레기 관련 법규는 쓰레기 발생량에 매우 중요한 영향을 미친다.
④ 대체로 생활수준이 증가하면 쓰레기 발생량도 증가하며 다양화된다.

37. 화상 위에서 쓰레기를 태우는 방식으로 플라스틱처럼 열에 열화, 용해되는 물질의 소각과 슬러지, 입자상물질의 소각에도 적합하며, 체류시간이 길고 국부적으로 가열될 염려가 있으며, 연소효율이 나쁘며, 잔사의 용량이 많아질 수 있는 소각로는?

① 고정상   ② 화격자
③ 회전로   ④ 다단로

38. 폐기물 소각시설의 후연소실에 대한 설명으로 가장 거리가 먼 것은?

① 주연소실에서 생성된 휘발성 기체는 후연소실로 흘러 들어 연소된다.
② 깨끗하고 가연성인 액상 폐기물은 바로 후연소실로 주입될 수 있다.
③ 후연소실 내의 온도는 주연소실의 온도보다 보통 낮게 유지한다.
④ 연기내의 가연성분의 완전산화를 위해 후연소실은 충분한 양의 잉여 공기가 공급되어야 한다.

39. 퇴비화에 관련된 부식질(humus)의 특징과 거리가 먼 것은?

① 병원균이 사멸되어 거의 없다.
② 뛰어난 토양개량제이다.
③ C/N비가 50~60 정도로 높다.
④ 물보유력과 양이온 교환능력이 좋다.

40. 소각로에서 적용하는 공기비(m)에 관한 설명으로 가장 적합한 것은?

① 실제공기량과 이론공기량의 비
② 연소가스량과 이론공기량의 비
③ 연소가스량과 실제공기량의 비
④ 실제공기량과 이론산소량의 비

41. 슬러지 내의 수분 중 일반적으로 가장 많은 양을 차지하며 고형물질과 직접 결합해 있지 않기 때문에 농축 등의 방법으로 용이하게 분리할 수 있는 수분은?

① 간극수
② 모관결합수
③ 부착수
④ 내부수

42. 매립지에서의 침출수 발생량에 영향을 미치는 인자와 가장 거리가 먼 것은?

① 강우침투량　　② 유출계수
③ 증발산량　　　④ 교통량

43. 폐기물의 해안매립공법 중 밑면이 뚫린 바지선 등으로 쓰레기를 떨어뜨려 줌으로써 바닥지반의 하중을 균일하게 하고, 쓰레기 지반 안정화 및 매립부지 조기이용 등에는 유리하지만 매립효율이 떨어지는 것은?

① 셀공법　　　　② 박층뿌림공법
③ 순차투입공법　④ 내수배제공법

44. 폐기물처리에서 에너지 회수방법으로 거리가 먼 것은?

① 슬러지 개량　　② 혐기성 소화
③ 소각열 회수　　④ RDF 제조

45. 쓰레기를 파쇄처리하는 이유와 가장 거리가 먼 것은?

① 겉보기 밀도의 감소
② 입자크기의 균일화
③ 부등침하의 가능한 억제
④ 비표면적의 증가

46. 어느 도시에 인구 100,000명이 거주하고 있으며, 1인당 쓰레기 발생량이 평균 0.9(kg/인·일)이다. 이 쓰레기를 적재용량이 5톤인 트럭을 이용하여 한 번에 수거를 마치려면 트럭이 몇 대 필요한가?

① 10대　　② 12대
③ 15대　　④ 18대

47. 일정기간동안 특정지역의 쓰레기 수거차량의 대수를 조사하여 이 값에 쓰레기의 밀도를 곱하여 중량으로 환산하여 쓰레기 발생량을 산출하는 방법은?

① 경향법 ② 직접계근법
③ 물질수지법 ④ 적재차량 계수분석법

48. 매립가스 중 축적되면 폭발성의 위험성이 있으며, 가볍기 때문에 위로 확산되며, 구조물의 설계시에는 구조물로 스며들지 않도록 해야 하는 물질은?

① 메탄 ② 산소
③ 황화수소 ④ 이산화탄소

49. 다단로 소각에 대한 내용으로 틀린 것은?

① 체류시간이 길어 특히 휘발성이 적은 폐기물의 연소에 유리하다.
② 온도반응이 비교적 신속하여 보조연료 사용조절이 용이하다.
③ 다량의 수분이 증발되므로 수분함량이 높은 폐기물의 연소도 가능하다.
④ 물리·화학적 성분이 다른 각종 폐기물을 처리할 수 있다.

50. 그림과 같이 쓰레기를 수평으로 고르게 깔아 압축하고 복토를 깔아 쓰레기층과 복토층을 교대로 쌓는 매립공법을 무엇이라 하는가?

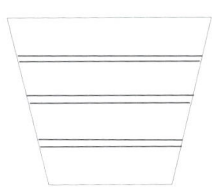

① 박층뿌림공법 ② 샌드위치공법
③ 압축매립공법 ④ 도랑형공법

51. 폐기물의 원소를 분석한 결과 탄소 42%, 산소 40%, 수소 9%, 회분 7%, 황 2%이었다. 듀롱(Dulong)식을 이용하여 고위발열량(Kcal/kg)을 구하면?

① 약 4100 ② 약 4300
③ 약 4500 ④ 약 4800

52. 다음 중 MHT에 관한 설명으로 옳지 않은 것은?

① man·hour/ton을 뜻한다.
② 폐기물의 수거효율을 평가하는 단위로 쓰인다.
③ MHT가 클수록 수거효율이 좋다.
④ 수거작업간의 노동력을 비교하기 위한 것이다.

53. 다음 중 작용하는 힘에 따른 폐기물의 파쇄 장치의 분류로 가장 거리가 먼 것은?

① 전단식 파쇄기 ② 충격식 파쇄기
③ 압축식 파쇄기 ④ 공기식 파쇄기

54. 밀도가 $1g/cm^3$인 폐기물 10kg에 고형화 재료 2kg을 첨가하여 고형화시켰더니 밀도가 $1.2g/cm^3$로 증가했다. 이 경우 부피변화율은?

① 0.7 ② 0.8
③ 0.9 ④ 1.0

55. 다음 중 폐기물의 기계적(물리적) 선별방법으로 가장 거리가 먼 것은?

① 체선별 ② 공기선별
③ 용제선별 ④ 관성선별

56. 음의 회절에 관한 설명으로 옳지 않은 것은?

① 회절하는 정도는 파장에 반비례한다.
② 슬릿의 폭이 좁을수록 회절하는 정도가 크다.
③ 장애물 뒤쪽으로 음이 전파되는 현상이다.
④ 장애물이 작을수록 회절이 잘 된다.

57. 다음 (   )안에 알맞은 것은?

> 한 장소에 있어서의 특정의 음을 대상으로 생각할 경우 대상소음이 없을 때 그 장소의 소음을 대상소음에 대한 (   )이라 한다.

① 고정소음　　② 기저소음
③ 정상소음　　④ 배경소음

58. 가속도진폭의 최대값이 $0.01 m/s^2$ 인 정현진동의 진동가속도 레벨은?(단, 기준은 $10^{-5} m/s^2$)

① 28dB　　② 30dB
③ 57dB　　④ 60dB

59. 공해진동에 관한 설명으로 옳지 않은 것은?

① 진동수 범위는 1,000~4,000Hz 정도이다.
② 문제가 되는 진동레벨은 60dB부터 80dB까지가 많다.
③ 사람이 느끼는 최소진동역치는 55±5dB 정도이다.
④ 사람에게 불쾌감을 준다.

60. 무지향성 점음원을 두 면이 접하는 구석에 위치시켰을 때의 지향지수는?

① 0　　② +3dB
③ +6dB　　④ +9dB

2014년 제2회 환경기능사 기출문제

01. 오존층의 두께를 표시하는 단위는?
① Plank
② Dobson
③ Albedo
④ Donora

02. 세정식 집진장치의 유지관리에 관한 설명으로 옳지 않은 것은?
① 먼지의 성상과 처리가스 농도를 고려하여 액가스비를 결정한다.
② 목부는 처리가스의 속도가 매우 크기 때문에 마모가 일어나기 쉬우므로 수시로 점검하여 교환한다.
③ 기액분리기는 시설의 작동이 정지해도 잠시 공회전을 하여 부착된 먼지에 의한 산성의 세정수를 제거해야 한다.
④ 벤튜리형 세정기에서 집진효율을 높이기 위하여 될 수 있는 한 처리가스 온도를 높게 하여 운전하는 것이 바람직하다.

03. 다음 중 벤튜리 스크러버의 입구 유속으로 가장 적합한 것은?
① 60~90m/sec
② 5~10m/sec
③ 1~2m/sec
④ 0.5~1m/sec

04. 대기상태에 따른 굴뚝 연기의 모양으로 옳은 것은?
① 역전 상태 – 부채형
② 매우 불안정 상태 – 원추형
③ 안정 상태 – 환상형
④ 상층 불안정, 하층 안정 상태 – 훈증형

05. 연기의 상승높이에 영향을 주는 인자와 가장 거리가 먼 것은?
① 배출가스 유속
② 오염물질 농도
③ 외기의 수평풍속
④ 배출가스 온도

06. 표준상태에서 물 6.6g을 수증기로 만들 때 부피는?
① 약 5.16L
② 약 6.22L
③ 약 7.24L
④ 약 8.21L

07. 자동차가 공회전할 때 많이 배출되며 혈액에 흡수되면 헤모글로빈과의 결합력이 산소의 약 210배 정도로 강하고, 이에 따라 중추신경계의 장애를 초래하는 가스는?
① Ozone
② HC
③ CO
④ NOx

08. 다음 집진장치 중 일반적으로 압력손실이 가장 큰 것은?
① 중력집진장치
② 원심력집진장치
③ 전기집진장치
④ 벤튜리 스크러버

09. 다음 중 여과집진장치에 관한 설명으로 옳은 것은?
① 350℃ 이상의 고온의 가스처리에 적합하다.
② 여과포의 종류와 상관없이 가스상 물질도 효과적으로 제거할 수 있다.
③ 압력손실이 약 20mmH₂O 전후이며, 다른 집진장치에 비해 설치면적이 작고, 폭발성 먼지 제거에 효과적이다.
④ 집진원리는 직접 차단, 관성 충돌, 확산 등의 형태로 먼지를 포집한다.

10. 대기권에서 발생하고 있는 기온역전의 종류에 해당하지 않는 것은?

① 자유역전 ② 이류역전
③ 침강역전 ④ 복사역전

11. 다음 중 아황산가스에 대한 식물저항력이 가장 약한 것은?

① 담배 ② 옥수수
③ 국화 ④ 참외

12. 다음 압력 중 크기가 다른 하나는?

① $1.013N/m^2$ ② 760mmHg
③ 1013mbar ④ 1atm

13. 황성분 1%인 중유를 20ton/hr로 연소시킬 때 배출되는 SO_2를 석고($CaSO_4$)로 회수하고자 할 때 회수되는 석고의 양은? (단, 24시간 연속 가동되며, 연소율: 100%, 탈황율: 80%, 원자량 S: 32, Ca: 40)

① 6.83kg/min ② 11.33kg/min
③ 12.75kg/min ④ 14.17kg/min

14. 연소 시 연소상태를 조절하여 질소산화물 발생을 억제하는 방법으로 가장 거리가 먼 것은?

① 저온도 연소
② 저산소 연소
③ 공급공기량의 과량 주입
④ 수증기 분무

15. 역사적인 대기오염 사건 중 포자리카(Poza Rica)사건은 주로 어떤 오염물질에 의한 피해였는가?

① O_3 ② H_2S
③ PCB ④ MIC

16. 신도시를 중심으로 설치되며 생활오수는 하수처리장으로, 우수는 별도의 관거를 통해 직접 수역으로 방류하는 배제 방식은?

① 합류식 ② 분류식
③ 직각식 ④ 원형식

17. 지구상의 담수 중 가장 큰 비율을 차지하고 있는 것은?

① 호수 ② 하천
③ 빙설 및 빙하 ④ 지하수

18. 미생물과 조류의 생물화학적 작용을 이용하여 하수 및 폐수를 자연 정화시키는 공법으로, 라군(lagoon)이라고도 하며, 시설비와 운영비가 적게 들기 때문에 소규모 마을의 오수처리에 많이 이용되는 것은?

① 회전원판법 ② 부패조법
③ 산화지법 ④ 살수여상법

19. 활성슬러지법에서 MLSS가 의미하는 것으로 가장 적합한 것은?

① 방류수 중의 부유물질
② 폐수 중의 중금속물질
③ 포기조 혼합액 중의 부유물질
④ 유입수 중의 부유물질

20. 다음 중 지표수의 특성으로 가장 거리가 먼 것은? (단, 지하수와 비교)

① 지상에 노출되어 오염의 우려가 큰 편이다.
② 용존산소 농도가 높고, 경도가 큰 편이다.
③ 철, 망간 성분이 비교적 적게 포함되어 있고, 대량 취수가 용이한 편이다.
④ 수질 변동이 비교적 심한 편이다.

21. 다음 중 인체에 만성 중독증상으로 카네미유증을 발생시키는 유해물질은?

① PCB   ② Mn
③ As   ④ Cd

22. 건조 전 슬러지 무게가 150g이고, 항량으로 건조한 후의 무게가 35g이었다면 이때 수분의 함량(%)은?

① 46.7   ② 56.7
③ 66.7   ④ 76.7

23. 다음 중 침전 효율을 높이기 위한 방법과 가장 거리가 먼 것은?

① 침전지의 표면적을 크게 한다.
② 응집제를 투여한다.
③ 침전지 내 유속을 빠르게 한다.
④ 침전된 침전물을 계속 제거시켜 준다.

24. 시간당 125m³의 폐수가 유입되는 침전조가 있다. 위어(weir)의 유효길이를 30m라 할 때, 월류부하는?

① 약 $4.2m^3/m \cdot hr$
② 약 $40m^3/m \cdot hr$
③ 약 $100m^3/m \cdot hr$
④ 약 $150m^3/m \cdot hr$

25. 하수의 생물화학적 산소요구량(BOD)을 측정하기 위해 시료수를 배양기에 넣기 전의 용존산소량이 10mg/L, 시료수를 5일 동안 배양한 후의 용존산소량이 7mg/L이며, 시료를 5배 희석하였다면 이 하수의 BOD_5(mg/L)는?

① 3   ② 6
③ 15   ④ 30

26. MLSS 농도가 2,500mg/L인 혼합액을 1,000mL 메스실린더에 취해 30분간 정치한 후의 침강슬러지가 차지하는 용적이 400mL이었다면 이 슬러지의 SVI는?

① 100   ② 160
③ 250   ④ 400

27. 주간에 호소에서 조류가 성장하는 동안 조류가 수질에 미치는 영향으로 가장 적합한 것은?

① 수온의 상승   ② 질소의 증가
③ 칼슘농도의 증가   ④ 용존산소 농도의 증가

28. 동점도(ν)의 단위로 옳은 것은?

① $g/cm \cdot sec$ ② $g/m^2 \cdot sec$
③ cm^2/sec ④ cm^2/g

29. 다음 중 경도의 주 원인물질은?

① Ca^{2+}, Mg^{2+} ② Ba^{2+}, Cd^{2+}
③ Fe^{2+}, Pb^{2+} ④ Ra^{2+}, Mn^{2+}

30. 에탄올(C_2H_5OH)의 농도가 350mg/L인 폐수를 완전산화시켰을 때 이론적인 화학적 산소요구량(mg/L)은?

① 488   ② 569
③ 730   ④ 835

31. 산도(acidity)나 경도(hardness)는 무엇으로 환산하는가?

① 탄산칼슘   ② 탄산나트륨
③ 탄화수소나트륨   ④ 수산화나트륨

32. 다음 중 산화에 해당하는 것은?

① 수소와 화합　② 산소를 잃음
③ 전자를 얻음　④ 산화수 증가

33. 무기성 부유물질, 자갈, 모래, 뼈 등 토사류를 제거하여 기계 장치 및 배관의 손상이나 막힘을 방지하는 시설로 가장 적합한 것은?

① 침전지　② 침사지
③ 조정조　④ 부상조

34. 생물학적 처리공법으로 하수내의 질소를 처리할 때, 탈질이 주로 이루어지는 공정은?

① 탈인조　② 포기조
③ 무산소조　④ 침전조

35. 다음 중 비점오염원에 해당하는 것은?

① 농경지 배수
② 폐수처리장 방류수
③ 축산폐수
④ 공장의 산업폐수

36. 밀도가 1.2g/cm³ 인 폐기물 10kg에다 고형화 재료 5kg을 첨가하여 고형화시킨 결과 밀도가 2.5g/cm³으로 증가하였다. 이 때의 부피변화율은?

① 0.5　② 0.72
③ 1.5　④ 2.45

37. 압축기에 플라스틱을 넣고 압축시킨 결과 부피감소율이 80% 였다. 이 경우 압축비는?

① 2　② 3
③ 4　④ 5

38. 퇴비화의 단점으로 거리가 먼 것은?

① 생산된 퇴비는 비료가치가 낮다.
② 생산품인 퇴비는 토양의 이화학 성질을 개선시키는 토양개선제로 사용할 수 없다.
③ 다양한 재료를 이용하므로 퇴비 제품의 품질표준화가 어렵다.
④ 퇴비가 완성되어도 부피가 크게 감소되지는 않는다. (50% 이하)

39. 폐기물의 재활용과 감량화를 도모하기 위해 실시할 수 있는 제도로 가장 거리가 먼 것은?

① 예치금 제도　② 환경영향평가
③ 부담금 제도　④ 쓰레기 종량제

40. 인구 30만명인 도시에서 1인당 쓰레기 발생량이 1.2kg/일 이라고 한다. 적재용량이 15m³인 트럭으로 이 쓰레기를 매일 수거하려고 할 때 필요한 트럭의 수는? (단, 쓰레기 평균밀도 550kg/m³)

① 31　② 36
③ 39　④ 44

41. 노의 하부로부터 가스를 주입하여 모래를 띄운 후 이를 가열시켜 상부에서 폐기물을 투입하여 소각하는 방식의 소각로는?

① 유동상소각로　② 다단로
③ 회전로　④ 고정상소각로

42. 혐기성 소화탱크에서 유기물 75%, 무기물 25%인 슬러지를 소화처리하여 소화슬러지의 유기물이 58%, 무기물이 42%가 되었다. 소화율은?

① 36%　② 42%
③ 49%　④ 54%

43. 도시 폐기물의 개략분석(proximate analysis) 시 4가지 구성성분에 해당하지 않는 것은?

① 다이옥신(dioxin)
② 휘발성 고형물(volatile solids)
③ 고정탄소(fixed carbon)
④ 회분(ash)

44. 함수율 25%인 쓰레기를 건조시켜 함수율이 12%인 쓰레기로 만들려면 쓰레기 1ton 당 약 얼마의 수분을 증발시켜야 하는가?

① 148kg　　② 166kg
③ 180kg　　④ 199kg

45. 소각로 내의 화상 위에서 폐기물을 태우는 방식으로 플라스틱과 같이 열에 의하여 열화되는 물질의 소각에 적합하며 국부적으로 가열의 염려가 있는 소각로는?

① 회전로　　　② 화격자 소각로
③ 고정상 소각로　④ 유동상 소각로

46. 슬러지나 폐기물을 토지주입 시 중금속류의 성질에 관한 설명으로 가장 거리가 먼 것은?

① Cr : Cr^{+3}은 거의 불용성으로 토양 내에서 존재한다.
② Pb : 토양 내에 침전되어 있어 작물에 거의 흡수되지 않는다.
③ Hg : 토양 내에서 활성도가 커 작물에 의한 흡수가 용이하고, 강우에 의해 쉽게 지표로 용해되어 나온다.
④ Zn : 모래를 제외한 대부분의 토양에 영구적으로 흡착되나 보통 Cu나 Ni보다 장기간 용해상태로 존재한다.

47. 500,000명이 거주하는 도시에서 1주일 동안 $8,720m^3$의 쓰레기를 수거하였다. 이 쓰레기의 밀도가 $0.45ton/m^3$이라면 1인 1일 쓰레기 발생량은?

① 1.12kg/인·일　② 1.21kg/인·일
③ 1.25kg/인·일　④ 1.31kg/인·일

48. 다음 매립공법 중 해안매립공법에 해당하는 것은?

① 셀공법　　② 순차투입공법
③ 압축매립공법　④ 도랑형공법

49. 다음 중 슬러지 개량(conditioning)방법에 해당하지 않는 것은?

① 슬러지 세척　② 열처리
③ 약품처리　　④ 관성분리

50. 폐기물의 저위발열량(LHV)을 구하는 식으로 옳은 것은?

HHV : 폐기물의 고위발열량(kcal/kg)
H : 폐기물의 원소분석에 의한 수소 조성비(kg/kg)
W : 폐기물의 수분 함량(kg/kg)
600 : 수증기 1kg의 응축열(kcal)

① LHV=HHV−600W
② LHV=HHV−600(H+W)
③ LHV=HHV−600(9H+W)
④ LHV=HHV+600(9H+W)

51. 소각에 비하여 열분해 공정의 특징이라고 볼 수 없는 것은?

① 무산소 분위기 중에서 고온으로 가열한다.
② 액체 및 기체상태의 연료를 생산하는 공정이다.
③ NOx 발생량이 적다.
④ 열분해 생성물의 질과 양의 안정적 확보가 용이하다.

52. 연소로 배출되는 배기가스 중의 폐열을 이용하여 보일러의 급수를 예열함으로써 열효율 증가에 기여하는 설비는?

① 공기예열기　② 절탄기
③ 재열기　　　④ 과열기

53. 황화수소 1Sm³의 이론연소 공기량(Sm³)은? (단, 표준상태 기준, 황화수소는 완전연소되어, 물과 아황산가스로 변화됨)

① 5.6 ② 7.1
③ 8.7 ④ 9.3

54. 슬러지나 분뇨의 탈수 가능성을 나타내는 것은?

① 균등계수 ② 알칼리도
③ 여과비저항 ④ 유효경

55. 다음 중 폐기물의 퇴비화 공정에서 유지시켜 주어야 할 최적 조건으로 가장 적합한 것은?

① 온도 : 20±2℃
② 수분 : 5~10%
③ C/N 비율 : 100~150
④ pH : 6~8

56. 진동측정시 진동픽업을 설치하기 위한 장소로 옳지 않은 것은?

① 경사 또는 요철이 없는 장소
② 완충물이 있고 충분히 다져서 단단히 굳은 장소
③ 복잡한 반사, 회절현상이 없는 지점
④ 온도, 전자기 등의 외부 영향을 받지 않는 곳

57. 선음원의 거리감쇠에서 거리가 2배로 되면 음압레벨의 감쇠치는?

① 1dB ② 2dB
③ 3dB ④ 4dB

58. 흡음재료의 선택 및 사용상의 유의점에 관한 설명으로 옳지 않은 것은?

① 벽면 부착 시 한 곳에 집중시키기 보다는 전체 내벽에 분산시켜 부착한다.
② 흡음재는 전면을 접착재로 부착하는 것보다는 못으로 시공하는 것이 좋다.
③ 다공질재료는 산란하기 쉬우므로 표면에 얇은 직물로 피복하는 것이 바람직하다.
④ 다공질재료의 흡음률을 높이기 위해 표면에 종이를 바르는 것이 권장되고 있다.

59. 다음 중 종파에 해당되는 것은?

① 광파 ② 음파
③ 수면파 ④ 지진파의 S파

60. 진동수가 3300Hz이고, 속도가 330m/sec인 소리의 파장은?

① 0.1m ② 1m
③ 10m ④ 100m

UNIT 03 2014년 제5회 환경기능사 기출문제

01. 농황산의 비중이 약 1.84, 농도는 75%라면 이 농황산의 몰 농도(mol/L)는? (단, 농황산의 분자량은 98이다.)

① 9　　② 11
③ 14　　④ 18

02. 굴뚝에서 배출되는 가스의 유속을 측정하고자 피토우관을 굴뚝에 넣었더니 동압이 5mmH₂O이었다. 이 때 배출가스의 유속은 얼마인가? (단, 피토우관 계수는 0.85이고, 공기의 비중량은 1.3kg/m³이다.)

① 5.92m/sec　　② 7.38m/sec
③ 8.84m/sec　　④ 9.49m/sec

03. 고도에 따라 대기권을 분류할 때 지표로부터 가장 가까이 있는 것은?

① 열권　　② 대류권
③ 성층권　　④ 중간권

04. 소각로에서 연소효율을 높일 수 있는 방법과 거리가 먼 것은?

① 공기와 연료의 혼합이 좋아야 한다.
② 온도가 충분히 높아야 한다.
③ 체류시간이 짧아야 한다.
④ 연료에 산소가 충분히 공급되어야 한다.

05. 집진장치에 관한 설명으로 옳지 않은 것은?

① 중력집진장치는 50㎛ 이상의 큰 입자를 제거하는데 유용하다.
② 원심력집진장치의 일반적인 형태가 사이클론이다.
③ 여과집진장치는 여과재에 먼지를 함유하는 가스를 통과시켜 입자를 분리, 포집하는 장치이다.
④ 전기집진장치는 함진가스 중의 먼지에 +전하를 부여하여 대전시킨다.

06. 다음 온실가스 중 지구온난화지수(GWP)가 가장 큰 것은?

① CH_4　　② SF_6
③ CO_2　　④ N_2O

07. 산성비의 주된 원인 물질로만 올바르게 나열된 것은?

① SO_2, NO_2, Hg　　② CH_4, NO_2, HCl
③ CH_4, NH_3, HCN　　④ SO_2, NO_2, HCl

08. 〈보기〉에 해당하는 대기오염물질은?

〈보기〉
보통 백화현상에 의해 맥간반점을 형성하고 지표식물로는 자주개나리, 보리, 담배 등이 있고, 강한 식물로는 협죽도, 양배추, 옥수수 등이 있다.

① 황산화물　　② 탄화수소
③ 일산화탄소　　④ 질소산화물

09. 대기오염공정시험기준상 각 오염물질에 대한 측정방법의 연결로 옳지 않은 것은?

① 일산화탄소 – 비분산 적외선 분석법
② 염소 – 질산은 적정법
③ 황화수소 – 메틸렌 블루법
④ 암모니아 – 인도페놀법

10. 다음 중 주로 광화학반응에 의하여 생성되는 물질은?

① PAN
② CH_4
③ NH_3
④ HC

11. 유해가스 처리를 위한 흡착제 선택 시 고려해야 할 사항으로 옳지 않은 것은?

① 흡착효율이 우수해야 한다.
② 흡착제의 회수가 용이해야 한다.
③ 흡착제의 재생이 용이해야 한다.
④ 기체의 흐름에 대한 압력손실이 커야 한다.

12. 연소조절에 의하여 NOx 발생을 억제하는 방법 중 옳지 않은 것은?

① 연소시 과잉공기를 삭감하여 저산소 연소시킨다.
② 연소의 온도를 높여서 고온 연소를 시킨다.
③ 버너 및 연소실 구조를 개량하여 연소실내의 온도분포를 균일하게 한다.
④ 화로 내에 물이나 수증기를 분무시켜서 연소시킨다.

13. $0.3g/Sm^3$인 HCl의 농도를 ppm으로 환산하면? (단, 표준상태 기준)

① 116.4ppm
② 137.7ppm
③ 167.3ppm
④ 184.1ppm

14. 중량비로 수소가 15%, 수분이 1% 함유되어 있는 중유의 고위발열량이 13,000kcal/kg이다. 이 중유의 저위발열량은?

① 11,368kcal/kg
② 11,976kcal/kg
③ 12,025kcal/kg
④ 12,184kcal/kg

15. 다음 중 건조대기 중에 가장 많은 비율로 존재하는 비활성 기체는?

① He
② Ne
③ Ar
④ Xe

16. Stokes의 법칙에 의한 침강속도에 영향을 미치는 요소로 가장 거리가 먼 것은?

① 침전물의 밀도
② 침전물의 입경
③ 폐수의 밀도
④ 대기압

17. 수처리 시 사용되는 응집제와 거리가 먼 것은?

① 입상활성탄
② 소석회
③ 명반
④ 황산반토

18. 750g의 Glucose($C_6H_{12}O_6$)가 완전한 혐기성 분해를 할 경우 발생가능한 CH_4 가스량은?

① 187L
② 225L
③ 255L
④ 280L

19. 포기조의 용량이 500m^3, 포기조 내의 부유물질의 농도가 2,000mg/L일 때, MLSS의 양은?

① 500kg MLSS
② 800kg MLSS
③ 1,000kg MLSS
④ 1,500kg MLSS

20. 활성슬러지공법에서 슬러지 반송의 주된 목적은?

① MLSS 조절
② DO 공급
③ pH 조절
④ 소독 및 살균

21. 수돗물을 염소로 소독하는 가장 주된 이유는?

① 잔류염소 효과가 있다.
② 물과 쉽게 반응한다.
③ 유기물을 분해한다.
④ 생물농축 현상이 없다.

22. 폐수처리공정에서 유입폐수 중에 포함된 모래, 기타 무기성의 부유물로 구성된 혼합물을 제거하는데 사용되는 시설은?

① 응집조
② 침사지
③ 부상조
④ 여과조

23. 위어(weir)의 설치 목적으로 가장 적합한 것은?

① pH 측정
② DO 측정
③ MLSS 측정
④ 유량 측정

24. 활성슬러지법은 여러 가지 변법이 개발되어 왔으며, 각 방법은 특별한 운전이나 제거효율을 달성하기 위하여 발전되었다. 다음 중 활성슬러지법의 변법으로 볼 수 없는 것은?

① 다단 포기법
② 접촉 안정법
③ 장기 포기법
④ 오존 안정법

25. 다음 중 임호프콘(Imhoff cone)이 측정하는 항목으로 가장 적합한 것은?

① 전기음성도
② 분원성대장균군
③ pH
④ 침전물질

26. SVI와 SDI의 관계식으로 옳은 것은? (단, SVI : Sludge Volume Index, SDI : Sludge Density Index)

① SVI = 100/SDI
② SVI = 10/SDI
③ SVI = 1/SDI
④ SVI = SDI/1,000

27. 하수처리장의 유입수 BOD가 225mg/L이고, 유출수의 BOD가 55ppm이었다. 이 하수처리장의 BOD제거율은?

① 약 55%
② 약 76%
③ 약 83%
④ 약 95%

28. 다음은 수질오염공정시험기준상 방울수에 대한 설명이다. ( ) 안에 알맞은 것은?

> 방울수라 함은 20℃에서 정제수 (㉠)을 적하할 때, 그 부피가 약 (㉡)되는 것을 뜻한다.

① ㉠ 10방울, ㉡ 1mL
② ㉠ 20방울, ㉡ 1mL
③ ㉠ 10방울, ㉡ 0.1mL
④ ㉠ 20방울, ㉡ 0.1mL

29. 다음 포기조 내의 미생물 성장 단계 중 신진 대사율이 가장 높은 단계는?

① 내생 성장 단계
② 감소 성장 단계
③ 감소와 내생 성장 단계 중간
④ 대수 성장 단계

30. 회전 원판식 생물학적 처리시설로 유량 1,000m³/day, BOD 200mg/L로 유입될 경우, BOD부하(g/m²·day)는? (단, 회전 원판의 지름은 3m, 300매로 구성되어 있으며, 두께는 무시하며, 양면을 기준으로 한다.)

① 29.4
② 47.2
③ 94.3
④ 107.6

31. 탈질(denitrification)과정을 거쳐 질소 성분이 최종적으로 변환된 질소의 형태는?

① NO_2-N ② NO_3-N
③ NH_3-N ④ N_2

32. 공장폐수 50mL를 검수로 하여 산성 100℃ $KMnO_4$법에 의한 COD 측정을 하였을 때 시료적정에 소비된 0.025N $KMnO_4$용액은 5.13mL이다. 이 폐수의 COD값은? (단, 0.025N $KMnO_4$용액의 역가는 0.98이고, 바탕시험 적정에 소비된 0.025N $KMnO_4$용액은 0.13mL이다.)

① 9.8mg/L ② 19.6mg/L
③ 21.6mg/L ④ 98mg/L

33. 하천의 유량은 1,000m^3/일, BOD농도는 26ppm이며, 이 하천에 흘러드는 폐수의 양이 100m^3/일, BOD농도 165ppm이라고 하면 하천과 폐수가 완전혼합된 후 BOD농도는? (단, 혼합에 의한 기타 영향 등은 고려하지 않는다.)

① 38.6ppm ② 44.9ppm
③ 48.5ppm ④ 59.8ppm

34. 다음 중 레이놀즈수(Reynold's number)와 반비례하는 것은?

① 액체의 점성계수 ② 입자의 지름
③ 액체의 밀도 ④ 입자의 침강속도

35. 염소 살균에서 용존 염소가 반응하여 물의 불쾌한 맛과 냄새를 유발하는 것은?

① 클로로페놀 ② PCB
③ 다이옥신 ④ CFC

36. 퇴비화의 장점으로 가장 거리가 먼 것은?

① 폐기물의 재활용
② 높은 비료가치
③ 과정 중 낮은 Energy 소모
④ 낮은 초기시설 투자비

37. 다음 중 폐기물의 적환장이 필요한 경우와 거리가 먼 것은?

① 폐기물 처분장소가 수집장소로부터 16km 이상 멀리 떨어져 있을 때
② 작은 용량의 수집차량(15m^3 이하)을 사용할 때
③ 작은 규모의 주택들이 밀집되어 있을 때
④ 상업지역에서 폐기물 수집에 대형 수거용기를 많이 사용할 때

38. 쓰레기의 양이 4,000m^3이며, 밀도는 1.2ton/m^3 이다. 적재 용량이 8ton인 차량으로 이 쓰레기를 운반한다면 몇 대의 차량이 필요한가?

① 120대 ② 400대
③ 500대 ④ 600대

39. A도시 쓰레기 성분 중 안타는 성분이 중량비로 약 60% 차지하였다. 지금 밀도가 400kg/m^3인 쓰레기가 8m^3 있을 때 타는 성분 물질의 양은?

① 1.28ton ② 1.92ton
③ 3.2ton ④ 19.2ton

40. 유동상 소각로에서 유동상 매질이 갖추어야 할 특성으로 거리가 먼 것은?

① 불활성일 것 ② 내마모성일 것
③ 융점이 낮을 것 ④ 비중이 작을 것

41. 쓰레기 소각로의 소각능력이 120kg/m²·h인 소각로가 있다. 하루에 8시간씩 가동하여 12,000kg의 쓰레기를 소각하려고 한다. 이 때 소요되는 화격자의 넓이는 몇 m²인가?

① 11.0 ② 12.5
③ 14.0 ④ 15.5

42. 격자 연소기의 특징으로 거리가 먼 것은?

① 연속적인 소각과 배출이 가능하다.
② 체류시간이 짧고 교반력이 강하여 수분이 많은 폐기물의 연소에 효과적이다.
③ 고온 중에서 기계적으로 구동하므로 금속부의 마모손실이 심한 편이다.
④ 플라스틱과 같이 열에 쉽게 용해되는 물질에 의해 화격자가 막힐 염려가 있다.

43. 유해폐기물 처리를 위해 사용되는 용매추출법에서 용매의 선택기준으로 옳지 않은 것은?

① 끓는점이 낮아 회수성이 높을 것
② 밀도가 물과 다를 것
③ 분배계수가 낮아 선택성이 작을 것
④ 물에 대한 용해도가 낮을 것

44. 매립지에서 매립 후 경과기간에 따라 매립가스(Landfill gas) 생성과정을 4단계로 구분할 때, 각 단계에 관한 설명으로 가장 거리가 먼 것은?

① 제1단계에서는 친산소성 단계로서 폐기물 내에 수분이 많은 경우에는 반응이 가속화 되어 용존산소가 쉽게 고갈되어 2단계 반응에 빨리 도달한다.
② 제2단계에서는 산소가 고갈되어 혐기성 조건이 형성되며 질소가스가 발생하기 시작하며, 아울러 메탄가스도 생성되기 시작하는 단계이다.
③ 제3단계에서는 매립지 내부의 온도가 상승하여 약 55℃ 정도까지 올라간다.
④ 제4단계에서는 매립가스 내 메탄과 이산화탄소의 함량이 거의 일정하게 유지된다.

45. 쓰레기 수거대상인구가 550,000명이고, 쓰레기 수거실적이 220,000톤/년이라면 1인당 1일 쓰레기 발생량(kg)은? (단, 1년 365일로 계산)

① 1.1kg ② 1.8kg
③ 2.1kg ④ 2.5kg

46. 다음 중 유해 폐기물의 국제적 이동의 통제와 규제를 주요 골자로 하는 국제협약(의정서)은?

① 교토의정서 ② 바젤 협약
③ 비엔나 협약 ④ 몬트리올 의정서

47. 짐머만 공법이라고도 하며, 액상 슬러지에 열과 압력을 작용시켜 용존산소에 의해 화학적으로 슬러지내의 유기물을 산화시키는 방법은?

① 호기성 산화 ② 습식 산화
③ 화학적 안정화 ④ 혐기성 소화

48. 도시에서 생활쓰레기를 수거할 때 고려할 사항으로 가장 거리가 먼 것은?

① 처음 수거지역은 차고지와 가깝게 설정한다.
② U자형 회전을 피하여 수거한다.
③ 교통이 혼잡한 지역은 출·퇴근 시간을 피하여 수거한다.
④ 쓰레기가 적게 발생하는 지점은 하루 중 가장 먼저 수거하도록 한다.

49. 소각로에서 완전연소를 위한 3가지 조건(일명 3T)으로 옳은 것은?

① 시간-온도-혼합 ② 시간-온도-수분
③ 혼합-수분-시간 ④ 혼합-수분-온도

50. 파쇄하였거나 파쇄하지 않은 폐기물로부터 철분을 회수하기 위해 가장 많이 사용되는 폐기물 선별방법은?

① 공기선별 ② 스크린선별
③ 자석선별 ④ 손선별

51. 다음 중 분뇨수거 및 처분계획을 세울 때 계획하는 우리나라 성인 1인당 1일 분뇨발생량의 평균범위로 가장 적합한 것은?

① 0.2 ~ 0.5L ② 0.9 ~ 1.1L
③ 2.3 ~ 2.5L ④ 3.0 ~ 3.5L

52. 다음은 연소의 종류에 관한 설명이다. ( ) 안에 알맞은 것은?

> 목재, 석탄, 타르 등은 연소 초기에 가연성 가스가 생성되고, 이것이 긴 화염을 발생시키면서 연소하는데 이러한 연소를 ( )라 한다.

① 표면연소 ② 분해연소
③ 확산연소 ④ 자기연소

53. 폐기물의 파쇄작용이 일어나게 되는 힘이 3종류와 가장 거리가 먼 것은?

① 압축력 ② 전단력
③ 수평력 ④ 충격력

54. 스크린 선별에 관한 설명으로 거리가 먼 것은?

① 스크린 선별은 주로 큰 폐기물로부터 후속 처리장치를 보호하거나 재료를 회수하기 위해 많이 사용한다.
② 트롬멜 스크린은 진동 스크린의 형식에 해당한다.
③ 스크린의 형식은 진동식과 회전식을 구분할 수 있다.
④ 회전 스크린은 일반적으로 도시폐기물 선별에 많이 사용하는 스크린이다.

55. 다음 중 유기물의 혐기성소화 분해 시 발생되는 물질로 거리가 먼 것은?

① 산소 ② 알코올
③ 유기산 ④ 메탄

56. 음향파워가 0.2watt이면 PWL은?

① 113dB ② 123dB
③ 133dB ④ 226dB

57. 사람의 귀는 외이, 중이, 내이로 구분할 수 있다. 다음 중 내이에 관한 설명으로 옳지 않은 것은?

① 음의 전달 매질은 액체이다.
② 이소골에 의해 진동음압을 20 정도 증폭시킨다.
③ 음의 대소는 섬모가 받는 자극의 크기에 따라 다르다.
④ 난원창은 이소골의 진동을 와우각 중에 림프액에 전달하는 진동판이다.

58. 아파트 벽의 음향투과율이 0.1%라면 투과손실은?

① 10dB ② 20dB
③ 30dB ④ 50dB

59. 소음계의 구성요소 중 음파의 미약한 압력변화(음압)를 전기신호로 변환하는 것은?

① 정류회로 ② 마이크로폰
③ 동특성조절기 ④ 청감보정회로

60. 흡음재료 선택 및 사용상 유의점으로 거리가 먼 것은?

① 다공질 재료는 산란되기 쉬우므로 표면을 얇은 직물로 피복하는 행위는 금해야 한다.
② 다공질 재료의 표면을 도장하면 고음역에서 흡음율이 저하한다.
③ 실의 모서리나 가장자리 부분에 흡음재를 부착하면 효과가 좋아진다.
④ 막진동이나 판진동형의 것은 도장해도 차이가 없다.

2015년 제1회 환경기능사 기출문제

01. 질소산화물의 발생을 억제하는 연소방법이 아닌 것은?

① 저과잉공기비 연소법 ② 고온 연소법
③ 2단 연소법 ④ 배기가스 재순환법

02. 함진가스를 방해판에 충돌시켜 기류의 급격한 방향전환을 이용하여 입자를 분리·포집하는 집진장치는?

① 중력 집진장치 ② 전기 집진장치
③ 여과 집진장치 ④ 관성력 집진장치

03. 다음 중 집진효율이 가장 낮은 집진장치는?

① 전기 집진장치 ② 여과 집진장치
③ 원심력 집진장치 ④ 중력 집진장치

04. 다음 기체 중 비중이 가장 큰 것은?

① SO_2 ② CO_2
③ $HCHO$ ④ CS_2

05. CO 200kg을 완전연소시킬 때 필요한 이론 산소량(Sm^3)은? (단, 표준상태 기준)

① 15 ② 56
③ 80 ④ 381

06. 여과집진장치에 사용되는 다음 여과재 중 최고사용온도가 가장 높은 것은?

① 유리섬유 ② 목면
③ 양모 ④ 아마이드계 나일론

07. 다음 중 2차 대기오염 물질에 속하는 것은?

① HCl ② Pb
③ NO ④ CO_2

08. 다음 표준상태(0℃, 760mmHg)에 있는 건조공기 중 대기 내의 체류시간이 가장 긴 것은?

① N_2 ② CO
③ NO ④ CO_2

09. 대기환경보전법규상 특정대기유해물질이 아닌 것은?

① 석면 ② 시안화수소
③ 망간화합물 ④ 사염화탄소

10. 집진효율이 50%인 중력침강 집진장치와 99%인 여과식 집진장치가 직렬로 연결된 집진시설에서 중력침강집진장치의 입구 먼지농도가 200mg/Sm^3이라면, 여과식 집진장치의 출구 먼지의 농도(mg/Sm^3)는?

① 1 ② 5
③ 10 ④ 50

11. 대류권에서는 온실가스이며 성층권에서는 오존층 파괴물질로 알려져 있는 것은?

① CO ② N_2O
③ HCl ④ SO_2

12. 다음 대기오염물질과 관련된 업종 중 불화수소가 주된 배출원에 해당하는 것은?

① 고무가공, 인쇄공업
② 인산비료, 알루미늄제조
③ 내연기관, 폭약제조
④ 코우크스 연소로, 제철

13. 다음 중 섭씨 온도가 20℃인 것은?

① 20K   ② 36°F
③ 68°F   ④ 273K

14. 대기오염방지시설 중 유해가스상 물질을 처리할 수 있는 흡착장치의 종류와 가장 거리가 먼 것은?

① 고정층 흡착장치
② 촉매층 흡착장치
③ 이동층 흡착장치
④ 유동층 흡착장치

15. 복사역전에 대한 다음 설명 중 옳지 않은 것은?

① 복사역전은 공중에서 일어난다.
② 맑고 바람이 없는 날 아침에 해가 뜨기 직전에 강하게 형성된다.
③ 복사역전이 형성될 경우 대기오염물질의 수직이동, 확산이 어렵게 된다.
④ 해가 지면서부터 열복사에 의한 지표면의 냉각이 시작되므로 복사역전이 형성된다.

16. 생물학적으로 질소와 인을 제거하는 A^2/O공정 중 혐기조의 주된 역할은?

① 질산화   ② 탈질화
③ 인의 방출 ④ 인의 과잉섭취

17. 다음 중 산화와 거리가 먼 것은?

① 원자가가 감소하는 현상
② 전자를 잃는 현상
③ 수소를 잃는 현상
④ 산소와 화합하는 현상

18. 물 속에서 침강하고 있는 입자에 스토크스(Stokes)의 법칙이 적용된다면 입자의 침강속도에 가장 큰 영향을 주는 변화 인자는?

① 입자의 밀도   ② 물의 밀도
③ 물의 점도   ④ 입자의 직경

19. 활성슬러지 공법에 의한 운영상의 문제점으로 옳지 않은 것은?

① 거품 발생   ② 연못화 현상
③ Floc 해체 현상   ④ 슬러지부상 현상

20. A공장의 최종 방류수 4,000m³/day에 염소를 60kg/day로 주입하여 방류하고 있다. 염소주입 후 잔류염소량이 3mg/L이었다면 이때 염소 요구량은 몇 mg/L인가?

① 12mg/L   ② 17mg/L
③ 20mg/L   ④ 23mg/L

21. 다음 중 유기수은계 함유폐수의 처리방법으로 가장 적합한 것은?

① 오존처리법, 염소분해법
② 흡착법, 산화분해법
③ 황산분해법, 시안처리법
④ 염소분해법, 소석회처리법

22. 다음은 BOD용 희석수(또는 BOD용 식종 희석수)를 검토하기 위한 시험방법이다. ( ) 안에 알맞은 것은?

> ( ) 각 150mg씩을 취하여 물에 녹여 1,000mL로 한 액 5mL – 10mL를 3개의 300mL BOD병에 넣고 BOD용 희석수(또는 BOD용 식종 희석수)를 완전히 채운 다음 BOD 시험방법에 따라 시험한다.

① 설퍼민산 및 수산화나트륨
② 글루코오스 및 글루타민산
③ 알칼리성 요오드화 칼륨 및 아자이드화 나트륨
④ 황산구리 및 설퍼민산

23. 생물학적 처리방법에 관한 설명으로 옳지 않은 것은?

① 주로 유기성 폐수의 처리에 적용한다.
② 미생물을 이용한 처리방법으로 호기성 처리방법은 부패조 등이 있다.
③ 살수여상은 부착 성장식 생물학적 처리공법이다.
④ 산화지는 자연에 의하여 처리하기 때문에 활성슬러지법에 비해 적정처리가 어렵다.

24. 물리적 처리에 관한 설명으로 거리가 먼 것은?

① 폐수가 흐르는 수로에 관망을 설치하여 부유물 중 망의 유효간격보다 큰 것을 망 위에 걸리게 하여 제거하는 것이 스크린의 처리원리이다.
② 스크린의 접근유속은 0.15m/sec 이상이어야 하며, 통과유속이 5m/sec를 초과해서는 안된다.
③ 침사지는 모래, 자갈, 뼈조각, 기타 무기성 부유물로 구성된 혼합물을 제거하기 위해 이용된다.
④ 침사지는 일반적으로 스크린 다음에 설치되며, 침전한 그릇이 쉽게 제거되도록 밑바닥이 한 쪽으로 급한 경사를 이루도록 한다.

25. 수질오염공정시험기준에서 "취급 또는 저장하는 동안에 이물질이 들어가거나 또는 내용물이 손실되지 아니하도록 보호하는 용기"를 무엇이라 하는가?

① 차광용기
② 밀봉용기
③ 기밀용기
④ 밀폐용기

26. 시중 판매되는 농황산의 비중은 약 1.84, 농도는 96%(중량 기준)일 때, 이 농황산의 몰농도(mole/L)는?

① 12
② 18
③ 24
④ 36

27. 폐수 중 총인을 자외선 가시선 분광법으로 측정할 때의 분석파장으로 옳은 것은?

① 220nm
② 450nm
③ 540nm
④ 880nm

28. 다음 중 지하수의 일반적인 수질특성에 관한 설명으로 옳지 않은 것은?

① 수온의 변화가 심하다.
② 무기물 성분이 많다.
③ 지질 특성에 영향을 받는다.
④ 지표면 깊은 곳에서는 무산소 상태로 될 수 있다.

29. 지하수의 수질을 분석하였더니 Ca^{2+}=24mg/L, Mg^{2+}=14mg/L의 결과를 얻었다. 이 지하수의 경도는? (단, 원자량은 Ca=40, Mg=24 이다.)

① 98.7mg/L
② 104.3mg/L
③ 118.3mg/L
④ 123.3mg/L

30. 유입하수량이 2,000m³/일 이고, 침전지의 용적이 250m³이다. 이 때 체류시간은?

① 3시간　　　② 4시간
③ 6시간　　　④ 8시간

31. 용존산소가 충분한 조건의 수중에서 미생물에 의한 단백질 분해순서를 올바르게 나타낸 것은?

① $NO_3^- \to NO_2^- \to NH_4^+ \to$ Amino acid
② $NH_4^+ \to NO_2^- \to NO_3^- \to$ Amino acid
③ Amino acid $\to NO_3^- \to NO_2^- \to NH_4^+$
④ Amino acid $\to NH_4^+ \to NO_2^- \to NO_3^-$

32. 명반을 폐수의 응집조에 주입 후, 완속교반을 행하는 주된 목적은?

① floc의 입자를 크게 하기 위하여
② floc과 공기를 잘 접촉시키기 위하여
③ 명반을 원수에 용해시키기 위하여
④ 생성된 floc의 수를 증가시키기 위하여

33. 해수의 특성으로 옳지 않은 것은?

① 해수의 밀도는 수심이 깊을수록 증가한다.
② 해수의 pH는 5.6 정도로 약산성이다.
③ 해수의 Mg/Ca비는 3~4 정도이다.
④ 해수는 강전해질로서 1L당 35g 정도의 염분을 함유한다.

34. 다음 중 콘크리트 하수관거의 부식을 유발하는 오염물질로 가장 적합한 것은?

① NH_4^+　　　② SO_4^{2-}
③ Cl^-　　　④ PO_4^{3-}

35. 하천의 자정작용을 4단계(Whipple)로 구분할 때 순서대로 옳게 나열한 것은?

① 분해지대 – 활발분해지대 – 회복지대 – 정수지대
② 정수지대 – 활발분해지대 – 분해지대 – 회복지대
③ 활발분해지대 – 회복지대 – 분해지대 – 정수지대
④ 회복지대 – 분해지대 – 활발분해지대 – 정수지대

36. 폐기물 소각 공정에 사용되는 연소기의 종류에 해당하지 않는 것은?

① Scrubber　　　② Stoker
③ Rotary kiln　　　④ Multiple hearth

37. 다음은 어떤 매립공법의 특성에 관한 설명인가?

> • 폐기물과 복토층을 교대로 쌓는 방식
> • 협곡, 산간 및 폐광산 등에서 사용하는 방법
> • 외곽 우수배제시설 필요
> • 복토재의 외부 반입이 필요

① 샌드위치공법　　　② 도량형공법
③ 박층뿌림공법　　　④ 순차투입공법

38. 다음 중 폐기물공정시험기준상 폐기물의 강열감량 및 유기물 함량을 측정하고자 할 때 사용되는 기구로만 옳게 묶여진 것은?

> (ㄱ) 도가니　　　(ㄴ) 항온수조
> (ㄷ) 전기로　　　(ㄹ) pH 미터
> (ㅁ) 전자저울　　(ㅂ) 황산데시게이터

① (ㄱ), (ㄴ), (ㄷ), (ㄹ)
② (ㄴ), (ㄹ), (ㅁ), (ㅂ)
③ (ㄴ), (ㄷ), (ㅁ), (ㅂ)
④ (ㄱ), (ㄷ), (ㅁ), (ㅂ)

39. 폐기물의 수거시 수거 작업 간의 노동력을 비교하기 위하여 사용하는 용어로서, 수거 인부 1인이 쓰레기 1톤을 수거하는데 소요되는 총 시간을 말하는 것은?

① MHT   ② HHV
③ LHV   ④ RDF

40. 폐기물의 고형화 처리방법으로 가장 먼 것은?

① 활성슬러지법   ② 석회기초법
③ 유리화법   ④ 피막형성법

41. 호기성 미생물을 이용하여 유기물을 분해하는 퇴비화공정의 최적조건의 범위로 가장 거리가 먼 것은?

① 수분함량 : 85% 이상   ② pH : 6.5 ~ 7.5
③ 온도 : 55 ~ 65℃   ④ C/N비 : 25 ~ 30

42. 폐기물을 분석하기 위한 시료의 축소화 방법으로만 옳게 나열된 것은?

① 구획법, 교호삽법, 원추4분법
② 구획법, 교호삽법, 직접계근법
③ 교호삽법, 물질수지법, 원추4분법
④ 구획법, 교호삽법, 적재차량계수법

43. 다음 중 폐기물 처리를 위해 가장 우선적으로 추진해야 하는 방향은?

① 퇴비화   ② 감량
③ 위생매립   ④ 소각열회수

44. 밀도가 0.4t/m³인 쓰레기를 매립하기 위해 밀도 0.85t/m³으로 압축하였다. 압축비는?

① 0.6   ② 1.8
③ 2.1   ④ 3.3

45. 다음 연료 중 고위발열량(kcal/Sm³)이 가장 큰 것은?

① 프로판   ② 일산화탄소
③ 부틸렌   ④ 아세틸렌

46. 착화온도에 관한 다음 설명 중 옳은 것은?

① 분자구조가 간단할수록 착화온도는 낮아진다.
② 발열량이 작을수록 착화온도는 낮아진다.
③ 활성화에너지가 작을수록 착화온도는 높아진다.
④ 화학결합의 활성도가 클수록 착화온도는 낮아진다.

47. 매립 시 발생되는 매립가스 중 악취를 유발시키는 것은?

① CH_4 ② CO
③ CO_2 ④ NH_3

48. 장치 아래쪽에서는 가스를 주입하여 모래를 가열시키고 위쪽에서는 폐기물을 주입하여 연소시키는 형태로 기계적 구동부가 적어 고장율이 낮으며, 슬러지나 폐유 등의 소각에 탁월한 성능을 가지는 소각로는?

① 고정상 소각로   ② 화격자 소각로
③ 유동상 소각로   ④ 열분해 소각로

49. 일정기간 동안 특정지역의 쓰레기 수거 차량의 대수를 조사하여 이 값에 밀도를 곱하여 중량으로 환산하는 쓰레기 발생량 산정 방법은?

① 직접계근법   ② 물질수지법
③ 통과중량조사법   ④ 적재차량 계수분석법

50. 관거수송법에 관한 설명으로 가장 거리가 먼 것은?

① 쓰레기 발생밀도가 높은 곳은 적용이 곤란하다.
② 가설 후 경로변경이 곤란하고, 설치비가 높다.
③ 잘못 투입된 물건의 회수가 곤란하다.
④ 조대쓰레기는 파쇄, 압축 등의 전처리가 필요하다.

51. 수분함량이 30%인 어느 도시의 쓰레기를 건조시켜 수분함량이 10%인 쓰레기로 만들어 처리하려고 한다. 쓰레기 1톤당 약 몇 kg의 수분을 증발시켜야 하는가? (단, 쓰레기 비중은 1.0으로 가정함)

① 204kg   ② 215kg
③ 222kg   ④ 242kg

52. 폐기물 고체연료(RDF)의 구비조건으로 틀린 것은?

① 함수율이 높을 것
② 열량이 높을 것
③ 대기 오염이 적을 것
④ 성분 배합률이 균일할 것

53. 인구 50만명인 A도시의 폐기물 발생량 중 가연성은 20%, 불연성은 80%이다. 1인당 폐기물 발생량이 1.0kg/인·일이고, 운반차량의 적재용량이 5m³일 때, 가연성 폐기물의 운반에 필요한 차량운행횟수(회/월)는? (단, 가연성 폐기물의 겉보기 비중은 3000kg/m³, 월 30일, 차량은 1대 기준)

① 185   ② 191
③ 200   ④ 222

54. 주로 산업 폐기물의 발생량 산정법으로 먼저 조사하고자 하는 계의 경계를 정확히 설정한 다음 그 시스템으로 유입되는 모든 물질과 유출되는 모든 물질들 간의 물질수지를 세움으로써 발생량을 추정하는 방법은?

① 공장공정법   ② 직접계근법
③ 물질수지법   ④ 적재차량계수법

55. 다음 폐기물 선별방법 중 특정적으로 자장이나 전기장을 이용하는 것은?

① 중력선별   ② 관성선별
③ 스크린선별   ④ 와전류선별

56. 2개의 진동물체의 고유진수가 같을 때 한 쪽의 물체를 울리면 다른 쪽도 울리는 현상을 의미하는 것은?

① 임피던스   ② 굴절
③ 간섭   ④ 공명

57. 종파(소밀파)에 관한 설명으로 옳지 않은 것은?

① 매질이 있어야만 전파된다.
② 파동의 진행방향과 매질의 진동방향이 서로 평행하다.
③ 수면파는 종파에 해당한다.
④ 음파는 종파에 해당한다.

58. 점음원의 거리감쇠에서 음원으로부터의 거리가 2배로 됨에 따른 음압레벨의 감쇠치는? (단, 자유공간)

① 2dB   ② 3dB
③ 6dB   ④ 10dB

59. 진동수가 200Hz이고 속도가 100m/s인 파동의 파장은?

① 0.2m   ② 0.3m
③ 0.5m   ④ 2.0m

60. 방음벽 설치 시 유의사항으로 거리가 먼 것은?

① 음원의 지향성과 크기에 대한 상세한 조사가 필요하다.
② 음원의 지향성이 수음측 방향으로 클 때에는 벽에 의한 감쇠치가 계산치보다 크게 된다.
③ 벽의 투과손실은 회절감쇠치보다 적어도 5dB 이상 크게 하는 것이 바람직하다.
④ 소음원 주위에 나무를 심는 것이 방음벽 설치보다 확실한 방음 효과를 기대할 수 있다.

UNIT 05 2015년 제4회 환경기능사 기출문제

01. 다음 〈보기〉에서 설명하는 현상으로 옳은 것은?

〈보기〉
- 맑고 바람이 없는 날 아침에 해가 뜨기 직전에 지표면 근처에서 강하게 형성되며, 공기의 수직혼합이 일어나지 않기 때문에 대기오염물질의 축적으로 이어지게 된다.
- 지표부근에서 일어나므로 지표역전이라고도 한다.
- 보통 가을로부터 봄에 걸쳐서 날씨가 좋고, 바람이 약하며, 습도가 적을 때 잘 형성된다.

① 공중역전
② 침강역전
③ 복사역전
④ 전선역전

02. 다음 중 대기권에 대한 설명으로 옳은 것은?

① 대류권에서는 고도 1km 상승에 따라 약 9.8℃ 높아진다.
② 대류권의 높이는 계절이나 위도에 관계없이 일정하다.
③ 성층권에서는 고도가 높아짐에 따라 기온이 내려간다.
④ 성층권에는 지상 20~30km 사이에 오존층이 존재한다.

03. 다음 중 전기 집진장치의 특성으로 옳은 것은?

① 압력손실이 100~150mmH$_2$O 정도이다.
② 전압변동과 같은 조건변동에 대해 쉽게 적응한다.
③ 초기시설비가 적게 든다.
④ 고온 가스(350℃ 정도)의 처리가 가능하다.

04. 중력식 집진장치의 효율향상 조건으로 옳지 않은 것은?

① 침강실 내 처리가스 속도가 빠를수록 미립자가 포집된다.
② 침강실의 높이가 작고, 길이가 길수록 집진율이 높아진다.
③ 침강실 입구폭이 클수록 유속이 느려져 미세한 입자가 포집된다.
④ 다단일 경우에는 단수가 증가될수록 압력손실은 커지나 효율은 증가한다.

05. 유해가스 제거방법 중 흡수법에 사용되는 흡수액의 구비조건으로 옳은 것은?

① 흡수능력과 용해도가 커야 한다.
② 화학적으로 안정하고 휘발성이 높아야 한다.
③ 독성과 부식성에는 무관하다.
④ 점성이 크고 가격이 낮아야 한다.

06. 원심력 집진장치의 효율을 증가시키는 방법으로 가장 거리가 먼 것은?

① 배기관경이 작을수록 입경이 작은 먼지를 제거할 수 있다.
② 입구유속에는 한계가 있지만 그 한계내에서는 입구 유속이 빠를수록 효율이 높은 반면 압력손실도 높아진다.
③ 블로우 다운 효과로 먼지의 재비산을 방지한다.
④ 고농도일 경우 직렬로 사용하고, 응집성이 강한 먼지는 병렬연결(5단 한계)하여 사용한다.

07. 오존층을 파괴하는 특정물질과 거리가 먼 것은?

① 염화불화탄소(CFC)
② 황화수소(H₂S)
③ 염화브롬화탄소(Halons)
④ 사염화탄소(CCl₄)

08. 충전탑에서 충진물의 구비조건에 관한 설명으로 옳지 않은 것은?

① 내식성과 내열성이 커야 한다.
② 압력손실이 작아야 한다.
③ 충진밀도가 작아야 한다.
④ 단위용적에 대한 표면적이 커야 한다.

09. 메탄 94%, 이산화탄소 4%, 산소 2%인 기체연료 1m³에 대하여 9.5m³의 공기를 사용하여 연소하였다. 이 경우 공기비(m)는? (단, 표준상태 기준)

① 1.07   ② 1.27
③ 1.47   ④ 1.57

10. 대기오염으로 인한 지구환경 변화 중 도시지역의 공장, 자동차 등에서 배출되는 고온의 가스와 냉난방시설로부터 배출되는 더운 공기가 상승하면서 주변의 찬 공기가 도시로 유입되어 도시지역의 대기오염물질에 의한 거대한 지붕을 만드는 현상은?

① 라니냐 현상   ② 열섬 현상
③ 엘니뇨 현상   ④ 오존층 파괴 현상

11. 아황산가스 농도 0.02ppm을 질량농도로 고치면 몇 mg/Sm³인가? (단, 표준상태 기준)

① 0.057   ② 0.065
③ 0.079   ④ 0.083

12. 중량비로 수소 13.5%, 수분 0.65%인 중유의 고위발열량이 11,000kcal/kg인 경우 저위발열량(kcal/kg)은?

① 약 9880   ② 약 10270
③ 약 10740   ④ 약 10980

13. 다음 중 헨리법칙이 가장 잘 적용되는 기체는?

① O_2 ② HCl
③ SO_2 ④ HF

14. A집진장치의 압력손실이 444mmH₂O, 처리가스량이 55m³/sec인 송풍기의 효율이 77%일 때, 이 송풍기의 소요동력은?

① 256kW   ② 286kW
③ 298kW   ④ 311kW

15. 다음 중 도자기나 유리제품에 부식을 일으키는 성질을 가진 가스로서 알루미늄제조, 인산비료제조 공업 등에 이용되는 것은?

① 불소 및 그 화합물   ② 염소 및 그 화합물
③ 시안화수소   ④ 아황산가스

16. 포기조에 가해진 BOD부하 1g당 100L의 공기를 주입시켜야 한다면 BOD가 100mg/L인 하수 1,000L/day를 처리하기 위해서는 얼마의 공기를 주입시켜야 하는가?

① 1m³/day
② 10m³/day
③ 100m³/day
④ 1,000m³/day

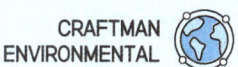

17. 다음은 미생물의 종류에 관한 설명이다. ( ) 안에 들어갈 말로 옳은 것은?

> 미생물은 영양섭취, 온도 또는 산소의 섭취 유무에 따라서도 분류하기도 하는데, ( ) 미생물은 용존산소가 아닌 SO_4^{2-}, NO_3 등과 같은 화합물에서 산소를 섭취하고, 그 결과 황화수소, 질소 가스 등을 발생시킨다.

① 자산성　　② 호기성
③ 혐기성　　④ 고온성

18. 폐수 중의 오염물질을 제거할 때 부상이 침전보다 좋은 점을 설명한 것으로 가장 적합한 것은?

① 침전속도가 느린 작거나 가벼운 입자를 짧은 시간 내에 분리시킬 수 있다.
② 침전에 의해 분리되기 어려운 유해 중금속을 효과적으로 분리시킬 수 있다.
③ 침전에 의해 분리되기 어려운 색도 및 경도 유발물질을 효과적으로 분리시킬 수 있다.
④ 침전속도가 빠르고 큰 입자를 짧은 시간 내에 분리시킬 수 있다.

19. 호기성 상태에서 미생물에 의한 유기질소의 분해 과정을 순서대로 나열한 것은?

① 유기질소 – 아질산성 질소 – 암모니아성 질소 – 질산성 질소
② 유기질소 – 질산성 질소 – 아질산성 질소 – 암모니아성 질소
③ 유기질소 – 암모니아성 질소 – 아질산성 질소 – 질산성 질소
④ 유기질소 – 아질산성 질소 – 질산성 질소 – 암모니아성 질소

20. 다음 수처리 공정 중 스톡스(Stokes) 법칙이 가장 잘 적용되는 공정은?

① 1차 소화조　　② 1차 침전지
③ 살균조　　　　④ 포기조

21. 폐수처리에서 여과공정에 사용되는 여재로 가장 거리가 먼 것은?

① 모래　　② 무연탄
③ 규조토　④ 유리

22. A공장의 BOD 배출량이 500명의 인구당량에 해당하고, 그 수량은 $50m^3$/day이다. 이 공장 폐수의 BOD 농도는? (단, 한 사람이 하루에 배출하는 BOD는 50g이다.)

① 350mg/L　　② 410mg/L
③ 475mg/L　　④ 500mg/L

23. 중화 반응공정에서 폐수가 산성일 때 약품조에 들어갈 약품으로 옳은 것은?

① 황산　　　　② 염산
③ 염화나트륨　④ 수산화나트륨

24. 흡착에 관한 다음 설명 중 가장 거리가 먼 것은?

① 폐수처리에서 흡착이라 함은 보통 물리적 흡착을 말하며, 그 대표적인 예로는 활성탄에 의한 흡착이다.
② 냄새나 색도의 제거에도 쓰인다.
③ 고도처리시 질소나 인의 제거에 가장 유효하다.
④ 흡착이란 제거대상 물질이 흡착제의 표면에 물리적 또는 화학적으로 부착되는 현상이다.

25. 활성슬러지공법의 폐수처리장 포기조에서 요구되는 공기공급량이 $28.3m^3$/kg BOD이다. 포기조내 평균유입 BOD가 150mg/L, 포기조의 유입유량이 $7,570m^3$/day일 때 공급해야 할 공기량은?

① $70.8m^3$/min　　② $48.1m^3$/min
③ $31.1m^3$/min　　④ $22.3m^3$/min

26. 활성슬러지 공법에서 2차침전지 슬러지를 포기조로 반송시키는 주된 목적은?

① 슬러지를 순환시켜 배출슬러지를 최소화하기 위해
② 포기조내 요구되는 미생물 농도를 적절하게 유지하기 위해
③ 최초침전지 유출수를 농축하기 위해
④ 폐수 중 무기고형물을 산화하기 위해

27. 독립침전영역에서 스토크스의 법칙을 따르는 입자의 침전속도에 영향을 주는 인자와 거리가 먼 것은?

① 물의 밀도
② 물의 점도
③ 입자의 지름
④ 입자의 용해도

28. 다음 중 물 속에 녹아 경도를 유발하는 물질로 거리가 먼 것은?

① K
② Ca
③ Mg
④ Fe

29. 폐수에 명반(Alum)을 사용하여 응집침전을 실시하는 경우 어떤 침전물이 생기는가?

① 탄산나트륨
② 수산화나트륨
③ 황산알루미늄
④ 수산화알루미늄

30. 혐기성 소화조의 완충능력(Buffer capacity)을 표현하는 것으로 가장 적합한 것은?

① 탁도
② 경도
③ 알칼리도
④ 응집도

31. 수질오염공정시험기준상 따로 규정이 없는 한 감압 또는 진공의 기준으로 옳은 것은?

① 5mmHg 이하
② 10mmHg 이하
③ 15mmHg 이하
④ 20mmHg 이하

32. 박테리아에 관한 설명으로 옳지 않은 것은?

① 60%는 수분, 40%는 고형물질로 구성되어 있다.
② 막대기모양, 공모양, 나선모양 등이 있다.
③ 단세포 미생물로서 용해된 유기물을 섭취한다.
④ 일반적인 화학조성식은 $C_5H_7O_2N$으로 나타낼 수 있다.

33. 침사지의 수면적부하 $1,800m^3/m^2 \cdot day$, 수평유속 0.32m/sec, 유효수심 1.2m인 경우 침사지의 유효길이는?

① 14.4m
② 16.4m
③ 18.4m
④ 20.4m

34. 생물학적 폐수처리에 있어서 팽화(Bulking)현상의 원인으로 가장 거리가 먼 것은?

① 유기물 부하량이 급격하게 변동될 경우
② 포기조의 용존산소가 부족할 경우
③ 유입수에 고농도의 산업유해폐수가 혼합되어 유입될 경우
④ 포기조내 질소와 인이 유입될 경우

35. 침전지 또는 농축조에 설치된 스크레이퍼의 사용목적으로 가장 적합한 것은?

① 침전물을 부상시키기 위해서
② 스컴(scum)을 방지하기 위해서
③ 슬러지(sludge)를 혼합하기 위해서
④ 슬러지(sludge)를 끌어 모으기 위해서

36. 투수계수가 0.5cm/sec이며 동수경사가 2인 경우 Darcy법칙을 적용하여 구한 유출속도는?

① 1.5cm/sec
② 1.0cm/sec
③ 2.5cm/sec
④ 0.25cm/sec

37. 다음은 폐기물공정시험기준상 어떤 용기에 관한 설명인가?

> 취급 또는 저장하는 동안에 이물이 들어가거나 또는 내용물이 손실되지 아니하도록 보호하는 용기를 말한다.

① 밀봉용기 ② 기밀용기
③ 차광용기 ④ 밀폐용기

38. 폐기물의 고형화 처리 시 유기성 고형화에 관한 설명으로 가장 거리가 먼 것은?(단, 무기성 고형화와 비교 시)

① 수밀성이 매우 크며, 다양한 폐기물에 적용이 가능하다.
② 미생물 및 자외선에 대한 안정성이 강하다.
③ 최종 고화체의 체적 증가가 다양하다.
④ 폐기물의 특정 성분에 의한 중합체 구조의 장기적인 약화가능성이 존재한다.

39. 혐기성 소화법과 상대 비교 시 호기성 소화법의 특징으로 거리가 먼 것은?

① 상징수의 BOD 농도가 높으며, 운영이 다소 복잡하다.
② 초기 시공비가 낮고 처리된 슬러지에서 악취가 나지 않는 편이다.
③ 포기를 위한 동력요구량 때문에 운영비가 높다.
④ 겨울철은 처리효율이 떨어지는 편이다.

40. 함수율 96%인 슬러지를 수분이 75%로 탈수했을 때, 이 탈수 슬러지의 체적(m^3)은? (단, 원래 슬러지의 체적은 $100m^3$, 비중은 1.0)

① 12.4   ② 13.1
③ 14.5   ④ 16

41. 연소가스의 잉여열을 이용하여 보일러에 주입되는 물을 예열함으로써 보일러드럼에 발생되는 열응력을 감속시켜 보일러의 효율을 높이는 장치는?

① 과열기(super heater) ② 재열기(reheater)
③ 절탄기(economizer) ④ 공기예열기(air preheater)

42. 다음 중 해안매립공법에 해당하는 것은?

① 도랑형공법   ② 압축매립공법
③ 샌드위치공법 ④ 순차투입공법

43. 다음 중 매립지에서 유기물이 혐기성 분해될 때 가장 늦게 일어나는 단계는?

① 가수분해 단계 ② 알콜발효 단계
③ 메탄 생성 단계 ④ 산 생성 단계

44. 폐기물 오염을 측정하기 위한 시료의 축소 방법으로 거리가 먼 것은?

① 구획법   ② 교호삽법
③ 사등분법 ④ 원추사분법

45. 폐기물의 열분해에 관한 설명으로 옳지 않은 것은?

① 공기가 부족한 상태에서 폐기물을 연소시켜 가스, 액체 및 고체 상태의 연료를 생산하는 공정을 열분해 방법이라 부른다.
② 열분해에 의해 생성되는 액체 물질은 식초산, 아세톤, 메탄올, 오일 등이다.
③ 열분해 방법 중 저온법에서는 Tar, Char 및 액체상태의 연료가 보다 많이 생성된다.
④ 저온 열분해는 1,100~1,500℃에서 이루어진다.

46. 쓰레기를 연소시키기 위한 이론공기량이 $10Sm^3/kg$이고, 공기비가 1.1일 때, 실제로 공급된 공기량은?

① $0.5Sm^3/kg$ ② $0.6Sm^3/kg$
③ $10.0Sm^3/kg$ ④ $11.0Sm^3/kg$

47. 슬러지를 가열(210℃ 정도)·가압(120atm 정도)시켜 슬러지 내의 유기물이 공기에 의해 산화되도록 하는 공법은?

① 가열 건조 ② 습식 산화
③ 혐기성 산화 ④ 호기성 소화

48. 분뇨처리법 중 부패조에 관한 설명으로 가장 거리가 먼 것은?

① 고부하 운전에 적합하다.
② 특별한 에너지 및 기계설비가 필요하지 않은 편이다.
③ 처리효율이 낮으며, 냄새가 많이 나는 편이다.
④ 조립형인 경우 설치시공이 용이하며, 유지관리에 특별한 기술이 요구되지 않는다.

49. 쓰레기를 유동층 소각로에서 처리할 때 유동상 매질이 갖추어야 할 특성으로 옳지 않은 것은?

① 공급이 안정적일 것
② 열충격에 강하고 융점이 높을 것
③ 비중이 클 것
④ 불활성일 것

50. 폐수 슬러지를 혐기적 방법으로 소화시키는 목적으로 거리가 먼 것은?

① 유기물을 분해시킴으로써 슬러지를 안정화시킨다.
② 슬러지의 무게와 부피를 증가시킨다.
③ 이용가치가 있는 부산물을 얻을 수 있다.
④ 유해한 병원균을 죽이거나 통제할 수 있다.

51. 1,792,500ton/year의 쓰레기를 5450명의 인부가 수거하고 있다면 수거인부의 MHT는? (단, 수거인부의 1일 작업시간은 8시간이고 1년 작업일수는 310일이다.)

① 2.02 ② 5.38
③ 7.54 ④ 9.45

52. 적환장의 설치위치로 옳지 않은 것은?

① 가능한 한 수거지역의 중심에 위치하여야 한다.
② 주요 간선도로와 떨어진 곳에 위치하여야 한다.
③ 수송 측면에서 가장 경제적인 곳에 위치하여야 한다.
④ 적환 작업에 의한 공중 위생 및 환경 피해가 최소인 지역에 위치하여야 한다.

53. 슬러지 처리의 일반적 혐기성 소화과정이 아래와 같다면 (   ) 안에 들어갈 말로 옳은 것은?

산생성균+유기물 → (   )+메탄균 → 메탄+이산화탄소

① 탄산 ② 황산
③ 무기산 ④ 유기산

54. 매립시설에서 복토의 목적으로 가장 거리가 먼 것은?

① 빗물 배제 ② 화재 방지
③ 식물 성장 방지 ④ 폐기물의 비산방지

55. A도시 쓰레기(가연성+비가연성)의 체적이 $8m^3$, 밀도가 $400kg/m^3$ 이다. 이 쓰레기 성분 중 비가연성 성분이 중량비로 약 60% 차지한다면, 가연성 물질의 양(ton)은?

① 0.48 ② 0.69
③ 1.28 ④ 1.92

56. 다음 중 종파(소밀파)에 해당하는 것은?

① 물결파 ② 전자기파
③ 음파 ④ 지진파의 S파

57. 투과계수가 0.001일 때 투과손실량은?

① 20dB ② 30dB
③ 40dB ④ 50dB

58. 발음원이 이동할 때 그 진행방향 가까운 쪽에서는 발음원보다 고음으로, 진행 반대쪽에서는 저음으로 되는 현상은?

① 음의 전파속도 효과 ② 도플러 효과
③ 음향출력 효과 ④ 음압레벨 효과

59. 진동 감각에 대한 인간의 느낌을 설명한 것으로 옳지 않은 것은?

① 진동수 및 상대적인 변위에 따라 느낌이 다르다.
② 수직 진동은 주파수 4~8Hz에서 가장 민감하다.
③ 수평 진동은 주파수 1~2Hz에서 가장 민감하다.
④ 인간이 느끼는 진동가속도의 범위는 0.01~10Gal이다.

60. 소음 발생을 기류음과 고체음으로 구분할 때 다음 각 음의 대책으로 틀린 것은?

① 고체음 : 가진력 억제
② 기류음 : 밸브의 다단화
③ 기류음 : 관의 곡률완화
④ 고체음 : 방사면 증가 및 공명유도

2015년 제5회 환경기능사 기출문제

01. 다음 중 산성비에 관한 설명으로 가장 거리가 먼 것은?

① 독일에서 발생한 슈바르츠발트(검은 숲이란 뜻)의 고사현상은 산성비에 의한 대표적인 피해이다.
② 바젤협약은 산성비 방지를 위한 대표적인 국제협약이다.
③ 산성비에 의한 피해로는 파르테논 신전과 아크로폴리스 같은 유적의 부식 등이 있다.
④ 산성비의 원인물질로 H_2SO_4, HCl, HNO_3 등이 있다.

02. 가솔린 자동차에서 배출되는 가스를 저감하는 기술로 가장 거리가 먼 것은?

① 기관 개량
② 삼원촉매장치
③ 증발가스 방지장치
④ 입자상물질 여과장치

03. 황산화물(SO_X)은 주로 석탄의 연소, 석유의 연소, 원유의 정제를 위한 정유공정 등에서 발생하는데, 이러한 배출가스 중의 탈황방법으로 적절하지 않은 것은?

① 흡수법
② 흡착법
③ 산화법
④ 수소화법

04. HF를 제거하고자 효율 90%의 흡수탑 3대를 직렬로 설치하였다. HF 유입농도가 3,000ppm이라면 처리가스 중의 HF 농도는?

① 0.3ppm
② 3ppm
③ 9ppm
④ 30ppm

05. 연료의 연소에서 검댕 발생을 줄일 수 있는 방법으로 가장 적합한 것은?

① 과잉공기율을 적게 한다.
② 고체연료는 분말화 한다.
③ 연소실의 온도를 낮게 한다.
④ 중유연소 시에는 분무유적을 크게 한다.

06. 석탄의 탄화도가 증가하면 감소하는 것은?

① 휘발분
② 고정탄소
③ 착화온도
④ 발열량

07. 배연의 지상농도에 영향을 주는 인자에 관한 설명으로 가장 거리가 먼 것은?

① 최대 착지농도 지점은 대기가 안정할수록 멀어진다.
② 농도는 풍속에 반비례한다.
③ 유효연돌고가 증가하면 농도는 증가한다.
④ 농도는 오염물질 배출량에 비례한다.

08. 압력이 740mmHg인 기체는 몇 atm인가?

① 0.974atm
② 1.013atm
③ 1.471atm
④ 10.33atm

09. PM 10이 의미하는 것은?

① 총 질량이 10kg 이상인 강하 먼지
② 공기역학적 직경이 10㎛ 이하인 미세 먼지
③ 공기역학적 직경이 10mm 이하인 미세 먼지
④ 시료 채취기 기간 10일 동안의 먼지 농도

10. 전기 집진장치의 집진효율을 Deutsch-Anderson 식으로 구할 때 직접적으로 필요한 인자가 아닌 것은?

① 집진극 면적
② 입자의 이동속도
③ 처리가스량
④ 입자의 점성력

11. 대기환경보전법규상 연료사용량을 고체연료 환산계수로 환산할 때 기준이 되는 연료는?

① 경유
② 무연탄
③ 등유
④ 중유

12. 다음 유해가스 처리방법 중 황산화물 처리방법이 아닌 것은?

① 금속산화물법
② 선택적 촉매환원법
③ 흡착법
④ 석회세정법

13. 사이클론에서 처리가스량의 5~10%를 흡인하여 선회기류의 흐트러짐을 방지하고 유효원심력을 증대시키는 효과는?

① 축류효과(Axial effect)
② 나선효과(Herical effect)
③ 먼지상자효과(dust box effect)
④ 블로다운효과(Blow-down effect)

14. 지구의 대기권은 고도에 따른 기온의 분포에 의해 몇 개의 권역으로 구분하는데, 다음 설명에 해당하는 것은?

> • 고도가 높아짐에 따라 온도가 상승한다.
> • 공기의 상승이나 하강과 같은 수직 이동이 없는 안정한 상태를 유지한다.
> • 지면으로부터 20~30km 사이에 오존이 많이 분포하고 있는 오존층이 있다.

① 대류권
② 성층권
③ 중간권
④ 열권

15. 다음 대기오염 물질 중 물리적 성상이 다른 것은?

① 먼지
② 매연
③ 오존
④ 비산재

16. 불소 제거를 위한 폐수처리 방법으로 가장 적합한 것은?

① 화학침전
② P/L 공정
③ 살수여상
④ UCT 공정

17. A 공장 폐수를 채취한 뒤 다음과 같은 실험결과를 얻었다. 이때 부유물질의 농도(mg/L)는?

> • 시료의 부피 : 250mL
> • 유리섬유 여지 무게 : 1.3751g
> • 여과 후 건조된 유리섬유 여지 무게 : 1.385g
> • 회화 시킨 후의 유리섬유 여지 무게 : 1.3767g

① 6.4mg/L
② 33.6mg/L
③ 36.8mg/L
④ 43.2mg/L

18. 다음 중 "공기를 좋아하는" 미생물로 물속의 용존산소를 섭취하는 미생물은?

① 혐기성 미생물
② 임의성 미생물
③ 통기성 미생물
④ 호기성 미생물

19. BOD 400mg/L, 유량 3,000m³/day인 폐수를 MLSS 3,000 mg/L인 포기조에서 체류시간을 8시간으로 운전하고자 할 때 F/M비(BOD-MLSS 부하)는?

① 0.2 ② 0.4
③ 0.6 ④ 0.8

20. 폭 2m, 길이 15m인 침사지에 100cm 수심으로 폐수가 유입될 때 체류시간이 60초라면 유량은?

① 1,800m³/h ② 2,160m³/h
③ 2,280m³/h ④ 2,460m³/h

21. 다음 중 6가크롬(Cr^{+6}) 함유 폐수를 처리하기 위한 가장 적합한 방법은?

① 아말감법 ② 환원침전법
③ 오존산화법 ④ 충격법

22. 알칼리도 자료가 이용되는 분야와 거리가 먼 것은?

① 응집제 투입시 적정 pH 유지 및 응집효과 촉진
② 물의 연수화과정에서 석회 및 소오다회의 소요량 계산에 고려
③ 부산물 회수의 경제성 여부
④ 폐수와 슬러지의 완충용량계산

23. 하수처리장에서의 스크린(screen)의 목적을 옳게 기술한 것은?

① 폐수로부터 용해성 유기물을 제거
② 폐수로부터 콜로이드 물질을 제거
③ 폐수로부터 협잡물 또는 큰 부유물 제거
④ 폐수로부터 침강성 입자를 제거

24. 개방유로의 유량측정에 주로 사용되는 것으로서 일정한 수위와 유속을 유지하기 위해 침사지의 폐수가 배출되는 출구에 설치하는 것은?

① 그릿(grit) ② 스크린(screen)
③ 배출관(out-flow tube) ④ 위어(weir)

25. 급속모래여과는 다음 중 어떤 오염물질을 처리하기 위하여 설치되는가?

① 용존 유기물 ② 암모니아성 질소
③ 부유물질 ④ 색도

26. 상수도의 정수처리장에서 정수처리의 일반적인 순서로 가장 적합한 것은?

① 플록형성지 - 침전지 - 여과지 - 소독
② 침전지 - 소독 - 플록형성지 - 여과지
③ 여과지 - 플록형성지 - 소독 - 침전지
④ 여과지 - 소독 - 침전지 - 플록형성지

27. 수로형 침사지에서 폐수처리를 위해 유지해야 하는 폐수의 유속으로 가장 적합한 것은?

① 30m/sec ② 10m/sec
③ 5m/sec ④ 0.3m/sec

28. 물이 얼어 얼음이 되는 것과 같이 물질의 상태가 액체 상태에서 고체 상태로 변하는 형상은?

① 융해 ② 응고
③ 액화 ④ 승화

29. 지하수를 사용하기 위해 수질 분석을 하였더니 칼슘이온 농도가 40mg/L이고, 마그네슘이온 농도가 36mg/L 이었다. 이 지하수의 총경도($asCaCO_3$)는?

① 16mg/L ② 76mg/L
③ 120mg/L ④ 250mg/L

30. 폐수에 화학약품을 첨가하여 침전성이 나쁜 콜로이드상 고형물과 침전속도가 느린 부유물 입자를 침전이 잘 되는 플록으로 만드는 조작은?

① 중화   ② 살균
③ 응집   ④ 이온교환

31. 3kg의 박테리아($C_5H_7O_2N$)를 완전히 산화시키려고 할 때 필요한 산소의 양(kg)은? (단, 질소는 모두 암모니아로 무기화된다.)

① 4.25   ② 3.47
③ 2.14   ④ 1.42

32. 침전지의 용량결정을 위하여 폐수의 체류시간과 함께 필수적으로 조사하여야 하는 항목은?

① 유입폐수의 전해질 농도
② 유입폐수의 용존산소 농도
③ 유입폐수의 유량
④ 유입폐수의 경도

33. 폐수를 화학적으로 산화 처리할 때 사용되는 오존처리에 대한 설명으로 옳은 것은?

① 생물학적 분해불가능 유기물 처리에도 적용할 수 있다.
② 2차 오염물질인 트리할로메탄을 생성한다.
③ 별도 장치가 필요 없어 유지비가 적다.
④ 색과 냄새 유발성분은 제거할 수 없다.

34. 활성탄을 이용하여 흡착법으로 A 폐수를 처리하고자 한다. 폐수 내 오염물질의 농도를 30mg/L에서 10mg/L로 줄이는 데 필요한 활성탄의 양은? (단, $X/M = KC^{1/n}$ 사용, $K = 0.5$, $n = 1$)

① 3.0mg/L   ② 3.3mg/L
③ 4.0mg/L   ④ 4.6mg/L

35. 염소 살균능력이 높은 것부터 배열된 것은?

① $OCl^- > NH_2Cl > HOCl$
② $HOCl > NH_2Cl > OCl^-$
③ $HOCl > OCl^- > NH_2Cl$
④ $NH_2Cl > OCl^- > HOCl$

36. 수분함량이 25%(w/w)인 쓰레기를 건조시켜 수분함량이 10%(w/w)인 쓰레기로 만들려면 쓰레기 1톤당 약 얼마의 수분을 증발시켜야 하는가?

① 46kg   ② 83kg
③ 167kg   ④ 250kg

37. 수집 운반차에서의 시료 채취 방법으로 틀린 것은?

① 무작위 채취 방식을 택한다.
② 수집 운반차 2~3대 간격으로 채취한다.
③ 1대에서 10kg 이상씩 채취한다.
④ 기계식 압축차의 경우 배출 초기에서만 채취한다.

38. 폐기물에 의한 환경오염과 가장 관계가 깊은 사건은?

① 씨프린스호 사건   ② 러브캐널 사건
③ 런던 스모그 사건   ④ 미나마타병 사건

39. 분뇨의 특성과 거리가 먼 것은?

① 유기물 농도 및 염분함량이 낮다.
② 질소농도가 높다.
③ 토사와 협잡물이 많다.
④ 시간에 따라 크게 변한다.

40. 폐기물의 최종처분으로 실시하는 내륙매립 공법이 아닌 것은?

① 셀 공법   ② 압축매립 공법
③ 박층뿌림 공법   ④ 도랑형 공법

41. 연소 가스 성분 중에서 저온 부식을 유발시키는 물질은?

① CO_2 ② H_2O
③ CH_4 ④ SO_x

42. 폐기물 중의 열량을 재활용하기 위한 방법 중 소각과 열분해의 공정상 차이점으로 가장 적절한 것은?

① 공기의 공급 여부
② 처리온도의 높고 낮음
③ 폐기물의 유해성 존재 여부
④ 폐기물 중의 탄소성분 여부

43. 퇴비화시 부식질의 역할로 옳지 않은 것은?

① 토양능의 완충능을 증가시킨다.
② 토양의 구조를 양호하게 한다.
③ 가용성 무기질소의 용출량을 증가시킨다.
④ 용수량을 증가시킨다.

44. 폐기물 중간처리 기술로서의 압축의 목적이 아닌 것은?

① 부피 감소 ② 소각의 용이
③ 운반비의 감소 ④ 매립지의 수명연장

45. 쓰레기 발생량에 영향을 미치는 요인에 관한 설명으로 가장 적합한 것은?

① 기후에 따라 쓰레기 발생량과 종류가 달라진다.
② 수거빈도가 잦으면 쓰레기 발생량이 감소하는 경향이 있다.
③ 쓰레기통의 크기가 클수록 쓰레기 발생량이 감소하는 경향이 있다.
④ 재활용품의 회수 및 재이용률이 높을수록 쓰레기 발생량이 증가한다.

46. 쓰레기의 중간처리 과정에서 수직형 공기 선별기를 사용하여 선별할 수 있는 물질은?

① 철 ② 유리
③ 금속 ④ 플라스틱

47. 폐기물의 기름성분 분석방법 중 중량법(노말헥산추출시험방법)에 관한 설명으로 옳지 않은 것은?

① 25℃의 물중탕에서 30분간 방치하고, 따로 물 20mL를 취하여 시료의 시험방법에 따라 시험하여 바탕시험액으로 한다.
② 폐기물 중의 비교적 휘발되지 않는 탄화수소, 탄화수소유도체, 그리스유상물질 중 노말헥산에 용해되는 성분에 적용한다.
③ 시료에 적당한 응집제 또는 흡착제 등을 넣어 노말헥산 추출물질을 포집한 다음 노말헥산으로 추출하고 잔류물의 무게를 측정하여 노말헥산 추출물질의 양으로 한다.
④ 시료 적당량을 분액깔대기에 넣고 메틸오렌지용액(0.1W/V%)을 2~3방울 넣고 황색이 적색으로 변할 때까지 염산(1+1)을 넣어 pH 4 이하로 조절한다.

48. 폐기물을 매립한 평탄한 지면으로부터 폭이 좁은 수로를 200m 간격으로 굴착하였더니 지면으로부터 각각 4m, 6m 깊이에 지하수면이 형성되었다. 대수층의 두께가 20m이고 투수계수가 0.1m/일이라면 대수층 폭 10m당 침출수의 유량은?

① $0.10m^3$/일 ② $0.15m^3$/일
③ $0.20m^3$/일 ④ $0.25m^3$/일

49. 슬러지 처리공정 단위조작으로 가장 거리가 먼 것은?

① 혼합 ② 탈수
③ 농축 ④ 개량

50. 지정폐기물의 정의 및 그 특징에 관한 설명으로 가장 거리가 먼 것은?

① 생활폐기물 중 환경부령으로 정하는 폐기물을 의미한다.
② 유독성 물질을 함유하고 있다.
③ 2차 혹은 3차 환경오염의 유발 가능성이 있다.
④ 일반적으로 고도의 처리기술이 요구된다.

51. 5,000,000명이 거주하는 도시에서 1주일 동안 100,000 m³의 쓰레기를 수거하였다. 쓰레기의 밀도가 0.4ton/m³이면 1인 1일 쓰레기 발생량은?

① 0.8kg/인·일 ② 1.14kg/인·일
③ 2.14kg/인·일 ④ 8kg/인·일

52. 다음 중 "고상폐기물"을 정의할 때 고형물의 함량기준은?

① 3% 이상 ② 5% 이상
③ 10% 이상 ④ 15% 이상

53. 혐기성 위생매립지로부터 발생되는 침출수의 특성에 대한 설명으로 틀린 것은?

① 색 : 엷은 다갈색 ~ 암갈색을 보이며 색도 2.0 이하이다.
② pH : 매립지 초에는 pH 6~7의 약산성을 나타내는 수가 많다.
③ COD : 매립지 초에는 BOD 값보다 약간 적으나 시간의 경과와 더불어 BOD 값보다 높아진다.
④ P : 침출수에는 많은 양이 포함되어 있으므로 화학적인 인의 제거가 필요하다.

54. 폐기물 매립을 위한 파쇄의 효과와 가장 거리가 먼 것은?

① 부등침하를 가능한 한 억제
② 겉보기 비중의 감소 및 균질화 촉진
③ 연소효과의 촉진
④ 퇴비의 경우 분해효과 촉진

55. 소화조로 투입되는 휘발성 고형물의 양이 4,500kg/day이다. 이 분뇨의 휘발성 고형물은 전체 고형물의 2/3를 차지하고 분뇨는 5%의 고형물을 함유한다면 이때 소화조로 투입되는 분뇨의 양은 몇 m³/day 인가? (단, 분뇨의 비중은 1.0으로 본다.)

① 65 ② 80
③ 100 ④ 135

56. 소음이 인체에 미치는 영향으로 가장 거리가 먼 것은?

① 혈압상승, 맥박 증가
② 타액분비량 증가, 위액산도 저하
③ 호흡수 감소 및 호흡깊이 증가
④ 혈당도 상승 및 백혈구 수 증가

57. 투과손실이 32dB인 벽체의 투과율은?

① 3.2×10^{-3} ② 3.2×10^{-4}
③ 6.3×10^{-3} ④ 6.3×10^{-4}

58. 음이 온도가 일정치 않는 공기를 통과할 때 음파가 휘는 현상은?

① 회절 ② 반사
③ 간섭 ④ 굴절

59. 다음 (   )에 알맞은 것은?

> 한 장소에 있어서의 특정의 음을 대상으로 생각할 경우 대상소음이 없을 때 그 장소의 소음을 대상소음에 대한 (   )이라 한다.

① 정상소음 ② 배경소음
③ 상대소음 ④ 측정소음

60. 환경기준 중 소음측정방법에서 소음계의 청감보정회로는 원칙적으로는 어느 특성에 고정하여 측정하여야 하는가?

① A 특성 ② B 특성
③ C 특성 ④ D 특성

UNIT 07 2016년 제1회 환경기능사 기출문제

01. 연료의 연소과정에서 공기비가 너무 큰 경우 나타나는 현상으로 가장 적합한 것은?

① 배기가스에 의한 열손실이 커진다.
② 오염물의 농도가 커진다.
③ 미연분에 의한 매연이 증가한다.
④ 불완전 연소되어 연소효율이 저하된다.

02. 20℃, 740mmHg에서 SO_2가스의 농도가 5ppm이다. 표준상태(S.T.P)로 환산한 농도(ppm)는?

① 4.54
② 5.00
③ 5.51
④ 12.96

03. 상층부가 불안정하고 하층부가 안정을 이루고 있을 때의 연기의 모양은?

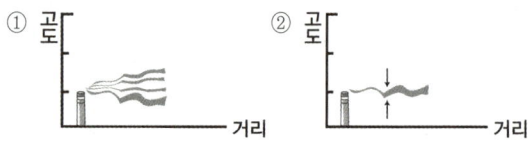

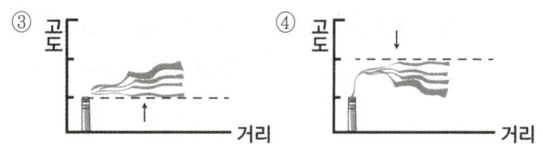

04. 여과집진장치에 사용되는 다음 여포재료 중 가장 높은 온도에서 사용이 가능한 것은?

① 목면
② 양모
③ 카네카론
④ 글라스화이버

05. 유해가스 흡수장치의 흡수액이 갖추어야 할 조건으로 옳은 것은?

① 용해도가 작아야 한다.
② 휘발성이 커야 한다.
③ 점성이 작아야 한다.
④ 화학적으로 불안정해야 한다.

06. 일반적으로 배기가스의 입구처리속도가 증가하면 제거효율이 커지며, 블로다운 효과와 관련된 집진장치는?

① 중력집진장치
② 원심력집진장치
③ 전기집진장치
④ 여과집진장치

07. 기체의 용해도에 대한 설명이 틀린 것은?

① 온도가 증가할수록 용해도가 커진다.
② 용해도는 기체의 압력에 비례한다.
③ 용해도가 작은 기체는 헨리 상수가 크다.
④ 헨리의 법칙이 잘 적용되는 기체는 용해도가 작은 기체이다.

08. 사이클론으로 100% 집진할 수 있는 최소입경을 의미하는 것은?

① 절단입경　　② 기하학적 입경
③ 임계입경　　④ 유체역학적 입경

09. 대기환경보전법상 온실가스에 해당하지 않는 것은?

① NH_3　　② CO_2
③ CH_4　　④ N_2O

10. 직경이 5μm이고 밀도가 3.7g/cm³인 구형의 먼지입자가 공기 중에서 중력침강할 때 종말침강속도는? (단, 스톡스 법칙 적용, 공기의 밀도 무시, 점성계수 1.85×10^{-5}kg/m·s)

① 약 0.27cm/s　　② 약 0.32cm/s
③ 약 0.36cm/s　　④ 약 0.41cm/s

11. 후드의 설치 및 흡인요령으로 가장 적합한 것은?

① 후드를 발생원에 근접시켜 흡인시킨다.
② 후드의 개구면적을 점차적으로 크게 하여 흡인속도에 변화를 준다.
③ 에어커텐(air curtain)은 제거하고 행한다.
④ 배풍기(blower)의 여유량은 두지 않고 행한다.

12. 전기집진장치에 관한 설명으로 가장 거리가 먼 것은?

① 대량의 가스 처리가 가능하다.
② 전압변동과 같은 조건변동에 쉽게 적응할 수 있다.
③ 초기 설비비가 고가이다.
④ 압력손실이 적어 소요동력이 적다.

13. 가솔린을 연료로 사용하는 자동차의 엔진에서 NOx가 가장 많이 배출될 때의 운전 상태는?

① 감속　　② 가속
③ 공회전　　④ 저속(15km 이하)

14. 포집먼지의 중화가 적당한 속도로 행해지기 때문에 이상적인 전기집진이 이루어질 수 있는 전기저항의 범위로 가장 적합한 것은?

① $10^2 \sim 10^4 Ω \cdot cm$　　② $10^5 \sim 10^{10} Ω \cdot cm$
③ $10^{12} \sim 10^{14} Ω \cdot cm$　　④ $10^{15} \sim 10^{18} Ω \cdot cm$

15. 런던 스모그와 비교한 로스앤젤레스형 스모그 현상의 특성으로 옳은 것은?

① SO_2, 먼지 등이 주오염물질
② 온도가 낮고 무풍의 기상조건
③ 습도가 높은 이른 아침
④ 침강성 역전층이 형성

16. 폐수 처리분야에서 미생물이라 하는 개체의 크기 기준으로 가장 적절한 것은?

① 1.0mm 이하　　② 3.0mm 이하
③ 5.0mm 이하　　④ 10.0mm 이하

17. 버섯은 어느 부류에 속하는가?

① 세균　　② 균류
③ 조류　　④ 원생동물

18. 살수여상 처리과정에 주의해야 할 점으로 거리가 먼 것은?

① 악취　　② 연못화
③ 팽화　　④ 동결

19. 기름입자 A와 B의 지름은 동일하나 A의 비중은 0.88이고, B의 비중은 0.91이다. 이 때의 A/B의 부상속도비는? (단, 기타 조건은 같다.)

① 1.03　　② 1.33
③ 1.52　　④ 1.61

20. 우리나라 강수량 분포의 특성으로 가장 거리가 먼 것은?

① 월별 강수량 차이가 큰 편이다.
② 하천수에 대한 의존량이 큰 편이다.
③ 6월과 9월 사이에 연 강수량의 약 2/3 정도가 집중되는 경향이 있다.
④ 세계 평균과 비교 시 연간 총 강수량은 낮으나, 인구 1인당 가용수량은 높다.

21. 다음 용어 중 흡착과 가장 관련이 깊은 것은?

① 도플러효과　　② VAL
③ 플랑크상수　　④ 프로인틀리히의 식

22. 생물학적으로 인을 제거하는 반응의 단계로 옳은 것은?

① 혐기 상태 → 인 방출 → 호기 상태 → 인 섭취
② 혐기 상태 → 인 섭취 → 호기 상태 → 인 방출
③ 호기 상태 → 인 방출 → 혐기 상태 → 인 섭취
④ 호기 상태 → 인 섭취 → 혐기 상태 → 인 방출

23. 어느 공장폐수의 Cr^{6+}이 600mg/L이고, 이 폐수를 아황산나트륨으로 환원처리하고자 한다. 폐수량이 $40m^3$/day일 때, 하루에 필요한 아황산나트륨의 이론양은? (단, Cr 원자량 52, Na_2SO_3 분자량 126)

$$2H_2CrO_4 + 3Na_2SO_3 + 3H_2SO_4 \rightarrow Cr_2(SO_4)_3 + 3Na_2SO_4 + 5H_2O$$

① 72kg　　② 80kg
③ 87kg　　④ 95kg

24. C_2H_5OH이 물 1L에 92g 녹아 있을 때 COD(g/L)값은? (단, 완전분해 기준)

① 48　　② 96
③ 192　　④ 384

25. 하수관로의 배수형식 중 하수를 방류할 때 일단 간선 하수 차집거에 모아 처리장으로 보내어 처리한 후 배출하는 방식으로 하천 유량이 하수량을 배출하기에는 부족하여 하천의 오염이 심할 것으로 예상되는 경우에 사용되는 방식은?

① 직각식　　② 차집식
③ 선형식　　④ 방사식

26. 오염물질을 배출하는 형태에 따라 점오염원과 비점오염원으로 구분된다. 다음 중 비점오염원에 해당하는 것은?

① 생활하수　　② 농경지 배수
③ 축산폐수　　④ 산업폐수

27. 폐수의 살균에 대한 설명으로 옳은 것은?

① NH_2Cl보다는 HOCl이 살균력이 작다.
② 보통 온도를 높이면 살균속도가 느려진다.
③ 같은 농도일 경우 유리잔류염소는 결합잔류염소보다 빠르게 작용하므로 살균능력도 훨씬 크다.
④ HOCl이 오존보다 더 강력한 산화제이다.

28. 다음 보기에서 우리나라 하천수의 일반적인 수질적 특징만을 골라 묶여진 것은?

> ㄱ. 계절에 따라 수위변화가 심하다.
> ㄴ. 여름철과 겨울철에 성층이 형성된다.
> ㄷ. 수온이 비교적 일정하고 무기물이 풍부하다.
> ㄹ. 오염물의 이동, 분해, 희석 등 자정작용이 활발하다.

① ㄱ, ㄴ　　② ㄴ, ㄷ
③ ㄷ, ㄹ　　④ ㄱ, ㄹ

29. 다음 중 해역에서 적조 발생의 주된 원인 물질은?

① 수은　　② 산소
③ 염소　　④ 질소

30. 0.1M NaOH 1,000mL를 0.3M H₂SO₄으로 중화 적정할 때 소비되는 이론적 황산량은?

① 126mL   ② 167mL
③ 234mL   ④ 277mL

31. 수질오염공정시험기준에 의거 페놀류를 측정하기 위한 시료의 보존방법(㉠)과 최대보존기간(㉡)으로 가장 적합한 것은?

① ㉠ 현장에서 용존산소 고정 후 어두운 곳 보관, ㉡ 8시간
② ㉠ 즉시 여과 후 4℃ 보관, ㉡ 48시간
③ ㉠ 20℃ 보관, ㉡ 즉시 측정
④ ㉠ 4℃ 보관 H₃PO₄로 pH 4 이하 조정한 후 CuSO₄ 1g/L 첨가, ㉡ 28일

32. 오존 살균 시 급수계통에서 미생물의 증식을 억제하고, 잔류살균효과를 유지하기 위해 투입하는 약품은?

① 염소   ② 활성탄
③ 실리카겔   ④ 활성알루미나

33. 살수여상의 표면적이 300m², 유입분뇨량이 1,500m³/일이다. 표면부하는 얼마인가?

① 3m³/m²·일   ② 5m³/m²·일
③ 15m³/m²·일   ④ 18m³/m²·일

34. MLSS 농도 3,000mg/L인 포기조 혼합액을 1,000mL 메스실린더로 취해 30분간 정치시켰을 때 침강슬러지가 차지하는 용적은 440mL이었다. 이 때 슬러지밀도지수(SDI)는?

① 146.7   ② 73.4
③ 1.36   ④ 0.68

35. 125m³/h의 폐수가 유입되는 침전지의 월류부하가 100m³/m·day일 경우 침전지 월류웨어의 유효길이는?

① 10m   ② 20m
③ 30m   ④ 40m

36. 탄소 1kg이 연소할 때 이론적으로 필요한 산소의 질량은?

① 4.1kg   ② 3.6kg
③ 3.2kg   ④ 2.7kg

37. 연료의 연소에 필요한 이론공기량을 A_0, 공급된 실제공기량을 A라 할 때 공기비를 나타낸 식은?

① $\dfrac{A}{A_0}$ ② $\dfrac{A_0}{A}$
③ $\dfrac{A-A_0}{A_0}$ ④ $\dfrac{A-A_0}{A}$

38. 수거된 폐기물을 압축하는 이유로 거리가 먼 것은?

① 저장에 필요한 용적을 줄이기 위해
② 수송 시 부피를 감소시키기 위해
③ 매립지의 수명을 연장시키기 위해
④ 소각장에서 소각 시 원활한 연소를 위해

39. 인구 50만명이 거주하는 도시에서 1주일 동안 8,000m³의 쓰레기를 수거하였다. 쓰레기의 밀도가 420kg/m³이라면 쓰레기 발생원 단위는?

① 0.91kg/인·일
② 0.96kg/인·일
③ 1.03kg/인·일
④ 1.12kg/인·일

40. 쓰레기를 수송하는 방법 중 자동화, 무공해화가 가능하고 눈에 띄지 않는다는 장점을 가지고 있으며 공기수송, 반죽수송, 캡슐수송 등의 방법으로 쓰레기를 수거하는 방법은?

① 모노레일 수거
② 관거 수거
③ 콘베이어 수거
④ 콘테이너 철도수거

41. 매립지에서 발생될 침출수량을 예측하고자 한다. 이 때 침출수 발생량에 영향을 받는 항목으로 가장 거리가 먼 것은?

① 강수량(Precipitation)
② 유출량(Run-off)
③ 메탄가스의 함량
④ 폐기물 내 수분 또는 폐기물 분해에 따른 수분

42. 다음 중 효율적인 파쇄를 위해 파쇄대상물에 작용하는 3가지 힘에 해당되지 않는 것은?

① 충격력
② 정전력
③ 전단력
④ 압축력

43. 쓰레기 수거노선을 결정할 때 고려사항으로 옳지 않은 것은?

① 아주 많은 양의 쓰레기가 발생되는 발생원은 하루 중 가장 나중에 수거한다.
② 가능한 한 시계방향으로 수거노선을 정한다.
③ U자형 회전을 피하여 수거한다.
④ 적은 양의 쓰레기가 발생하나 동일한 수거빈도를 받기를 원하는 수거지점은 가능한 같은 날 왕복내에서 수거하도록 한다.

44. 적환장의 설치가 필요한 경우로 가장 거리가 먼 것은?

① 인구 밀도가 높은 지역을 수집하는 경우
② 폐기물 수집에 소형 컨테이너를 많이 사용하는 경우
③ 처분장이 원거리에 있어 도중에 불법 투기의 가능성이 있는 경우
④ 공기수송방식을 사용할 경우

45. 합성차수막 중 PVC의 특성으로 가장 거리가 먼 것은?

① 작업이 용이한 편이다.
② 접합이 용이한 편이다.
③ 대부분의 유기화학물질에 약한 편이다.
④ 자외선, 오존, 기후 등에 강한 편이다.

46. 쓰레기를 건조시켜 함수율을 40%에서 20%로 감소시켰다. 건조 전 쓰레기의 중량이 1톤이었다면 건조 후 쓰레기의 중량은? (단, 쓰레기의 비중은 1.0으로 가정함)

① 250kg
② 500kg
③ 750kg
④ 1,000kg

47. 소각장에서 폐기물을 연소시킬 때 조건으로 가장 거리가 먼 것은?

① 완전연소를 위해 체류시간은 가능한 한 짧아야 한다.
② 연료와 공기가 충분히 혼합되어야 한다.
③ 공기/연료비가 적절해야 한다.
④ 점화온도가 적정하게 유지되고 재의 방출이 최소화될 수 있는 소각로 형태이어야 한다.

48. 쓰레기 발생량에 영향을 미치는 일반적인 요인에 관한 설명으로 옳은 것은?

① 쓰레기의 성분은 계절에 영향을 받는다.
② 수거빈도와 발생량은 반비례한다.
③ 쓰레기통이 클수록 발생량이 감소한다.
④ 재활용율이 높을수록 발생량이 증가한다.

49. 다음 중 슬러지 탈수 방법으로 가장 거리가 먼 것은?

① 원심분리
② 산화지
③ 진공여과
④ 벨트프레스

50. 폐기물 수거 효율을 결정하고 수거작업간의 노동력을 비교하기 위한 단위로 옳은 것은?

① ton/man·our
② man·hour/ton
③ ton·man/hour
④ hour/ton·man

51. 폐기물 매립지에서 발생하는 침출수 중 생물학적으로 난분해성인 유기물질을 산화·분해시키는데 사용되는 펜턴시약(Fenton agent)의 성분으로 옳은 것은?

① H_2O_2와 $FeSO_4$
② $KMnO_4$와 $FeSO_4$
③ H_2SO_4와 $Al_2(SO_4)_3$
④ $Al_2(SO_4)_3$와 $KMnO_4$

52. 폐기물을 소각할 경우 필요한 폐열회수 및 이용설비가 아닌 것은?

① 과열기
② 부패조
③ 이코노마이저
④ 공기예열기

53. 다음 중 폐기물의 퇴비화 시 적정 C/N비로 가장 적합한 것은?

① 1 ~ 2
② 1 ~ 10
③ 5 ~ 10
④ 25 ~ 50

54. 다음 중 퇴비화의 최적조건으로 가장 적합한 것은?

① 수분 50 ~ 60%, pH 5.5 ~ 8 정도
② 수분 50 ~ 60%, pH 8.5 ~ 10 정도
③ 수분 80 ~ 85%, pH 5.5 ~ 8 정도
④ 수분 80 ~ 85%, pH 8.5 ~ 10 정도

55. 폐기물 전단파쇄기에 관한 설명으로 틀린 것은?

① 전단파쇄기는 대개 고정칼, 회전칼과의 교합에 의하여 폐기물을 전단한다.
② 전단파쇄기는 충격파쇄기에 비하여 파쇄속도는 느리나, 이물질의 혼입에 대하여는 강하다.
③ 전단파쇄기는 파쇄물의 크기를 고르게 할 수 있다.
④ 전단파쇄기는 주로 목재류, 플라스틱류 및 종이류를 파쇄하는데 이용된다.

56. 두 진동체의 고유진동수가 같을 때 한 쪽을 울리면 다른 쪽도 울리는 현상은?

① 공명
② 진폭
③ 회절
④ 굴절

57. 방음대책을 음원대책과 전파경로대책으로 구분할 때 다음 중 음원대책이 아닌 것은?

① 공명방지
② 방음벽 설치
③ 소음기 설치
④ 방진 및 방사율 저감

58. 점음원에서 5m 떨어진 지점의 음압레벨이 60dB이다. 이 음원으로부터 10m 떨어진 지점의 음압레벨은?

① 30dB
② 44dB
③ 54dB
④ 58dB

59. 변동하는 소음의 에너지 평균 레벨로서 어느 시간 동안에 변동하는 소음 레벨의 에너지를 같은 시간대의 정상 소음의 에너지로 치환한 값은?

① 소음레벨(SL)
② 등가소음레벨(Leq)
③ 시간율 소음도(Ln)
④ 주야등가소음도(Ldn)

60. 형상의 선택이 비교적 자유롭고 압축, 전단 등의 사용방법에 따라 1개로 2축방향 및 회전방향의 스프링 정수를 광범위하게 선택할 수 있으나, 내부마찰에 의한 발열 때문에 열화되는 방진재료는?

① 방진고무
② 공기스프링
③ 금속스프링
④ 직접지지판 스프링

2016년 제2회 환경기능사 기출문제

01. 링겔만 농도표와 관계가 깊은 것은?

① 매연측정
② 가스크로마토그래프
③ 오존농도측정
④ 질소산화물 성분분석

02. 수세법을 이용하여 제거시킬 수 있는 오염물질로 가장 거리가 먼 것은?

① NH_3
② SO_2
③ NO_2
④ Cl_2

03. 산성비에 대한 설명으로 가장 거리가 먼 것은?

① 통상 pH가 5.6 이하인 비를 말한다.
② 산성비는 인공건축물의 부식을 더디게 한다.
③ 산성비는 토양의 광물질을 씻겨 내려 토양을 황폐화시킨다.
④ 산성비는 황산화물이나 질소산화물 등이 물방울에 녹아서 생긴다.

04. 가스상 물질과 먼지를 동시에 제거할 수 있으면서 압력손실이 큰 집진장치는?

① 원심력 집진장치
② 여과 집진장치
③ 세정 집진장치
④ 전기 집진장치

05. 대기가 매우 안정한 상태일 때 아침과 새벽에 잘 발생하고, 굴뚝의 높이가 낮으면 지표 부근에 심각한 오염 문제를 발생시키는 연기의 모양은?

① 환상형
② 원추형
③ 구속형
④ 부채형

06. 중량비가 C : 86%, H : 4%, O : 8%, S : 2%인 석탄을 연소할 경우 필요한 이론 산소량(Sm^3/kg)은?

① 약 1.6
② 약 1.8
③ 약 2.0
④ 약 2.2

07. 집진장치에 관한 설명으로 옳은 것은?

① 사이클론은 여과 집진장치에 해당된다.
② 중력 집진장치는 고효율 집진장치에 해당된다.
③ 여과 집진장치는 수분이 많은 먼지 처리에 적합하다.
④ 전기 집진장치는 코로나 방전을 이용하여 집진하는 장치이다.

08. 세정집진장치의 입자 포집원리에 관한 설명으로 가장 거리가 먼 것은?

① 미립자 확산에 의하여 액적과의 접촉을 쉽게 한다.
② 배기가스의 습도 감소로 인하여 입자가 응집하여 제거효율이 증가한다.
③ 액적에 입자가 충돌하여 부착한다.
④ 입자를 핵으로 한 증기의 응결에 의하여 응집성을 증가시킨다.

09. 액체 부탄 20kg를 1기압, 25℃에서 완전기화시킬 때의 부피(m^3)는?

① 5.45　　② 8.48
③ 12.38　　④ 16.43

10. 물리적 흡착과 화학적 흡착에 대한 비교 설명으로 옳은 것은?

① 물리적 흡착과정은 가역적이기 때문에 흡착제의 재생이나 오염가스의 회수에 매우 편리하다.
② 물리적 흡착은 온도의 영향을 받지 않는다.
③ 물리적 흡착은 화학적 흡착보다 분자간의 인력이 강하기 때문에 흡착과정에서의 발열량도 크다.
④ 물리적 흡착에서는 용질의 분자량이 적을수록 유리하게 흡착한다.

11. 다음 집진장치의 원리와 특성에 대한 설명으로 옳은 것은?

① 전기 집진장치는 입자를 중력에 의해 분리, 포집하는 장치로서 입경이 100㎛ 이상일 때 적용한다.
② 관성력 집진장치는 중력과 관성력을 동시에 이용하는 장치로서 원리와 구조는 간단하지만 압력손실이 크고 운전비가 높다.
③ 여과 집진장치는 여러 종류의 먼지를 집진할 수 있어 가장 많이 사용되지만 200℃ 이상의 고온 가스를 처리하기는 어렵다.
④ 중력 집진장치에서 배기관 지름이 작을수록 입경이 작은 먼지를 제거할 수 있고 블로다운으로 집진된 먼지의 재비산을 방지하여 효율을 높일 수 있다.

12. 집진장치의 입구 더스트 농도가 2.8g/Sm³이고, 출구 더스트 농도가 0.1g/Sm³일 때 집진율(%)은?

① 86.9　　② 94.2
③ 96.4　　④ 98.8

13. 디젤 기관에서 많이 배출되며 탄화수소와 함께 광화학 스모그를 일으키는 반응에 영향을 미치는 배출가스는?

① 매연　　② 황산화물
③ 질소산화물　　④ 일산화탄소

14. 도심지역에서 열방출이 많고 외부로 확산이 안되기 때문에 교외지역에 비해 도심지역의 온도가 높게 나타나는 현상은?

① 온실효과　　② 습윤단열감율
③ 열섬효과　　④ 건조단열감율

15. 연소과정에서 주로 발생하는 질소 산화물의 형태는?

① NO　　② NO_2
③ NO_3　　④ N_2O

16. 도시화가 진행될수록 하천의 홍수와 갈수 현상이 심화되는 이유는?

① 대기오염 물질의 증가
② 생활하수 배출량의 증가
③ 생활용수 사용량의 증가
④ 지면 포장으로 강수의 침투성 저하

17. 수질오염공정시험기준상 6가 크롬의 자외선/가시선 분광법 측정원리에 관한 설명으로 ( )에 알맞은 것은?

> 6가 크롬에 다이페닐카바자이드를 작용시켜 생성하는 (㉠)의 착화합물의 흡광도를 (㉡)nm에서 측정하여 6가 크롬을 정량한다.

① ㉠ 적자색, ㉡ 253.7
② ㉠ 적자색, ㉡ 540
③ ㉠ 청색, ㉡ 253.7
④ ㉠ 청색, ㉡ 540

18. 염소는 폐수 내의 질소화합물과 결합하여 무엇을 형성하는가?

① 유리염소　　② 클로라민
③ 액체염소　　④ 암모니아

19. 시판되는 황산의 농도가 96(W/W%), 비중이 1.84일 때, 노르말농도(N)는?

① 18　　② 24
③ 36　　④ 48

20. 수질오염 방지시설의 처리능력, 또는 설계 시에 사용되는 다음 용어 중 그 성격이 나머지 셋과 다른 것은?

① F/M비　　② SVI
③ 용적부하　　④ 슬러지부하

21. 조류를 이용한 산화지(oxidation pond)법으로 폐수를 처리할 경우에 가장 중요한 영향인자는?

① 햇빛
② 물의 색깔
③ 산화지의 표면모양
④ 산화지 바닥 흙입자 모양

22. 생물학적 원리를 이용하여 영양염류(인 또는 질소)를 효과적으로 제거할 수 있는 공법이라 볼 수 없는 것은?

① M-A/S　　② A/O
③ Bardenpho　　④ UCT

23. 활성슬러지 공법으로 생활하수처리 시 과량의 유기물이 유입되었을 때, 가장 적절한 응급조치는?

① 영양물질 투입　　② 응집 전처리
③ 슬러지 반송율 증가　　④ 산기기 추가 설치

24. 농촌마을의 발생 하수를 산화지로 처리할 때 유입 BOD 농도가 100g/m³이고, 유량이 3,000m³/day이며, 필요한 산화지의 면적은 3ha라면 BOD 부하량(kg/ha·day)은?

① 10　　② 50
③ 100　　④ 200

25. 농축대상 슬러지량이 500m³/d이고, 슬러지의 고형물 농도가 15g/L일 때, 농축조의 고형물 부하를 2.6kg/m²·hr로 하기 위해 필요한 농축조의 면적(m²)은? (단, 슬러지의 비중은 1.00이고, 24시간 연속가동 기준이다.)

① 110.4　　② 120.2
③ 142.4　　④ 156.3

26. 아연과 성질이 유사한 금속으로 체내 칼슘균형을 깨뜨려 이따이이따이병과 같은 골연화증의 원인이 되는 것은?

① Hg　　② Cd
③ PCB　　④ Cr^{+6}

27. SVI = 150 인 경우 반송 슬러지 농도(g/m³)는?

① 8,452　　② 6,667
③ 5,486　　④ 4,570

28. 생물학적 고도처리 방법 중 활성슬러지 공법의 포기조 앞에 혐기성조를 추가시킨 것으로 혐기성조, 호기성조로 구성되고, 질소 제거가 고려되지 않아 높은 효율의 N, P의 동시제거가 어려운 공법은?

① A/O 공법　　② A^2/O 공법
③ VIP 공법　　④ UCT 공법

29. MLSS 농도가 1,000mg/L이고, BOD 농도가 200mg/L인 2,000m³/day의 폐수가 포기조로 유입될 때 BOD/MLSS 부하 (kgBOD/kgMLSS·day)는? (단, 포기조의 용적은 1,000m³ 이다.)

① 0.1 ② 0.2
③ 0.3 ④ 0.4

30. 지하수의 특성으로 가장 거리가 먼 것은?

① 광화학반응 및 호기성 세균에 의한 유기물 분해가 주를 이룬다.
② 국지적 환경조건의 영향을 크게 받는다.
③ 지표수에 비해 경도가 높고, 용해된 광물질을 보다 많이 함유한다.
④ 비교적 깊은 곳의 물일수록 지층과의 보다 오랜 접촉에 의해 용매효과는 커진다.

31. SS 측정은 다음 어느 분석법에 해당되는가?

① 용량법 ② 중량법
③ 용매추출법 ④ 흡광측정법

32. 미생물 성장곡선에서 다음 설명과 같은 특성을 보이는 단계는?

• 살아 있는 미생물들이 조금밖에 없는 양분을 두고 서로 경쟁하고, 신진대사율은 큰 비율로 감소한다.
• 미생물은 그들 자신의 원형질을 분해시켜 에너지를 얻는 자산화 과정을 겪게 되어 전체 원형질 무게는 감소된다.

① 지체기 ② 대수성장기
③ 감소성장기 ④ 내생호흡기

33. 생물농축에 관한 설명으로 틀린 것은?

① 생물농축은 먹이연쇄를 통하여 이루어진다.
② 생체 내에서 분해가 쉽고, 배설률이 크면 농축이 되질 않는다.
③ 농축계수란 유해물의 수중 농도를 생물의 체내농도로 나눈 값을 말한다.
④ 미나마타병은 생물농축에 의한 공해병이다.

34. 모래, 자갈, 뼈조각 등과 같은 무기성의 부유물로 구성된 혼합물을 의미하는 것은?

① 스크린 ② 그릿
③ 슬러지 ④ 스컴

35. 접촉산화법(호기성 침지여상)에 관한 설명으로 가장 거리가 먼 것은?

① 매체로서는 벌집형, 모듈(Module)형, 벌크(Bulk)형 등이 쓰인다.
② 부하변동과 유해물질에 대한 내성이 높다.
③ 운전 휴지기간에 대한 적응력이 낮다.
④ 처리수의 투시도가 높다.

36. 처음 부피가 1,000m³인 폐기물을 압축하여 500m³인 상태로 부피를 감소시켰다면 체적감소율(%)은?

① 2 ② 10
③ 50 ④ 100

37. 도시지역의 쓰레기 수거량은 1,792,500톤/년이다. 이 쓰레기를 1,363명이 수거한다면 수거능력(MHT)은? (단, 1일 작업시간은 8시간, 1년 작업일수는 310일이다.)

① 1.45 ② 1.77
③ 1.89 ④ 1.96

38. 도시의 쓰레기를 분석한 결과 밀도는 450kg/m³이고 비가연성 물질의 질량백분율은 72%였다. 이 쓰레기 10m³ 중에 함유된 가연성 물질의 질량(kg)은?

① 1,180　　② 1,260
③ 1,310　　④ 1,460

39. 폐기물과 선별방법이 가장 올바르게 연결된 것은?

① 광물과 종이 – 광학선별
② 목재와 철분 – 자석선별
③ 스티로폼과 유리조각 – 스크린선별
④ 다양한 크기의 혼합폐기물 – 부상선별

40. 폐기물 발생특성에 관한 설명으로 옳은 것만 모두 나열된 것은?

> ㉠ 쓰레기통이 작을수록 발생량은 감소한다.
> ㉡ 계절에 따라 쓰레기 발생량이 다르다.
> ㉢ 재활용률이 증가할수록 발생량은 감소한다.

① ㉠, ㉡　　② ㉠, ㉢
③ ㉡, ㉢　　④ ㉠, ㉡, ㉢

41. 도시폐기물을 위생매립하였을 때 일반적으로 매립초기(1단계~2단계)에 가장 많은 비율로 발생되는 가스는?

① CH_4　　② CO_2
③ H_2S　　④ NH_3

42. 배출가스를 냉각시키거나 유해가스 또는 악취물질이 함유되어 있어 이들을 같이 제거하고자 할 때 사용하는 집진장치로 적합한 것은?

① 중력 집진장치　　② 원심력 집진장치
③ 여과 집진장치　　④ 세정 집진장치

43. 슬러지 내의 수분 중 일반적으로 가장 많은 양을 차지하며 고형물질과 직접 결합해 있지 않기 때문에 농축 등의 방법으로 용이하게 분리할 수 있는 수분은?

① 간극수　　② 모관결합수
③ 부착수　　④ 내부수

44. 폐기물 소각 후 발생한 폐열의 회수를 위해 열교환기를 설치하였다. 다음 중 열교환기 종류가 아닌 것은?

① 과열기　　② 비열기
③ 재열기　　④ 공기예열기

45. 폐기물 발생량 산정법 중 직접 계근법의 단점은?

① 밀도를 고려해야 한다.
② 작업량이 많다.
③ 정확한 값을 알기 어렵다.
④ 폐기물의 성분을 알아야 한다.

46. 수분 및 고형물 함량 측정에 필요한 실험기구와 거리가 먼 것은?

① 증발접시　　② 전자저울
③ jar 테스터　　④ 데시케이터

47. 퇴비화 공정에 관한 설명으로 가장 적합한 것은?

① 크기를 고르게 할 필요없이 발생된 그대로의 상태로 숙성시킨다.
② 미생물을 사멸시키기 위해 최적온도는 90℃ 정도로 유지한다.
③ 충분히 물을 뿌려 수분을 100%에 가깝게 유지한다.
④ 소비된 산소의 보충을 위해 규칙적으로 교반한다.

48. 폐기물처리에서 파쇄(shredding)의 목적으로 가장 거리가 먼 것은?

① 부식효과 억제
② 겉보기 비중의 증가
③ 특정 성분의 분리
④ 고체물질간의 균일혼합효과

49. 화상위에서 쓰레기를 태우는 방식으로 플라스틱처럼 열에 열화, 용해되는 물질의 소각과 슬러지, 입자상물질의 소각에 적합하지만 체류시간이 길고 국부적으로 가열될 염려가 있는 소각로는?

① 고정상
② 화격자
③ 회전로
④ 다단로

50. 다음 중 적환장의 위치로 적당하지 않은 곳은?

① 수거지역의 무게중심에서 가능한 가까운 곳
② 주요간선 도로에 멀리 떨어진 곳
③ 작업에 의한 환경피해가 최소인 곳
④ 적환장 설치 및 작업이 가장 경제적인 곳

51. 생활 폐기물의 발생량을 표현하는데 사용하는 단위는?

① kg/인·일
② kL/인·일
③ m³/인·일
④ 톤/인·일

52. 폐기물 발생량 조사방법에 해당하지 않는 것은?

① 적재차량 계수분석법
② 원단위 계산법
③ 직접 계근법
④ 물질수지법

53. 메탄 8kg을 완전연소시키는데 필요한 이론산소량(kg)은?

① 16
② 32
③ 48
④ 64

54. 소화 슬러지의 발생량은 투입량의 15%이고 함수율이 90%이다. 탈수기에서 함수율을 70%로 한다면 케이크의 부피(m³)는? (단, 투입량은 150kL 이다.)

① 7.5
② 8.7
③ 9.5
④ 10.7

55. 폐기물의 물리화학적 처리방법 중 용매추출에 사용되는 용매의 선택기준이 옳은 것만 모두 나열된 것은?

> ㉠ 분배계수가 높아 선택성이 클 것
> ㉡ 끓는점이 높아 회수성이 높을 것
> ㉢ 물에 대한 용해도가 낮을 것
> ㉣ 밀도가 물과 같을 것

① ㉠, ㉡
② ㉠, ㉢
③ ㉡, ㉢
④ ㉡, ㉣

56. 귀의 구성 중 내이에 관한 설명으로 틀린 것은?

① 난원창은 이소골의 진동을 와우각중의 림프액에 전달하는 진동관이다.
② 음의 전달 매질은 액체이다.
③ 달팽이관은 내부에 림프액이 들어 있다.
④ 이관은 내이의 기압을 조정하는 역할을 한다.

57. 다공질 흡음재에 해당하지 않는 것은?

① 암면
② 비닐시트
③ 유리솜
④ 폴리우레탄폼

58. 흡음기구에 의한 흡음재료를 분류한 것으로 볼 수 없는 것은?

① 다공질 흡음재료　② 공명형 흡음재료
③ 판진동형 흡음재료　④ 반사형 흡음재료

59. 진동에 의한 장애는?

① 난청　② 중이염
③ 레이노씨 현상　④ 피부염

60. 소음계의 기본구조 중 "측정하고자 하는 소음도가 지시계기의 범위 내에 있도록 하기 위한 감쇠기"를 의미하는 것은?

① 증폭기　② 마이크로폰
③ 동특성 조절기　④ 레벨레인지 변환기

UNIT 09 2016년 제4회 환경기능사 기출문제

01. 연료가 완전연소하기 위한 조건으로 가장 거리가 먼 것은?

① 공기의 공급이 충분해야 한다.
② 연소용 공기를 예열하여 공급한다.
③ 공기와 연료의 혼합이 잘 되어야 한다.
④ 연소실 내의 온도를 낮게 유지해야 한다.

02. 열대 태평양 남미 해안으로부터 중태평양에 이르는 넓은 범위에서 해수면의 온도가 평균보다 0.5℃ 이상 높은 상태가 6개월 이상 지속되는 현상으로 스페인어로 아기예수를 의미하는 것은?

① 라니냐 현상　　② 업웰링 현상
③ 뢴트겐 현상　　④ 엘리뇨 현상

03. 대기환경보전법상 (　)에 들어갈 용어는?

(　)(이)란 연소할 때에 생기는 유리탄소가 응결하여 입자의 지름이 1미크론 이상이 되는 입자상물질을 말한다.

① VOC　　　　　② 검댕
③ 콜로이드　　　 ④ 1차 대기오염물질

04. 200℃, 650mmHg 상태에서 100m³의 배출가스를 표준상태로 환산(Sm³)하면?

① 40.7　　　　　② 44.6
③ 49.4　　　　　④ 98.8

05. 중력집진장치에서 먼지의 침강속도 산정에 관한 설명으로 틀린 것은?

① 중력가속도에 비례한다.
② 입경의 제곱에 비례한다.
③ 먼지와 가스의 비중차에 반비례한다.
④ 가스의 점도에 반비례한다.

06. 대기상태에 따른 굴뚝 연기의 모양으로 옳은 것은?

① 역전 상태 – 부채형
② 매우 불안정 상태 – 원추형
③ 안정 상태 – 환상형
④ 상층 불안정, 하층 안정 상태 – 훈증형

07. 촉매산화법으로 악취물질을 함유한 가스를 산화·분해하여 처리하고자 할 때 적합한 연소온도 범위는?

① 100~150℃　　　② 300~400℃
③ 650~800℃　　　④ 850~1,000℃

08. 내연기관, 폭약제조, 비료제조 등에서 발생되며 빛의 흡수가 현저하여 시정거리 단축의 원인으로 작용하는 대기오염물질은?

① SO_2　　　　　② NO_2
③ CO　　　　　　④ NH_3

09. 집진율이 각각 90%와 98%인 두 개의 집진장치를 직렬로 연결하였다. 1차 집진장치 입구의 먼지농도 5.9g/m³일 경우, 2차 집진장치 출구에서 배출되는 먼지 농도(mg/m³)는?

① 11.8
② 15.7
③ 18.3
④ 21.1

10. 유해가스처리장치로 부적합한 것은?

① 충전탑
② 분무탑
③ 벤투리형 세정기
④ 중력 집진 장치

11. 그림과 같은 집진원리를 갖는 집진장치는?

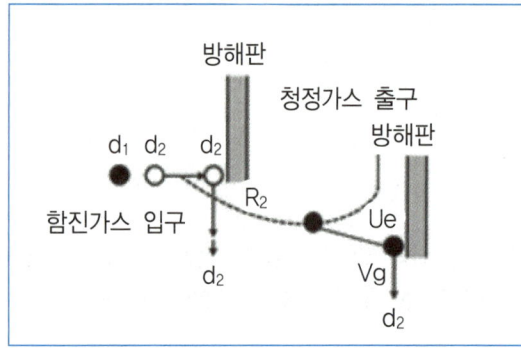

① 중력집진장치
② 관성력집진장치
③ 전기집진장치
④ 음파집진장치

12. 비행기나 자동차에 사용되는 휘발유의 옥탄가를 높이기 위하여 사용되며, 차량에 의한 대기오염물질인 유기연(Organic lead)은?

① 염기성 탄산납
② 3산화납
③ 4에틸납
④ 아질산납

13. 흡착법에 관한 설명으로 틀린 것은?

① 물리적 흡착은 Van dar Waals 흡착이라고도 한다.
② 물리적 흡착은 낮은 온도에서 흡착량이 많다.
③ 화학적 흡착인 경우 흡착과정이 주로 가역적이며 흡착제의 재생이 용이하다.
④ 흡착제는 단위질량당 표면적이 큰 것이 좋다.

14. 호흡으로 인체에 유입되어 폐 질환을 유발하는 호흡성 먼지의 크기(μm)는?

① 0.5~1.0
② 10.0~50.0
③ 50.0~100
④ 100~500

15. 수당량이 2,500cal/℃인 볼배열량계를 사용하여 시료 2.3g을 10cm 퓨즈로 연소시켰다. 평형온도는 연소 전 21.31℃에서 연소 후 23.61℃일 때 발열량(cal/g)은? (단, 퓨즈의 연소열은 2.3cal/cm이다.)

$$Q = \frac{\text{수당량} \times \text{온도상승값} - \text{퓨즈의 연소열}}{\text{시료의 질량}}$$

① 2,470
② 2,480
③ 2,490
④ 2,500

16. 폐수처리공정에서 최적 응집제 투입량을 결정하기 위한 쟈-테스트(jar-test)에 관한 설명으로 가장 적합한 것은?

① 응집제 투입량 대 상징수의 SS잔류량을 측정하여 최적 응집제 투입량을 결정
② 응집제 투입량 대 상징수의 알칼리도를 측정하여 최적 응집제 투입량을 결정
③ 응집제 투입량 대 상징수의 용존산소를 측정하여 최적 응집제 투입량을 결정
④ 응집제 투입량 대 상징수의 대장균군수를 측정하여 최적 응집제 투입량을 결정

17. 인체에 만성 중독증상으로 카네미유증을 발생시키는 유해물질은?

① PCB
② 망간(Mn)
③ 비소(As)
④ 카드뮴(Cd)

18. 산도(acidity)나 경도(hardness)는 무엇으로 환산하는가?

① 탄산칼슘
② 탄산나트륨
③ 탄화수소나트륨
④ 수산화나트륨

19. 폐수량 700m³/일, 유입하는 폐수의 오탁물 농도 700mg/L, 침전지로부터 유출하는 처리수의 오탁물 농도는 70mg/L이었다. 발생된 슬러지의 함수율이 98% 일 때 제거하여야 할 슬러지량(m³/일)은? (단, 슬러지 비중은 1.0이다.)

① 11.7
② 14.7
③ 22.1
④ 29.4

20. 스톡스 법칙에 따라 침전하는 구형입자의 침전속도는 입자 직경(d)과 어떤 관계가 있는가?

① d1/2에 비례
② d에 비례
③ d에 반비례
④ d²에 비례

21. 급속여과와 비교한 완속여과의 장점으로 옳은 것은?

① 비침전성 floc의 제거에 쓰인다.
② 여과속도는 100~200m/day이다.
③ 여층이 역세척 설비를 갖추고 있다.
④ 세균 제거가 효과적이다.

22. 질소, 인 등이 강이나 호수에 지나치게 유입될 때 발생할 수 있는 현상은?

① 빈영양화
② 저영양화
③ 산영양화
④ 부영양화

23. 120ppm의 NaCl의 농도(M)는? (단, 원자량은 Na : 23, Cl : 35.5이다.)

① 0.0015
② 0.0017
③ 0.0021
④ 0.01

24. 수처리 시 사용되는 응집제의 종류가 아닌 것은?

① PAC
② 소석회
③ 입상활성탄
④ 염화제2철

25. 활성슬러지법에서 MLSS(Mixed Liquor Suspended Solids)가 의미하는 것은?

① 포기조 혼합액 중의 부유물질
② 처리장 유입폐수 중의 부유물질
③ 유입폐수 중의 여과된 물질
④ 처리장 방류폐수 중의 부유물질

26. 유기물과 무기물의 함량이 각각 80%, 20%인 슬러지를 소화 처리한 후 유기물과 무기물의 함량이 모두 50%로 되었을 때 소화율(%)은?

① 50
② 67
③ 75
④ 83

27. 부상법의 종류에 해당하지 않는 것은?

① 용존공기부상법
② 침전부상법
③ 공기부상법
④ 진공부상법

28. 독성이 있는 6가를 독성이 없는 3가로 pH 2~4에서 환원시키고, 다시 3가를 pH 8~11에서 침전시켜 처리하는 폐수는?

① 납 함유 폐수
② 비소 함유 폐수
③ 크롬 함유 폐수
④ 카드뮴 함유 폐수

29. 침사지에서 지름 10^{-2}mm이고, 비중이 2.65인 모래 입자가 20℃인 물속에서 침전하는 속도(cm/sec)는? (단, Stoke's 법칙에 따르며, 물의 밀도 1g/cm³, 물의 점성계수 0.01g/cm·s 이다.)

① 8.98×10^{-2} ② 8.98×10^{-3}
③ 9.34×10^{-2} ④ 9.34×10^{-3}

30. 산업폐수에 관한 일반적인 설명으로 가장 거리가 먼 것은?

① 주로 악성폐수가 많다.
② 업종 및 생산방식에 따라 수질이 거의 일정하다.
③ 중금속 등의 오염물질 함량이 생활하수에 비해 높다.
④ 같은 업종 일지라도 생산 규모에 따라 배수량이 달라진다.

31. 염소주입 시 물속의 오염물을 산화시키고 처리수에 남아있는 염소의 양은?

① 잔류 염소량 ② 염소 요구량
③ 투입 염소량 ④ 파괴 염소량

32. 에탄올(C_2H_5OH)의 완전산화 시 ThOD/TOC의 비는?

① 1.92 ② 2.67
③ 3.31 ④ 4

33. 표준활성슬러지법으로 폐수를 처리하는 경우 F/M비(kg BOD/kg SS·day)의 운전범위로 가장 적합한 것은?

① 0.02~0.04 ② 0.2~0.4
③ 2~4 ④ 4~8

34. 지하수의 일반적인 특징으로 가장 거리가 먼 것은?

① 유속이 느리다.
② 세균에 의한 유기물 분해가 주된 생물작용이다.
③ 연중 수온이 거의 일정하다.
④ 국지적인 환경조건의 영향을 적게 받는다.

35. 하수의 고도처리를 위한 A^2/O 공법의 조구성으로 가장 거리가 먼 것은?

① 혐기조 ② 혼합조
③ 포기조 ④ 무산소조

36. 퇴비화의 장점으로 거리가 먼 것은?

① 초기 시설투자비가 낮다.
② 비료로서의 가치가 뛰어나다.
③ 토양개량제로 사용가능하다.
④ 운영 시 소요되는 에너지가 낮다.

37. 우수 침투 방지와 매립지 상부의 식재를 위해 최종 복토를 할 경우 매립 두께(cm)는?

① 10~30 ② 30~60
③ 60~90 ④ 90~120

38. 화격자 소각로에 관한 설명으로 가장 거리가 먼 것은?

① 연속적인 소각과 배출이 가능하다.
② 화격자는 주입된 폐기물을 이동시켜 적절히 연소되게 하고, 화격자 사이로 공기가 유통되도록 한다.
③ 플라스틱과 같이 열에 쉽게 용융되는 물질의 연소에 적합하다.
④ 수분이 많거나 발열량이 낮은 폐기물도 소각시킬 수 있다.

39. 우리나라 수거분뇨의 pH는 대략 어느 범위에 속하는가?

① 1.0~2.5
② 4.0~5.5
③ 7.0~8.5
④ 10~12

40. 슬러지나 폐기물을 토지주입 시 중금속류의 성질에 관한 설명으로 가장 거리가 먼 것은?

① Cr : Cr^{+3}은 거의 불용성으로 토양 내에서 존재한다.
② Pb : 토양 내에 침전되어 있어 작물에 거의 흡수되지 않는다.
③ Hg : 토양 내에서 활성도가 커 작물에 의한 흡수가 용이하고, 강우에 의해 쉽게 지표로 용해되어 나온다.
④ Zn : 모래를 제외한 대부분의 토양에 영구적으로 흡착되나 보통 Cu나 Ni보다 장기간 용해상태로 존재한다.

41. 밀도가 1g/cm³인 폐기물 10kg에 고형화 재료 2kg을 첨가하여 고형화시켰더니 밀도가 1.2g/cm³로 증가했다. 이 경우 부피변화율은?

① 0.7　　　　② 0.8
③ 0.9　　　　④ 1.0

42. 폐기물 발생량 조사방법으로 틀린 것은?

① 적재차량 계수분석법
② 직접계근법
③ 물질성상분석법
④ 물질 수지법

43. 소각로 내의 화상 위에서 폐기물을 태우는 방식으로 플라스틱과 같이 열에 의해 용융되는 물질의 소각에 적당하나 연소효율이 나쁘고 체류시간이 길고 교반력이 약하여 국부적으로 가열될 염려가 있는 소각로 형식으로 가장 적합한 것은?

① 액체 주입형 소각로
② 고정상 소각로
③ 유동상 소각로
④ 열분해 용융 소각로

44. 폐기물이 발생되어 최종 처분되기까지 폐기물관리에 관련되는 활동 중 작은 수거 차량으로부터 큰 운반 차량으로 폐기물을 옮겨 싣거나, 수거된 폐기물을 최종 처분장까지 장거리 수송하는 기능 요소는?

① 발생　　　　② 적환 및 운송
③ 처리 및 회수　　④ 최종 처분

45. 매립지에서 복토를 하는 목적으로 틀린 것은?

① 악취 발생 억제
② 쓰레기 비산 방지
③ 화재 방지
④ 식물 성장 방지

46. 유해폐기물 침출수 처리 중 펜턴처리에 사용되는 약품으로 옳은 것은?

① Pt + Ca(OH)₂　　② Hg + Na₂SO₄
③ NaCl + NaOH　　④ Fe + H₂O₂

47. 밀도가 0.8ton/m³인 쓰레기 1,000m³를 적재 용량 4ton 인 차량으로 운반한다면 필요 차량 수는?

① 100대　　　　② 150대
③ 200대　　　　④ 250대

48. 건조 고형물의 함량이 15%인 슬러지를 건조시켜 얻은 고형물 중 회분이 25%, 휘발분이 75%라고 할 때 슬러지의 비중은? (단, 수분, 회분, 휘발분의 비중은 1.0, 2.0, 1.20이다.)

① 1.01　　　　② 1.04
③ 1.09　　　　④ 1.13

49. 황화수소 1Sm³의 이론연소 공기량(Sm³)은? (단, 표준상태 기준, 황화수소는 완전연소되어, 물과 아황산가스로 변화된다.)

① 5.6
② 7.1
③ 8.7
④ 9.3

50. 쓰레기 발생량과 성상에 영향을 미치는 요인에 관한 설명으로 가장 거리가 먼 것은?

① 수집빈도가 높을수록, 그리고 쓰레기통이 클수록 발생량이 감소하는 경향이 있다.
② 일반적으로 도시의 규모가 커질수록 쓰레기 발생량이 증가한다.
③ 쓰레기 관련 법규는 쓰레기 발생량에 매우 중요한 영향을 미친다.
④ 대체로 생활수준이 증가하면 쓰레기 발생량도 증가하며 다양화된다.

51. 폐기물 수거노선을 결정할 때 고려 사항으로 거리가 먼 것은?

① 가능한 한 시계방향으로 수거노선을 정한다.
② 출발점은 차고지와 가깝게 한다.
③ 수거인원 및 차량형식이 같은 기존 시스템의 조건들을 서로 관련시킨다.
④ 쓰레기 발생량이 가장 많은 곳을 하루 중 가장 나중에 수거한다.

52. 폐기물 압축의 목적이 아닌 것은?

① 물질회수 전처리
② 부피 감소
③ 운반비 감소
④ 매립지 수명 연장

53. 발생된 폐기물을 유용하게 사용하기 위한 에너지 회수 방법에 대한 설명이 틀린 것은?

① 열량이 높고 함수율이 낮은 폐기물 고체 연료(RDF)를 생산한다.
② 가연성 폐기물을 장기간 호기성 소화시켜 메탄가스를 생산한다.
③ 폐기물을 열분해시켜 재사용이 가능한 가스나 액체를 생산한다.
④ 쓰레기 소각장에서 발생한 폐열을 실내수영장에 이용한다.

54. 일반적인 폐기물의 위생매립 공법이 아닌 것은?

① 도랑식(Trench method)
② 지역식(Area method)
③ 경사식(Slope or Ramp method)
④ 혐기식(Anaerobic method)

55. 쓰레기 적환장을 설치하기에 가장 적합한 경우는?

① 산업폐기물과 같이 유해성이 큰 경우
② 인구밀도가 높은 지역을 수집하는 경우
③ 음식물 쓰레기와 같이 부패성이 있는 경우
④ 처분장이 멀어 소형차량 수송이 비경제적인 경우

56. 음압과 음압레벨에 관한 설명으로 가장 거리가 먼 것은?

① 음원이 존재할 때, 이 음을 전달하는 물질의 압력변화 부분을 음압이라 한다.
② 음압의 단위는 압력의 단위인 Pa(파스칼)(1Pa=1N/m²)이다.
③ 가청음압의 범위는 정적 공기압력과 비교하여 200~2,000 Pa이다.
④ 인간의 귀는 선형적이 아니라 대수적으로 반응하므로 음압측정시에는 Pa 단위를 직접 사용하지 않고 dB 단위를 사용한다.

57. 흡음재료의 선택 및 사용상의 유의점에 관한 설명으로 가장 거리가 먼 것은?

① 벽면 부착 시 한 곳에 집중시키기 보다는 전체 내벽에 분산시켜 부착한다.
② 흡음재는 전면을 접착재로 부착하는 것보다는 못으로 시공하는 것이 좋다.
③ 다공질재료는 산란하기 쉬우므로 표면에 얇은 직물로 피복하는 것이 바람직하다.
④ 다공질재료의 흡음률을 높이기 위해 표면에 종이를 바르는 것이 권장되고 있다.

58. 각각 음향파워레벨이 89dB, 91dB, 95dB인 음의 평균 파워레벨(dB)은?

① 92.4
② 95.5
③ 97.2
④ 101.7

59. 소음계의 성능기준으로 가장 거리가 먼 것은?

① 레벨레인지 변환기의 전환오차는 5dB 이내이어야 한다.
② 측정가능 주파수 범위는 31.5Hz~8kHz 이상이어야 한다.
③ 측정가능 소음도 범위는 35~130dB 이상이어야 한다.
④ 지시계기의 눈금오차는 0.5dB 이내이어야 한다.

60. 일정한 장소에 고정되어 있어 소음 발생시간이 지속적이고 시간에 따른 변화가 없는 소음은?

① 공장 소음
② 교통 소음
③ 항공기 소음
④ 궤도 소음

UNIT 10 CBT 대비 실전모의고사(입문용) 1회

1과목 대기오염방지

01. 표준상태에서 대류권 내 정상공기 조성 중 가장 큰 부피를 차지하는 것은?

① 질소
② 산소
③ 탄산가스
④ 아르곤

02. 함진가스를 방해판에 충돌시켜 기류의 급격한 방향전환을 이용한 집진장치를 다음 중에서 고르면?

① 중력 집진장치
② 전기 집진장치
③ 여과 집진장치
④ 관성력 집진장치

03. 촉매 산화법으로 악취물질을 함유한 가스를 산화, 분해하여 처리하고자 할 때, 연소 온도 범위는?

① 100~200℃
② 300~400℃
③ 500~600℃
④ 700~800℃

04. 다음 중 분자량이 가장 큰 기체는?

① CO_2
② H_2S
③ NH_3
④ SO_2

05. 다음 오염가스 중 자극성과 질식성이 있으며 적갈색을 나타내는 가스는?

① SO_2
② HF
③ Cl_2
④ NO_2

06. 링겔만 차트(Ringelman Chart)와 관련 있는 것은?

① 매연측정
② 오존검출
③ 부유분진 농도측정
④ 질소산화물의 성분분석

07. 연료의 불완전 연소 시 주로 발생되는 물질은?

① CO
② SO_2
③ NO_2
④ H_2O

2과목 폐수처리

08. ppm으로 표시되는 물의 경도 표시는?

① $CaCO_3$ mg/H_2O 1L
② CaO mg/H_2O 1L
③ $CaCO_3$ mg/H_2O 100cc
④ CaO mg/H_2O 100cc

09. 일반적 슬러지 처리·처분 계통으로 알맞은 것은?

① 생슬러지 → 농축 → 개량(약품처리) → 소화 → 기계탈수 → 최종처분
② 생슬러지 → 농축 → 기계탈수 → 소화 → 열처리 → 최종처분
③ 생슬러지 → 농축 → 개량(약품처리) → 기계탈수 → 소화 → 최종처분
④ 생슬러지 → 농축 → 소화 → 개량(약품처리) → 기계탈수 → 최종처분

10. 다음 중 점오염원(Point source)과 가장 거리가 먼 것은?

① 가정하수   ② 공장폐수
③ 공단폐수   ④ 농경지유출수

11. 하수처리 방류수에서 염소요구량이 5ppm, 잔류염소량이 4ppm으로 하고자 할 때 실질적으로 필요한 염소량은 몇 ppm인가?

① 2   ② 4
③ 5   ④ 9

12. 슬러지처리의 목적과 가장 거리가 먼 것은?

① 재생화   ② 안정화
③ 안전화   ④ 감량화

13. 유입하수량이 1,000m³/일 이고, 침전지의 용적이 250m³일 때, 이 침전지의 체류시간은?

① 2시간   ② 4시간
③ 6시간   ④ 8시간

14. 상수도의 정수처리장에서 정수처리의 일반적인 순서는?

① 침전 - 여과 - 염소소독
② 침전 - 소독 - 여과
③ 여과 - 활성슬러지처리 - 염소소독
④ 여과 - 염소소독 - 응집침전

15. 지하수의 일반적 특징으로 잘못된 것은?

① 유속이 느리다.
② 국지적인 환경조건의 영향을 적게 받는다.
③ 세균에 의한 유기물분해가 주된 생물작용이다.
④ 연중 수온이 거의 일정하다.

16. 산화(oxidation)반응의 개념으로 잘못된 것은?

① 산소와 화합하는 현상
② 수소화합물에서 수소를 잃은 현상
③ 전자를 받아들이는 현상
④ 원자가가 증가되는 현상

17. 황산(1+2)는 무엇을 의미하는가?

① 황산 1ml을 물에 희석하여 2ml로 한다.
② 황산 1ml와 물 2ml를 혼합한 용액
③ 물 1ml에 황산 2ml를 혼합한 용액
④ 물 1ml에 황산을 가하여 전체 2ml로 한다.

18. 하수처리장의 유입수가 BOD가 250ppm이고 유출수 BOD가 50ppm이였다면, 이 하수처리장의 BOD 제거율은?

① 50(%)   ② 60(%)
③ 70(%)   ④ 80(%)

3과목 폐기물처리

19. 안정된 매립지에서 가장 많이 발생되는 가스는?

① CH_4
② O_2
③ N_2
④ H_2S

20. 슬러지를 개량(conditioning)하는 가장 큰 목적은?

① 탈수성 향상
② 조성의 변화
③ 악취 제거
④ 부패 방지

21. 반고상 폐기물의 고형물함량으로 알맞은 것은?

① 5% 이상 15% 미만
② 10% 이상 25% 미만
③ 15% 이상 25% 미만
④ 20% 이상 30% 미만

22. 폐기물 처리를 비롯한 전체적인 관리 중 가장 많은 비용을 차지하는 부분은?

① 수거
② 압축
③ 파쇄
④ 소각

23. 공정시험방법에서 '방울수'라 함은 20℃에서 정제수 몇 방울이 1mL가 되는 것을 의미하는가?

① 10
② 15
③ 20
④ 25

24. 쓰레기 발생량에 영향을 미치는 일반적인 요인을 설명한 것으로 옳은 것은?

① 쓰레기의 성분은 계절에 영향을 받는다.
② 수거빈도와 발생량은 반비례한다.
③ 쓰레기통이 클수록 발생량이 감소한다.
④ 재활용율이 높을수록 발생량이 증가한다.

25. 우리나라 폐기물을 최종 처리하는 방법 중 가장 큰 비중을 차지하는 것은?

① 매립
② 소각
③ 재활용
④ 해양투기

26. 폐기물입도를 분석한 결과 입도누적 곡선상 최소 입경으로부터의 10%가 입경 2㎜, 40%가 5㎜, 60%가 10㎜, 90%가 20㎜이었을 때 균등계수는?

① 2
② 3
③ 5
④ 7

27. 폐기물 고체연료(RDF)의 조건에 대한 설명 중 잘못된 것은?

① 열량이 높을 것
② 함수율이 높을 것
③ 대기 오염이 적을 것
④ 성분 배합률이 균일할 것

28. 폐기물의 수거노선을 결정할 때 고려해야할 사항이 아닌 것은?

① 가능한 한 지형지물 및 도로경계와 같은 장벽을 이용하여 간선도로 부근에서 시작하고 끝나도록 배치한다.
② 출발점은 차고지와 가깝게 하고 수거된 마지막 콘테이너가 가장 처분지에 가까이 위치하도록 배치한다.
③ 교통이 혼잡한 지역에서 발생되는 쓰레기는 가능한 출퇴근 시간을 피하여 새벽에 수거한다.
④ 아주 적은 양의 쓰레기가 발생되는 발생원은 하루 중 가장 먼저 수거한다.

4과목 소음진동방지

29. 파동이나 빛이 진행하다가 장애물을 만나면 차단되지 않고 장애물의 뒤쪽까지 전파되는 현상은?

① 회절
② 반사
③ 간섭
④ 굴절

30. 사람이 느끼는 최소진동치(dB)로 가장 알맞은 것은?

① 40 ± 5
② 45 ± 5
③ 50 ± 5
④ 55 ± 5

UNIT 11 CBT 대비 실전모의고사(입문용) 2회

1과목 대기오염방지

01. 대류권에 존재하는 대기의 조성을 질소, 산소, 기타물질로 분류하여 보았을 때, 질소:산소:기타물질의 실제조성비율에 가장 근접한 비율은?

① 20 : 79 : 1
② 31 : 68 : 1
③ 78 : 21 : 1
④ 81 : 18 : 1

02. 냉장고의 냉매와 스프레이용의 분사제 등 CFC 화학 물질이 대기에 미치는 가장 큰 오염현상은?

① 산성비
② 오존층 파괴
③ 열섬효과
④ 광화학 Smog

03. 유량이 20,000m³/hr인 오염된 공기를 흡습탑을 통하여 정화하려 할 때 흡습탑의 지름은? (단, 흡습탑의 유속은 2.5m/sec이다.)

① 1.68m
② 3.74m
③ 5.35m
④ 17.90m

04. 다음 중 상온에서 물에 대한 용해도가 가장 큰 기체는?

① SO_2
② CO_2
③ HCl
④ Cl_2

05. 공기역학적 직경이 10㎛ 미만이며, 호흡기를 통해 체내로 유입되어 건강에 나쁜 영향을 미칠 수 있는 입자를 의미하는 것은?

① TSP
② TS
③ SS
④ PM10

06. 지구의 대기권에서 오존층이 존재하는 권역은?

① 열권
② 성층권
③ 중간권
④ 대류권

07. LNG의 주성분은 무엇인가?

① 메탄
② 부탄
③ 코크스
④ 프로판

2과목 폐수처리

08. 2g의 소금을 증류수에 녹여서 100mL의 소금물을 만든다면 소금물의 농도는?

① 200mg/L
② 2,000mg/L
③ 20,000mg/L
④ 200,000mg/L

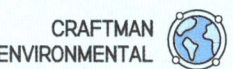

09. 가로, 세로의 크기가 1.8m×2.4m이고, 유효깊이 0.5m인 약품혼화조가 6분 만에 채워지도록 설계되어 있다고 하면 본 약품혼화조로 유입되는 폐수의 유량은?

① 6L/s
② 8L/s
③ 12L/s
④ 4L/s

10. 식물성 플랑크톤이라고 불리며 물속에서 광합성을 하는 것은?

① 균류
② 조류
③ 박테리아
④ 원생동물

11. 수소 이온 농도가 3.9×10^{-6}mol/L인 경우 용액의 pH는?

① 4.9
② 5.4
③ 6.1
④ 6.7

12. 직경이 30cm인 하수관에 유량 $20m^3$/min의 하수를 흘러보낸다면 유속은?(단, 하수관 단면적 모두에 하수가 가득 찬다고 가정함)

① 약 3.2m/sec
② 약 4.7m/sec
③ 약 6.5m/sec
④ 약 8.3m/sec

13. 모래, 자갈, 뼈조각 등과 같은 무기성의 부유물로 구성된 혼합물을 무엇이라 하는가?

① 스크린
② 그릿
③ 슬러지
④ 스컴

14. 0.05%는 몇 ppm인가?

① 5ppm
② 50ppm
③ 500ppm
④ 5000ppm

15. 혐기성 소화 과정에서 에너지원이 될 수 있는 최종 생성물은?

① CO_2
② CH_4
③ H_2S
④ NH_3

16. 지구상 존재하는 담수 중 가장 많은 부분을 차지하는 형태는?

① 호소수
② 하천수
③ 지하수
④ 빙하

17. 유입하수량이 $2000m^3$/일이고 침전지의 용적이 $250m^3$일 때 이 침전지의 체류시간은?

① 3시간
② 4시간
③ 6시간
④ 8시간

18. 수질관리를 위하여 대장균군을 측정하는 주목적은?

① 유기물질의 오염정도를 측정하기 위하여
② 병원균의 존재 가능성을 알기 위하여
③ 수질의 미생물 성장가능 여부를 알기 위하여
④ 공장폐수의 유입여부를 알기 위하여

3과목 폐기물처리

19. 매립지에서 발생하는 가스조성에서 가장 많은 구성비율을 가지는 것은? (단, 정상적으로 안정화된 상태)

① $CO_2 - H_2$
② $CO_2 - O_2$
③ $CH_4 - H_2$
④ $CH_4 - CO_2$

20. 이론공기량이 5 Sm^3/kg이고 공기비가 1.2일 때 실제로 공급된 공기량은?

① 0.42 Sm^3/kg
② 0.6 Sm^3/kg
③ 4.2 Sm^3/kg
④ 6.0 Sm^3/kg

21. 폐기물 중 유기물을 완전 연소시키기 위한 필요 조건이 아닌 것은?

① 온도
② 기압
③ 연소시간
④ 혼합

22. 폐기물 중의 가연성 물질만을 선별해 함수율, 불순물, 입경, 소각재 함량 등을 조절하여 연료화시킨 것을 무엇이라 하는가?

① RDF
② TSS
③ HHV
④ MHT

23. 폐기물 관리에 있어서 발생량을 원천적으로 줄이는 방법으로 가장 중점을 두어야 할 부분은?

① 소각
② 감량화
③ 중간처리
④ 최종처분

24. 다음 중 폐기물 수거노선을 정하는데 있어서 고려할 사항이 아닌 것은?

① 교통체증이 되기 쉬운 도로는 피한다.
② 경제성을 고려한 수거노선을 결정한다.
③ 가능한한 같은 길을 통과한다.
④ 경사도로는 내려 가면서 수거한다.

25. 생활폐기물과 지정폐기물의 분류기준으로 가장 적절한 것은?

① 발생원
② 발생량
③ 유해성
④ 성상

26. 어느 도시의 쓰레기를 분석한 결과 밀도는 450kg/m^{3}이고 비가연성 물질의 질량 백분율은 72%였다. 이 쓰레기 10m^3 중에 함유된 가연성 물질의 질량은?

① 1,180kg
② 1,260kg
③ 1,310kg
④ 1,460kg

27. 쓰레기 수거노선을 설정하는데 유의하여야 할 내용으로 틀린 것은?

① U자형 회전을 피해 수거한다.
② 될 수 있는 한 한번 간 길은 가지 않는다.
③ 가능한 한 시계반대방향으로 수거노선을 정한다.
④ 출발점은 차고와 마지막 컨테이너는 처리장과 가깝도록 배치한다.

4과목 소음진동방지

28. 진동수가 100Hz이고, 속도가 20m/s인 파동의 파장은?

① 0.2m
② 0.5m
③ 2.0m
④ 5.0m

29. 국소 진동이 생겨 손가락 말초 혈관 순환 장애를 일으키는데 이것을 무엇이라 하는가?

① 청색증
② 레이노드씨병
③ 이타이이타이병
④ 미나마타병

30. 사람의 귀로 들을 수 있는 음의 주파수 범위로 가장 알맞는 것은?

① 1~20Hz
② 20~20,000Hz
③ 20~20,000kHz
④ 20~20,000MHz

UNIT 12　CBT 대비 실전모의고사(입문용) 3회

1과목 대기오염방지

01. 온실효과(green house effect)를 유발하는 가장 주된 기체는?

① 이산화탄소　　② 프레온가스
③ 이산화질소　　④ 일산화탄소

02. 보기와 같은 특성을 지닌 대기오염 물질은?

- 산화력이 매우 강한 물질이다.
- 가죽제품이나 고무제품을 각질화시킨다.
- 마늘냄새 같은 특유의 냄새를 내는 기체이다.
- 자동차 등에서 배출된 질소산화물과 탄화수소가 광화학 반응을 일으키는 과정에서 생성되기도 한다.

① 오존　　　　　② 암모니아
③ 염화수소　　　④ 황산화물

03. 다음 중 일반적인 대기 속에 가장 많은 양(부피)이 함유되어 있는 성분은?

① 아르곤　　② 네온
③ 오존　　　④ 이산화탄소

04. 연료가 연소할 때 발생하는 유리탄소가 응결하여 지름이 $1\mu m$ 이상이 되는 입자상 물질을 무엇이라 하는가?

① 매연(smoke)　　② 검댕(soot)
③ 훈연(fume)　　　④ 미스트(mist)

05. 도시지역에서 오염된 공기가 상승하면서 주변의 찬 공기가 도시로 유입되어 오염물질의 거대한 지붕을 형성하는 것을 무엇이라 하는가?

① 오존층 파괴
② 스모그(smog) 상승 현상
③ 열섬효과(heat island effect)
④ 온실효과(green house effect)

06. 연소과정에서 주로 발생하는 질소 산화물의 형태는?

① NO
② NO_2
③ NO_3
④ N_2O

07. 인체의 폐포에 가장 침착하기 쉬운 입자의 크기는?

① $0.05 \sim 0.5\mu m$
② $0.5 \sim 5.0\mu m$
③ $5.0 \sim 50\mu m$
④ $50 \sim 100\mu m$

2과목 폐수처리

08. 여과사의 체분석 결과 다음 그림과 같은 도표를 얻었다. 이 여과사의 균등계수는 얼마인가?

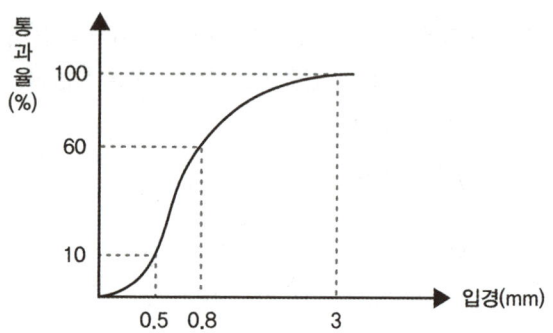

① 6　　　　　② 3.75
③ 1.6　　　　 ④ 0.625

09. 다음 중 해역에서 적조의 주된 발생원인 물질은?

① 수은　　　　② 산소
③ 염소　　　　④ 질소

10. 해수의 화학적 성질에 관한 설명으로 맞지 않는 것은?

① 해수 내 전체질소 중 35% 정도는 암모니아성 질소, 유기질소 형태이다.
② 해수의 주요 성분 농도비는 항상 일정하다.
③ 해수의 pH는 약 6.9~7.3 정도로 매우 안정하다.
④ 해수의 Mg/Ca비는 담수에 비하여 크다.

11. 폐수량이 1,000m³/day, BOD 100mg/L의 총 BOD 부하량은?

① 1kg/day
② 10kg/day
③ 100kg/day
④ 1,000kg/day

12. 폐수의 유량 20,000m³/day, 부유물질의 농도가 150mg/L이고, 이 중 하천바닥에 침전하는 것이 30%라면 그 침전양은 얼마인가?

① 900kg/day　　　② 950kg/day
③ 1,000kg/day　　④ 1,050kg/day

13. 인구 5,000명의 도시하수처리장에 2,000m³/day의 폐수가 유입된다. 최초침전지의 규격이 15m(L)×6m(W)×3m(H)일 때, 침전지의 이론적 수리학적 체류시간(HRT)은?

① 1.88hr　　　② 2.14hr
③ 2.68hr　　　④ 3.24hr

14. 지구상에 존재하는 물의 형태 중 해수가 차지하는 비율은?

① 약 75%　　② 약 84%
③ 약 91%　　④ 약 97%

15. 염소혼화지에 2,000m³/day의 처리수가 유입되고 혼화시간을 15분으로 했을 때, 혼화지 수로의 유효길이는?(단, 혼화지의 폭은 1.0m, 수심은 0.8m이다.)

① 12m　　② 15m
③ 20m　　④ 26m

16. 바닷물(해수)에 관한 설명으로 옳지 않은 것은?

① 해수는 수자원 중에서 97% 이상을 차지하나 사용목적이 극히 한정되어 있는 실정이다.
② 해수의 pH는 약 8.2 정도로 약 알칼리성을 띠고 있다.
③ 해수는 약전해질로 염소이온 농도가 약 10,000ppm 정도이다.
④ 해수의 주요 성분 농도비는 거의 일정하다.

17. 펜턴(fenton)화 반응에 대한 설명으로 옳은 것은?

① 황화수소의 난분해성을 유기물질 산화
② 오존의 난분해성 유기물질 산화
③ 과산화수소의 난분해성 유기물질 산화
④ 아질산의 난분해성 유기물질 산화

18. 다음 농도 표시 중에 가장 낮은 농도는?

① 0.44mg/L ② 0.44μg/mL
③ 0.44ppm ④ 44ppb

19. "생석회"의 분자식으로 옳은 것은?

① $CaCO_3$ ② CaO_3
③ CaO ④ $Ca(OH)_2$

20. 카드뮴은 다음 어떤 공장에서 주로 배출되는가?

① 도자기 제조공장
② 염산 제조공장
③ 코크스 제조공장
④ 도금 공장

3과목 폐기물처리

21. 지역이기주의를 나타내는 용어로 폐기물의 최종매립지 확보를 어렵게 만드는 현상은?

① NIMBY 현상
② PIMPY 현상
③ 3D 현상
④ 3P 현상

22. $0.5m^3$/min의 송분 펌프로 2시간 가동했을 때 송분된 분뇨의 양은 얼마인가?

① $50m^3$ ② $60m^3$
③ $70m^3$ ④ $80m^3$

23. 인구 18만 명인 도시에서 1일 1명당 2.5kg의 폐기물이 발생된 경우 그 발생량(m^3)은?(단, 폐기물 밀도는 500kg/m^3이다.)

① $180m^3$ ② $360m^3$
③ $720m^3$ ④ $900m^3$

24. 폐기물의 성분을 분석한 결과 가연성 물질이 무게로 30%였다. 밀도 500kg/m^3인 폐기물 5m^3가 가지는 가연성 물질의 양은?

① 800kg ② 750kg
③ 650kg ④ 600kg

25. 폐기물에서 에너지를 회수하는 방법이 아닌 것은?

① 혐기성 소화 ② 슬러지 개량
③ RDF 제조 ④ 소각열 회수

26. 소각시설의 연소온도가 너무 높을 때 주로 발생되는 대기오염물질은?

① 질소산화물 ② 탄화수소류
③ 일산화탄소 ④ 수증기와 재

27. 탄소 1kg이 연소할 때 이론적으로 필요한 산소의 질량은?

① 4.1kg ② 3.6kg
③ 3.2kg ④ 2.7kg

4과목 소음진동방지

28. 귀의 구조별 역할 중 균형작용을 하는 곳은?

① 고막　　　　② 유스타키오관
③ 세반고리관　　④ 외이

29. 1초 동안에 사이클(cycle)수를 말하는 것은?

① 주기　　② 주파수
③ 진폭　　④ 파장

30. 소음공해에 대한 설명 중 잘못된 것은?

① 감각공해이다.
② 국소적, 다발적이다.
③ 축적성이 커, 난청을 유발한다.
④ 대책 후에 처리할 물질이 발생되지 않는다.

UNIT 13 CBT 대비 실전모의고사 1회

01. 압축된 프로판(C_3H_8)가스 1kg이 모두 기화된다면 표준상태에서 몇 Sm^3이 되는가?

① $0.51Sm^3$ ② $0.69Sm^3$
③ $0.76Sm^3$ ④ $0.85Sm^3$

02. 대기오염물질 중 입자상물질을 처리할 수 있는 일반적인 집진장치 종류가 아닌 것은?

① 중력집진장치   ② 세정집진장치
③ 흡착집진장치   ④ 여과집진장치

03. 전기 집진장치에서 먼지의 고유저항과 집진율을 나타낸 다음 그림에서 ① ~ ④ 영역을 바르게 짝지은 것은?

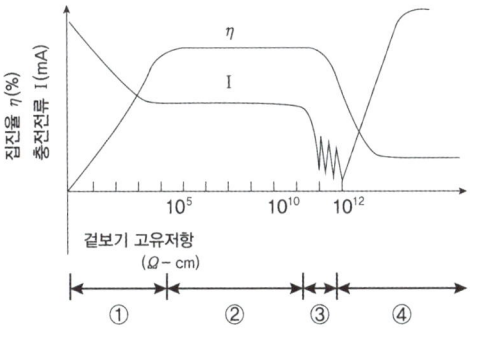

① 재비산 - 정상 - 스파크 빈발 - 역전리
② 정상 - 스파크 빈발 - 역전리 - 재비산
③ 스파크 빈발 - 역전리 - 재비산 - 정상
④ 역전리 - 재비산 - 정상 - 스파크 빈발

04. 냉장고의 냉매와 스프레이용의 분사제등 CFC 화학 물질이 대기에 미치는 가장 큰 오염현상은?

① 산성비   ② 오존층 파괴
③ 열섬효과   ④ 광화학 Smog

05. 1,000m^3/분의 배출가스를 여과집진시설을 이용하여 겉보기 여과속도 1cm/sec로 처리하고자 할 때 필요한 filter bag의 수량은? (단, filter bag 사양 : 반지름 78㎜, 유효길이 3m)

① 829개   ② 1,134개
③ 2,284개   ④ 3,802개

06. 원형송풍관이 아닌 사각송풍관일 경우 원형송풍관의 지름에 해당하는 사각송풍관의 상당지름을 구하여 계산한다. 가로 40㎝, 세로 50㎝인 직사각 후드의 상당지름은?

① 37㎝   ② 44㎝
③ 49㎝   ④ 58㎝

07. 연소에 대한 설명 중 옳지 않은 것은?

① 연소는 산화반응이다.
② 회분이 많은 연료는 발열량이 높다.
③ 연료 중 수분이 많을 때에는 점화가 어렵다.
④ 연료에 포함된 불연성 물질, 황 등으로 대기오염 물질이 발생된다.

08. 다음은 스모그(smog)에 대한 설명이다. 옳지 않은 것은?

① 매연과 안개에 의해 발생된다.
② 화석연료의 연소에 의해 원인물질이 제공된다.
③ 대기가 불안정할 때 발생되기 쉽다.
④ 시정의 악화와 동식물에 많은 피해를 준다.

09. 다음 중 유기염소 화합물이 아닌 것은?

① 염화에틸렌　　② 클로로포름
③ 사염화탄소　　④ 포름알데히드

10. 분자식 CmHn인 탄화수소 가스 $1Sm^3$당 완전 연소시 필요한 이론 산소량은? (단, mole기준)

① $m + n$　　② $m + (n/2)$
③ $m + (n/4)$　　④ $m + (n/8)$

11. 대기오염물질중 입자상 물질의 농도단위표시로 사용되는 것은?

① mg/m^3　　② mL/m^3
③ $\mu\ell/m^3$　　④ mL/L

12. 다음 중 광화학 스모그를 발생시키는 원인물질이 아닌 것은?

① 질소산화물　　② 탄화수소
③ 자외선　　④ 먼지

13. 사이클론의 반지름이 16cm, 유입가스의 처리속도가 3m/sec일 때 분리계수를 구하면?

① 5.21　　② 5.74
③ 5.85　　④ 5.93

14. 대기중에 존재하는 질소산화물과 탄화수소가 자외선에 의해 광화학 스모그가 발생될 때 생성되며, 호흡기 계통의 피해와 면역성을 감소시키고 눈을 따갑게 하는 2차 오염 물질은?

① 이산화탄소　　② 황산화물
③ 일산화탄소　　④ 옥시단트

15. 황함유량이 3%인 중유 10ton을 연소할 때 생성되는 SO_2의 부피는? (단, 황은 모두 SO_2로 전환된다)

① $32Sm^3$　　② $140Sm^3$
③ $210Sm^3$　　④ $300Sm^3$

16. 용존산소를 측정할 때 적정용액으로 사용되는 것은?

① $Na_2S_2O_3$ 용액
② $NaOH$ 용액
③ H_2SO_4 용액
④ $K_2Cr_2O_7$ 용액

17. 살수여상 운전의 문제점이 아닌 것은?

① 악취가 발생한다.
② 벌킹 문제가 있다.
③ 구더기 파리가 발생한다.
④ 생물막이 탈락된다.

18. 탄소동화작용을 하지 않고 유기물질을 섭취하는 미생물이며 폐수내의 질소와 용존산소가 부족한 경우에도 잘 성장하여 슬러지팽화를 유발하는 것은?

① 균류, 곰팡이류　　② 조류
③ 세균류　　④ 원생동물류

19. 황산(1+2)는 무엇을 의미하는가?

① 황산 1ml을 물에 희석하여 2ml로 한다.
② 황산 1ml와 물 2ml를 혼합한 용액
③ 물 1ml에 황산 2ml를 혼합한 용액
④ 물 1ml에 황산을 가하여 전체 2ml로 한다.

20. 활성슬러지법은 여러 가지 변법이 개발되어 왔으며 각 방법은 특별한 운전이나 제거효율을 달성하기 위하여 발전되었다. 다음 중 활성슬러지법의 변법으로 볼 수 없는 것은?

① 계단식 포기법　　② 접촉 안정법
③ 장시간 포기법　　④ 살수 여상법

21. 하천물에서 무엇이 관찰되면 비교적 깨끗한 상태라고 할 수 있는가?

① 유기물　　② 박테리아
③ 원생동물　　④ 바이러스

22. 분뇨 정화조의 구조에 해당하는 것은?

① 라군　　② 부패조
③ 슬러지조　　④ 회전원판 생물막

23. 염소 살균에서 잔류염소량이 가장 낮은 점으로 산화반응이 완료되는 것은?

① 파괴점　　② 염소 요구 최소점
③ 임계점　　④ 유리 잔류 최소점

24. 폭기조의 크기가 450m³, 폭기조 내의 부유물농도 2,000mg/ℓ 이라면 MLSS 양은 얼마인가?

① 450Kg MLSS　　② 200Kg MLSS
③ 900Kg MLSS　　④ 550Kg MLSS

25. 해수의 특성에 관한 설명으로 틀린 것은?

① 해수는 염분외에 온도만 측정하면 해수의 비중을 알 수 있다.
② 해수의 주요 성분 농도비는 항상 일정하다.
③ 염분은 적도해역에서는 높고 남북 양극 해역에서는 다소 낮다.
④ 해수의 Mg/Ca비는 300~400 정도로 담수보다 크다.

26. 성층현상이 뚜렷한 계절을 알맞게 짝지은 것은?

① 겨울, 가을　　② 가을, 봄
③ 겨울, 여름　　④ 봄, 여름

27. 유입수량이 700m³/일 이고 BOD가 1,715mg/ℓ 인 하수를 활성슬러지법으로 처리하려고 한다. 폭기조의 크기는? (단, 포기조의 BOD용적부하는 1.0kg/m³·일 이다.)

① 약 2,100m³　　② 약 1,715m³
③ 약 1,200m³　　④ 약 700m³

28. 98%의 수분을 갖는 슬러지 100m³를 탈수하여 수분이 80% 되었다면 슬러지 부피는?

① 10m³　　② 30m³
③ 50m³　　④ 80m³

29. 폭기조내 슬러지 용적지표(SVI:Sludge Volume Index)가 높다면 다음 중 어느 것을 의미하는가?

① 슬러지의 밀도가 증가하였다.
② 슬러지내 휘발성분이 줄어들었다.
③ 슬러지 팽화의 우려가 있다.
④ 슬러지는 아주 빨리 침강한다.

30. $Ca(OH)_2$ 1mM이 용해된 수용액의 pH는? (단, $Ca(OH)_2$ 100% 완전해리됨)

① 10.4　　② 10.7
③ 11.0　　④ 11.3

31. 침전지에서 입자가 100% 제거되기 위해서 요구되는 침전 속도는?

① 표면 부하율　　② 침강 속도
③ 침전 효율　　④ 유입 속도

32. Jar test실험 시 응집반응속도와 가장 관계가 먼 것은?

① 폐수의 온도　　② 교반의 세기
③ SS농도　　　　④ 물의 밀도

33. 모래,자갈, 뼈조각의 무기물로 구성된 혼합물을 무엇이라 하는가?

① screenings　　② grit
③ sludge　　　　④ scum

34. 순수한 물의 농도는?

① 45.56M　　② 55.56M
③ 65.56M　　④ 75.56M

35. 분자량이 94인 페놀(C_6H_5OH) 500mg/L의 이론적인 COD (mg/L)는 얼마인가?

① 594　　　② 1191
③ 1592　　④ 2838

36. 수소 1kg이 완전연소 되었을 때 생성되는 수분의 양은?

① 1kg　　② 2kg
③ 9kg　　④ 18kg

37. 사용하는 자원에 의해 환경에 미치는 각종부하를 생산, 유통, 사용, 폐기 등의 모든 과정에 걸쳐 정량적으로 분석하여 자원의 고갈과 지구환경 문제를 근본적으로 해결하기 위한 각종 개선방안을 모색하는 체계적인 과정은?

① 전과정평가(life cycle assessmemt)
② 환경영향평가(Environment impact assessmemt)
③ 환경오염부하(Environment pollution load)
④ 자원주기평가(law cycle assessmemt)

38. 유기성 폐기물의 퇴비화 조작에서 환경변화인자가 아닌 것은?

① 온도　　　　　　　　② pH
③ 탄소/질소율(C/N ratio)　④ 질소/인(N/P ratio)

39. 다음에 열거한 연료 중에서 탄소와 수소의 비(C/H ratio)가 가장 작은 연료는?

① 중유　　② 휘발유
③ 경유　　④ 등유

40. 매립 시에 사용하는 연직차수막에 관한 설명으로 알맞지 않은 것은?

① 수평방향의 차수층 존재 시에 사용된다.
② 지하수 집배수시설이 필요하다.
③ 단위면적당 공사비가 비싸다.
④ 차수성 확인이 어렵다.

41. 다음 물질 중 자기연소(내부연소)를 할 수 있는 물질은?

① 석탄　　　　　② 휘발유
③ 니트로글리세린　④ 에틸알콜

42. 수거인부가 집안에 들어와 직접 쓰레기통에서 쓰레기를 수거하여 가는 형태는?

① Alley　　　　　　② Set out
③ Backyard carry　　④ set out-set back

43. 폐기물을 분석하기 위한 시료의 조제방법으로 알맞지 않는 것은?

① 구획법　　② 원추4분법
③ 교호삽법　④ 면체분할법

44. 고농도의 중금속 함유 폐기물의 처리에 적합한 방법으로 포틀랜드 시멘트를 이용하여 고형화 하는 것은?

① 석회기초법　　② 피막형성법
③ 시멘트기초법　④ 자가시멘트법

45. 완충용액을 알맞게 나타낸 것은?

① 보통 약산과 그 약산의 강염기의 염을 함유한 용액
② 보통 약산과 그 약산의 약염기의 염을 함유한 용액
③ 보통 강산과 그 강산의 강염기의 염을 함유한 용액
④ 보통 강산과 그 강산의 약염기의 염을 함유한 용액

46. 유기성 고형물의 퇴비화를 위한 함수율로 적당한 것은?

① 10~20%　　② 30~40%
③ 50~60%　　④ 70~80%

47. 매립지의 차수시설 재료로 가장 거리가 먼 것은?

① 점토　　② 자갈
③ 시멘트　④ 합성수지

48. 폐기물의 파쇄작용이 일어나게 되는 힘의 종류가 아닌 것은?

① 압축작용　② 전단작용
③ 인장작용　④ 충격작용

49. 다음 중 뒤롱(Dulong) 식과 관계 있는 발열량 분석법은?

① 단열 열량계법　② 직접 연소법
③ 원소 분석법　　④ 물질 수지법

50. 가로 1.2m, 세로 2m, 높이 12m의 연소실에서 저위 발열량이 10,000kcal/kg인 중유를 1시간에 10kg씩 연소시킨다면 연소실의 열 발생률은 얼마인가?

① 2,888 kcal/m^3·hr　② 3,472 kcal/m^3·hr
③ 4,985 kcal/m^3·hr　④ 5,644 kcal/m^3·hr

51. 슬러지 처리의 단계별 방법이 잘못 연결된 것은?

① 농축-중력식　② 안정화-세정
③ 개량-열처리　④ 탈수-진공여과

52. 유해 폐기물을 시험동물이 먹고, 50%가 죽을 수 있는 치사량일 때 이를 나타내는 단위는?

① RC$_{50}$　② EP$_{50}$
③ LD$_{50}$　④ 50HR-TLM

53. 소각로 중 로타리킬른 방식의 장점이라 볼 수 없는 것은?

① 액상이나 고체상의 여러 종류를 한꺼번에 연소시킬 수 있다.
② 예열이나 혼합 등 전처리가 거의 필요 없다.
③ 열효율이 높고 먼지발생량이 적다.
④ 연소로 내에서 혼합이 잘 이루어진다.

54. RDF가 의미하는 것과 가장 가까운 문항은?

① 증기터빈　② 건축자재
③ 열교환기　④ 개질고체연료

55. 폐기물 발열량의 분석에서 저위발열량과 고위발열량의 차이점은?

① 수분의 전도열　② 수분의 응축열
③ 폐기물의 전도열　④ 폐기물의 응축열

56. PWL이 100dB일 때의 음향출력은 몇 Watt가 되겠는가?

① 0.01　　　② 0.1
③ 1　　　　④ 10

57. 벽 뒤에 있는 사람은 보이지 않으나 말소리를 들을 수 있다든지, 실제로 경적이 울릴 때 건물의 모서리를 보면 차는 보이지 않으나 소리를 들을 수 있는 것은 음의 어떤 특성 때문인가?

① 음의 반사　　② 음의 굴절
③ 음의 회절　　④ 음의 투과

58. 암진동의 영향을 받지 않는 것은 대상기계가 가동시와 중지시의 레벨차가 몇 dB 이상의 경우인가?

① 5　　　② 7
③ 9　　　④ 10

59. 소음 용어에 대해 바르게 짝지어진 것은?

① SIL - 항공기 소음 평가
② TNI - 도로교통소음지수
③ NNI - 회화방해레벨
④ NC - 명료지수

60. 항공기 소음이 큰 피해를 주는 이유에 관한 기술 중 틀린 것은?

① 간헐적이고 충격음이다.
② 발생음량이 많고 금속성 저주파음이다.
③ 상공에서 발생하기 때문에 피해 면적이 넓다.
④ 활주로에서 1km 떨어진 곳에서 약 100dB을 나타낸다.

UNIT 14 CBT 대비 실전모의고사 2회

01. 통풍관이나 굴뚝에서 배기가스의 유속을 측정할 수 있는 가장 적당한 기구는?

① 습식가스미터(wet gas meter)
② 휴대형 공기채취기(Handy air sampler)
③ 피토관(pitot tube)
④ 대용량 공기채취기(High volume air sampler)

02. 대기오염 물질을 배출하는 굴뚝에서 유효고란 무엇을 말하는가?

① 지상에서 굴뚝 끝까지의 총 높이
② 굴뚝에서 대기의 안정층까지 높이
③ 굴뚝높이와 연기의 수직상승 높이
④ 지상에서 대기 안정층까지의 높이

03. 조혈기능 장해를 일으키는 대표적인 물질은?

① 크롬
② 벤젠
③ 셀레늄
④ 석면

04. 다음 빈칸에 알맞은 내용은?

[산성우는 대기 중의 (❶)와 평형을 이룬 증류수의 pH(❷) 이하의 pH를 나타내는 강수로 정의하기도 한다]

① ❶ - 황화수소, ❷ - 4.3
② ❶ - 이산화질소, ❷ - 5.6
③ ❶ - 일산화질소, ❷ - 4.3
④ ❶ - 이산화탄소, ❷ - 5.6

05. 어떤 집진장치 2개가 직렬로 연결되어 있을 때 1차 집진 장치에서 90%, 2차 집진장치에서 95%의 집진효율이라면 총 집진효율은 얼마(%)인가?

① 97.5%
② 98.5%
③ 99.5%
④ 99.9%

06. 탄소 1kg을 이론 공기량으로 완전 연소시켰을 때 발생하는 연소 가스량(Sm^3/kg)은?

① 5.6
② 8.9
③ 12.3
④ 22.4

07. 대기오염물질 중 무색의 기체로서 특유한 자극성 냄새를 갖고 있으며 20℃, 8.8기압에서 액화하며 융점 −77.7℃, 비등점 −33.35℃로 물에 용해되며 발생원은 비료공장, 냉동공장, 색소제조공정중에서 발생되는 오염 물질은?

① 일산화탄소(CO)
② 염소(Cl_2)
③ 암모니아(NH_3)
④ 아황산가스(SO_2)

08. 대기오염 제어시설 중 입자상 물질의 최소입경을 처리할 수 있는 집진기는?

① 여과집진기
② 침강집진기
③ 중력집진기
④ 원심집진기

09. 0℃, 760mmHg에서의 가스량이 100,000m^3/hr이라 할 때 500℃, 740mmHg에서의 가스량(m^3/hr)은 얼마인가?

① 275,699
② 290,803
③ 390,803
④ 490,803

10. 원심력 집진장치의 집진효율을 높이는 방법으로 맞는 것은?

① 사이클론 몸통의 직경을 크게 하고 길이를 길게 한다.
② 사이클론 몸통의 직경을 작게 하고 길이를 길게 한다.
③ 사이클론 몸통의 직경을 크게 하고 길이를 짧게 한다.
④ 사이클론 몸통의 직경을 작게 하고 길이를 짧게 한다.

11. 굴뚝의 입구와 출구의 온도가 각각 200℃, 100℃이라면, 굴뚝내의 평균가스온도(로그 평균온도)는? (단, log2 = 0.3, $t_m = (t_1 - t_2) / (2.3 \log(t_1 / t_2))$)

① 135℃ ② 140℃
③ 145℃ ④ 150℃

12. 일반적으로 광원으로 나오는 빛을 단색화장치에 의하여 좁은 파장범위의 빛만을 선택하여 액층을 통과시킨 다음 광전촉광으로 광도를 측정하여 성분의 농도를 정량하는 분석 방법은?

① 가스크로마토 그래피법
② 흡광광도법
③ 원자흡광광도법
④ 비분산 적외선분석법

13. 다음 중 기체연료의 특징으로 볼 수 없는 것은?

① 취급에 위험성이 있다.
② 완전연소하려면 많은 과잉공기가 필요하다.
③ 수송과 저장이 불편하고 저장탱크, 배관공사 등 시설비가 많이 든다.
④ 점화가 소화가 용이하다.

14. 실내 공기오염의 지표가 되는 것은?

① 질소 농도 ② 일산화탄소 농도
③ 산소 농도 ④ 이산화탄소 농도

15. 다음과 같은 조건으로 가스가 배출될 때 통풍력은?

- 굴뚝높이 : 30m
- 배기가스온도 : 250℃
- 외기온도 : 20℃
- 연소가스 공기비중 : 1.3kg/Nm^3

① 16mmH$_2$O ② 46mmH$_2$O
③ 149mmH$_2$O ④ 490mmH$_2$O

16. 알칼리도에 관한 설명으로 틀린 것은?

① 산이 유입될 때 이를 중화시킬 수 있는 능력의 척도이다.
② 알칼리도는 물에 알칼리를 주입, 소모된 알칼리물질의 양을 환산한 값이다.
③ 알칼리도 유발물질로는 수산화물, 중탄산염, 탄산염 등이 있다.
④ 메틸오렌지알칼리도와 총알칼리도는 같은 의미이다.

17. 활성 슬러지(activated sludge)란?

① 포기조내에서 자란 갈색의 미생물
② 침사지에서 제거된 고형물
③ 침사지에서 침전된 물질
④ 소화조내의 슬러지

18. 하수관거의 종류 중 맞지 않는 것은?

① 아연강관 ② 현장타설 콘크리트관
③ 무근 콘크리트관 ④ 철근 콘크리트관

19. 어느 공장에서 하천으로 방류된 폐수의 BOD가 15ppm이다. 24시간 하류한 지점에서 BOD는 얼마인가? (단, K$_1$ = 0.2/day이다.)

① 7.85mg/L ② 8.57mg/L
③ 9.46mg/L ④ 11.20mg/L

20. 용존 산소에 대한 설명이다. 맞는 것은?

① 압력이 낮을수록 용해율 증가
② 수온이 높을수록 용해율 증가
③ 물의 흐름이 난류일 때 용해율 감소
④ 염분의 농도가 높을수록 용해율 감소

21. 여과사의 체분석 결과 다음 그림과 같은 도표를 얻었다. 이 여과사의 균등계수는 얼마인가?

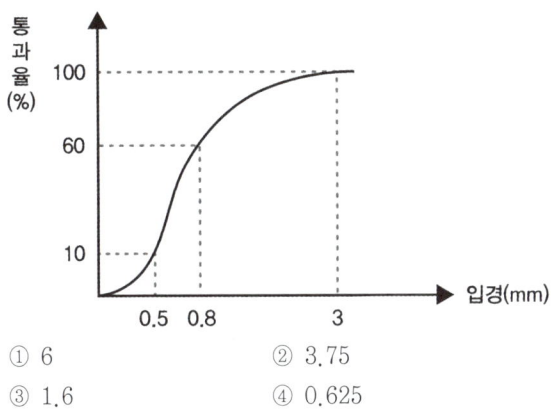

① 6
② 3.75
③ 1.6
④ 0.625

22. 환경오염공정시험법에 규정한 온도에 대해 잘못된 것은?

① 표준온도 0℃
② 실온 1~35℃
③ 상온 15~25℃
④ 찬곳 4℃이하

23. 침전지에서 고형물질의 침강속도를 증가시키려면 다음 중 어느 경우가 가장 효과적인가?

① 폐수와 고형물질간의 밀도차가 크고 폐수의 점성도가 작고, 고형물질의 입자 직경이 클수록 좋다.
② 폐수와 고형물질간의 밀도차가 작고, 점도가 크고, 고형물질의 입자가 작을수록 좋다.
③ 폐수와 고형물질간의 밀도차에는 관계없이 점성도가 크고, 고형물질의 입자가 클수록 좋다.
④ 폐수와 고형물질간의 밀도차가 크고 점성도가 크고, 고형물질의 입자가 작을수록 좋다.

24. 6가 크롬(Cr)을 처리하기 위한 방법은?

① 산화침전법
② 환원침전법
③ 오존산화법
④ 전해산화법

25. 다음 중 수질오염지표에 관한 설명으로 옳지 않은 것은?

① pH : 산성 또는 알칼리성의 정도
② SS : 수중에 부유하고 있는 물질량
③ DO : 수중에 용해되어 있는 산소량
④ COD : 생화학적 산소 요구량

26. 다음은 폐수처리에서 일반적으로 많이 사용되고 있는 무기 응집제인 황산알루미늄에 관한 설명이다. 옳지 않은 것은?

① 결정은 부식성이 없어 취급이 용이하다.
② 철염에 비해 적정 pH의 범위가 좁다.
③ 저렴하고 무독성으로, 대량주입이 가능하다.
④ 철염에 비해 floc이 무거워 침전이 잘 된다.

27. 침전지 유입부의 정류판의 기능은 무엇인가?

① 바람을 막아 표면난류 방지
② 침전지 내 적정수위 유지
③ 침전지 유입수의 균일한 분배, 분포
④ 침전 슬러지의 재부상 방지

28. 염소함량이 15%(질량기준) 염화석회를 사용하여 1,000m³의 폐수를 소독하고자 한다. 염소 주입량이 2.5mg/L일 때 소요되는 염화석회는 몇 kg인가?

① 24.1
② 19.4
③ 16.7
④ 12.2

29. 연속회분식 반응조(SBR)에 관한 설명으로 적합하지 않은 것은?

① 처리용량이 큰 처리장에는 적용하기 곤란하다.
② 주기적인 슬러지 반송이 필요하다.
③ 운전주기의 조절로 질소의 제거가 가능하다.
④ 활성슬러지법과 비교하면 에너지 절약형이라고 볼 수 있다.

30. 오염물질과 피해상태의 연결로 가장 거리가 먼 것은?

① 페놀-냄새
② 인-부영양화
③ 유기물-용존산소 결핍
④ 시안-골연화증

31. 다음 중 폐수의 응집처리시 응집의 원리로서 볼 수 없는 것은?

① Zeta potential을 감소시킨다.
② Van Der Waals를 증가시킨다.
③ 응집제를 투여하여 입자끼리 뭉치게 한다.
④ 콜로이드 입자의 표면전하를 증가시킨다.

32. 폐수를 응집침전 시킬 때의 고려사항 중 가장 거리가 먼 것은?

① pH
② 교반속도
③ 용존산소량
④ 응집제 첨가량

33. 탈기법으로 수중의 암모니아를 제거하고자 할 때 25℃에서 가장 적절한 pH는?

① 4.5
② 5.6
③ 7.0
④ 11.0

34. 아래는 글루코오스($C_6H_{12}O_6$)의 혐기성 분해반응식이다. a, b로 알맞은 것은?

반응식 $C_6H_{12}O_6 \rightarrow aCH_4 + bCO_2$

① a 2, b 2
② a 3, b 3
③ a 4, b 4
④ a 3, b 4

35. DO 측정시 종말점에서의 색깔 변화는?

① 청색 → 무색
② 적색 → 무색
③ 무색 → 청색
④ 무색 → 적색

36. 수송차량 또는 쓰레기 투하방식에 따라 구분한 적환장의 형식으로 알맞지 않은 것은?

① 저장 투하방식
② 직접-저장 복합 투하방식
③ 직접 투하방식
④ 간접 투하방식

37. 다음의 슬러지중 열량이 가장 높은 슬러지는?

① 소화슬러지
② 유지류의 스컴
③ 침사지 슬러지
④ 1차 슬러지

38. 슬러지의 건조된 고형물(dry solid)의 비중이 1.50이고 건조 이전의 고형물(dry solid) 함량이 30%일 때 슬러지의 비중은 얼마인가? (단, 물의 비중은 1.000으로 한다.)

① 0.90
② 1.00
③ 1.11
④ 1.27

39. 도시 폐기물의 퇴비화 공정을 설명한 것 중 옳지 않은 것은?

① 퇴비화는 미생물을 이용한 생화학적 공정이다.
② 하수처리장의 슬러지에는 퇴비화 미생물의 천적미생물이 존재하므로 사용하지 않아야 한다.
③ 퇴비화 공정은 퇴비화가 진행되는 동안에는 환경에 악영향을 거의 주지 않는다.
④ 퇴비화의 원료로는 주로 음식찌꺼기, 축산 폐기물 등을 사용한다.

40. 슬러지를 혐기성으로 소화시키는 목적이 아닌 것은?

① 슬러지 무게와 부피를 감소시킨다.
② 이용 가치가 있는 부산물을 얻을 수 있다.
③ 병원균을 죽이거나 통제할 수 있다.
④ 호기성보다 빠른 시간에 처리할 수 있다.

41. 다음 중 소각로의 형식이라 볼 수 없는 것은?

① 펌프식　　② 화격자식
③ 유동상식　④ 회전로식

42. 다음 폐기물 선별장치 중 건식방법이 아닌 것은?

① Trommel Screen
② Fluidized Bed Separator
③ Jigs
④ Ballistic Separator

43. 분뇨의 특성에 해당하지 않는 것은?

① 다량의 유기물을 함유하고 있다.
② pH는 4~4.5 범위의 산성이다.
③ 고액분리가 어렵다.
④ 음식섭취와 밀접한 관계가 있다.

44. 다음 분뇨의 성질을 설명한 것 중에서 틀린 것은?

① 분뇨는 고액분리가 어렵다.
② 뇨의 휘발성 고형물의 80~90%는 질소화합물이다.
③ 분과 뇨의 고형물질의 비는 약 7:1 정도이다.
④ 분뇨는 시간에 따른 특성변화가 적다.

45. '퇴비화' 반응에 관여하는 인자에 대한 설명 중 옳지 않은 것은?

① 수분함량 : 원료의 최적함수율은 50~60% 정도가 적당하다.
② pH : 퇴비화 미생물의 최적 생육 pH는 4.0~6.0이다.
③ C/N비 : C/N비가 너무 낮으면 유기질소의 암모니아화로 악취가 발생한다.
④ 입도 : 원료의 입도가 너무 작으면 퇴비 더미내 공기의 통기성이 좋지 않아 미생물 활성을 저해한다.

46. 다음 그림은 폐기물을 매립한 후 발생하는 생성가스의 농도 변화를 단계적으로 나타낸 것이다. 유기물이 효소에 의해 발효되는 혐기성 비메탄 단계는?

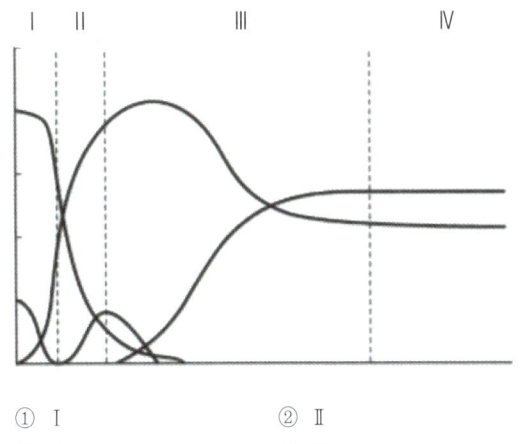

① Ⅰ　　② Ⅱ
③ Ⅲ　　④ Ⅳ

47. 폐기물의 선별방법으로 가장 거리가 먼 것은?

① 흡착선별　　② 공기선별
③ 자석선별　　④ 스크린선별

48. 폐기물 발생량의 조사방법으로 가장 거리가 먼 것은?

① 적재차량 계수분석　　② 직접계근법
③ 간접계근법　　④ 물질수지법

49. 도시쓰레기의 소각 시 장점이 아닌 것은?

① 위생적이다.
② 운전비용이 적게 든다.
③ 폐열 이용이 가능하다.
④ 매립 쓰레기량이 감소한다.

50. 소각로에서 발생되는 다이옥신의 제거를 위해 이용되는 집진기는?

① 전기식 집진기　　② 관성력 집진기
③ 여과식 집진기　　④ 중력식 집진기

51. 화격자 소각로의 장점에 해당되는 것은?

① 체류시간이 짧고 교반력이 강하다.
② 연속적인 소각과 배출이 가능하다.
③ 열에 쉽게 용융되는 물질의 소각에 적합하다.
④ 가동·정지 조작이 간편하며, 구동부분의 마모 손실이 적다.

52. 폐기물 20,000kg/d을 1일 10시간 가동하여 소각 처리하려고 한다. 소각로 내의 열부하가 40,000kcal/m^3·hr이며 폐기물의 발열량이 500kcal/kg이라면 소각로의 부피는?

① 10m^3　　② 15m^3
③ 20m^3　　④ 25m^3

53. 호기성 단계의 매립지에서 매립초기에 시간에 따른 발생량 증가폭이 큰 가스는? (단, 기체 구성비(%))

① 수소　　② 메탄
③ 질소　　④ 이산화탄소

54. 폐기물 퇴비화에 대한 설명이다. 옳지 않은 것은?

① 호기성 미생물에 의해 유기물을 분해한다.
② 퇴비화한 후에는 C/N비가 높아진다.
③ 초기단계에서는 분해되기 쉬운 당류, 아미노산 등이 분해된다.
④ 퇴비화 결과 암갈색의 부식질이 생성된다.

55. 인구 100,000명의 중소도시에 발생되는 쓰레기의 양이 200m^3/day(밀도 750kg/m^3)이다. 적재량 5ton 트럭으로 운반하려면 1일 소요되는 트럭 대수는? (단, 트럭은 1회 운행)

① 12대　　② 18대
③ 24대　　④ 30대

56. 1/3 옥타브 밴드에서 중심주파수 1,000Hz가 가지는 상한 주파수와 하한 주파수를 바르게 나타낸 것은? (단, 상한주파수, 하한주파수)

① 1122Hz, 891Hz　　② 1420Hz, 710Hz
③ 1230Hz, 862Hz　　④ 1096Hz, 921Hz

57. 음파가 난입사하고 질량법칙이 적용되는 경우, 교실의 단일벽 면밀도가 300kg/m^2라면 0.1 kHz에서 투과손실은? (단, TL=18log(m·f)−44 적용)

① 26.6dB　　② 36.6dB
③ 46.6dB　　④ 56.6dB

58. 파동의 특성 중 회절에 관한 설명이 바르지 못한 것은?

① 회절하는 정도는 파장에 반비례한다.
② 슬릿의 폭이 좁을수록 회절하는 정도가 크다.
③ 파동이 진행할 때 장애물의 뒤쪽으로 전파되는 현상이다.
④ 장애물이 작을수록 회절이 잘된다.

59. 다음 공해진동에 관련된 설명 중 틀린 것은?

① 일반적으로 사람에게 피해를 주는 진동공해의 주파수는 1~90Hz이다
② 사람에게 불쾌감을 주는 진동을 말한다.
③ 공해진동레벨은 60dB부터 80dB까지가 많다.
④ 수직진동은 50Hz 이상에서 영향이 크다.

60. 무지향성 점음원이 자유공간에 있을 때, 지향계수는?

① 0 ② 1
③ 2 ④ 4

UNIT 15　CBT 대비 실전모의고사 3회

01. 슬러지를 가열(210℃ 정도)·가압(120atm 정도)시켜 슬러지 내의 유기물이 공기에 의해 산화되도록 하는 공법은?

① 가열 건조
② 습식 산화
③ 혐기성 산화
④ 호기성 소화

02. 다음 중 살균력의 크기순서로 알맞은 것은?

① HOCl > OCl > 클로라민
② OCl > HOCl > 클로라민
③ 클로라민 > OCl > HOCl
④ HOCl > 클로라민 > OCl

03. 방음대책을 음원대책과 전파경로대책으로 구분할 때 다음 중 음원대책이 아닌 것은?

① 공명방지
② 거리감쇠
③ 소음기 설치
④ 방진 및 방사율 저감

04. 인구 20만명이 거주하는 도시에서 1주일 동안 5,000m³의 쓰레기를 수거하였다. 쓰레기의 밀도가 450kg/m³이라면 쓰레기 발생원 단위는?

① 0.91kg/인·일
② 1.24kg/인·일
③ 1.47kg/인·일
④ 1.61kg/인·일

05. 수소 1kg이 연소할 때 이론적으로 필요한 산소의 질량은?

① 2.7kg
② 1kg
③ 8kg
④ 16kg

06. 연료의 연소에 필요한 이론공기량을 A_0, 공급된 실제공기량을 A라 할 때 공기비를 나타낸 식은?

① $\dfrac{A}{A_0}$
② $\dfrac{A_0}{A}$
③ $\dfrac{A - A_0}{A_0}$
④ $\dfrac{A - A_0}{A}$

07. 다음 중 해역에서 적조 발생의 주된 원인 물질은?

① 수은
② 산소
③ 염소
④ 질소

08. 오염물질을 배출하는 형태에 따라 점오염원과 비점오염원으로 구분된다. 다음 중 비점오염원에 해당하는 것은?

① 생활하수
② 도로유출수
③ 축산폐수
④ 산업폐수

09. 다음 용어 중 흡착과 가장 관련이 깊은 것은?

① 스테판 볼츠만 법칙
② SRT
③ 플랑크상수
④ 랭뮤어 식

10. 적환장의 설치가 필요한 경우로 가장 거리가 먼 것은?

① 인구 밀도가 높은 지역을 수집하는 경우
② 폐기물 수집에 소형 컨테이너를 많이 사용하는 경우
③ 처분장이 원거리에 있어 도중에 불법 투기의 가능성이 있는 경우
④ 공기수송방식을 사용할 경우

11. 물이 얼어 얼음이 되는 것과 같이 물질의 상태가 액체상태에서 고체상태로 변하는 현상을 무엇이라 하는가?

① 융해　② 응고
③ 액화　④ 승화

12. 자동차의 엔진에서 HC의 농도가 특징적으로 가장 증가하는 운전 상태는?

① 감속　② 가속
③ 공회전　④ 정속

13. 두 역전층 사이에 연기가 갇히는 형태의 연기의 모양은?

① Fumigation　② Lofting
③ Trapping　④ Looping

14. 링겔만 농도표와 관계가 깊은 것은?

① 매연측정　② 가스크로마토그래프
③ 오존농도측정　④ 질소산화물 성분분석

15. 중량비가 C : 86%, H : 4%, O : 8%, S : 2%인 석탄을 연소할 경우 필요한 이론 산소량(kg/kg)은?

① 2.55　② 3.55
③ 1.79　④ 2.79

16. 물리적 흡착과 화학적 흡착에 대한 비교 설명으로 옳은 것은?

① 화학적 흡착은 비가역적이므로 재생이 불가하다.
② 화학적 흡착은 온도의 영향을 받지 않는다.
③ 물리적 흡착은 화학적 흡착보다 분자간의 인력이 작다.
④ 물리적 흡착에서는 용질의 분자량이 적을수록 유리하게 흡착한다.

17. 외이와 중이의 진동을 조정하는 기관은?

① 달팽이관　② 귓바퀴
③ 고막　④ 유스타키오관

18. 폐기물의 고형화 처리 시 유기성 고형화에 관한 설명으로 가장 거리가 먼 것은?(단, 무기성 고형화와 비교 시)

① 수밀성이 매우 크며, 다양한 폐기물에 적용이 가능하다.
② 미생물 및 자외선에 대한 안정성이 강하다.
③ 최종 고화체의 체적 증가가 다양하다.
④ 폐기물의 특정 성분에 의한 중합체 구조의 장기적인 약화가능성이 존재한다.

19. 다음 중 6가크롬을 3가크롬으로 환원시키는 환원제는?

① $NaHSO_3$　② $KMnO_4$
③ $NaOH$　④ $NaOCl$

20. 다음 중 유기물의 혐기성소화 분해 시 발생되는 물질로 거리가 먼 것은?

① 산소　② 알코올
③ 유기산　④ 메탄

21. C_8H_{18}을 완전연소시킬 때 부피 및 무게에 대한 이론 AFR로 옳은 것은?

① 부피 : 59.5, 무게 : 15.1
② 부피 : 59.5, 무게 : 13.1
③ 부피 : 35.5, 무게 : 15.1
④ 부피 : 35.5, 무게 : 13.1

22. 연기의 상승높이에 영향을 주는 인자와 가장 거리가 먼 것은?

① 배출가스 유속
② 오염물질 농도
③ 외기의 수평풍속
④ 배출가스 온도

23. 황산의 비중이 약 1.84, 농도는 95%라면 이 농황산의 노르말농도(eq/L)는? (단, 농황산의 분자량은 98이다.)

① 8.92
② 17.84
③ 35.67
④ 71.34

24. 굴뚝에서 배출되는 가스의 유속을 측정하고자 피토우관을 굴뚝에 넣었더니 동압이 $5mmH_2O$이었다. 이때 배출가스의 유속은 얼마인가? (단, 피토우관 계수는 0.85이고, 공기의 비중량은 $1.3kg/m^3$이다.)

① 5.92m/sec
② 7.38m/sec
③ 8.84m/sec
④ 9.49m/sec

25. 산성비의 주된 원인 물질로만 올바르게 나열된 것은?

① SO_2, NO_2, Hg
② CH_4, NO_2, HCl
③ CH_4, NH_3, HCN
④ SO_2, NO_2, HCl

26. 중량비로 수소가 15%, 수분이 1% 함유되어 있는 중유의 고위발열량이 13,000kcal/kg이다. 이 중유의 저위발열량은?

① 11,368kcal/kg
② 11,976kcal/kg
③ 12,025kcal/kg
④ 12,184kcal/kg

27. 활성슬러지공법에서 슬러지 반송의 주된 목적은?

① MLSS 조절
② DO 공급
③ pH 조절
④ 소독 및 살균

28. 부영양호(eutrophic lake)의 특성에 해당하는 것은?

① 생산과 소비의 균형
② 낮은 영양 염류
③ 조류의 과다발생
④ 생물종 다양성 증가

29. 탄소동화작용을 하지 않는 다세포 식물로서 유기물을 섭취하여 수중에 질소나 용존산소가 부족한 경우에도 잘 성장하는 미생물은?

① Bacteria
② Algae
③ Fungi
④ Protozoa

30. 회전원판법(RBC)의 단점으로 가장 거리가 먼 것은?

① 일반적으로 회전체가 구조적으로 취약하다.
② 처리수의 투명도가 나쁘다.
③ 충격부하 및 부하변동에 약하다.
④ 외기기온에 민감하다.

31. 오염된 물속에 있는 유기성 질소가 호기성 조건하에서 50일 정도 시간이 지난 후에 가장 많이 존재하는 질소의 형태는?

① 암모니아성 질소
② 아질산성 질소
③ 질산성 질소
④ 유기성 질소

32. 자외선/가시선 분석으로 총인 시험 시 전처리를 위해 투여되는 시약은?

① 과황산칼륨
② 몰리브덴산
③ 수산화소듐
④ 아스코빈산

33. 분뇨처리법 중 부패조에 관한 설명으로 가장 거리가 먼 것은?

① 고부하 운전에 적합하다.
② 특별한 에너지 및 기계설비가 필요하지 않은 편이다.
③ 처리효율이 낮으며, 냄새가 많이 나는 편이다.
④ 조립형인 경우 설치시공이 용이하며, 유지관리에 특별한 기술이 요구되지 않는다.

34. 자기조립법(UASB)의 특성으로 알맞지 않는 것은?

① 조립시점이 빠르고 인제거율이 높다.
② 균체를 고농도의 펠릿 모양으로 유지할 수 있다.
③ 펠릿이 크게 활성화된다.
④ 고부하 운전이 가능하다.

35. 유동층 소각로의 장단점으로 틀린 것은?

① 가스의 온도가 높고 과잉공기량이 많다.
② 투입이나 유동화를 위해 파쇄가 필요하다.
③ 유동매체의 손실로 인한 보충이 필요하다.
④ 기계적 구동부분이 적어 고장률이 낮다.

36. 매립 후 정상상태의 단계에서 발생하는 가스 중 두 번째로 큰 부분을 차지하는 가스는? (단, 가스구성비 %, 부피 기준)

① 이산화탄소(CO_2)
② 메탄(CH_4)
③ 황화수소(H_2S)
④ 수소(H_2)

37. 수분이 적고 저위발열량이 높은 폐기물에 적합하며, 폐기물의 이송방향과 연소가스 흐름방향이 같은 소각방식은?

① 향류식
② 병류식
③ 교류식
④ 복류식

38. 백필터를 통과한 가스의 분진농도 8mg/Sm³, 분진의 통과율 10%라면 백필터를 통과하기 전 가스 중의 분진농도는?

① $0.08g/m^3$
② $0.80g/m^3$
③ $8.8g/m^3$
④ $0.88g/m^3$

39. 폐기물의 자원화를 위해 EPR의 정착과 활성화가 필요하다. EPR의 의미로 가장 적절한 것은?

① 폐기물 자원화 기술 개발제도
② 생산자책임 재활용제도
③ 재활용제품 소비촉진제도
④ 고부가 자원화 사업 지원제도

40. 새로운 수집 수송수단 중 Pipeline을 통한 수송방법이 아닌 것은?

① 컨테이너 수송
② 공기 수송
③ 슬러지 수송
④ 캡슐 수송

41. 다음 중 수거노선에 대한 고려사항으로 틀린 것은?

① 발생량이 많은 곳을 우선 수거한다.
② 될 수 있으면 한 번 간 길은 가지 않는 것이 좋다.
③ 언덕길을 올라가면서 수거하도록 한다.
④ 될 수 있는 한 시계 방향으로 수거노선을 정한다.

42. 함수율 97%의 잉여슬러지 50m³을 농축시켜 함수율 89%로 하였을 때 농축된 잉여슬러지의 부피는? (단, 잉여슬러지 비중은 1.0)

① 약 8m³ ② 약 14m³
③ 약 16m³ ④ 약 19m³

43. 배연 탈황 시 발생된 슬러지 처리에 많이 쓰이는 고형화 처리법은?

① 시멘트기초법 ② 석회기초법
③ 자가시멘트법 ④ 열가소성 플라스틱법

44. 어느 매립지의 침출수 농도가 반으로 감소하는 데 4년이 걸린다면 이 침출수 농도가 90% 분해되는 데 걸리는 시간은? (단, 1차 반응기준)

① 11.3년 ② 13.3년
③ 15.3년 ④ 17.3년

45. 취급 또는 저장하는 동안 밖으로부터의 공기 또는 다른 가스가 침입하지 아니하도록 내용물을 보호하는 용기는?

① 기밀용기 ② 밀봉용기
③ 차단용기 ④ 밀폐용기

46. 파쇄장치 중 전단식 파쇄기에 관한 설명으로 옳지 않은 것은?

① 고정칼이나 왕복칼 또는 회전칼을 이용하여 폐기물을 전달한다.
② 충격파쇄기에 비해 대체적으로 파쇄속도가 빠르다.
③ 충격파쇄기에 비해 이물질의 혼입에 대하여 약하다.
④ 파쇄물의 크기를 고르게 할 수 있다.

47. 점음원의 거리감쇠에서 음원으로부터의 거리가 4배로 됨에 따른 음압레벨의 감쇠치는? (단, 자유공간)

① 3dB ② 6dB
③ 12dB ④ 18dB

48. 다음 ( ) 안에 알맞은 것은?

한 장소에 있어서의 특정의 음을 대상으로 생각할 경우 대상소음이 없을 때 그 장소의 소음을 대상소음에 대한 ( )이라 한다.

① 고정소음 ② 기저소음
③ 정상소음 ④ 배경소음

49. 지하수의 특성에 대한 설명으로 틀린 것은?

① 지하수는 국지적인 환경조건의 영향을 크게 받는다.
② 지하수의 염분농도는 지표수 평균농도보다 낮다.
③ 주로 세균에 의한 유기물 분해작용이 일어난다.
④ 지하수는 토양수 내 유기물질 분해에 따른 탄산가스의 발생과 약산성의 빗물로 인하여 광물질이 용해되어 경도가 높다.

50. 수은(Hg) 중독과 관련이 없는 것은?

① 난청, 언어장애, 구심성 시야협착, 정신장애를 일으킨다.
② 이따이이따이병을 유발한다.
③ 유기수은은 무기수은보다 독성이 강하며 신경계통에 장해를 준다.
④ 무기수은은 황화물 침전법, 활성탄 흡착법, 이온교환법 등으로 처리할 수 있다.

51. 지구상 담수의 존재량을 볼 때 그 양의 가장 큰 형태는?

① 빙하 및 빙산 ② 하천수
③ 지하수 ④ 수증기

52. 소수성 Colloid에 관한 설명으로 가장 거리가 먼 것은?

① 표면장력은 용매와 비슷하다.
② Emulsion 상태로 존재한다.
③ 틴들(Tyndall) 효과가 크다.
④ 염에 민감하다.

53. Glucose($C_6H_{12}O_6$) 600mg/L 용액의 이론적 COD값(mg/L)은?

① 540 ② 580
③ 640 ④ 680

54. 수질분석 결과, 양이온이 Ca^{2+} 20mg/L, Na^+ 46mg/L, Mg^{2+} 36mg/L일 때 이 물의 총 경도(mg/L as $CaCO_3$)는? (단, 원자량은 Ca : 40, Mg : 24, Na : 23)

① 150 ② 200
③ 250 ④ 300

55. 실내에서 음원을 끈 순간부터 음압레벨이 60dB 감소되는데 소요되는 시간(sec)을 의미하는 것은?

① 거리감쇠시간 ② 음장시간
③ 잔향시간 ④ 손실시간

56. 아래 후드 형식으로 가장 적합한 것은?

> 작업을 위한 하나의 개구면을 제외하고 발생원 주위를 전부 에워싼 것으로 그 안에서 오염물질이 발산된다. 이 방식은 오염물질의 송풍시 낭비되는 부분이 적은데, 이는 개구면 주변의 벽이 라운지 역할을 하고, 측벽은 외부로부터의 분기류에 의한 방해에 대하여 방해판 역할을 하기 때문이다.

① 수(receiving)형 후드 ② 슬롯(slot)형 후드
③ 부스(booth)형 후드 ④ 캐노피(canopy)형 후드

57. 여과집진장치에서 먼지부하가 444g/m²에 도달하면 먼지를 털어준다고 한다. 만일 입구 먼지농도가 20g/m³, 여과속도를 0.6m/s로 가동할 경우 털어주는 주기는 몇 초 간격으로 하여야 하는가? (단, 집진효율은 95%)

① 35초 ② 37초
③ 39초 ④ 44초

58. 반경 4.5cm, 길이 1.2m인 원통형 전기집진장치에서 가스 유속이 2.2m/sec이고, 먼지입자의 분리속도가 22cm/sec일 때 집진율은?

① 98.6% ② 99.1%
③ 99.5% ④ 99.9%

59. 1×10^{-5}M NaOH 수용액의 pH는? (단, 100% 해리됨)

① 9 ② 10
③ 11 ④ 12

60. 생물학적 처리에서 벌킹현상이 현저한 활성슬러지에서 관찰되는 사상성 미생물로 가장 적절한 것은?

① Sphaerotillus
② Vorticella
③ Carchesium
④ Philodina

UNIT 16 CBT 대비 실전모의고사 4회

01. 다음 중 산성비에 관한 설명으로 가장 거리가 먼 것은?

① 독일에서 발생한 슈바르츠발트(검은 숲이란 뜻)의 고사현상은 산성비에 의한 대표적인 피해이다.
② 바젤협약은 산성비 방지를 위한 대표적인 국제협약이다.
③ 산성비에 의한 피해로는 파르테논 신전과 아크로폴리스 같은 유적의 부식 등이 있다.
④ 산성비의 원인물질로 H_2SO_4, HCl, HNO_3 등이 있다.

02. 바람을 일으키는 3가지 힘에 해당하지 않는 것은?

① 응집력   ② 전향력
③ 마찰력   ④ 기압 경도력

03. 바닷물(해수)에 관한 설명으로 옳지 않은 것은?

① 해수는 수자원 중에서 97% 이상을 차지하나 사용목적이 극히 한정되어 있는 실정이다.
② 해수의 pH는 약 8.2 정도로 약알칼리성을 띠고 있다.
③ 해수는 약전해질로 염소이온농도가 약 35ppm 정도이다.
④ 해수의 주요성분 농도비는 거의 일정하다.

04. 건조된 고형물(dry soild)의 비중이 1.42이고, 건조 이전의 dry soild 함량이 38%, 건조중량이 400kg일 때, 슬러지케 잌의 비중은?

① 1.32   ② 1.28
③ 1.21   ④ 1.13

05. 어느 벽체의 입사음의 세기가 $10^{-2} W/m^2$이고, 투과음의 세기가 $10^{-4} W/m^2$이었다. 이 벽체의 투과율과 투과손실은?

① 투과율=10^{-2}, 투과손실=20dB
② 투과율=10^{-2}, 투과손실=40dB
③ 투과율=10^{2}, 투과손실=20dB
④ 투과율=10^{2}, 투과손실=40dB

06. 다음 중 침출수 중의 난분해성 유기물의 처리에 사용되는 것은?

① 중크롬산 용액   ② 옥살산 용액
③ 펜턴 시약   ④ 네스럴 시약

07. 1M H_2SO_4 10mL를 1M NaOH로 중화할 때 소요되는 NaOH의 양은?

① 5mL   ② 10mL
③ 15mL   ④ 20mL

08. 물속에 녹는 산소의 양은 대기 중에 존재하는 산소의 분압에 의존하는 것으로 겨울철보다 기압이 낮은 여름철에 강이나 호수에 살고 있는 어패류들의 질식현상이 자주 발생하는 원인을 설명할 수 있는 법칙은?

① 헨리의 법칙   ② 라울의 법칙
③ 보일의 법칙   ④ 헤스의 법칙

09. 질소산화물을 촉매환원법으로 처리할 때, 어떤 물질로 환원되는가?

① N_2
② HNO_3
③ CH_4
④ NO_2

10. 20℃ 재폭기 계수가 6.0/day이고, 탈산소 계수가 0.2/day이면 자정계수는?

① 0.033
② 3
③ 30
④ 120

11. 물의 밀도가 가장 큰 값을 나타내는 온도는?

① −10℃
② 0℃
③ 4℃
④ 10℃

12. 전기집진장치에 관한 설명으로 옳지 않은 것은?

① 관성력집진장치에 비해 집진효율이 높다.
② 압력손실이 커서 동력비가 많이 소요된다.
③ 약 350℃ 정도의 고온가스를 처리할 수 있다.
④ 전압변동과 같은 조건변동에 쉽게 적응하기 어렵다.

13. 폐기물관리법령상 지정폐기물 중 부식성 폐기물의 "폐알칼리" 기준으로 옳은 것은?

① 액체 상태의 폐기물로서 수소이온 농도지수가 12.5 이상인 것으로 한정한다.
② 액체 상태의 폐기물로서 수소이온 농도지수가 11.5 이상인 것으로 한정한다.
③ 액체 상태의 폐기물로서 수소이온 농도지수가 10.5 이상인 것으로 한정한다.
④ 액체 상태의 폐기물로서 수소이온 농도지수가 9.5 이상인 것으로 한정한다.

14. 음세기 레벨이 80dB인 전동기 3대가 동시에 가동된다면 합성 소음레벨은?

① 약 81dB
② 약 83dB
③ 약 85dB
④ 약 87dB

15. 프로페인(C_3H_8) $5Sm^3$의 연소에 필요한 이론공기량(Sm^3)은?

① 94
② 106
③ 119
④ 124

16. 반경이 2.5m인 트롬멜 스크린의 임계속도는?

① 약 19rpm
② 약 27rpm
③ 약 32rpm
④ 약 38rpm

17. 다음 설명과 관련된 복사법칙으로 가장 적합한 것은?

> 흑체표면의 단위면적으로부터 단위시간에 방출되는 전 파장의 복사에너지의 양(흑체의 전 복사도) E는 흑체의 절대온도 4승에 비례한다.

① 플랑크의 법칙
② 비인 법칙
③ 스테판-볼츠만의 법칙
④ 알베도의 법칙

18. 다음 중 레일리 산란(Rayleigh scattering)효과가 가장 뚜렷이 나타나는 조건은?

① 입자의 반경이 입사광선의 파장보다 훨씬 큰 경우
② 입자의 반경이 입사광선의 파장보다 훨씬 작은 경우
③ 입자의 반경과 입사광선의 파장이 비슷한 크기인 경우
④ 입자의 반경과 입사광선 파장의 크기가 정확히 일치하는 경우

19. 해수의 함유성분 중 "Holy seven"이 아닌 것은?

① HCO_3^- ② SO_4^{2-}
③ PO_4^{2-} ④ K^+

20. Na^+ 460mg/L, Ca^{2+} 200mg/L, Mg^{2+} 264mg/L인 농업용수가 있다. 이때 SAR(Sodium Adsorption Rate)의 값은? (단, Na 원자량 : 23, Ca 원자량 : 40, Mg 원자량 : 24)

① 4 ② 5
③ 6 ④ 7

21. 다음 흡수장치 중 기체분산형에 해당하는 것은?

① spray tower ② plate tower
③ venturi scrubber ④ spray chamber

22. 다음 중 태양상수값으로 가장 적합한 것은?

① $0.1cal/cm^2 \cdot min$
② $1cal/cm^2 \cdot min$
③ $2cal/cm^2 \cdot min$
④ $10cal/cm^2 \cdot min$

23. 폐기물이 관리에 있어서 가장 우선적으로 고려하여야 할 사항은?

① 재회수 ② 재활용
③ 감량화 ④ 소각

24. 일반적으로 폐기물 매립지의 혐기성 상태에서 발생 가능한 가스의 종류와 가장 거리가 먼 것은?

① 이산화탄소 ② 황화수소
③ 염화수소 ④ 암모니아

25. 인구 600,000명에 1인당 하루 1.3kg의 쓰레기를 배출하는 지역에 면적이 500,000m^2의 매립장을 건설하려고 한다. 강우량이 1,350mm/year인 경우 침출수 발생량은? (단, 강우량 중 60%는 증발되고 40%만 침출수로 발생된다고 가정하고, 침출수 비중은 1, 기타 조건은 고려하지 않음)

① 약 140,000톤/년 ② 약 180,000톤/년
③ 약 240,000톤/년 ④ 약 270,000톤/년

26. BTEX에 포함되지 않는 것은?

① 벤젠 ② 톨루엔
③ 에틸렌 ④ 자일렌

27. 폭기조 혼합액을 30분간 침전시킨 뒤의 침전물 부피는 400mL/L이었고, MLSS 농도가 3,000mg/L이었다면 침전지에서 침전상태는?

① 정상적이다.
② 슬러지 팽화로 인하여 침전이 되지 않는다.
③ 슬러지 부상현상이 발생하여 큰 덩어리가 떠오른다.
④ 슬러지가 Floc을 형성하지 못하고 미세하게 떠다닌다.

28. 유입기질 10g BODu를 혐기성으로 분해시킬 때 발생되는 이론적인 CH_4의 양은 표준상태에서 몇 L인가?

① 1.7 ② 2.7
③ 3.7 ④ 4.7

29. 호수 내의 성층현상에 관한 설명으로 옳지 않은 것은?

① 여름 성층의 연직 온도경사는 분자확산에 의한 DO 구배와 같은 모양이다.
② 성층의 구분 중 약층(thermocline)은 수심에 따른 수온변화가 적다.
③ 겨울 성층은 표층수 냉각에 의한 성층이어서 역성층이라고도 한다.
④ 전도현상은 가을과 봄에 일어나며 수괴의 연직혼합이 왕성하다.

30. 유량이 4,000m³/day이고 포기조의 MLSS가 4,000kg이다. F/M비(kg/kg·day)를 0.20으로 유지하기 위해서는 유입수의 BOD 농도를 몇 mg/L로 유입시켜야 되는가?

① 200　　　② 225
③ 250　　　④ 275

31. 쓰레기를 소각했을 때 남은 재의 중량은 쓰레기의 30%이다. 쓰레기 10ton을 태웠을 때 남은 재의 부피가 2m³라고 하면 재의 밀도(ton/m³)는?

① 1.0　　　② 1.5
③ 2.0　　　④ 2.5

32. 로타리 킬른식(rotary kiln)소각로의 특징에 대한 설명으로 틀린 것은?

① 습식가스 세정시스템과 함께 사용할 수 있다.
② 넓은 범위의 액상 및 고상 폐기물을 소각할 수 있다.
③ 용융상태의 물질에 의하여 방해받지 않는다.
④ 예열, 혼합, 파쇄 등 전처리 후 주입한다.

33. 공기역학직경(aerodynamic diameter)에 관한 설명으로 가장 적합한 것은?

① 원래의 먼지와 침강속도가 동일하며, 밀도가 1g/cm³인 구형입자의 직경
② 원래의 먼지와 침강속도가 동일하며, 밀도가 1g/cm³인 선형입자의 직경
③ 원래의 먼지와 밀도 및 침강속도가 동일한 선형입자의 직경
④ 원래의 먼지와 밀도 및 침강속도가 동일한 구형입자의 직경

34. 광화학반응에 관한 설명으로 옳지 않은 것은?

① NO_2는 도시 대기오염물질 중에서 가장 중요한 태양빛 흡수기체로서 파장 420nm 이상의 가시광선에 의해 NO와 O로 광분해한다.
② 알데히드(RCHO)는 파장 313nm 이하에서 광분해한다.
③ 케톤은 파장 300~700nm에서 약한 흡수를 하여 광분해한다.
④ SO_2는 대류권에서 쉽게 광분해되며, 파장 450~500nm에서 강한 흡수를 나타낸다.

35. 다음 중 매연 발생 원인으로 가장 거리가 먼 것은?

① 연소실의 체적이 적을 때
② 통풍력이 부족할 때
③ 석탄 중에 황분이 많을 때
④ 무리하게 연소시킬 때

36. 연료의 완전연소 시 발열량(kcal/Sm³)이 가장 큰 것은?

① Propane　　　② Ethylene
③ Acetylene　　④ Propylene

37. 질산화 반응에 관한 내용으로 옳은 것은?

① 질산균의 에너지원은 유기물이다.
② 질산균의 증식속도는 활성슬러지 내 미생물보다 빠르다.
③ 질산균의 질산화 반응시 알칼리도가 생성된다.
④ 질산균의 질산화 반응시 용존산소는 2mg/L 이상이어야 한다.

38. 암모니아성 질소 42mg/L와 아질산성 질소 14mg/L가 포함된 폐수를 완전 질산화시키기 위한 산소요구량은?

① 135mg/L　　② 174mg/L
③ 208mg/L　　④ 232mg/L

39. 0.01N NaOH 용액의 농도는 몇 %인가? (단, Na : 23)

① 0.2　　② 0.4
③ 0.02　　④ 0.04

40. 흡광도가 0.35인 시료의 투과도는 얼마인가?

① 0.447　　② 0.547
③ 0.647　　④ 0.747

41. 도시쓰레기의 특성으로 가장 거리가 먼 것은?

① 배출량은 생활수준의 향상, 생활양식, 수집형태 등에 따라 좌우된다.
② 쓰레기의 질은 지역, 기후 등에 따라 달라진다.
③ 도시쓰레기의 처리는 성상에 크게 지배된다.
④ 쓰레기 발생량은 계절에 따라 일정하다.

42. 다음의 생물학적 인 및 질소제거 공정 중 질소제거를 주목적으로 개발한 공법으로 가장 적절한 것은?

① 4단계 Bardenpho 공법
② A^2/O 공법
③ A/O 공법
④ Phostrip 공법

43. 다음 중 오존층의 두께를 표시하는 단위는?

① VAL　　② OTL
③ Pa　　④ Dobson

44. 수질관리를 위해 대장균군을 측정하는 주목적으로 가장 타당한 것은?

① 다른 수인성 병원균의 존재 가능성을 알기 위하여
② 호기성 미생물 성장가능 여부를 알기 위하여
③ 공장폐수의 유입여부를 알기 위하여
④ 수은의 오염정도를 측정하기 위하여

45. 쓰레기를 압축시켜 45% 용적감소율이 있었다면 압축비는?

① 1.25　　② 1.54
③ 1.67　　④ 1.82

46. 진동측정에 사용되는 용어의 정의로 틀린 것은?

① 배경진동 : 한 장소에 있어서의 특정의 진동을 대상으로 생각할 경우 대상진동이 없을 때 그 장소의 진동을 대상진동에 대한 배경진동이라 한다.
② 정상진동 : 시간적으로 변동하지 아니하거나 또는 변동 폭이 작은 진동을 말한다.
③ 측정진동레벨 : 대상진동레벨에 관련시간대에 대한 평가진동레벨 발생시간의 백분율, 시간별, 지역별 등의 보정치를 보정한 후 얻어진 진동레벨을 말한다.
④ 충격진동 : 단조기의 사용, 폭약의 발파 시 등과 같이 극히 짧은 시간 동안에 발생하는 높은 세기의 진동을 말한다.

47. 황록색의 유독한 기체로 물에 잘 녹으며 강한 자극성이 있는 기체는?

① Cl_2　　② NH_3
③ CO_2　　④ CH_4

48. 중력 집진장치의 효율을 향상시키는 조건으로 거리가 먼 것은?

① 침강실 내의 배기가스의 기류는 균일해야 한다.
② 침강실의 높이가 높고, 길이가 짧을수록 집진율이 높아진다.
③ 침강실 내의 처리가스 유속이 작을수록 미립자가 포집된다.
④ 침강실의 입구폭이 클수록 미세입자가 포집된다.

49. 〈보기〉와 같은 특성을 가지는 생물학적 폐수처리 방법은?

〈보기〉
- 대표적인 부착 성장식 생물학적 처리공법이다.
- 매질(media)로 채워진 탱크에 위에서 폐수를 뿌려 주면 매질 표면에 붙어있는 미생물이 유기물을 섭취하여 제거한다.
- 여재의 크기가 균일하지 않거나 매질이 파손되는 경우에는 연못화 현상이 일어날 수 있다.

① 회전원판법 ② 살수여상법
③ 활성슬러지법 ④ 산화지법

50. 폐기물 처리 시 에너지를 회수 또는 재활용 할 수 있는 처리법으로 가장 거리가 먼 것은?

① 표준활성처리 ② 열분해
③ 발효 ④ RDF

51. 밑면을 개방할 수 있는 바지선에 폐기물을 적재하여 대상지점에 투하하는 방식으로 내수배제가 곤란하고 수심이 깊은 지역 등에 적합한 해안매립공법은?

① 도랑식공법 ② 셀공법
③ 샌드위치공법 ④ 박층뿌림공법

52. 진동발생원의 진동을 측정한 결과 가속도 진폭이 0.02m/sec² 이었다. 이를 진동가속도레벨(VAL)로 나타내면 몇 dB인가?

① 57 ② 60
③ 63 ④ 67

53. 가청주파수의 범위로 알맞은 것은?

① 20Hz 이하 ② 20~20,000Hz
③ 20,000Hz 이상 ④ 200KHz 이하

54. 인구 100,000명의 중소도시에 발생되는 쓰레기의 양이 200m³/day(밀도 750kg/m³)이다. 적재량 5ton 트럭으로 운반하려면 1일 소요되는 트럭대수는?(단, 트럭은 1회 운행)

① 12대 ② 18대
③ 24대 ④ 30대

55. 수중의 암모니아(NH₃)를 포기하여 제거(air stripping)하고자 할 때 가장 중요한 인자는?

① pH와 온도
② pH와 용존산소 농도
③ 온도와 용존산소 농도
④ 온도와 공기공급량

56. 냄새역치(TON)의 계산식으로 옳은 것은? (단, A : 시료 부피(mL), B : 무취 정제수 부피(mL))

① $(A+B)/B$ ② $(A+B)/A$
③ $A/(A+B)$ ④ $B/(A+B)$

57. 여과집진장치의 탈진방식 중 간헐식에 관한 설명으로 옳지 않은 것은?

① 간헐식 중 진동형은 여포의 음파진동, 횡진동, 상하진동에 의해 포집된 먼지층을 털어내는 방식이다.
② 집진실을 여러 개의 방으로 구분하고 방 하나씩 처리가스의 흐름을 차단하여 순차적으로 탈진하는 방식이며, 여포의 수명은 연속식에 비해 길다.
③ 연속식에 비하여 먼지의 재비산이 적고, 높은 집진율을 얻을 수 있다.
④ 대량의 가스의 처리에 적합하며, 점성있는 조대먼지의 탈진에 효과적이다.

58. 등압선이 곡선인 경우 원심력, 기압경도력, 전향력의 세 힘이 평형을 이루는 상태에서 등압선을 따라 부는 바람을 무엇이라 하는가?

① Geostrophic wind
② Corioli wind
③ Gradient wind
④ Friction wind

59. "반고상폐기물"의 고형물 함량 범위로 알맞은 것은?

① 3% 이상 5% 미만
② 5% 미만
③ 5% 이상 15% 미만
④ 15% 이상

60. 음압이 10배가 되면 음압레벨은 몇 dB 증가하는가?

① 10 ② 20
③ 30 ④ 40

UNIT 17　CBT 대비 실전모의고사 5회

01. 인체의 폐포에 가장 침착하기 쉬운 입자의 크기는?

① 0.05~0.5㎛　　② 0.5~5.0㎛
③ 5.0~50㎛　　　④ 50~100㎛

02. 어느 공장의 배출가스 양은 50m³/hr이다. 배출가스 중의 SO_2농도가 470ppm이라면 하루에 발생되는 SO_2의 양(kg)은?(단, 24시간 연속 가동기준, 표준상태 기준)

① 1.33　　② 1.61
③ 1.79　　④ 1.94

03. 유체의 점도 단위로서 올바른 것은?

① kg·s/m　　② kg/m·s
③ m²/s　　　④ m/s

04. 폐기물 발생량 조사방법으로 알맞지 않은 것은?

① 적재차량 계수분석
② 직접 계근법
③ 물질성상분석법
④ 물질수지법

05. 다음 중 건조한 대기의 성분 중에서 가장 농도가 높은 것은?

① 메탄　　② 헬륨
③ 아르곤　④ 이산화탄소

06. 밀도가 1.0g/cm³인 폐기물 10kg에 5kg의 고형화 재료를 첨가하여 고형화시킨 결과 밀도가 2.0g/cm³로 증가하였다. 이 경우 부피 변화율은 얼마인가?

① 0.25　　② 0.50
③ 0.75　　④ 1.33

07. 폐수의 살수여상 처리과정을 순서대로 바르게 연결한 것은?

① 유입수 → 살수여상 → 1차 침전 → 2차 침전 → 방류
② 유입수 → 스크린 → 1차 침전 → 살수여상 → 2차 침전 → 방류
③ 유입수 → 1차 침전 → 2차 침전 → 살수여상 → 방류
④ 유입수 → 1차 침전 → 소독 → 살수여상 → 2차 침전 → 방류

08. 활성슬러지 공법으로 하수처리시 유지해주어야 할 포기조의 적정 DO농도(mg/L)는?

① 2　　② 5
③ 8　　④ 11

09. 공기 스프링에 관한 설명 중 틀린 것은?

① 설계시 스프링의 높이, 스프링정수를 각각 독립적으로 광범위하게 설정할 수 있다.
② 사용진폭이 작아 댐퍼가 필요한 경우가 적다.
③ 부하능력이 광범위하다.
④ 자동제어가 가능하다.

10. 다음 대기오염 물질 중 물리적 상태가 다른 것은?

① 먼지　　　　　② 매연
③ 검댕　　　　　④ 황산화물

11. 연속회분식 반응조(SBR)에 관한 설명으로 적합하지 않은 것은?

① 처리용량이 큰 처리장에는 적용하기 곤란하다.
② 주기적인 슬러지 반송이 필요하다.
③ 운전주기의 조절로 질소의 제거가 가능하다.
④ 활성슬러지법과 비교하면 에너지 절약형이라고 볼 수 있다.

12. 수소이온농도가 3.9×10^{-6} mol/L인 경우 용액의 pH는?

① 5.4　　　　　② 5.7
③ 6.0　　　　　④ 6.3

13. 다음 중 수분 및 고형물 함량 측정에 필요하지 않은 실험기구는?

① 증발접시　　　② 전자저울
③ jar-테스터　　④ 데시케이터

14. 어느 벽체의 투과 손실 값이 32dB이라면 이 벽체의 투과율은?

① 5.3×10^{-3}　　② 6.3×10^{-4}
③ 5.3×10^{-5}　　④ 6.3×10^{-6}

15. 지역이기주의를 나타내는 용어로 폐기물의 최종매립지 확보를 어렵게 만드는 현상은?

① NIMBY 현상　　② PIMPY 현상
③ 3D 현상　　　　④ 3P 현상

16. 음의 회절에 관한 설명으로 옳지 않은 것은?

① 회절하는 정도는 파장에 반비례한다.
② 슬릿의 폭이 좁을수록 회절하는 정도가 크다.
③ 장애물 뒤쪽으로 음이 전파되는 현상이다.
④ 장애물이 작을수록 회절이 잘 된다.

17. 신도시를 중심으로 설치되며 생활오수는 하수처리장으로, 우수는 별도의 관거를 통해 직접 수역으로 방류하는 배제방식은?

① 합류식　　　　② 분류식
③ 직각식　　　　④ 원형식

18. 질소화합물의 분해과정을 알맞게 나타낸 것은?

① 유기물 → 질산성 질소 → 아질산성 질소 → 암모니아성 질소
② 유기물 → 아질산성 질소 → 질산성 질소 → 암모니아성 질소
③ 유기물 → 암모니아성 질소 → 아질산성 질소 → 질산성 질소
④ 유기물 → 유기질소 → 질산성 질소 → 아질산성 질소

19. 소각에 비하여 열분해 공정의 특징이라고 볼 수 없는 것은?

① 무산소 분위기 중에서 고온으로 가열한다.
② 액체 및 기체상태의 연료를 생산하는 공정이다.
③ NOx 발생량이 적으나, 기타유해가스의 배출이 많다.
④ 에너지 소요량이 많다.

20. 연도로 배출되는 배기가스 중의 폐열을 이용하여 보일러의 급수를 예열함으로써 열효율 증가에 기여하는 설비는?

① 공기예열기　　② 이코노마이저
③ 재열기　　　　④ 과열기

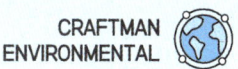

21. 황화수소 1Sm³의 이론연소 공기량(Sm³)은?

① 5.6
② 7.1
③ 8.7
④ 9.3

22. 폭 20m, 길이 30m, 높이 3m인 장방형 침전지에 0.05m³/sec의 유량이 유입될 때 체류시간(hr)은?

① 4
② 8
③ 10
④ 0.1

23. 성층 현상이 뚜렷한 계절을 알맞게 짝지은 것은?

① 겨울, 가을
② 가을, 봄
③ 겨울, 여름
④ 봄, 여름

24. 대기의 특성과 관련된 설명으로 옳지 않은 것은?

① 공기는 물에 비해 탄성이 약하며, 약 0~50℃의 온도 범위 내에서 공기는 보통 이상기체의 법칙을 따른다.
② 공기의 절대습도란 이론적으로 함유된 수증기 또는 물의 함량을 말하며 단위는 %이다.
③ 행성경계층(PBL)보다 높은 고도에서 기압경도력과 전향력의 평형에 의하여 이루어지는 바람을 지균풍이라고 한다.
④ 대기안정도와 난류는 대기경계층 내에서 오염물질의 확산정도를 결정하는 중요한 인자이다.

25. 분자량이 M인 대기오염물질의 농도가 표준상태(0℃, 1기압)에서 448ppm으로 측정되었다. 표준상태에서 몇 mg/m³ 인가?

① $\dfrac{1}{20M}$
② $\dfrac{M}{20}$
③ $20M$
④ $\dfrac{20}{M}$

26. 다음이 설명하고 있는 기체법칙은?

> 공기와 같은 혼합기체 속에서 각 성분기체는 서로 독립적으로 압력을 나타낸다. 각 기체의 부분압력은 혼합물 속에서의 그 기체의 양(부피퍼센트)에 비례한다. 바꾸어 말하면 그 기체가 혼합기체의 전체 부피를 단독으로 차지하고 있을 때에 나타내는 압력과 같다.

① Dalton의 부분압력법칙
② Henry의 부분압력법칙
③ Avogadro의 부분압력법칙
④ Boyle의 부분압력법칙

27. 우리나라 수자원에 대하여 이용량을 용도별로 나눌 때 그 수요가 가장 높은 것은?

① 생활용수
② 공업용수
③ 농업용수
④ 하천유지용수

28. 노말 헥산 추출물질을 측정하기 위해 시료 30g을 사용하여 공정시험기준에 따라 실험하였다. 실험전후의 증발용기의 무게 차는 0.0176g이고 바탕 실험전후의 증발용기의 무게 차가 0.0011g이었다면 이를 적용하여 계산된 노말 헥산 추출물질(%)은?

① 0.035%
② 0.055%
③ 0.075%
④ 0.095%

29. 순수한 물 1,000mL에 비중이 1.18인 염산 100mL를 혼합하였을 때, 염산의 W/V% 농도는?

① 10.55
② 10.61
③ 10.73
④ 10.86

30. 세포합성에 필요한 전구물질과 에너지를 얻기 위해 세포에 의해서 수행되는 화학반응(대사, 생물체가 화학적으로 복잡한 물질을 간단한 물질로 분해하는 과정)은?

① 합성작용(Synthesis)
② 호흡작용(Endogenous Respiration)
③ 이화작용(Catabolism)
④ 동화작용(Anabolism)

31. 유해가스상 물질의 독성에 관한 설명으로 거리가 먼 것은?

① SO_2는 0.1~1ppm에서도 수 시간 내에 고등식물에게 피해를 준다.
② CO_2 독성은 10ppm 정도에서 인체와 식물에 해롭다.
③ CO는 100ppm까지는 1~3주간 노출되어도 고등식물에 대한 피해는 약하다.
④ HCl은 SO_2보다 식물에 미치는 영향이 훨씬 적으며, 한계농도는 10ppm에서 수 시간 정도이다.

32. 부상법으로 처리해야 할 폐수의 성상으로 가장 적합한 것은?

① 수중에 용존유기물의 농도가 높은 경우
② 비중이 물보다 낮은 고형물이 많은 경우
③ 수온이 높은 폐수
④ 독성물질을 함유한 폐수

33. 함수율 50%인 쓰레기와 함수율 90%인 슬러지를 7 : 3으로 섞어 매립하고자 한다. 이 혼합물의 함수율은 얼마인가?

① 57%   ② 62%
③ 70%   ④ 73%

34. 슬러지 농축방법으로 적절하지 않은 것은?

① 명반 응집제 첨가 농축방법
② 중력식 농축방법
③ 원심분리 농축방법
④ 용존공기부상 농축방법

35. 매립시설에서 복토의 목적과 거리가 먼 것은?

① 빗물 배제   ② 화재 방지
③ 식물 성장 방지   ④ 폐기물의 비산 방지

36. 디젤자동차에서 배출되는 오염물질로 가장 거리가 먼 것은?

① 질소산화물   ② 일산화탄소
③ 이산화탄소   ④ 납

37. 유기성폐기물 처리방법 중 퇴비화의 장·단점으로 가장 거리가 먼 것은?

① 생산된 퇴비는 비료가치가 낮다.
② 퇴비제품의 품질 표준화가 어렵다.
③ 생산품인 퇴비는 토양의 이화학성질을 개선시키는 토양개량제로 사용할 수 있다.
④ 퇴비화 과정 중 80% 이상 부피가 크게 감소된다.

38. Dulong 공식을 적용하여 슬러지의 건조무게당 발열량을 구하는 방법은?

① 원소분석법   ② 근사치분석법
③ 열량계법   ④ 열분해법

39. 단진자의 길이가 2m일 때 그 주기는?

① 0.8초   ② 1.2초
③ 2.2초   ④ 2.8초

40. 침전지 또는 농축조에 설치된 스크레퍼의 사용목적으로 옳은 것은?

① 침전물을 부상시키기 위해서
② 스컴(scum)을 방지하기 위해서
③ 슬러지(sludge)를 혼합하기 위해서
④ 슬러지(sludge)를 끌어 모으기 위해서

41. 박테리아의 경험식은 $C_5H_7O_2N$이다. 1kg의 박테리아를 완전히 산화시키려면 몇 kg의 산소가 필요한가? (단, 질소는 암모니아로 무기화된다.)

① 4.32　　　　② 3.47
③ 2.14　　　　④ 1.42

42. 연간 3,000,000톤의 도시쓰레기를 3,000명의 인부가 수거한다면 수거인부의 수거능력(MHT)은? (단, 일평균작업시간 : 8hr/day, 1년 작업일수 : 300days)

① 1.7　　　　② 2.4
③ 3.1　　　　④ 4.5

43. 폐기물 관리체계 중 도시폐기물 관리에서 가장 많은 비용을 차지하는 요소는?

① 처리　　　　② 저장
③ 처분　　　　④ 수거

44. 웨어(Weir)의 설치 목적으로 가장 알맞은 것은?

① pH 측정　　　② DO 측정
③ MLSS 측정　　④ 유량 측정

45. 원심력집진장치에 관한 설명으로 옳지 않은 것은?

① Blow down현상이 발생하면 입자 재비산으로 인하여 효율이 저하된다.
② 배기관경(내관)이 작을수록 입경이 작은 입자를 제거할 수 있다.
③ 입구 유속에는 한계가 있지만, 그 한계내에서는 입구 유속이 빠를수록 효율이 높은 반면에 압력손실도 커진다.
④ 적당한 Dust Box의 모양과 크기도 효율에 영향을 미친다.

46. 가스상태의 오염물질을 물리적 흡착법으로 처리하려고 한다. 흡착효율을 높이기 위한 방법으로 옳은 것은?

① 접촉시간을 줄인다.
② 온도를 내린다.
③ 압력을 감소시킨다.
④ 흡착제의 표면적을 줄인다.

47. 상수처리를 위한 완속여과공법에서의 적당한 여과속도는?

① 5m/day　　　② 15m/day
③ 50m/day　　 ④ 150m/day

48. 박테리아에 관한 설명으로 옳지 않은 것은?

① 단세포 미생물로서 용해된 유기물을 섭취한다.
② 막대기모양, 공모양, 나선모양 등이 있다.
③ 60%는 수분, 40%는 고형물질로 구성되어 있다.
④ 일반적인 화학조성은 $C_5H_7O_2N$으로 나타낼 수 있다.

49. 산도나 경도는 무엇을 환산하는가?

① 염화칼슘　　　② 탄산칼슘
③ 질산칼슘　　　④ 수산화칼슘

50. 슬러지 소각의 장점으로 가장 거리가 먼 것은?

① 병원균의 사멸로 위생적이며 안전하다.
② 슬러지 용적이 감소된다.
③ 시설비 및 유지관리비가 저렴하다.
④ 다른 처리법에 비해 소요면적이 적다.

51. 카드뮴은 다음 어떤 공장에서 주로 배출되는가?

① 도자기 제조공장　② 염산 제조공장
③ 코크스 제조공장　④ 도금 공장

52. 발음원이 이동할 때 그 진행 방향쪽에서는 원래 발음원의 음보다 고음으로 진행, 반대쪽에서는 저음으로 되는 현상을 무엇이라 하는가?

① 도플러 효과
② 회절
③ 지향효과
④ 마스킹 효과

53. 실험실에서 BOD를 측정할 때 배양조건으로 옳은 것은?

① 5℃에서 20일간 배양
② 5℃에서 20번 배양
③ 20℃에서 5일간 배양
④ 20℃에서 5번 배양

54. 폐기물 소각로의 설계기준이 되는 발열량은?

① 고위발열량
② 저위발열량
③ 고위발열량과 저위발열량의 산술평균
④ 고위발열량과 저위발열량의 기하평균

55. 소음의 영향에 관한 설명으로 옳지 않은 것은?

① 노인성 난청은 고주파음(10,000Hz)에서부터 난청이 시작된다.
② 영구성 청력손실은 4,000Hz 정도에서부터 난청이 시작된다.
③ 가축의 산란율, 부화율, 우유량 등의 저하를 유발한다.
④ 신체적으로 할당도, 혈중 백혈구, 혈중 아드레날린 등을 증가시킨다.

56. 오존(O_3)에 관한 다음 설명 중 옳지 않은 것은?

① 무색, 무취의 산화력이 강한 기체이다.
② 눈 및 호흡기 점막에 강한 자극을 주며, 고무를 쉽게 노화시킨다.
③ 살균 및 탈취작용을 한다.
④ 태양으로부터 복사되는 유해 자외선을 차단하여 지표 생물권으로 보호해 주는 역할을 한다.

57. 폐기물을 분석하기 위한 시료의 축소화방법으로만 옳게 나열된 것은?

① 구획법, 교호삽법, 원추 4분법
② 구획법, 교호삽법, 직접 계근법
③ 교호삽법, 물질수지법, 원추 4분법
④ 구획법, 교호삽법, 적재차량계수법

58. 탈질과정을 거쳐 질소 성분이 최종적으로 변환된 질소의 형태는?

① 아질산성 질소
② 유기 질소
③ 질소
④ 질산성 질소

59. 다음 중 적환장의 위치로 적당하지 않은 곳은?

① 수거지역의 무게중심에서 가능한 가까운 곳
② 주요 간선도로에서 멀리 떨어진 곳
③ 작업에 의한 환경피해가 최소인 곳
④ 적환장 설치 및 작업이 가장 경제적인 곳

60. 대기조건 중 고도가 높아질수록 기온이 증가하여 수직온도차에 의한 혼합이 이루어지지 않는 상태는?

① 과단열
② 미단열
③ 중립
④ 역전

UNIT 18. CBT 대비 실전모의고사 6회

01. 어떤 유해가스의 기상 분압이 38mmHg일 때 그 성분의 액상에서의 농도가 2.5kmol/m³으로 평형을 이루고 있다. 이때 헨리상수(atm · m³/kmol)는?

① 0.02
② 0.04
③ 0.062
④ 0.08

02. 대기오염공정시험방법상 굴뚝 배출가스 중 질소산화물의 연속자동 측정방법이 아닌 것은?

① 화학발광법
② 적외선흡수법
③ 자외선흡수법
④ 용액전도율법

03. 알칼리도에 관한 설명으로 가장 거리가 먼 것은?

① 산이 유입될 때 이를 중화시킬 수 있는 능력의 척도이다.
② 0.01N NaOH로 적정하여 소비된 양을 탄산칼슘의 당량으로 환산하여 mg/L로 나타낸다.
③ 중탄산염이 많이 포함된 물을 가열하면 CO_2가 대기 중으로 방출되어 물속에 OH^-가 존재하므로 알칼리성을 띠게 된다.
④ 일반적으로 자연수에 존재하는 이온 중 알칼리도에 기여하는 물질의 강도는 $OH^- > CO_3^{2-} > HCO_3^-$ 순이다.

04. 다음 중 슬러지 팽화의 지표로서 가장 관계가 깊은 것은?

① 함수율
② SVI
③ TSS
④ NBDCOD

05. 유동상 소각로의 장점으로 거리가 먼 것은?

① 유동매체의 열용량이 커서 전소 및 혼소가 가능하다.
② 연소효율이 높아 미연소분의 배출이 적고 2차 연소실이 불필요하다.
③ NOx와 SOx 발생이 적다.
④ 압력손실이 낮다.

06. 쓰레기 2톤을 건조시킨 후 무게를 측정하였더니 1,500kg이 되었다면 건조 전 쓰레기의 함수율은?

① 25%
② 50%
③ 75%
④ 100%

07. 음의 굴절에 관한 다음 설명 중 틀린 것은?

① 음파가 한 매질에서 타 매질로 통과할 때 구부러지는 현상이다.
② 대기의 온도차에 의한 굴절은 온도가 낮은 쪽으로 굴절한다.
③ 음원보다 상공의 풍속이 클 때 풍상층에서는 상공으로 굴절한다.
④ 밤(지표부근의 온도가 상공보다 저온)이 낮(지표부근의 온도가 상공보다 고온)보다 거리감쇠가 크다.

08. 일정기간동안 특정지역의 쓰레기 수거차량의 대수를 조사하여 이 값에 쓰레기의 밀도를 곱하여 중량으로 환산하여 쓰레기 발생량을 산출하는 방법은?

① 경향법
② 직접계근법
③ 물질수지법
④ 적재차량 계수분석법

09. 탄소, 수소, 산소, 황을 무게로 각각 87%, 4%, 8%, 1% 함유한 중유의 연소에 필요한 이론 산소량이 1.80Sm³/kg이라면 이론 공기량은?

① 약 2.8Sm³/kg ② 약 5.2Sm³/kg
③ 약 8.6Sm³/kg ④ 약 10.3Sm³/kg

10. 물의 증발잠열은 약 얼마인가? (단, 기준 0℃)

① 300kcal/kg ② 600kcal/kg
③ 900kcal/kg ④ 1,200kcal/kg

11. 다음 중 콘크리트 하수관거의 부식을 유발하는 오염물질로 가장 적합한 것은?

① NH_4^+ ② H_2S
③ Cl^- ④ PO_4^{3-}

12. 다음 하수처리 계통 중 가장 적합한 것은?

① 침사지 → 1차 침전지 → 포기조 → 2차 침전지 → 염소소독 → 방류
② 염소소독 → 침사지 → 1차 침전지 → 포기조 → 2차 침전지 → 방류
③ 침사지 → 1차 침전지 → 포기조 → 염소소독 → 2차 침전지 → 방류
④ 1차 침전지 → 포기조 → 2차 침전지 → 급속여과조 → 활성탄 처리조 → 침사지 → 방류

13. 다음 슬러지 처리 계통도 중 가장 적합한 것은?

① 슬러지 → 탈수 → 건조 → 개량 → 소각 → 매립
② 슬러지 → 소화 → 탈수 → 개량 → 농축 → 매립
③ 슬러지 → 농축 → 개량 → 탈수 → 소각 → 매립
④ 슬러지 → 개량 → 탈수 → 농축 → 소각 → 매립

14. 소각장에서 폐기물을 연소시킬 때 조건으로 가장 거리가 먼 것은?

① 완전연소를 위해 체류시간은 가능한 한 짧아야 한다.
② 연료와 공기가 충분히 혼합되어야 한다.
③ 공기/연료비가 적절해야 한다.
④ 점화온도가 적정하게 유지되고 재의 방출이 최소화될 수 있는 소각로 형태이어야 한다.

15. 순수한 탄화수소(HC)를 과잉공기로 연소시킬 때 연소가스에 포함되지 않을 것으로 예상되는 물질은?

① 산소 ② 질소
③ 일산화탄소 ④ 물

16. 일산화탄소(CO)의 성질에 대한 설명 중 틀린 것은?

① 무색, 무미, 무취이다.
② 연료의 불완전연소시 발생한다.
③ 혈액내의 헤모글로빈과 결합력이 강하다.
④ 물에 잘 녹는다.

17. 1차 원형침전지의 깊이가 3m이고, 지름이 0.5m이다. 36m³/day로 폐수가 유입된다면 이때의 체류시간(hr)은?

① 0.19 ② 0.29
③ 0.39 ④ 0.49

18. 50,000m³/day의 상수를 살균하기 위해 20kg/day의 염소가 사용되고 있는데, 15분 접촉 후 잔류염소는 0.2mg/L이다. 이 때 염소주입농도(㉠)와 염소요구량(㉡)은 각각 얼마인가?

① ㉠ 0.8mg/L, ㉡ 0.4mg/L
② ㉠ 0.2mg/L, ㉡ 0.4mg/L
③ ㉠ 0.4mg/L, ㉡ 0.8mg/L
④ ㉠ 0.4mg/L, ㉡ 0.2mg/L

19. 압축비 1.67로 쓰레기를 압축하였다면 압축 전과 압축 후의 체적 감소율은 몇 %인가? (단, 압축비는 V_i/V_f이다.)

① 약 20% ② 약 40%
③ 약 60% ④ 약 80%

20. 지정폐기물의 정의 및 그 특징에 관한 설명 중 틀린 것은?

① 생활폐기물 중 환경부령으로 정하는 폐기물을 의미한다.
② 유독성 물질을 함유하고 있다.
③ 2차 혹은 3차 환경오염의 유발 가능성이 있다.
④ 일반적으로 고도의 처리기술이 요구된다.

21. 황성분이 1.8%인 중유를 10ton/hr로 연소하는 보일러에서 배기가스 중의 SO_2를 $CaCO_3$로 완전히 처리하는 경우에 이론상 필요한 $CaCO_3$의 양은?(단, 중유 중의 S성분은 모두 SO_2로 생성된다고 가정하며, Ca의 원자량은 40이다.)

① 0.45ton/hr ② 0.50ton/hr
③ 0.56ton/hr ④ 0.68ton/hr

22. 다음 중 전기집진장치에서 먼지의 전기저항을 낮추기 위하여 사용하는 방법으로 거리가 먼 것은?

① SO_3 주입 ② 수증기 주입
③ NaCl 주입 ④ 암모니아 가스 주입

23. 흡수공정으로 유해가스를 처리할 때, 흡수액이 갖추어야 할 요건으로 옳지 않은 것은?

① 용해도가 커야 한다.
② 점성이 작아야 한다.
③ 휘발성이 커야 한다.
④ 용매의 화학적 성질과 비슷해야 한다.

24. 수심이 4m이고, 체류시간이 3시간인 장방형 침전지의 수면적 부하는?

① $32m^3/m^2 \cdot 일$ ② $30m^3/m^2 \cdot 일$
③ $28m^3/m^2 \cdot 일$ ④ $26m^3/m^2 \cdot 일$

25. 염소주입에 의하여 폐수 중의 질소화합물과 반응하여 생성되는 물질은 무엇인가?

① 유리잔류질소 ② 액체질소
③ 트리할로메탄 ④ 클로라민

26. 폐기물의 퇴비화 공정에서 발생된 생성물로 가장 거리가 먼 것은?

① NO_3^- ② CO_2
③ O_3 ④ H_2O

27. 인구 300,000명의 도시에서 평균 1.5kg/인·일의 비율로 쓰레기가 배출된다면 이 도시의 총 쓰레기 배출량은?(단, 쓰레기의 밀도는 $400kg/m^3$이다.)

① $1,100m^3/day$ ② $1,125m^3/day$
③ $1,200m^3/day$ ④ $1,250m^3/day$

28. 원음장 중 음원에서 거리가 2배로 되면 음압레벨이 6dB씩 감소되는 음장은?

① 근접음장 ② 자유음장
③ 잔향음장 ④ 확산음장

29. 다음 폐기물의 감량화 방안 중 폐기물이 발생원에서 발생되지 않도록 사전에 조치하는 발생원 대책으로 거리가 먼 것은?

① 적정 저장량 관리
② 과대포장 사용 안하기
③ 철저한 분리수거 실시
④ 폐기물로부터 회수에너지 이용

30. 소음진동 환경오염공정시험기준상 소음의 배출허용기준을 측정할 때 손으로 소음계를 잡고 측정할 경우 소음계는 측정자의 몸으로부터 최소 얼마 이상 떨어져야 하는가?

① 0.1m 이상　　② 0.3m 이상
③ 0.4m 이상　　④ 1.5m 이상

31. 다음 중 호기성 소화방식의 특성으로 가장 거리가 먼 것은?

① 산화분해에 의해 혐기성 소화보다 악취가 적은 편이다.
② 포기로 인하여 동력비가 많이 든다.
③ 소화속도가 혐기성에 비해 느린 편이며, 효율은 온도 변화에 상관없이 일정하다.
④ 생성된 슬러지의 탈수성이 나쁜 편이다.

32. 활성슬러지공법에 있어서 MLSS의 설명을 가장 적합하게 표현한 것은?

① 최종 방류수 중의 부유물질
② 포기조 혼합액 중의 부유물질
③ 최초 유입수 중의 부유물질
④ 탈수슬러지 중의 부유물질

33. 폼알데하이드(CH_2O)의 완전산화 시 ThOD/TOC의 비는?

① 1.92　　② 2.67
③ 3.31　　④ 4

34. 다음 중 LNG의 주성분은?

① CO　　② C_2H_2
③ CH_4　　④ C_3H_8

35. 다음 보기와 같은 특성을 가진 대기오염 물질은?

〈보기〉
- 상온에서 공기 중으로 쉽게 휘발되는 성질을 가진 톨루엔, 자일렌 등의 물질을 말한다.
- 건축자재, 접착재, 페인트, 세탁용매, 각종 유기용매 등으로부터 발생된다.
- 새로 지은 집, 새 가구를 들여 놓았을 때 맡을 수 있는 냄새 등이 이에 해당된다.

① H_2S　　② NH_3
③ NOx　　④ VOCs

36. 가스 중의 유해물질 또는 회수가치가 있는 가스를 흡착법으로 이용하고자 할 때, 다음 중 흡착제로 사용할 수 없는 것은?

① 활성탄　　② 알루미나
③ 실리카겔　　④ 석영

37. 일반적인 폐수처리공정에서 최적 응집제 투입량을 결정하기 위한 Jar-test에 관한 설명으로 가장 적합한 것은?

① 응집제 투입량 대 상징수의 SS잔류량을 측정하여 최적 응집제 투입량을 결정
② 응집제 투입량 대 상징수의 알칼리도를 측정하여 최적 응집제 투입량을 결정
③ 응집제 투입량 대 상징수의 용존산소를 측정하여 최적 응집제 투입량을 결정
④ 응집제 투입량 대 상징수의 대장균군수를 측정하여 최적 응집제 투입량을 결정

38. 농도를 알 수 없는 염산 50mL를 완전히 중화시키는데 0.4N 수산화나트륨 25mL가 소모되었다. 이 염산의 농도는?

① 0.2N　　② 0.4N
③ 0.6N　　④ 0.8N

39. 다음 중 해양오염 현상으로 거리가 먼 것은?

① 적조 ② 부영양화
③ 용존산소 과포화 ④ 온열배수 유입

40. 폐기물 고체연료(RDF)의 구비조건으로 틀린 것은?

① 함수율이 높을 것
② 열량이 높을 것
③ 대기오염이 적을 것
④ 성분 배합률이 균일할 것

41. 일반적인 메탄가스의 성질로 가장 적합한 것은?

① 무색, 악취, 가연성
② 무색, 무취, 가연성
③ 황색, 악취, 불연성
④ 황색, 무취, 불연성

42. 폐기물의 자원화와 가장 관계가 먼 것은?

① RDF ② Pyrolysis
③ Land fill ④ Composting

43. 1,000Hz에서 정상적인 성인의 귀로 가청할 수 있는 최소 음압실효치는?

① $2 \times 10^{-5} N/m^2$ ② $5 \times 10^{-5} N/m^2$
③ $2 \times 10^{-12} N/m^2$ ④ $5 \times 10^{-12} N/m^2$

44. A중유 연소 가열로의 연소 배출가스를 분석하였더니 용량 비로서 질소: 80%, 탄산가스: 12%, 산소: 8%의 결과치를 얻었다. 이 때 공기비는?

① 약 1.6 ② 약 1.4
③ 약 1.2 ④ 약 1.1

45. A폐수를 활성탄을 이용하여 흡착법으로 처리하고자 한다. 폐수 내의 오염물질의 농도를 30mg/L에서 10mg/L로 줄이는 데 필요한 활성탄의 양은?(단, K=0.5, n=1)

① 3.0mg/L ② 3.3mg/L
③ 4.0mg/L ④ 4.6mg/L

46. 혐기성조/호기성조의 과정을 거치면서 질소 제거는 고려되지 않지만 하·폐수 내의 유기물 산화와 생물학적으로 인(P)을 제거하는 공법으로 가장 적합한 것은?

① A/O ② A^2/O공법
③ S/L공법 ④ 4단계 Bardenpho공법

47. 지하수 상·하류 두 지점의 수두차가 4m, 두 지점 사이의 수평거리가 500m, 투수계수가 20m/day이면, 투수단면적 $200m^2$의 지하수 유입량은?

① $5m^3/day$ ② $10m^3/day$
③ $16m^3/day$ ④ $32m^3/day$

48. 다음 중 소음레벨에 관한 설명으로 가장 적합한 것은?

① 변동하는 소음의 에너지 평균값으로 어떤 시간대에서 변동하는 소음에너지를 같은 시간 동안의 정상소음에너지로 치환한 것이다.
② 소음에 의해 대화에서 방해되는 정도를 표현하기 위해 사용한다.
③ 소음계의 주파수 보정회로를 A에 놓고 측정하였을 때의 지시값을 말한다.
④ 항공기에 의해 어느 지역에 장시간 동안 노출되는 소음을 평가하는 척도이다.

49. 액체 프로페인(C_3H_8) 100kg을 기화시켰을 때 표준 상태에서의 부피는?

① $44.0 Sm^3$ ② $47.3 Sm^3$
③ $50.9 Sm^3$ ④ $53.7 Sm^3$

50. 다음 여과집진장치의 탈진방법으로 가장 거리가 먼 것은?

① 진동형
② 세정형
③ 역기류형
④ Pulse jet형

51. 물분자가 극성을 가지는 이유로 가장 적합한 것은?

① 산소와 수소의 원자량의 차
② 산소와 수소의 전기음성도의 차
③ 산소와 수소의 끓는점의 차
④ 산소와 수소의 온도변화에 따른 밀도의 차

52. 여과지 운전 중에 발생하는 주요 문제점과 거리가 먼 것은?

① 진흙덩어리의 축적
② 모래층에 공기 기포를 생성
③ 여재층의 수축
④ 슬러지벌킹 발생

53. 다음 중 연소시 질소산화물의 저감방법으로 가장 거리가 먼 것은?

① 배출가스 재순환
② 2단 연소
③ 과잉공기량 증대
④ 연소부분 냉각

54. 온실효과 및 온난화에 관한 설명 중 옳지 않은 것은?

① 교토의정서는 지구온난화 규제 및 방지와 관련한 국제 협약이다.
② 온실효과를 일으키는 물질로는 CO_2, CH_4, N_2O 등이 있다.
③ CO_2는 바닷물에 잘 녹기 때문에 현재 해양은 대기가 함유하는 CO_2의 약 60배 정도를 함유한다.
④ 대기 중의 CO_2는 태양광선 중 자외선을 흡수하여 온실효과를 일으킨다.

55. A폐수의 응집처리를 위해 Jar-Test를 하였다. 폐수시료 300mL에 대하여 0.2%의 황산알루미늄 15mL를 넣었을 때 가장 좋은 결과가 나왔다. 이 경우 황산알루미늄의 사용량은 폐수시료에 대하여 몇 mg/L인가?

① 10mg/L
② 50mg/L
③ 100mg/L
④ 150mg/L

56. 다음 중 활성슬러지공법으로 폐수를 처리하는 경우 침전성이 좋은 슬러지가 최종침전지에서 떠오르는 슬러지 부상(Sludge rising)을 일으키는 원인으로 가장 적합한 것은?

① 층류 형성
② 이온전도도 차
③ 탈질 작용
④ 색도 차

57. 스토크스법칙에 따른 입자의 침전속도에 관한 설명으로 틀린 것은?

① 침전속도는 입자와 물의 밀도차에 비례한다.
② 침전속도는 중력가속도에 비례한다.
③ 침전속도는 입자지름의 제곱에 반비례한다.
④ 침전속도는 물의 점도에 반비례한다.

58. 쓰레기의 성상분석 및 시료 채취방법으로 가장 거리가 먼 것은?

① 지역 쓰레기의 성상 파악을 위해서는 적어도 연 4회의 측정이 필요하다.
② 수분의 평균치를 알기 위해서는 비오는 날의 수집은 피하는 것이 바람직하다.
③ 1회의 시료채취는 적어도 쓰레기의 축소작업 개시부터 24시간 이내에 완료하는 것이 바람직하다.
④ 쓰레기 시료 채취 작업은 될 수 있는 한 신속하게 진행한다.

59. 폐기물을 분리하여 재활용하고자 할 때 철, 금속류를 회수하는 가장 적합한 방법은?

① Air Seperation
② Hand Seperation
③ Magnetic Seperation
④ Screening

60. 다음 중 용존공기 부상법에서 공기와 고형물간의 비를 나타내는 것은?

① A/S비
② F/M비
③ C/N비
④ SVI

UNIT 19 CBT 대비 실전모의고사 7회

01. 다음 중 온실효과의 주 원인물질로 가장 적합한 것은?

① 이산화탄소　② 수증기
③ 아산화질소　④ 메탄

02. 미생물과 조류의 생물화학적 작용을 이용하여 하수 및 폐수를 자연 정화시키는 공법으로, 라군(lagoon)이라고도 하며, 시설비와 운영비가 적게 들기 때문에 소규모 마을의 오수처리에 많이 이용되는 것은?

① 회전원판법　② 부패조법
③ 산화지법　④ 살수여상법

03. 다음 중 여과집진장치의 효율 향상조건으로 거리가 먼 것은?

① 간헐식 털어내기 방식은 높은 집진율을 얻는 경우에 적합하고, 연속식 털어내기 방식은 고농도의 함진가스 처리에 적합하다.
② 필요에 따라 유리섬유의 실리콘 처리등을 하여 적합한 여포재를 선택하도록 한다.
③ 겉보기 여과속도가 클수록 미세한 입자를 포집한다.
④ 여포의 파손 및 온도, 압력 등을 상시 파악하여 기능의 손상을 방지한다.

04. 공장폐수 100mL를 검수로 하여 산성 100℃ $KMnO_4$법에 의한 COD 측정을 하였을 때 시료적정에 소비된 0.025N $KMnO_4$ 용액은 5.13mL이다. 이 폐수의 COD값은? (단, 0.025N $KMnO_4$ 용액의 역가는 0.98이고, 바탕시험 적정에 소비된 0.025N $KMnO_4$ 용액은 0.13mL이다.)

① 9.8mg/L　② 19.6mg/L
③ 21.6mg/L　④ 98mg/L

05. 농축대상 슬러지량이 500m^3/day이고, 슬러지의 고형물 농도가 15g/L일 때, 농축조의 고형물 부하를 2.6kg/m^2·hr로 하기 위해 필요한 농축조의 면적은? (단, 슬러지의 비중은 1.00이고, 24시간 연속가동 기준)

① 110.4m^2　② 120.2m^2
③ 142.4m^2　④ 156.3m^2

06. 다음과 같은 특성을 지닌 굴뚝 연기의 모양은?

- 대기의 상태가 하층부는 불안정하고 상층부는 안정할 때 볼 수 있다.
- 하늘이 맑고 바람이 약한 날의 아침에 볼 수 있다.
- 지표면의 오염 농도가 매우 높게 된다.

① 환상형　② 원추형
③ 훈증형　④ 구속형

07. 다단로 소각에 대한 내용으로 틀린 것은?

① 체류시간이 길어 특히 휘발성이 적은 폐기물의 연소에 유리하다.
② 온도반응이 비교적 신속하여 보조연료 사용조절이 용이하다.
③ 다량의 수분이 증발되므로 수분함량이 높은 폐기물의 연소도 가능하다.
④ 물리·화학적 성분이 다른 각종 폐기물을 처리할 수 있다.

08. 300mL BOD병에 분석대상 시료를 0.2% 넣고, 나머지는 희석수로 채운 다음 최초의 DO농도를 측정한 결과 6.8mg/L이었으며, 5일간 배양 후의 DO농도는 2.6mg/L이었다. 이 시료의 BOD_5(mg/L)는?

① 8,200   ② 6,300
③ 4,800   ④ 2,100

09. 활성슬러지법은 여러 가지 변법이 개발되어 왔으며, 각 방법은 특별한 운전이나 제거효율을 달성하기 위하여 발전되었다. 다음 중 활성슬러지의 변법으로 볼 수 없는 것은?

① 다단 포기법   ② 접촉 안정법
③ 장기 포기법   ④ 오존 안정법

10. 직렬로 조합된 집진장치의 총집진율은 99%이었다. 2차 집진장치의 집진율이 96%라면 1차 집진장치의 집진율은?

① 75%   ② 82%
③ 90%   ④ 94%

11. 폐기물처리에서 "파쇄"의 목적과 거리가 먼 것은?

① 부식효과 억제
② 겉보기 비중의 증가
③ 특정 성분의 분리
④ 고체물질간의 균일혼합효과

12. 질소의 고도처리 방법 중 폐수의 pH를 11 이상으로 높여 기체 상태의 암모니아로 전환시킨 다음, 공기를 불어넣어 제거하는 방법은?

① 탈기   ② 막분리법
③ 세포합성   ④ 이온교환

13. 폐기물의 기름성분 분석방법 중 중량법(노말헥산 추출시험방법)에 관한 설명으로 옳지 않은 것은?

① 25℃의 물중탕에서 30분간 방치하고, 따로 물 20mL를 취하여 시료의 시험방법에 따라 시험하여 바탕시험액으로 한다.
② 정량범위는 5~200mg이고 표준편차율은 5~20%이다.
③ 시료에 적당한 응집제 등을 넣어 노말헥산 추출물질을 포집한 다음 노말헥산으로 추출하고 잔류물의 무게를 측정하여 노말헥산 추출물질의 양으로 한다.
④ 시료적당량을 분액 깔때기에 넣고 메틸오렌지용액(0.1W/V%)을 2~3방울 넣고 황색이 적색으로 변할 때까지 염산(1+1)을 넣어 pH 4.0 이하로 조절한다.

14. 〈보기〉에서 설명하는 대기오염물질은?

〈보기〉
자동차 등에서 배출된 질소산화물과 탄화수소가 광화학반응을 일으키는 과정에서 생성되며, 가죽제품이나 고무제품을 각질화시킨다. 대기환경보전법상 대기 중 농도가 일정기준을 초과하면 경보를 발령하고 있다.

① VOC   ② O_3
③ CO_2 ④ CFC

15. 다음 중 냉장고의 냉매와 스프레이용의 분사제 등 CFC 화학물질이 대기에 미치는 가장 주된 오염현상은?

① 산성비   ② 오존층 파괴
③ 도플러 효과   ④ 레일라이 현상

16. 파동의 특성을 설명하는 용어로 옳지 않은 것은?

① 파동의 가장 높은 곳을 마루라 한다.
② 매질의 진동방향과 파동의 진행방향이 직각인 파동을 횡파라고 한다.
③ 마루와 마루 또는 골과 골 사이의 거리를 주기라 한다.
④ 진동의 중앙에서 마루 또는 골까지의 거리를 진폭이라 한다.

17. 다음 중 물에 대한 용해도가 가장 큰 기체는?(단, 온도는 30℃ 기준이며, 기타 조건은 동일하다.)

① SO_2 ② CO_2
③ HCl ④ H_2

18. 방음대책을 음원대책과 전파경로대책으로 구분할 때 음원대책에 해당하는 것은?

① 거리감쇠   ② 소음기 설치
③ 방음벽 설치   ④ 공장건물 내벽의 흡음처리

19. CH_4 90%, CO_2 6%, O_2 4%인 기체연료 $1Sm^3$에 대하여 $10Sm^3$의 공기를 사용하여 연소하였다. 이때 공기비는?

① 1.19   ② 1.49
③ 1.79   ④ 2.09

20. 다음 중 회분식 배양조건에서 시간에 따른 박테리아의 성장곡선을 순서대로 옳게 나열한 것은?

① 유도기 → 사멸기 → 대수성장기 → 정지기
② 유도기 → 사멸기 → 정지기 → 대수성장기
③ 대수성장기 → 정지기 → 유도기 → 사멸기
④ 유도기 → 대수성장기 → 정지기 → 사멸기

21. 효과적인 응집을 위해 실시하는 약품교반 실험장치(jar-test)의 일반적인 실험순서가 바르게 나열된 것은?

① 정지 침전 → 상징수 분석 → 응집제 주입 → 급속 교반 → 완속 교반
② 급속 교반 → 완속 교반 → 응집제 주입 → 정지 침전 → 상징수 분석
③ 상징수 분석 → 정지 침전 → 완속 교반 → 급속 교반 → 응집제 주입
④ 응집제 주입 → 급속 교반 → 완속 교반 → 정지 침전 → 상징수 분석

22. 다음 중 1차 및 2차 오염물질에 모두 해당될 수 있는 것은?

① 이산화탄소   ② 납
③ 케톤   ④ 일산화탄소

23. 유해가스 측정을 위한 시료 채취장치가 순서대로 바르게 구성된 것은?

① 굴뚝 – 시료채취관 – 여과재 – 흡수병 – 건조제 – 흡인펌프 – 가스미터
② 굴뚝 – 건조제 – 흡인펌프 – 가스미터 – 시료채취관 – 여과재 – 흡수병
③ 굴뚝 – 시료채취관 – 가스미터 – 여과재 – 흡수병 – 건조제 – 흡인펌프
④ 굴뚝 – 가스미터 – 흡인펌프 – 건조제 – 흡수병 – 시료채취관 – 여과재

24. 음향파워레벨이 125dB인 기계의 음향파워는 약 얼마인가?

① 125W   ② 12.5W
③ 32W   ④ 3.2W

25. 여과식 집진장치에서 지름이 0.3m, 길이가 3m인 원통형 여과포 18개를 사용하여 유량이 30m³/min인 가스를 처리할 경우 여과포의 표면 여과속도는 얼마인가?

① 0.39m/min ② 0.59m/min
③ 0.79m/min ④ 0.99m/min

26. 다음 중 폐기물의 발열량을 측정하기 위한 주 실험장비는?

① Bomb calorimeter
② pH-tester
③ Jar-tester
④ Gas chromatography

27. NO가스를 산화흡수법으로 제거하고자 한다. 이 방법의 산화제로 적합하지 않은 것은?

① CO ② O_3
③ $KMnO_4$ ④ $NaClO_2$

28. 다음 슬러지 처리공정 중 개량단계에 해당되는 것은?

① 소각 ② 소화
③ 탈수 ④ 세정

29. 〈보기〉에 해당하는 국지풍은?

〈보기〉
- 해안지방에서 낮에는 태양열에 의하여 육지가 바다보다 빨리 온도가 상승하므로, 육지의 공기가 팽창되어 상승기류가 생기게 된다.
- 이 때, 바다에서 육지로 8~15km 정도까지 바람이 불게 되며, 주로 여름에 빈발한다.

① 해풍 ② 육풍
③ 산풍 ④ 곡풍

30. 도시화가 진행될수록 하천의 홍수와 갈수 현상이 심화되는 이유는?

① 대기오염 물질의 증가
② 생활하수 배출량의 증가
③ 생활용수 사용량의 증가
④ 지면 포장으로 강수의 침투성 저하

31. 혐기성 소화조 운영 중 소화가스 발생량 저하 원인으로 가장 거리가 먼 것은?

① 유기물의 과부하
② 소화조내 온도저하
③ 소화조내의 pH 상승 (8.5 이상)
④ 과다한 유기산 생성

32. 투입량이 1톤/hr이고 회수량이 600kg/hr(그 중 회수대상 물질이 550kg/hr)이며, 제거량은 400kg/hr(그 중 회수대상 물질은 70kg/hr)일 때, 회수율을 Rietema식에 의해 구하면?

① 45% ② 66%
③ 76% ④ 87%

33. 메탄 1mol이 완전연소할 경우 건조연기배기가스 중의 CO_2 농도는 몇 %인가?

① 11.73 ② 16.25
③ 21.03 ④ 23.82

34. 하천이 유기물로 오염되었을 경우 자정과정을 오염원으로부터 하천 유하거리에 따라 분해지대, 활발한 분해지대, 회복지대, 정수지대의 4단계로 구분한다. 〈보기〉와 같은 특성을 나타내는 단계는?

> 〈보기〉
> • 용존산소의 농도가 아주 낮거나 때로는 거의 없어 부패 상태에 도달하게 된다.
> • 이 지대의 색은 짙은 회색을 나타내고, 암모니아나 황화수소에 의해 썩은 달걀냄새가 나게 되며 흑색과 점성질이 있는 퇴적물질이 생기고 기포 방울이 수면으로 떠오른다.
> • 혐기성 분해가 진행되어 수중의 탄산가스 농도나 암모니아성 질소의 농도가 증가한다.

① 분해지대　　② 활발한 분해지대
③ 회복지대　　④ 정수지대

35. pH에 관한 설명으로 옳지 않은 것은?

① pH는 수소이온농도를 그 역수의 상용대수로서 나타내는 값이다.
② pH는 표준액의 조제에 사용되는 물은 정제수를 증류하여 그 유출액을 15분 이상 끓여서 이산화탄소를 날려 보내고 산화칼슘 흡수관을 달아 식힌 후 사용한다.
③ pH 표준액 중 보통 산성표준액은 3개월, 염기성 표준액은 산화칼슘 흡수관을 부착하여 1개월 이내에 사용한다.
④ pH 미터는 보통 아르곤 전극 및 산화전극으로 된 지시부와 검출부로 되어 있다.

36. 유기물질의 질산화 과정에서 아질산이온(NO_2^-)이 질산이온(NO_3^-)으로 변할 때 주로 관여하는 것은?

① 디프테리아　　② 니트로박터
③ 니트로조모나스　　④ 카로티노모나스

37. 폐기물 파쇄 전후의 입자크기와 입자크기 분포를 이해하는 것은 폐기물 특성을 파악하는 데 매우 중요하다. 대표적으로 사용하는 특성 입경은 입자의 무게기준으로 몇 %가 통과할 수 있는 체 눈의 크기를 말하는가?

① 36.8%　　② 50%
③ 63.2%　　④ 80.7%

38. 침출수를 혐기성 여상으로 처리하고자 한다. 유입유량이 1,000m^3/day이고, BOD가 500mg/L, 처리효율이 90%라면 이 때 혐기성 여상에서 발생되는 메탄가스의 양은?(단, 1.5m^3 gas/BOD kg, 가스 중 메탄 함량 60%)

① 350m^3/day　　② 405m^3/day
③ 510m^3/day　　④ 550m^3/day

39. 다음 중 불소제거를 위한 폐수처리 방법으로 가장 적합한 것은?

① 화학침전　　② A^2/O공정
③ 살수여상　　④ UCT 공정

40. 수질오염 방지시설의 처리능력, 또는 설계 시에 사용되는 다음 용어 중 그 성격이 나머지 셋과 다른 것은?

① F/M 비　　② SVI
③ 용적부하　　④ 슬러지부하

41. 일반적인 메탄가스의 성질로 가장 적합한 것은?

① 무색, 악취, 가연성
② 무색, 무취, 가연성
③ 황색, 악취, 불연성
④ 황색, 무취, 불연성

42. 생물농축에 관한 설명으로 틀린 것은?

① 생물농축은 먹이연쇄를 통하여 이루어진다.
② 생체 내에서 분해가 쉽고, 배설률이 크면 농축이 되질 않는다.
③ 농축계수란 유해물의 수중 농도를 생물의 체내농도로 나눈 값을 말한다.
④ 미나마타병은 생물농축에 의한 공해병이다.

43. 어느 슬러지 건조상의 길이가 40m이고, 폭은 25m이다. 여기에 30cm 깊이로 슬러지를 주입할 때 전체 건조기간 중 슬러지의 부피가 70% 감소하였다면 건조된 슬러지의 부피는 몇 m³가 되겠는가?

① $50m^3$ ② $70m^3$
③ $90m^3$ ④ $110m^3$

44. 기체연료를 버너노즐로 분출시켜 외부공기와 혼합하여 연소시키는 방법은?

① 확산연소법   ② 사전혼합연소법
③ 화격자연소법   ④ 미분탄연소법

45. 음향출력 100W인 점음원이 반자유공간에 있을 때 10m 떨어진 지점의 음의 세기(W/m²)는?

① 0.08   ② 0.16
③ 1.59   ④ 3.18

46. 입자의 침전속도 0.5m/day, 유입유량 50m³/day, 침전지 표면적 50m², 깊이 2m인 침전지에서의 침전효율은?

① 20%   ② 50%
③ 70%   ④ 90%

47. 혐기성 소화방법으로 쓰레기를 처분하려고 한다. 연료로 쓰일 수 있는 가스를 많이 얻으려면 다음 중 어떤 성분이 특히 많아야 유리한가?

① 질소   ② 탄소
③ 산소   ④ 인

48. 다음 폐기물 분석항목 중 폐기물공정시험기준 상 원자흡수분광광도법으로 분석하는 것은?

① 감염성미생물
② 유기인
③ 폴리클로리네이티드비페닐
④ 6가 크롬

49. 다음 중 Optical Sorter(광학분류기)를 이용하기에 가장 적합한 것은?

① 종이와 플라스틱의 분리
② 색유리와 일반유리의 분리
③ 딱딱한 물질과 물렁한 물질의 분리
④ 유기물과 무기물의 분리

50. 다음 국제적 협약 중 잔류성유기오염물질(POPs)을 국제적으로 규제하기 위해 채택된 협약은?

① 스톡홀름협약   ② 런던협약
③ 바젤협약   ④ 노테르담협약

51. 정수 시설에서 오존처리에 관한 설명으로 가장 거리가 먼 것은?

① 오존은 강력한 산화력이 있어 원수 중의 미량 유기물질의 성상을 변화시켜 탈색효과가 뛰어나다.
② 맛과 냄새 유발물질의 제거에 효과적이다.
③ 소독 효과가 우수하면서도 소독 부산물을 적게 형성한다.
④ 잔류성이 뛰어나 잔류 소독효과를 얻기 위해 염소를 추가로 주입할 필요가 없다.

52. 다음 폐수처리법 중 고액분리방법이 아닌 것은?

① 부상분리　　② 전기투석
③ 원심분리　　④ 스크리닝

53. 소음통계레벨(LN)에 관한 설명으로 옳지 않은 것은?

① L50은 중앙치라고 한다.
② L10은 80% 레인지 상단치라고 한다.
③ 총 측정시간의 N(%)를 초과하는 소음레벨을 의미한다.
④ L90은 L10보다 큰 값을 나타낸다.

54. 밀도가 0.4톤/m³인 쓰레기를 매립하기 위해 밀도 0.85톤/m³으로 압축하였다. 압축비는?

① 0.6　　② 1.8
③ 2.1　　④ 3.3

55. 레이놀즈수의 관계인자와 거리가 먼 것은?

① 입자의 지름　　② 액체의 점도
③ 액체의 비표면적　　④ 입자의 속도

56. 활성슬러지법의 미생물 성장은 35℃ 정도까지의 경우 10℃ 증가할 때마다 그 성장속도가 일반적으로 몇 배로 증가되는가?

① 2배로 증가　　② 16배로 증가
③ 32배로 증가　　④ 64배로 증가

57. 다음 중 물질 순환속도가 가장 느린 것은?

① 망간　　② 탄소
③ 수소　　④ 산소

58. 물의 성질에 관한 설명으로 옳지 않은 것은?

① 물 분자 안의 수소는 부분적으로 양전하를, 산소는 부분적으로 음전하를 갖는다.
② 물은 분자량이 유사한 다른 화합물에 비하여 비열은 작고, 압축성이 크다.
③ 물은 4℃ 부근에서 최대 밀도를 나타낸다.
④ 일반적으로 물의 점도는 온도가 높아짐에 따라 작아진다.

59. 경도(Hardness)에 관한 설명으로 옳지 않은 것은?

① SO_4^{2-}, NO_3^-, Cl^-와 화합물을 이루고 있을 때 나타나는 경도를 영구경도라고도 한다.
② 경도가 높은 물은 관로의 통수저항을 감소시켜 공업용수(섬유제지 등)로 적합하다.
③ 탄산경도는 일시경도라고도 한다.
④ Na^+은 경도를 유발하는 이온은 아니지만 그 농도가 높을 때 경도와 비슷한 작용을 하므로 유사경도라 한다.

60. 퇴비화 시 부식질의 역할로 옳지 않은 것은?

① 토양능의 완충능을 증가시킨다.
② 토양의 구조를 양호하게 한다.
③ 가용성 무기질소의 용출량을 증가시킨다.
④ 용수량을 증가시킨다.

알기 쉽게 풀어쓴 환경기능사 6판

정답 및 해설

01 2014년 제1회 환경기능사
02 2014년 제2회 환경기능사
03 2014년 제5회 환경기능사
04 2015년 제1회 환경기능사
05 2015년 제4회 환경기능사
06 2015년 제5회 환경기능사
07 2016년 제1회 환경기능사
08 2016년 제2회 환경기능사
09 2016년 제4회 환경기능사
10 CBT대비 실전모의고사(입문용) 1회
11 CBT대비 실전모의고사(입문용) 2회
12 CBT대비 실전모의고사(입문용) 3회
13 CBT대비 실전모의고사 1회
14 CBT대비 실전모의고사 2회
15 CBT대비 실전모의고사 3회
16 CBT대비 실전모의고사 4회
17 CBT대비 실전모의고사 5회
18 CBT대비 실전모의고사 6회
19 CBT대비 실전모의고사 7회

UNIT 01 2014년 1회 기출문제

01 ①	02 ③	03 ①	04 ①	05 ②
06 ②	07 ③	08 ①	09 ③	10 ④
11 ②	12 ④	13 ①	14 ④	15 ②
16 ④	17 ①	18 ②	19 ②	20 ②
21 ④	22 ②	23 ④	24 ②	25 ②
26 ④	27 ②	28 ②	29 ④	30 ①
31 ①	32 ②	33 ①	34 ④	35 ③
36 ①	37 ①	38 ③	39 ③	40 ①
41 ①	42 ④	43 ②	44 ①	45 ①
46 ④	47 ④	48 ①	49 ②	50 ②
51 ④	52 ③	53 ④	54 ④	55 ③
56 ①	57 ④	58 ③	59 ①	60 ③

01. 정답 ①

해설 반응식 $C_8H_{18} + 12.5O_2 \rightarrow 8CO_2 + 9H_2O$

$$AFR(부피) = \frac{공기(부피)}{연료(부피)} = \frac{12.5 \times 22.4 \times \frac{1}{0.21}}{1 \times 22.4} = 59.52$$

$$AFR(무게) = \frac{공기(무게)}{연료(무게)} = \frac{12.5 \times 32 \times \frac{1}{0.232}}{1 \times 114} = 15.12$$

02. 정답 ③

해설 $A = m \times A_o$

반응식 $C_3H_8 + 5O_2 \rightarrow 3CO_2 + 4H_2O$
　　　　44kg : 5×22.4m³

$A_o = O_o \times \frac{1}{0.21} = (5 \times 22.4 m^3) \times \frac{1}{0.21} = 533.33 m^3$

∴ $A = m \times A_o = 1.1 \times 533.33 = 586.67 m^3$

03. 정답 ①

04. 정답 ①

해설 처리가스 속도가 작을수록 미립자가 포집된다.

05. 정답 ②

06. 정답 ②

해설 $CH_4 + 2O_2 \rightarrow CO_2 + 2H_2O$
　　　1mol : 2mol
　　　22.4L : 2×22.4L

07. 정답 ③

해설 $\eta = \left(1 - \frac{C_o}{C_i}\right) \times 100$

- $C_i = 200ppm = 200 mL/m^3$
- $C_o = \frac{10mg}{Sm^3} \times \frac{22.4 SmL}{71mg} = 3.15 mL/m^3$

∴ $\eta = \left(1 - \frac{3.15}{200}\right) \times 100 = 98.4\%$

08. 정답 ①

해설 환상형에 대한 설명이다.

09. 정답 ③

10. 정답 ④

해설 $P = H \times C$, $C = \frac{P}{H}$

$C = 44 mmHg \times \frac{kmol}{1.6 \times 10 \, atm \cdot m^3} \times \frac{1 atm}{760 mmHg}$
$= 3.62 \times 10^{-3} kmol/m^3$

11. 정답 ②

해설 전기장 강도는 균일하게 분포하여야 한다.

12. 정답 ④

해설 연소온도를 낮추는 것이 NOx제거의 기본원리이다.

13. 정답 ①

해설 반응식 S + O₂ → SO₂

$$32kg : 22.4m^3$$
$$2,000kg \times \frac{1.6}{100} : X_1, \quad X_1 = 22.4m^3$$

SO₂ + 2NaOH → Na₂SO₃ + H₂O

$$22.4m^3 : 2 \times 40kg$$
$$22.4m^3 \times 0.95 : X_2, \quad \therefore X_2 = 76kg$$

14. 정답 ④

해설 돕슨(Dobson)은 오존층의 두께를 표시하는 단위이고, 1Dobson은 0.01mm이다.

15. 정답 ②

16. 정답 ④

17. 정답 ①

해설 여과율 = $\frac{유량}{여과면적}$ = $\frac{1000m^3/day}{4m \times 3m} \times \frac{10^3 L}{1m^3} \times \frac{1 day}{86400 sec}$

$$= 0.96 L/m^2 \cdot sec$$

18. 정답 ②

해설 $C_2H_5OH + 3O_2 \rightarrow 2CO_2 + 3H_2O$

$$46g : 3 \times 32g$$
$$350mg/L : X, \quad \therefore X = \frac{350 \times 3 \times 32}{46} = 730.43mg/L$$

19. 정답 ②

해설 DO가 2mg/L 이상이어야 한다.

20. 정답 ②

해설 $BOD_5 = BOD_u \times (1 - 10^{-K \cdot 5})$

$$212 = BOD_u \times (1 - 10^{-0.15 \times 5}), \quad \therefore BOD_u = 257.85 mg/L$$

21. 정답 ④

22. 정답 ②

23. 정답 ④

해설 $R = \frac{10^6}{SVI} = \frac{10^6}{125} = 8,000 mg/L$

24. 정답 ②

25. 정답 ②

26. 정답 ④

27. 정답 ③

해설 활성탄은 흡착제에 해당한다.

28. 정답 ②

29. 정답 ④

해설 F/M(BOD/MLSS부하) = $\frac{BOD \times Q}{MLSS \times \forall} = \frac{200 \times 2000}{1000 \times 1000}$

$$= 0.4 kgBOD/kgMLSS \cdot day$$

30. 정답 ①

해설 $pH = \log \frac{1}{[H]^+}$

반응식 $HCl \rightleftarrows H + Cl$

0.1mol : 0.1mol : 0.1mol (완전해리 기준)

$\therefore pH = \log \frac{1}{0.1} = 1$

31. 정답 ①

해설 슬러지의 팽화는 활성슬러지법의 주의사항이다.

32. 정답 ②

해설 $C_6H_{12}O_6 \rightarrow 3CO_2 + 3H_2O$
  180g : 3×22.4L
  166.6g : X, ∴ X = 62.2L

33. 정답 ①

해설 알루미늄염의 pH 폭은 5~8로 비교적 좁다.

34. 정답 ④

해설 침전속도는 입자와 물 간의 밀도차에 비례한다.

35. 정답 ③

해설 완속여과는 넓은 부지가 소요된다.

36. 정답 ①

해설 수집빈도가 높을수록, 그리고 쓰레기통이 클수록 발생량이 증가하는 경향이 있다.

37. 정답 ①

38. 정답 ③

해설 후연소실 내의 온도는 주연소실의 온도보다 보통 높게 유지한다.

39. 정답 ③

해설 C/N비가 25~30 정도로 초기 퇴비보다 낮다.

40. 정답 ①

41. 정답 ①

해설 [수분제거용이 순서]
  간극수 > 모관결합수 > 표면수 > 내부수

42. 정답 ④

43. 정답 ②

44. 정답 ①

45. 정답 ①

해설 겉보기 밀도의 증가

46. 정답 ④

해설 차량대수 = $\dfrac{\text{총쓰레기 발생량}}{\text{차량1대당 적재량}}$

 = $\dfrac{(0.9kg/\text{인}\cdot\text{일}) \times 100,000\text{인}}{5\text{톤}/\text{대}} \times \dfrac{1\text{톤}}{10^3 kg}$ = 18대

47. 정답 ④

48. 정답 ①

49. 정답 ②

해설 온도반응이 느려, 보조연료 사용조절이 어렵다.

50. 정답 ②

51. 정답 ④

해설 $Hh = 8100C + 34000(H - \dfrac{O}{8}) + 2500S$

 = $8100 \times 0.42 + 34000(0.09 - \dfrac{0.4}{8}) + 2500 \times 0.02$

 = $4812 kcal/kg$

52. 정답 ③

해설 MHT가 작을수록 수거효율이 좋다.

53. 정답 ④

54. 정답 ④

해설 부피변화율 = $\dfrac{V_2}{V_1}$

- $V_1 = 10kg \times \dfrac{cm^3}{1g} \times \dfrac{10^3 g}{1kg} = 10,000 cm^3$
- $V_2 = (10kg + 2kg) \times \dfrac{cm^3}{1.2g} \times \dfrac{10^3 g}{1kg} = 10,000 cm^3$

∴ 부피변화율 = $\dfrac{V_2}{V_1} = \dfrac{10000}{10000} = 1$

55. 정답 ③

56. 정답 ①

해설 회절하는 정도는 파장에 비례한다.

57. 정답 ④

58. 정답 ③

해설 $VAL = 20\log \dfrac{P}{P_o} = 20\log \left(\dfrac{0.01/\sqrt{2}}{10^{-5}} \right) = 56.99 dB$

59. 정답 ①

해설 공해 진동수 범위는 0~90Hz 정도이다.

60. 정답 ③

해설 (1) 자유공간 : 지향계수 1, 지향지수 = 0dB
(2) 반자유공간 : 지향계수 2, 지향지수 = +3dB
(3) 두 변이 만나는 구석 : 지향계수 4, 지향지수 = +6dB
(4) 세 변이 만나는 구석 : 지향계수 8, 지향지수 = +9dB

UNIT 02 2014년 2회 기출문제

01 ②	02 ④	03 ①	04 ①	05 ②
06 ④	07 ③	08 ④	09 ④	10 ①
11 ①	12 ①	13 ②	14 ③	15 ②
16 ②	17 ③	18 ③	19 ③	20 ②
21 ①	22 ④	23 ③	24 ①	25 ③
26 ②	27 ④	28 ③	29 ①	30 ③
31 ①	32 ④	33 ②	34 ③	35 ①
36 ②	37 ④	38 ②	39 ②	40 ④
41 ①	42 ④	43 ①	44 ①	45 ③
46 ③	47 ①	48 ②	49 ④	50 ③
51 ④	52 ②	53 ②	54 ③	55 ④
56 ②	57 ③	58 ④	59 ②	60 ①

01. 정답 ②
해설 오존층의 두께를 표시하는 단위는 돕슨(Dobson, DU)이며 1DU = 0.01mm이다.

02. 정답 ④
해설 벤츄리형 세정기에서 집진효율을 높이기 위하여 될 수 있는 한 처리가스 온도를 낮게 하여 운전하여야 증습에 의한 포집 효율을 높일 수 있다.

03. 정답 ①

04. 정답 ①
해설 ①항만 올바르다.
오답해설
② 매우 불안정 상태 – 환상형
③ 안정 상태 – 부채형, 구속형
④ 상층 불안정, 하층 안정 상태 – 지붕형
※ 유튜브(Youtube) 초록별엔진 검색하시면 연기의 굴뚝모형 동영상 설명이 있습니다.

05. 정답 ②

06. 정답 ④
해설 $X(L) = 6.6g \times \dfrac{22.4SL}{18g} = 8.21L$

07. 정답 ③

08. 정답 ④
해설 벤츄리스크러버는 압력손실이 300~800mmH$_2$O로 집진장치 중 압력손실이 가장 크다.

09. 정답 ④
해설 ④항만 올바르다.
오답해설
① 250℃ 이상의 고온의 가스처리에 부적합하다.
② 가스상 물질은 제거가 어렵다.
③ 압력손실이 약 100~200mmH$_2$O 전후이며, 다른 집진장치에 비해 설치면적이 크고, 폭발성, 부착성 먼지 제거에 부적합하다.

10. 정답 ①

11. 정답 ①
해설 암기TIP 황산화물 지표식물 – 황제 육자(회)담 시보목고
육송, 자주개나리, 담배, 시금치, 보리, 목화, 고구마

12. 정답 ①
해설 1N/m^2 = 1Pa, 1atm = 101,325Pa

13. 정답 ②
해설 반응식 S + O$_2$ → SO$_2$
　　　　　　32kg : 22.4m^3
$\dfrac{20톤}{hr} \times \dfrac{1}{100} \times \dfrac{10^3 kg}{1톤}$: $X_1 = 140 \times 0.8 = 112 m^3/hr$

반응식 SO$_2$ + CaCO$_3$ + 0.5O$_2$ → CaSO$_4$ + CO$_2$
　　　　22.4m^3 : 136kg
　　　　112m^3/hr : X_2
∴ X_2(석고) = 680kg/hr = 11.33kg/min

14. 정답 ③
해설 공급공기량을 줄여야 한다.

15. 정답 ②

16. 정답 ②
해설 오수와 우수가 합쳐지면 합류식, 분리되면 분류식이다. 최근에는 거의 모든 관이 분류식으로 설치되고 있다.

17. 정답 ③

18. 정답 ③

19. 정답 ③

20. 정답 ②
해설 용존산소 농도가 높고, 경도가 낮다.

21. 정답 ①

22. 정답 ④
해설 **수분함량**
$= \dfrac{수분}{슬러지} = \dfrac{건조전 슬러지 - 건조후 슬러지}{건조전 슬러지}$
$= \left(\dfrac{150-35}{150}\right) \times 100 = 76.67\%$

23. 정답 ③
해설 침전지 내 유속을 가능한 한 느리게 하여야 한다.

24. 정답 ①
해설 월류부하($m^3/m \cdot hr$)
$= \dfrac{유량}{월류길이} = \dfrac{125 m^3}{hr} \times \dfrac{1}{30m} = 4.16 m^3/m \cdot hr$

25. 정답 ③
해설 $BOD = (D_1 - D_2) \times P = (10-7) \times 5 = 15 mg/L$

26. 정답 ②
해설 $SVI(mL/g) = \dfrac{SV_{30}}{MLSS} = \dfrac{400mL/L}{2500mg//L} = \dfrac{400mL}{2.5g}$
$= 160 mL/g$

27. 정답 ④

28. 정답 ③
해설 동점도의 단위는 st(cm^2/sec)이다.

29. 정답 ①

30. 정답 ③
해설 $C_2H_5OH + 3O_2 \rightarrow 2CO_2 + 3H_2O$
46g : 3×32g
350mg/L : $X = 730.43 mg/L$

31. 정답 ①

32. 정답 ④

33. 정답 ②

34. 정답 ③

35. 정답 ①

36. 정답 ②

해설 부피변화율 $= \dfrac{V_2}{V_1}$

- $V_1 = 10kg \times \dfrac{10^3 g}{1kg} \times \dfrac{1cm^3}{1.2g} = 8,333.33 cm^3$
- $V_1 = (10+5)kg \times \dfrac{10^3 g}{1kg} \times \dfrac{1cm^3}{2.5g} = 6,000 cm^3$

∴ 부피변화율 $= \dfrac{6000}{8333.33} = 0.72$

37. 정답 ④

해설 $CR = \dfrac{V_1}{V_2} = \dfrac{100}{20} = 5$

별해 $CR = \dfrac{1}{1-VR} = 5$ (VR : 부피감소율)

38. 정답 ②

해설 생산품인 퇴비는 토양의 이화학 성질을 개선시키는 토양개선제로 사용 가능하다.

39. 정답 ②

40. 정답 ④

해설 차량대수

$= \dfrac{\text{총 쓰레기 발생량}}{\text{1대 운반량}} = \dfrac{300000\text{인} \times \dfrac{1.2kg}{\text{인·일}}}{15m^3 \times \dfrac{550kg}{m^3}} = 43.64 ≒ 44$대

41. 정답 ①

42. 정답 ④

해설 소화율(%)
$= \left(1 - \dfrac{(VS_2/FS_2)}{(VS_1/FS_1)}\right) \times 100 = \left(1 - \dfrac{(0.58/0.42)}{(0.75/0.25)}\right) \times 100$
$= 53.97\%$

43. 정답 ①

해설 폐기물 개략분석시 휘발분(휘발성고형물), 고정탄소, 수분, 회분을 측정한다.

44. 정답 ①

해설 증발량 $= X_1 - X_2$
$X_1(1-W_1) = X_2(1-W_2)$
$1톤 \times (1-0.25) = X_2(1-0.12)$
$X_2 = 0.8522톤 = 852.2kg$

∴ 증발량 $= 1000 - 852.2 = 148kg$

45. 정답 ③

46. 정답 ③

해설 금속수은은 토양 내에서 불활성으로 존재하여 강우 시 용출된다.

47. 정답 ①

해설 $Xkg/\text{인·일} = \dfrac{\dfrac{8,720 m^3}{\text{주}} \times \dfrac{0.45톤}{m^3} \times \dfrac{10^3 kg}{1톤} \times \dfrac{1주}{7일}}{500,000\text{인}}$

$= 1.12 kg/\text{인·일}$

48. 정답 ②

해설 순차투입공법, 박층뿌림공법, 내수배제공법은 해안매립공법이다.

49. 정답 ④

50. 정답 ③

51. 정답 ④

해설 폐기물의 성상이 불균일하므로 열분해 생성물의 질과 양의 확보가 불안정하다.

52. 정답 ②

53. 정답 ②

해설 $A_o = O_o \times \dfrac{1}{0.21}$

반응식 $H_2S + 1.5O_2 \rightarrow H_2O + SO_2$
$\qquad\quad 1 \quad : \quad 1.5$

$\therefore A_o = 1.5 \times \dfrac{1}{0.21} = 7.14 m^3/m^3$

54. 정답 ③

55. 정답 ④

56. 정답 ②

해설 완충물이 없고 충분히 다져서 단단히 굳은 장소

57. 정답 ③

58. 정답 ④

해설 다공질재료의 흡음률을 높이기 위해 표면에 종이를 바르는 것은 금지사항이다. 얇은 직물로 피복하는 것이 권장된다.

59. 정답 ②

60. 정답 ①

해설 $\lambda = \dfrac{\text{속도}}{\text{주파수(진동수)}} = \dfrac{330 m/\sec}{3300} = 0.1 m$

UNIT 03 2014년 5회 기출문제

01 ③	02 ②	03 ②	04 ③	05 ④
06 ②	07 ④	08 ①	09 ②	10 ①
11 ④	12 ②	13 ④	14 ④	15 ③
16 ④	17 ①	18 ④	19 ③	20 ①
21 ①	22 ②	23 ④	24 ④	25 ④
26 ①	27 ②	28 ②	29 ③	30 ②
31 ④	32 ②	33 ①	34 ③	35 ①
36 ②	37 ④	38 ④	39 ③	40 ③
41 ②	42 ②	43 ③	44 ②	45 ②
46 ②	47 ②	48 ④	49 ①	50 ③
51 ②	52 ②	53 ③	54 ②	55 ①
56 ①	57 ②	58 ③	59 ②	60 ①

01. 정답 ③

해설 $X\text{mol/L} = \dfrac{1.84\text{g}}{\text{mL}} \times \dfrac{10^3 \text{mL}}{1\text{L}} \times \dfrac{1\text{mol}}{98\text{g}} \times 0.75 = 14.08 \text{mol/L}$

02. 정답 ②

해설 [피토관 유속공식] $V = C \times \sqrt{\dfrac{2 \times g \times P_v}{\gamma}}$

∴ $V = 0.85 \times \sqrt{\dfrac{2 \times 9.8 \times 5}{1.3}} = 7.38 \text{m/sec}$

03. 정답 ②

04. 정답 ③

해설 체류시간이 길어야 한다.

05. 정답 ④

해설 전기집진장치는 장치 가운데 방전극에서 -전하를 발생시켜 먼지에 대전시키고, 집진판에는 +로 하여 먼지를 부착시킨다.

06. 정답 ②

해설 지구온난화지수(GWP)

SF$_6$	PFCs	HFCs	N$_2$O	CH$_4$	CO$_2$
23,900	7,000	1,300	310	21	1

07. 정답 ④

해설 산성비의 3대 기여물질은 SOx, NOx, 염화물이다.

08. 정답 ①

해설 황산화물에 대한 설명이다.

09. 정답 ②

해설 염소는 오르토톨리딘법(자외선/가시선 분광법)으로 측정한다.

10. 정답 ①

11. 정답 ④

해설 기체의 흐름에 대한 압력손실이 작아야 한다.

12. 정답 ②

해설 연소온도를 낮춰야 한다.

13. 정답 ④

해설 $X\text{mL/m}^3 = \dfrac{0.3\text{g}}{\text{Sm}^3} \times \dfrac{22.4\text{SL}}{36.5\text{g}} \times \dfrac{10^3\text{mL}}{1\text{L}} = 184.1 \text{mL/m}^3$

14. 정답 ④

해설 $Hl = Hh - 600(9H + W) = 13,000 - 600(9 \times 0.15 + 0.01)$
$= 12,184 \, kcal/kg$

15. 정답 ③

16. 정답 ④

해설 대기는 침강속도식에 포함되는 인자가 아니다.
$$V_s = \frac{d_p^2(\rho_p - \rho)g}{18\mu}$$

17. 정답 ①

해설 활성탄은 흡착제에 해당한다.

18. 정답 ④

해설 $C_6H_{12}O_6 \rightarrow 3CO_2 + 3CH_4$
  180g : 3×22.4L
  750g : X, ∴ $X = \frac{750 \times 3 \times 22.4}{180} = 280L$

19. 정답 ③

해설 $MLSS(kg) = \frac{2,000mg}{L} \times 500m^3 \times \frac{10^3L}{1m^3} \times \frac{1kg}{10^6mg}$
  $= 1,000kg$

20. 정답 ①

해설 F/M를 조절하는 것이 활성슬러지의 가장 중요한 운전인자이고, 여기서, M(미생물)의 양을 조정하는 것은 반송량이 크게 기여한다.

21. 정답 ①

해설 염소는 잔류성이 뛰어나 관로로 이송된 후에도 오염을 방지할 수 있다.

22. 정답 ②

23. 정답 ④

24. 정답 ④

해설 활성슬러지 변법은 활성슬러지의 기본방식에서 운전방법을 달리하거나, 조를 추가하는 식으로 한다. 기타 약품을 주입하는 것은 변법에 해당하지 않는다.

25. 정답 ④

해설 임호프콘은 폐, 하수의 침전량을 측정하는데 사용한다.

26. 정답 ①

27. 정답 ②

해설 $\eta(\%) = \left(1 - \frac{C_o}{C_i}\right) \times 100 = \left(1 - \frac{55}{225}\right) \times 100 = 75.56\%$

28. 정답 ②

29. 정답 ④

30. 정답 ②

해설 $BOD 부하(g/m^2 \cdot day) = \frac{BOD량}{표면적}$

• $BOD량(g) = \frac{1,000m^3}{day} \times \frac{200mg}{L} \times \frac{10^3L}{1m^3} \times \frac{1g}{10^3mg}$
  $= 200,000g$

• $표면적(m^2) = \frac{(3m)^2 \times \pi}{4} \times 300매 \times 2 = 4241.15m^2$

∴ $BOD 부하(g/m^2 \cdot day) = \frac{200,000}{4241.15} = 47.16 g/m^2 \cdot day$

31. 정답 ④

32. 정답 ②

해설 $COD = (a-b) \times f \div V$
∴ $COD = (5.13 - 0.13)mL \times 0.98 \times \frac{1}{50mL} \times \frac{0.025eq}{L} \times \frac{16g/2}{1eq} \times \frac{10^3mg}{1g} = 19.6 mg/L$

33. 정답 ①

해설 $C_m = \frac{C_1Q_1 + C_2Q_2}{Q_1 + Q_2} = \frac{1,000 \times 26 + 100 \times 165}{1,000 + 100}$
  $= 38.63 mg/L$

34. 정답 ①

35. 정답 ①

36. 정답 ②
해설 폐기물로 만든 퇴비는 비료가치가 낮다.

37. 정답 ④
해설 상업지역에서 폐기물 수집에 소형 수거용기를 많이 사용할 때 적환장이 필요하다.

38. 정답 ④
해설 차량대수 = $\dfrac{쓰레기\ 총량}{1대\ 적재량}$ + 대기차량

- 쓰레기 총량 = $4,000 m^3$
- 1대 적재량 = $8톤 \times \dfrac{m^3}{1.2톤} = 6.6666 m^3$

∴ 차량대수 = $\dfrac{4,000}{6.6666} = 600$대

39. 정답 ①
해설 $X톤 = 8m^3 \times \dfrac{0.4톤}{m^3} \times (1-0.6) = 1.28톤$

40. 정답 ③
해설 융점이 높아야 한다.

41. 정답 ②
해설 $Xm^2 = 12,000kg \times \dfrac{m^2 \cdot hr}{120kg} \times 8hr = 12.5 m^2$

42. 정답 ②
해설 체류시간이 길고, 교반력이 약하다. 수분이 많은 폐기물의 연소에 효과적이나 슬러지나 플라스틱류의 소각이 어렵다.

43. 정답 ③
해설 분배계수가 크고, 선택성이 클 것

44. 정답 ②
해설 제 2단계에서는 혐기성 조건이 형성되며 탄산가스가 발생하기 시작한다. 3단계에서 메탄이 발생된다.

45. 정답 ①
해설 쓰레기 발생량(kg)
$= \dfrac{220,000톤}{년} \times \dfrac{1년}{365일} \times \dfrac{1}{550,000인} \times \dfrac{10^3 kg}{1톤} = 1.0958$
$= 1.1 kg$

46. 정답 ②

47. 정답 ②

48. 정답 ④
해설 쓰레기가 많이 발생하는 지점은 하루 중 가장 먼저 수거하도록 한다.

49. 정답 ①

50. 정답 ③
해설 철 선별시 가장 많이 사용하는 방법은 자석선별이다.

51. 정답 ②

52. 정답 ②

53. 정답 ③

54. 정답 ②
해설 트롬멜 스크린은 회전 스크린의 형식에 해당한다.

55. 정답 ①

56. 정답 ①
해설 PWL = $10\log\left(\dfrac{W}{W_o}\right) = 10\log\left(\dfrac{0.2}{10^{-12}}\right) = 113$dB

※ $W_o = 10^{-12} watt$ (고정값)

57. 정답 ②
해설 이소골에 의해 진동음압을 증폭시키는 것은 중이의 역할이다.

58. 정답 ③
해설 투과율 = $10^{-L/10}$

$L = 10 \times \log \dfrac{1}{(투과율)}$

∴ $L = 10 \times \log \dfrac{1}{0.001} = 30 dB$

59. 정답 ②

60. 정답 ①
해설 다공질 재료는 표면에 종이를 대거나, 도장하는 것을 금해야 하고, 표면의 얇은 직물로 피복을 하면 흡음력이 상승하여 권장된다.

UNIT 04 2015년 1회 기출문제

01 ②	02 ④	03 ④	04 ④	05 ③
06 ①	07 ④	08 ①	09 ③	10 ①
11 ②	12 ②	13 ③	14 ②	15 ①
16 ③	17 ①	18 ④	19 ②	20 ①
21 ②	22 ②	23 ②	24 ①	25 ④
26 ④	27 ④	28 ①	29 ③	30 ①
31 ④	32 ②	33 ①	34 ②	35 ①
36 ①	37 ②	38 ①	39 ①	40 ①
41 ①	42 ①	43 ②	44 ③	45 ③
46 ④	47 ④	48 ③	49 ④	50 ①
51 ③	52 ①	53 ②	54 ③	55 ④
56 ④	57 ③	58 ③	59 ③	60 ④

01. 정답 ②
해설 저온 연소법으로 해야 한다.

02. 정답 ④

03. 정답 ④

04. 정답 ④
해설 이황화탄소가 분자량이 가장 크므로 비중도 가장 크다.
$$S = \frac{78/22.4}{29/22.4} = 2.69$$

05. 정답 ③
해설 $CO + 0.5O_2 \rightarrow CO_2$
28kg : $0.5 \times 22.4 m^3$
200kg : X,   ∴ $X = 80 m^3$

06. 정답 ①
해설 유리섬유가 250℃까지 사용할 수 있어 가장 높다.

07. 정답 ④
해설 ①, ②, ③항은 배출원에서 발생되었을 때부터 오염물질은 1차 오염물질이고, ④항만 배출원에서 발생할 수도 있고, 일산화탄소(CO)가 공기 중으로 배출되었을 때, 산소와 결합하여 형성할 수도 있는 2차대기오염물질이다.

08. 정답 ①
해설 [대기 내 물질별 체류시간]
① N_2 : 4×10^8년
② CO : 0.5년
③ NO : 2~5일
④ CO_2 : 50~200년

09. 정답 ③
해설 망간은 특정대기유해물질이 아니다. → [p.71 참고]

10. 정답 ①
해설 $\eta(\%) = \left(1 - \dfrac{C_o}{C_i}\right) \times 100$
$\eta_T(\%) = 1 - (1-\eta_1)(1-\eta_2) = 1 - (1-0.5)(1-0.99)$
$= 0.995 = 99.5\%$
$99.5 = \left(1 - \dfrac{C_o}{200}\right) \times 100$, ∴ $C_o = 1 mg/Sm^3$

11. 정답 ②

12. 정답 ②

13. 정답 ③
해설 ℉ = 1.8℃ + 32
68 = 1.8℃ + 32,   ∴ X℃ = 20℃

14. 정답 ②
해설 촉매층 흡착장치라는 장치는 존재하지 않는다.

15. 정답 ①
해설 복사역전은 지표에서부터 일어난다.

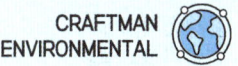

16. 정답 ③

17. 정답 ①
해설 원자가가 증가하는 현상

18. 정답 ④
해설 입자의 직경은 제곱에 비례하므로 가장 큰 영향을 준다.
$$V_s = \frac{d_p^2(\rho_p - \rho)g}{18\mu}$$

19. 정답 ②
해설 연못화 현상은 살수여상법의 문제점이다.

20. 정답 ①
해설 주입량 = 요구량 + 잔류량, 요구량 = 주입량 − 잔류량
• 주입량 = $\frac{60\text{kg/day}}{4,000\text{m}^3/\text{day}} \times \frac{10^6\text{mg}}{1\text{kg}} \times \frac{1\text{m}^3}{10^3\text{L}}$ = 15mg/L
∴ 요구량 = 15 − 3 = 12mg/L

21. 정답 ②

22. 정답 ②

23. 정답 ②
해설 부패조는 혐기성 처리에 해당한다.

24. 정답 ②
해설 스크린의 접근유속은 0.45m/sec 이상이어야 하며, 통과유속이 1m/sec를 초과해서는 안된다.

25. 정답 ④

26. 정답 ②
해설 $X\text{mol/L} = \frac{1.84\text{g}}{\text{mL}} \times \frac{1\text{mol}}{98\text{g}} \times \frac{10^3\text{mL}}{1\text{L}} \times 0.96 = 18.78\text{mol/L}$

27. 정답 ④
해설 청인 88~~ (총인은 청색에서 880nm 측정)

28. 정답 ①
해설 수온의 변화가 작고, 미생물함량이 적다.

29. 정답 ③
해설 경도는 경도유발물질을 meq로 환산한 후, $CaCO_3$로 다시 환산하여 산출한다.
• 경도(HD)
$= \left(\frac{24\text{mg}}{\text{L}} \times \frac{1\text{meq}}{40\text{mg}/2} + \frac{14\text{mg}}{\text{L}} \times \frac{1\text{meq}}{24\text{mg}/2}\right) \times \frac{100/2\text{mg}(CaCO_3)}{1\text{meq}} = 118.3\text{mg/L}$

30. 정답 ①
해설 $t = \frac{\forall}{Q} = \frac{250m^3}{2000m^3/일} \times \frac{24시간}{1일} = 3시간$

31. 정답 ④

32. 정답 ①

33. 정답 ②
해설 해수의 pH 8.2로 약알칼리성이다. (암기TIP) 해파리)

34. 정답 ②
해설 하수관에서 발생한 황화수소(H_2S)는 산화되며 황산염(SO_4)을 형성하고 이 황산염이 수분과 결합하면서 황산이 되어 관을 부식시킨다.

35. 정답 ①

36. 정답 ①
해설 Scrubber는 세정장치로 물을 이용하여 가스나 분진을 제거한다.

37. 정답 ①

38. 정답 ④

39. 정답 ①

40. 정답 ①
해설 활성슬러지법은 하수처리공법이다.

41. 정답 ①
해설 수분함량은 55% 이상이어야 한다.

42. 정답 ①

43. 정답 ②
해설 폐기물 처리의 최우선은 감량 및 감용화이고 최종방법은 매립이다.

44. 정답 ③
해설 압축비 $= \dfrac{V_1}{V_2} = \dfrac{\rho_2}{\rho_1} = \dfrac{0.85}{0.4} = 2.125$

45. 정답 ③
해설 발열량은 일반적으로 탄소수가 많을수록, 그리고 서로 탄소수가 같다면 수소수가 많을수록 크다.
① 프로판 = C_3H_8
② 일산화탄소 = CO
③ 부틸렌 = C_4H_8
④ 아세틸렌 = C_2H_2

46. 정답 ④
해설 ④항만 올바르다.
오답해설
① 분자구조가 간단할수록 착화온도는 높아진다.
② 발열량이 작을수록 착화온도는 높아진다.
③ 활성화에너지가 작을수록 착화온도는 낮아진다.

47. 정답 ④

48. 정답 ③

49. 정답 ④

50. 정답 ①
해설 쓰레기 발생밀도가 높아야 적용이 가능하다.

51. 정답 ③
해설 증발량 $= X_1 - X_2$
식 $X_1(1-W_1) = X_2(1-W_2)$
$1톤 \times (1-0.3) = X_2(1-0.1)$, $X_2 = 0.7777톤 = 777.7kg$
∴ 증발량 $= 1000 - 777.7 = 222.22kg$

52. 정답 ①
해설 함수율이 낮을 것

53. 정답 ③
해설 $X회/월 = \dfrac{\text{전체 운반폐기물량}}{\text{1대 운반량}}$
$= \dfrac{500,000인 \times \dfrac{1kg}{인 \cdot 일} \times 0.2 \times \dfrac{30일}{월}}{\dfrac{5m^3}{회} \times \dfrac{3,000kg}{m^3}} = 200회/월$

54. 정답 ③

55. 정답 ④

56. 정답 ④

57. 정답 ③
해설 수면파는 횡파에 해당한다.

58. 정답 ③

해설 자유공간에서는 거리 2배 증가시 6dB, 반자유공간에서는 3dB이 감소한다.

59. 정답 ③

해설 $\lambda = \dfrac{속도}{주파수(진동수)} = \dfrac{100\text{m/sec}}{200} = 0.5m$

60. 정답 ④

해설 방음벽은 전파경로대책에 해당하므로 소음원대책보다 소음이 지나가는 경로에 방음벽 설치가 더 확실한 방음효과를 기대할 수 있다.

UNIT 05 2015년 4회 기출문제

01 ③	02 ④	03 ④	04 ①	05 ①
06 ④	07 ②	08 ③	09 ①	10 ②
11 ①	12 ②	13 ①	14 ④	15 ①
16 ②	17 ③	18 ①	19 ③	20 ②
21 ④	22 ④	23 ④	24 ③	25 ④
26 ②	27 ④	28 ①	29 ④	30 ③
31 ③	32 ①	33 ③	34 ④	35 ③
36 ②	37 ④	38 ②	39 ①	40 ④
41 ③	42 ④	43 ③	44 ③	45 ④
46 ④	47 ②	48 ①	49 ③	50 ②
51 ③	52 ②	53 ④	54 ③	55 ③
56 ③	57 ②	58 ②	59 ④	60 ④

01. 정답 ③

02. 정답 ④
해설 ④항만 올바르다.
오답해설
① 대류권에서는 고도 1km 상승에 따라 약 9.8℃ 낮아진다.
② 대류권의 높이는 계절이나 위도에 따라 변한다. 여름에 높고, 겨울에 낮으며, 위도상으로 적도지방에서 16km, 극지방에서 8km로 차이를 보인다.
③ 성층권에서는 고도가 높아짐에 따라 기온이 올라간다.

03. 정답 ④
해설 ④항만 올바르다.
오답해설
① 압력손실이 20mmH$_2$O 정도이다.
② 전압변동과 같은 조건변동에 대해 대응이 좋지 못하다.
③ 초기시설비가 많이 든다.

04. 정답 ①
해설 침강실 내 처리가스 속도가 느릴수록 미립자가 포집된다.

05. 정답 ①
해설 ①항만 올바르다.

오답해설
② 화학적으로 안정하고 휘발성이 낮아야 한다.
③ 독성과 부식성이 없어야 한다.
④ 점성이 작고, 가격이 낮아야 한다.

06. 정답 ④
해설 고농도일 경우 병렬을 사용하고, 응집성이 강한 먼지는 직렬을 사용한다.

07. 정답 ②

08. 정답 ③
해설 [충진물의 구비조건]
• 표면적이 클 것
• 충전밀도가 높을 것
• 압력손실이 낮을 것
• 홀드업이 낮을 것
• 액가스 분포를 균일하게 할 것
• 내식성, 내구성이 있을 것

09. 정답 ①
해설 $m = \dfrac{A}{A_o}$
• A(이론공기량) $= 9.5\text{m}^3$
• $A_o = \dfrac{1}{0.21} \times O_o = \dfrac{1}{0.21} \times 1.86 = 8.86\text{m}^3$
반응식 $CH_4 + 2O_2 \rightarrow CO_2 + 2H_2O$
• $O_o = (2 \times 0.94) - 0.02 = 1.86\text{m}^3$
∴ $m = \dfrac{9.5}{8.86} = 1.07$

10. 정답 ②

11. 정답 ①
해설 $X\text{mg/Sm}^3 = \dfrac{0.02\text{mL}}{\text{m}^3} \times \dfrac{64\text{mg}}{22.4\text{SmL}} = 0.0571\text{mg/Sm}^3$

12. 정답 ②

해설 $Hl = Hh - 600(9H + W)$
$\therefore Hl = 11,000 - 600(9 \times 0.135 + 0.0065)$
$= 10,267.1 kcal/kg$

13. 정답 ①

해설 헨리법칙은 난용성인 기체에 잘 적용된다.

14. 정답 ④

해설 $P(kW) = \dfrac{\Delta P \times Q}{102 \times \eta} \times \alpha = \dfrac{444 \times 55}{102 \times 0.77} = 310.92 kW$

15. 정답 ①

16. 정답 ②

해설 $X m^3/day = \dfrac{100L}{1g(BOD)} \times \dfrac{100mg(BOD)}{L} \times \dfrac{1,000L}{day} \times$
$\dfrac{1g}{10^3 mg} \times \dfrac{1m^3}{10^3 L} = 10 m^3/day$

17. 정답 ③

18. 정답 ①

19. 정답 ③

20. 정답 ②

해설 스톡스법칙은 침강속도법칙으로 중력으로 오염물질이 제거되는 침사지 및 1차 침전지에 적용된다.

21. 정답 ④

22. 정답 ④

해설 총량=농도×유량, 농도 = $\dfrac{총량}{유량}$

$X mg/L = \dfrac{50g}{인 \cdot 일} \times 500인 \times \dfrac{day}{50m^3} \times \dfrac{10^3 mg}{1g} \times \dfrac{1m^3}{10^3 L}$
$= 500 mg/L$

23. 정답 ④

해설 산성폐수에는 알칼리제(수산화나트륨, 수산화칼슘)를 투여한다.

24. 정답 ③

해설 고도처리시 질소나 인제거는 주로 생물학적 처리나 화학적 처리(공기탈기, 염소주입, 약품침전 등)로 처리한다.

25. 정답 ④

해설 $X m^3/min = \dfrac{28.3 m^3}{kg(BOD)} \times \dfrac{150 mg}{L} \times \dfrac{7,570 m^3}{day} \times \dfrac{1 kg}{10^6 mg} \times$
$\dfrac{10^3 L}{1 m^3} \times \dfrac{1 day}{1440 min} = 22.32 m^3/min$

26. 정답 ②

27. 정답 ④

28. 정답 ①

해설 **경도유발물질** : 칼슘(Ca), 망간(Mn), 철(Fe), 스트론튬(Sr), 마그네슘(Mg)

29. 정답 ④

30. 정답 ③

31. 정답 ③

32. 정답 ①

해설 80% 수분, 20% 고형물로 이루어져 있다.

33. 정답 ③

해설 수면적부하 $= \dfrac{Q}{A_1(\text{수면적})} = \dfrac{V \times A_2(\text{유입단면적})}{A_1}$

$= \dfrac{V \times W \times H}{L \times W} = \dfrac{V \times H}{L}$

$\therefore L = \dfrac{V \times H}{\text{수면적부하}} = \dfrac{0.32(\text{m/sec}) \times 1.2\text{m}}{1,800(\text{m}^3/\text{m}^2 \cdot \text{day})} \times \dfrac{86,400\text{sec}}{1\text{day}}$

$= 18.43\text{m}$

34. 정답 ④

해설 팽화현상은 미생물의 생육조건이 불량할 때 발생한다. 질소와 인이 유입되면 과영양으로 이상증식현상이 일어나 부영양화를 초래한다.

35. 정답 ④

36. 정답 ②

해설 $V = \dfrac{KI}{\epsilon} = \dfrac{0.5\text{cm}}{\text{sec}} \times 2 = 1\text{cm/sec}$

37. 정답 ④

38. 정답 ②

해설 미생물 및 자외선에 대한 안정성이 약하다.

39. 정답 ①

해설 상징수의 BOD 농도가 낮다.

40. 정답 ④

해설 $SL_1(1-W_1) = SL_2(1-W_2)$

$100 \times (1-0.96) = SL_2 \times (1-0.75), \therefore SL_2 = 16\text{m}^3$

41. 정답 ③

42. 정답 ④

해설 ④항만 해안매립공법에 해당한다. 나머지 항은 내륙(육상)매립 공법이다.

43. 정답 ③

해설 메탄 생성 단계는 매립지 안정화의 지표로서 가장 마지막 단계이다.

44. 정답 ③

45. 정답 ④

해설 저온 열분해는 500~900℃에서 이루어진다.

46. 정답 ④

해설 $A = mA_o = 1.1 \times 10 = 11\text{Sm}^3/\text{kg}$

47. 정답 ②

해설 슬러지를 가열(210℃ 정도)·가압(120atm 정도)시켜 슬러지 내의 유기물이 공기에 의해 산화되도록 하는 공법은 습식산화(치머만 프로세스)이다.

48. 정답 ①

해설 고부하 운전에 적합하지 않다. 부패조에서는 충분한 침전시간이 필요하기 때문에 균일한 유량이나 소량의 처리만이 가능하다.

49. 정답 ③

해설 비중이 작아야 한다.

[유동사의 구비조건]
- 공급이 안정적일 것
- 열충격에 강하고 융점이 높을 것
- 비중이 작을 것
- 불활성일 것
- 가격이 저렴할 것
- 마모가 적을 것

50. 정답 ②
해설 유기물을 제거하여 슬러지의 무게와 부피를 감소시킨다.

51. 정답 ③
해설 $MHT = \dfrac{수거인부수 \times 작업시간}{쓰레기량} = \dfrac{5450 \times 8 \times 310}{1,792,500}$
$= 7.54$인·hr/톤

52. 정답 ②
해설 주요 간선도로와 가까운 곳에 위치하여야 한다.

53. 정답 ④

54. 정답 ③
해설 최종복토는 식물 성장을 위해 한다.

55. 정답 ③
해설 X톤 $= 8\text{m}^3 \times (1-0.6) \times \dfrac{400\text{kg}}{\text{m}^3} \times \dfrac{1톤}{1000\text{kg}} = 1.28$톤

56. 정답 ③

57. 정답 ②
해설 식 $L = 10\log\dfrac{1}{c}$
- c: 투과계수
∴ $L = 10\log\dfrac{1}{0.001} = 30 dB$

58. 정답 ②

59. 정답 ④
해설 사람이 느낄 수 있는 진동가속도 범위 : 1Gal~1,000Gal

60. 정답 ④
해설 기류음 : 분출유속 저감, 마찰저항 감소, 밸브의 다단화
고체음 : 공명방지, 가진력 억제, 방사면 축소 및 제진처리, 방진

UNIT 06 2015년 5회 기출문제

01 ②	02 ④	03 ④	04 ②	05 ②
06 ①	07 ③	08 ①	09 ②	10 ④
11 ②	12 ②	13 ④	14 ②	15 ③
16 ①	17 ④	18 ④	19 ②	20 ①
21 ②	22 ③	23 ③	24 ④	25 ③
26 ①	27 ④	28 ②	29 ④	30 ③
31 ①	32 ③	33 ①	34 ③	35 ③
36 ③	37 ④	38 ②	39 ③	40 ③
41 ④	42 ①	43 ③	44 ②	45 ①
46 ④	47 ①	48 ③	49 ①	50 ①
51 ②	52 ④	53 ④	54 ②	55 ④
56 ③	57 ④	58 ④	59 ②	60 ①

01. 정답 ②
해설 바젤협약은 유해폐기물의 이동을 금지하는 협약이다.

02. 정답 ④
해설 입자상물질 여과장치는 입자상물질 제거장치이다.

03. 정답 ④
해설 수소화법은 중유탈황방법에 해당한다.
- **배연탈황** : 배기가스로 배출된 후 처리
- **중유탈황** : 중유를 연소 전에 중유내의 황성분 제거

04. 정답 ②
해설 **유출농도** = 유입농도×(1−η)
- $\eta_T = 1 - (1-\eta_1)(1-\eta_2) \cdots (1-\eta_n)$
  $\eta_T = 1 - (1-0.9)(1-0.9)(1-0.9) = 0.999$
- ∴ **유출농도** = 3,000×(1−0.999) = 3ppm

05. 정답 ②
해설 ②항만 올바르다.
오답해설
① 과잉공기율을 크게 한다.
③ 연소실의 온도를 높게 한다.
④ 중유연소 시에는 분무유적을 작게 한다.

06. 정답 ①
해설 탄화도가 증가하면 감소하는 것은 휘발분, 산소농도, 비열이다.

07. 정답 ③
해설 유효연돌고(높이)가 증가하면 농도는 감소한다.

08. 정답 ①
해설 $X\text{atm} = 740\text{mmHg} \times \dfrac{1\text{atm}}{760\text{mmHg}} = 0.9736\text{atm}$

09. 정답 ②

10. 정답 ④

11. 정답 ②

12. 정답 ②
해설 선택적 촉매환원법(SCR)과 선택적 비촉매환원법(SNCR)은 대표적인 질소산화물 처리방법이다.

13. 정답 ④

14. 정답 ②

15. 정답 ③
해설 오존만 가스상 물질이고, 나머지는 입자상 물질이다.

16. 정답 ①
해설 불소는 약품침전하는 것이 좋다.

17. 정답 ④

해설 $X(mg/L) = \dfrac{건조후여지무게 - 유리섬유여지 무게}{시료부피}$

$= \dfrac{1.3859 - 1.3751g}{250mL} \times \dfrac{10^3 mg}{1g} \times \dfrac{10^3 mL}{1L}$

$= 43.2 mg/L$

18. 정답 ④

19. 정답 ②

해설 F/M비 $= \dfrac{BOD}{MLSS}$

• $\forall = Q \times t = \dfrac{3,000m^3}{day} \times \dfrac{1day}{24hr} \times 8hr = 1,000m^3$

∴ F/M비 $= \dfrac{BOD}{MLSS} = \dfrac{400 \times 3,000}{3,000 \times 1,000} = 0.4 day^{-1}$

20. 정답 ①

해설 $Q = \dfrac{\forall}{t} = \dfrac{2m \times 15m \times 100cm \times \dfrac{1m}{100cm}}{60sec \times \dfrac{1hr}{3,600sec}} = 1,800 m^3/hr$

21. 정답 ②

22. 정답 ③

해설 알칼리도는 완충정도를 나타내고 완충이 되기 위한 고려사항으로 자료를 이용한다.

23. 정답 ③

24. 정답 ④

25. 정답 ③

26. 정답 ①

27. 정답 ④

해설 부상법에는 용존공기, 공기, 진공부상법이 있다.

28. 정답 ②

29. 정답 ④

해설 HD $= \left(\dfrac{40mg}{L} \times \dfrac{1meq}{40mg/2}\right) + \left(\dfrac{36mg}{L} \times \dfrac{1meq}{24mg/2}\right) \times \dfrac{100/2mg(CaCO_3)}{1meq} = 250 mg/L$

30. 정답 ③

31. 정답 ①

해설 반응식 $C_5H_7O_2N + 5O_2 \rightarrow 5CO_2 + 2H_2O + NH_3$

113kg : 5×32kg
3kg : X

∴ $X = 4.25kg$

32. 정답 ③

해설 $\forall = Q \times t$

33. 정답 ①

해설 ①항만 올바르다.

오답해설
② 2차 오염물질인 트리할로메탄을 생성하지 않는다.
③ 별도 장치가 필요하고 유지비가 비싸다.
④ 색과 냄새 유발성분도 제거가능하다.

34. 정답 ③

해설 $\dfrac{X}{M} = K \cdot C^{\frac{1}{n}}$

• X : 흡착된 오염물질량　• M : 흡착제 주입량
• K, n : 상수　• C : 유출농도(양)

$\dfrac{(30-10)}{M} = 0.5 \times 10^{\frac{1}{1}}$,　∴ $M = 4$

35. 정답 ③

36. 정답 ③
해설 수분 증발량 = 증발전 쓰레기 − 증발후 쓰레기
$X_1(1-W_1) = X_2(1-W_2)$
$1톤 \times (1-0.25) = X_2(1-0.1)$, ∴ $X_2 = 0.8333$
∴ 수분 증발량 $= X_1 - X_2 = 1 - 0.8333 = 0.1667$톤
$= 166.7$kg

37. 정답 ④
해설 [수집·운반차에서 채취]
- 기계식 압축차의 경우 배출 초기, 중간, 마지막 단계에서 균등히 채취
- 무작위 채취방식(2~3대 간격, 각 지역에 비례하는 배출량의 비율에 비례하는 차량대수 선정)
- 1대 차량에서 10kg 이상 채취
- 원시료의 총량을 200kg 이상 채취

38. 정답 ②
해설 러브캐널 사건은 대표적 폐기물 관련 사건으로, 미국의 후커 케미컬 사에서 러브운하에 2만여 톤의 화학물질을 매립한 후 1953년에 인근 땅을 포함하여 기증하였는데, 후에 이 지역에 학교와 주택이 세워지고, 땅에서 이상한 물질이 나오면서 어린이에 대한 피해, 유산 등 환경피해가 일어난 사건. 이 사건을 계기로 앞으로의 환경오염사건을 막고자 CERCLA, Superfund가 제정되었다.

39. 정답 ①

40. 정답 ③
해설 박층뿌림 공법은 해양매립 공법에 해당한다. 이외에도 해양매립공법에는 순차투입, 수중투기(내수배제)공법이 있다.

41. 정답 ④
해설 SOx와 NOx, HCl, HF는 연소실 냉각 시 산으로 변하여 연소실 내벽을 부식시킨다.

42. 정답 ①
해설 소각은 산소가 공존하는 상태에서 이루어지고, 열분해는 산소가 공존하지 않는 무산소 상태에서 공정이 진행된다.

43. 정답 ③
해설 가용성 무기질소의 용출량을 감소시켜 식물의 생장을 돕는다.

44. 정답 ②
해설 소각의 용이와 관련 있는 공정은 파쇄, 건조, 선별이다.

45. 정답 ①
해설 ① 항만 올바르다.
② 수거빈도가 잦으면 쓰레기 발생량이 증가하는 경향이 있다.
③ 쓰레기통의 크기가 클수록 쓰레기 발생량이 증가하는 경향이 있다.
④ 재활용품의 회수 및 재이용률이 높을수록 쓰레기 발생량이 감소한다.

46. 정답 ④

47. 정답 ①
해설 80±5℃의 건조기에서 30분 건조하고, 데시게이터에서 30분 방냉하여 바탕시험액으로 한다.

48. 정답 ③
해설 $Q = A \times V$
- $V = \dfrac{KI}{\epsilon} = \dfrac{0.1 \times (6-4)/200}{1} = 1 \times 10^{-3}$ m/일
- A(면적) $= 20m \times 10m = 200m^2$
∴ $Q = 1 \times 10^{-3} \times 200 = 0.2 m^3$/일

49. 정답 ①

50. 정답 ①
해설 사업장폐기물 중 환경부령으로 정하는 폐기물을 의미한다.

51. 정답 ②

해설 $X\text{kg/인·일} = \dfrac{100,000\text{m}^3}{주} \times \dfrac{주}{7일} \times \dfrac{0.4톤}{1\text{m}^3} \times \dfrac{1,000\text{kg}}{1톤} \times \dfrac{1}{5,000,000인} = 1.14 kg/인·일$

52. 정답 ④

해설
- 고상폐기물 : 고형물 함량 15% 이상
- 반고상폐기물 : 고형물 함량 5% 이상 ~ 15% 미만
- 액상폐기물 : 고형물 함량 5% 미만

53. 정답 ④

해설 침출수에는 많은 양의 P(인)이 포함되어 있지 않아 제거보다는 오히려 생물학적 처리시 P의 첨가가 요구될 수 있고, N(질소)는 농도가 높은 편이며, 시간이 갈수록 감소한다.

54. 정답 ②

해설 겉보기 비중의 증가 및 균질화 촉진

55. 정답 ④

해설 단위환산으로 휘발성고형물을 분뇨로 환산한다.

$X\text{m}^3/day = \dfrac{4,500\text{kg}(VS)}{day} \times \dfrac{1(TS)}{2/3(VS)} \times \dfrac{100분뇨}{5TS} \times \dfrac{1m^3}{1,000kg} = 135 m^3/day$

※ 비중1(액체 또는 고체) = 밀도 $1g/cm^3$ = $1,000kg/m^3$

56. 정답 ③

해설 호흡수 증가 및 호흡깊이 감소

57. 정답 ④

해설 투과율 = $10^{-(L/10)} = 10^{-(32/10)} = 6.3 \times 10^{-4}$

58. 정답 ④

해설 평균음압레벨

$= 10\log\left[\dfrac{1}{n}(10^{L_1/10} + 10^{L_2/10} + 10^{L_3/10} + \cdots + 10^{L_n/10})\right]$

$= 10\log\left[\dfrac{1}{3}(10^{89/10} + 10^{91/10} + 10^{95/10})\right] = 92.40\text{dB}$

59. 정답 ②

60. 정답 ①

UNIT 07 2016년 1회 기출문제

01 ①	02 ②	03 ③	04 ④	05 ③
06 ②	07 ①	08 ③	09 ①	10 ①
11 ①	12 ②	13 ②	14 ②	15 ④
16 ①	17 ②	18 ③	19 ②	20 ④
21 ④	22 ①	23 ③	24 ③	25 ②
26 ②	27 ③	28 ④	29 ③	30 ②
31 ④	32 ①	33 ②	34 ④	35 ③
36 ④	37 ①	38 ④	39 ②	40 ④
41 ③	42 ②	43 ①	44 ①	45 ④
46 ③	47 ①	48 ①	49 ②	50 ②
51 ①	52 ②	53 ④	54 ①	55 ②
56 ①	57 ②	58 ③	59 ②	60 ①

01. 정답 ①

오답해설
② 오염물의 총량은 많아지나, 농도는 적어진다.
③ 미연분의 감소로 매연이 감소한다.
④ 완전연소되어 연소효율이 높아진다. 단, 너무 많은 양의 공기가 주입되면 연소실냉각으로 인해 연소효율이 저하된다.

02. 정답 ②

해설 $X(\text{mL/m}^3) = \dfrac{5 \text{ amL}}{\text{am}^3} \times \dfrac{273+20}{273} \times \dfrac{760}{740} \times \dfrac{270}{273+20} \times \dfrac{740}{760} = 5\,Sm\text{L}/Sm^3$

03. 정답 ③

해설 지붕형에 대한 설명이다. 지붕형은 지표가 냉각되기 시작하는 초저녁에 많이 발생한다.

04. 정답 ④

05. 정답 ③

해설 [흡수액의 구비조건]
㉠ 용해도가 크고, 빙점이 낮을 것
㉡ 휘발성이 없을 것
㉢ 부식성과 독성이 없을 것
㉣ 점성이 작고, 화학적으로 안정될 것
㉤ 가격이 저렴할 것
㉥ 용매의 화학적 성질과 비슷할 것

06. 정답 ②

07. 정답 ①

해설 기체의 용해도는 온도가 감소할수록 커진다.

08. 정답 ③

해설 100% 집진가능한 입경은 임계입경, 50% 집진가능한 입경은 절단입경이라고 한다.

09. 정답 ①

해설 온실가스는 육불화황(SF_6), 과불화탄소(PFCs), 수소불화탄소(HFCs), 아산화질소(N_2O), 메테인(CH_4), 이산화탄소(CO_2)이다.

10. 정답 ①

11. 정답 ①

오답해설
② 후드의 개구면적을 가능한 한 작게 한다.
③ 에어커텐을 설치한다.
④ 배풍기의 여유량은 10% 이상으로 하여 행한다.

12. 정답 ②

해설 전기집진장치는 전압변동이나 가스의 온도변화에 대응성이 낮다.

13. 정답 ②

14. 정답 ②

해설 전기집진기의 정상운전 전기저항 범위는 $10^4 \sim 10^{11}\,\Omega \cdot \text{cm}$이다.

15. 정답 ④
해설 ④항만 올바르다.
오답해설
① NOx, HC 등이 주오염물질
② 온도가 높고 무풍의 기상조건
③ 습도가 낮은 한 낮

16. 정답 ①

17. 정답 ②

18. 정답 ③
해설 팽화와 슬러지부상은 활성슬러지공법에서 발생하는 문제점이다.

19. 정답 ②
해설 비중을 제외하고 나머지 조건이 같음을 이용하여 부상속도식을 정리한다.
$$V_B = \frac{d_p^2(\rho - \rho_p)g}{18\mu} \rightarrow V_B = K \times (\rho - \rho_p)$$
• $V_{B(A)} = K \times (1 - 0.88)$
• $V_{B(B)} = K \times (1 - 0.91)$
∴ $V_{B(A)} / V_{B(B)} = \frac{K \times (1 - 0.88)}{K \times (1 - 0.91)} = 1.33$

20. 정답 ④
해설 세계 평균과 비교시 연간 총 강수량은 많으나, 인구 1인당 가용수량은 낮다.

21. 정답 ④
해설 물리적 흡착에 관련된 식은 프로인들리히, 화학적 흡착에 관련된 식은 랭뮤어 식이다.

22. 정답 ①

23. 정답 ③
해설 반응식을 이용하여 크롬과 아황산나트륨의 비로 양을 산출한다.
$2H_2CrO_4 + 3Na_2SO_3 + 3H_2SO_4$
$\rightarrow Cr_2(SO_4)_3 + 3Na_2SO_4 + 5H_2O$
2Cr : $3Na_2SO_3$
2×52 : 3×126
$\frac{600mg}{L} \times \frac{1kg}{10^6 mg} \times \frac{10^3 L}{1m^3} \times \frac{40m^3}{day}$: X
∴ $X = 87.23kg/day$

24. 정답 ③
해설 COD는 기타조건이 없을 때, ThOD와 같은 것으로 보고, ThOD는 반응식을 이용하여 구한다.
반응식 $C_2H_5OH + 3O_2 \rightarrow 2CO_2 + 3H_2O$
46g : $3 \times 32g$
92g : X, ∴ $X = 192g$

25. 정답 ②
해설 간선 하수거로 유하한 하수를 차집거로 차집하여 하수종말처리장에 유하하도록 하는 방식
갈수기에는 차집거에 의하여 처리장으로 보내고, 빗물로 충분히 희석되면 바로 방류한다.
• **직각식** : 시가지 중앙에 큰 하천이 흐를 때 양단의 하수를 하천에 직각인 간선 하수거에 의해 배출하는 형식. 수질이 오염되기 쉬우므로 잘 적용되지 않는다.
• **편형식** : 지형이 한쪽 방향으로 경사되어 있을 때 하수관을 가지가지로 설치하여 경사아래쪽 한곳으로 모아서 처리하는 방식
• **방사식** : 지역이 광대해서 하수를 한 곳으로 배수하기가 곤란할 때 배수지역을 수개 또는 그 이상으로 구분해서 중앙으로부터 방사형으로 배관하여 각 개별로 배제하는 방식이다. 관거의 연장이 짧고, 단면은 작아도 되나 하수처리장의 수가 많아지는 결점이 있다.
• **평행식** : 계획구역 내의 고저차가 심할 때 고저에 따라 각각 독립된 간선을 만들어 배수하는 방식으로, 대상식이라고도 한다. 즉 고지대는 자연유하수에 의하고 저지대는 펌프배수로 하여 적합한 배수계통으로 나누어 처리장까지 하수를 이끌어가는 방식이다. 이 방식은 광대한 대도시에서는 합리적이고 경제적인 방식이다.
• **집중식** : 사방에서 1개소로 향하여 집중적으로 흐르게 해서 다음 지점으로 집중시켜 양수할 경우에 이용하는 방식이다.

26. 정답 ②

27. 정답 ③

해설 ③항만 올바르다.

오답해설
① NH_2Cl보다는 $HOCl$이 살균력이 크다.
② 보통 온도를 높이면 살균속도가 빨라진다.
④ $HOCl$보다 오존이 더 강력한 산화제이다.

28. 정답 ④

해설 우리나라 하천수는 계절에 따른 수위변화가 심하고, 유기물함량이 높으며, 물의 교란에 의한 자정작용이 활발하다.

※ **호소수의 특징** : 여름과 겨울철에는 성층이, 봄과 가을에는 전도현상이 발생한다.

29. 정답 ④

해설 적조 발생의 주된 원인 물질은 질소와 인이다.

30. 정답 ②

해설 중화적정시에 중화적정공식을 이용하여 답을 산출한다.
$NV = N'V'$
- $N = \dfrac{0.3\text{mol}}{L} \times \dfrac{98g}{1\text{mol}} \times \dfrac{1\text{eq}}{98g/2} = 0.6N$
- $N' = 0.1N$ (NaOH는 1가이므로 N = M)
- $V' = 1000mL$

$0.6N \times V = 0.1N \times 1000mL$ ∴ $V = 166.67mL$

31. 정답 ④

32. 정답 ①

33. 정답 ②

해설 표면부하($m^3/m^2 \cdot day$) = $\dfrac{유량}{표면적}$

∴ 표면부하($m^3/m^2 \cdot day$) = $\dfrac{1500}{300} = 5m^3/m^2 \cdot day$

34. 정답 ④

해설 $SDI(g/100mL) = \dfrac{MLSS(g/L)}{SV(mL/L)} \times 100 = \dfrac{3g/L}{440mL/L} \times 100$
$= 0.68g/100mL$

35. 정답 ③

해설 월류부하($m^3/m \cdot day$) = $\dfrac{유량}{유효길이}$

$100 = \dfrac{125 \times 24}{유효길이}$, ∴ 유효길이 = 30m

36. 정답 ④

해설 $C + O_2 \rightarrow CO_2$
12kg : 32kg
1kg : X, ∴ X = 2.6667kg

37. 정답 ①

38. 정답 ④

해설 소각장에서 소각을 원활하게 해주는 공정에는 건조, 파쇄 공정이 있다.

39. 정답 ②

해설 Xkg/인·일 $= \dfrac{8,000m^3}{주} \times \dfrac{1주}{7일} \times \dfrac{1}{500,000인} \times \dfrac{420kg}{1m^3}$
$= 0.96kg/$인·일

40. 정답 ②

41. 정답 ③

42. 정답 ②

43. 정답 ①

해설 아주 많은 양의 쓰레기가 발생되는 발생원은 하루 중 가장 먼저 수거하여 교통체증이 심한 시간대의 수거를 피한다.

44. 정답 ①
해설 인구 밀도가 낮은 지역을 수집하는 경우 적환장이 필요하다.

45. 정답 ④
해설 자외선, 오존, 기후 등에 약한 편이다.

46. 정답 ③
해설 건조 후 쓰레기 중량은 물질수지로 산출된다.
$X_1(1-W_1) = X_2(1-W_2)$
$1톤 \times (1-0.4) = X_2(1-0.2)$
$\therefore X_2 = 0.75톤 = 750kg$

47. 정답 ①
해설 완전연소를 위해 체류시간은 가능한 한 길어야 한다.

48. 정답 ①
해설 ①항만 올바르다.
오답해설
② 수거빈도와 발생량은 비례한다.
③ 쓰레기통이 클수록 발생량이 증가한다.
④ 재활용율이 높을수록 발생량이 감소한다.

49. 정답 ②
해설 산화지는 유기물 제거공정에 해당한다.

50. 정답 ②

51. 정답 ①

52. 정답 ②
해설 부패조는 폐기물 혐기성소화시설이다.

53. 정답 ④

54. 정답 ①

55. 정답 ②
해설 전단파쇄기는 충격파쇄기에 비하여 파쇄속도는 느리나, 이물질의 혼입에 대하여 약하다.

56. 정답 ①

57. 정답 ②
해설 방음벽 설치는 전파경로대책으로 구분된다.

58. 정답 ③
해설 식 $L_1(거리감쇠) = 20\log\left(\dfrac{r_2}{r_1}\right)$ (r : 음원과의 거리, 점음원)
• $L_1 = 20\log\left(\dfrac{10}{5}\right) = 6.02 dB$
∴ 음압레벨 $= 60 - L_1 = 60 - 6.02 = 53.98 dB$

59. 정답 ②
해설 교재 용어정리 참고

60. 정답 ①

UNIT 08 2016년 2회 기출문제

01 ①	02 ③	03 ②	04 ③	05 ④
06 ②	07 ④	08 ②	09 ②	10 ①
11 ③	12 ③	13 ③	14 ③	15 ①
16 ④	17 ②	18 ②	19 ③	20 ②
21 ①	22 ①	23 ③	24 ③	25 ②
26 ②	27 ②	28 ①	29 ④	30 ①
31 ②	32 ④	33 ②	34 ②	35 ③
36 ③	37 ②	38 ②	39 ②	40 ④
41 ②	42 ④	43 ①	44 ②	45 ②
46 ③	47 ④	48 ①	49 ①	50 ②
51 ①	52 ②	53 ②	54 ①	55 ②
56 ④	57 ②	58 ④	59 ③	60 ④

01. 정답 ①
해설 링겔만 매연농도표로 매연의 정도를 측정한다.

02. 정답 ③
해설 질소산화물(NOx)은 대체로 물에 잘 녹지 않고, 그 중 NO와 NO_2는 대표적인 난용성물질이다.

03. 정답 ②
해설 산성비는 인공건축물을 부식시킨다.

04. 정답 ③
해설 세정 집진장치는 가스상물질과 입자상물질을 동시에 제거가 능하고, 고온가스의 냉각효과, 점착성분진의 처리가 가능하지만, 압력손실이 크고, 폐수처리의 문제가 있는 집진장치다.

05. 정답 ④
해설 밤부터 아침까지는 지표가 냉각되면서 복사역전이 발생하고, 이때 굴뚝에 배출된 연기는 위로 아래로도 이동하지 않는 부채형으로 배출된다.

06. 정답 ②
해설 $O_o = 1.8667C + 5.6H + 0.7S - 0.7O$(이론산소량, m^3/kg)

07. 정답 ④
오답해설
① 사이클론은 원심력 집진장치에 해당된다.
② 중력 집진장치는 저효율 집진장치에 해당된다.
③ 여과 집진장치는 수분 또는 점착성분진의 처리가 곤란하다.

08. 정답 ②
해설 배기가스의 습도 증가로 인하여 입자가 응집(증습효과)하여 제거효율이 증가한다.

09. 정답 ②
해설 $Xm^3 = 20kg \times \dfrac{22.4Sm^3}{58kg} \times \dfrac{273+25}{273} = 8.43Sm^3$

10. 정답 ①
오답해설
② 물리적 흡착은 온도가 낮을수록 흡착의 효율이 증가한다.
③ 물리적 흡착은 화학적 흡착보다 흡착과정에서의 발열량이 작다.
④ 물리적 흡착에서는 용질의 분자량이 클수록 인력이 커지므로 유리하게 흡착한다.

11. 정답 ③
오답해설
① 전기 집진장치는 입자를 전기력에 의해 분리, 포집하는 장치로서 입경이 20㎛ 이하일 때 적합하다.
② 관성력 집진장치는 중력과 관성력을 동시에 이용하는 장치로서 원리와 구조가 간단하고 운전비가 낮고, 효율에 비해 압력손실이 크다.
④ 중력 집진장치에서 배기관 지름이 클수록 입경이 작은 먼지를 제거할 수 있다. 블로다운을 사용하는 장치는 원심력 집진장치이다.

12. 정답 ③
해설 $\eta(\%) = \left(1 - \dfrac{C_o}{C_i}\right) \times 100 = \left(1 - \dfrac{0.1}{2.8}\right) \times 100 = 96.43\%$

13. 정답 ③

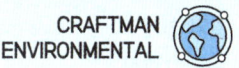

14. 정답 ③

15. 정답 ①
해설 연소과정에서 발생하는 질소산화물은 약 90%가 NO로 나머지는 NO_2로 배출된다.

16. 정답 ④
해설 하천의 유량의 대부분은 강우유출수로 결정된다. 강우유출수와 관련이 있는 보기는 ④항이다. 지면 포장으로 인한 강수의 침투성이 저하되며, 하천으로의 유출량이 늘어나기 때문이다.

17. 정답 ②
해설 암기TIP 크롬 관망 6가상승 적자나서 540만원에 페채(카)
└ 크롬은 3가를 과망간산칼륨으로 6가로 산화시키고, 다이페닐카바자이드용액과 반응시켜 얻어진 적자색 착화합물을 540nm에서 측정한다.

18. 정답 ②

19. 정답 ③
해설 $X\text{eq}/L = \dfrac{1.84\text{g}}{\text{mL}} \times \dfrac{10^3\text{mL}}{1\text{L}} \times \dfrac{1\text{eq}}{(98/2)\text{g}} \times 0.96$
$= 36.05\, eq/L(N)$

20. 정답 ②
해설 SVI(슬러지용적지표)만 슬러지의 용적에 대한, 결국 슬러지의 침강성의 지표이고, 나머지는 수질적 부하와 관련된 내용이다.
※ F/M비 = BOD/MLSS 부하

21. 정답 ①

22. 정답 ①

23. 정답 ③
해설 활성슬러지공법에서 운전상 가장 중요시 되는 인자는 F/M이다. 현재 유기물(F)가 과량 유입 되었으므로, 슬러지(M)을 반송하여 비율을 맞춰주어야 한다.

24. 정답 ③
해설 $\text{BOD}(\text{kg/ha·day}) = \dfrac{100\text{g}}{\text{m}^3} \times \dfrac{3{,}000\text{m}^3}{\text{day}} \times \dfrac{1\text{kg}}{10^3\text{g}} \times \dfrac{1}{3\text{ha}}$
$= 100\,kg/ha\cdot day$

25. 정답 ②
해설 고형물 면적 부하$(\text{kg/m}^2\cdot\text{hr}) = \dfrac{\text{고형물}}{\text{면적}}$
• 고형물
$= \dfrac{15\text{g}}{\text{L}} \times \dfrac{1\text{kg}}{10^3\text{g}} \times \dfrac{500\text{m}^3}{\text{day}} \times \dfrac{10^3\text{L}}{\text{m}^3} \times \dfrac{1\text{day}}{24\text{hr}} = 312.5\text{kg/hr}$
$2.6\text{kg/m}^2\cdot\text{hr} = \dfrac{312\text{kg/hr}}{\text{면적}}$, ∴ 면적$(\text{m}^2) = 120\text{m}^2$

26. 정답 ②

27. 정답 ②
해설 $SVI(\text{mL/g}) = 150\text{mL/g}$
∴ $X\text{g} = \dfrac{1\text{g}}{150\text{mL}} \times \dfrac{10^6\text{mL}}{1\text{m}^3} = 6{,}667\text{g/m}^3$

28. 정답 ①
해설 A/O는 혐기조, 호기조로 구성되어 인과 유기물제거만 가능하다.

29. 정답 ④
해설 BOD/MLSS부하$(\text{kg/kg·day}) = \dfrac{\text{BOD}}{\text{MLSS}}$
$= \dfrac{200 \times 2{,}000}{1{,}000 \times 1{,}000} = 0.4\,(day^{-1})$

30. 정답 ①
해설 지하수는 햇빛이 도달하지 않아 광화학반응이 일어나지 않고, 미생물이 많이 존재하지 않아, 미생물에 의한 분해가 매우 적다.

31. 정답 ②

32. 정답 ④

33. 정답 ③
해설 농축계수 = 물질의 생물체 내 농도/환경수 중 농도

34. 정답 ②

35. 정답 ③
해설 접촉산화법은 유량변동, 독성물질 유입에 대한 적응성이 높다.

36. 정답 ③
해설 체적감소율(%) $= \left(\dfrac{V_2 - V_1}{V_1}\right) \times 100$
$= \left(\dfrac{1,000 - 500}{1,000}\right) \times 100 = 50\%$

37. 정답 ③
해설 $\text{MHT}(\text{명}\cdot\text{hr}/\text{톤}) = \dfrac{1363\text{명} \times 8\text{시간}/\text{일} \times 310\text{일}/\text{년}}{1,792,500\text{톤}/\text{년}} = 1.88$

38. 정답 ②
해설 $X\text{kg} = \dfrac{450\text{kg}}{\text{m}^3} \times 10\text{m}^3 \times (1 - 0.72) = 1,260\text{kg}$

39. 정답 ②
오답해설
① 광물과 종이 – 습식 선별, 테이블, 세카터
③ 스티로폼과 유리조각 – 광학선별
④ 다양한 크기의 혼합폐기물 – 수선별, 혼합공정

40. 정답 ④

41. 정답 ②
해설 1~2단계에서는 이산화탄소의 비율이 높고, 3단계로 가면서 이산화탄소의 비율은 점차 낮아지고, 메탄의 비율이 높아지면서 안정화된다.

42. 정답 ④
해설 세정 집진장치는 가스상물질과 입자상물질을 동시에 제거가 능하고, 고온가스의 냉각효과, 점착성분진의 처리가 가능하지만, 압력손실이 크고, 폐수처리의 문제가 있는 집진장치다.

43. 정답 ①
해설 [수분분리용이정도]
간극수 > 모관결합수 > 표면수(부착수) > 화학수(내부수)

44. 정답 ②
해설 열교환기의 종류는 과열기, 재열기, 절탄기, 공기예열기이다.

45. 정답 ②

46. 정답 ③
해설 jar 테스터는 응집제 선정과 주입량 산정을 위한 기구이다.

47. 정답 ④
해설 ④항만 올바르다.
오답해설
① 크기를 고르게 하여야 한다.
② 미생물을 사멸시키기 위해 최적온도는 50~60℃ 정도로 유지한다.
③ 수분을 50~60%에 가깝게 유지한다.

48. 정답 ①
해설 파쇄는 부식효과를 촉진한다.

49. 정답 ①

50. 정답 ②
해설 주요간선 도로에 인접하여야 한다.

51. 정답 ①

52. 정답 ②

53. 정답 ②
해설 반응식 $CH_4 + 2O_2 \rightarrow CO_2 + 2H_2O$
16kg : 2×32kg
8kg : $X(O_o)$ = 32kg

54. 정답 ①
해설 $SL_1(1-W_1) = SL_2(1-W_2)$
$150 \times 0.15 \times (1-0.9) = SL_2(1-0.7)$,
∴ SL_2 = 7.5kL = 7.5m³

55. 정답 ②

56. 정답 ④
해설 이관(유스타키오관)은 인두와 가운데귀(중이)를 연결하며 가운데귀(중이)의 압력을 바깥귀와 같게 조절한다.

57. 정답 ②

58. 정답 ④

59. 정답 ③
해설 진동에 의해 손끝이 하얘지면서 동상과 비슷한 증세가 일어나는 병은 레이노드씨 병이다.

60. 정답 ④

UNIT 09 2016년 4회 기출문제

01 ④	02 ④	03 ②	04 ③	05 ③
06 ①	07 ②	08 ②	09 ①	10 ④
11 ②	12 ③	13 ③	14 ①	15 ③
16 ①	17 ①	18 ①	19 ③	20 ④
21 ④	22 ④	23 ③	24 ③	25 ①
26 ③	27 ②	28 ③	29 ②	30 ②
31 ①	32 ④	33 ③	34 ④	35 ③
36 ②	37 ③	38 ③	39 ③	40 ③
41 ④	42 ③	43 ②	44 ②	45 ④
46 ④	47 ③	48 ②	49 ①	50 ①
51 ④	52 ①	53 ②	54 ④	55 ④
56 ③	57 ④	58 ①	59 ①	60 ①

01. 정답 ④
해설 연소실 내의 온도를 높게 유지해야 한다.
[완전연소 조건! – 3TO]
- 온도(Temperature) : 온도를 가능한 높게 유지
- 체류시간(Time) : 불꽃과의 접촉시간을 길게 유지
- 혼합(난류, Turbulence) : 연소실 내 교반(혼합)을 활발하게
- 산소(Oxigen) : 산소량을 충분하게

02. 정답 ④
해설 태평양 적도부근에서 6개월 이상 0.5 이상 높은 상태가 지속되는 현상을 엘니뇨, 0.5 이상 낮은 상태가 지속되는 현상을 라니냐라고 한다.

03. 정답 ②
해설 검댕에 대한 설명이다.
[정리 ⇨ 유리탄소가 배출되면 매연, 매연이 응결되면 검댕!]

04. 정답 ③
해설 $X\,\text{Sm}^3 = 100\,\text{Am}^3 \times \dfrac{273}{273+200} \times \dfrac{650}{760} = 49.36\,\text{Sm}^3$

05. 정답 ③
해설 밤부터 아침까지는 지표가 냉각되면서 복사역전이 발생하고,

이때 굴뚝에 배출된 연기는 위로 아래로도 이동하지 않는 부채형으로 배출된다.

06. 정답 ①
해설 ①항만 올바르다.
오답해설
② 매우 불안정 상태 : 환상형
③ 안정 상태 : 부채형, 구속형
④ 상층 불안정, 하층 안정 상태 : 지붕형

07. 정답 ②
해설 촉매산화(연소)법은 300~400℃, 직접연소법은 600~800℃로 운전된다.

08. 정답 ②

09. 정답 ①
해설 출구농도 = 입구농도 × (1−η)
- 총집진율 = 1−(1−1차집진율)(1−2차집진율)⋯(1−n차집진율)
  = 1−(1−0.9)(1−0.98) = 0.998 ≒ 99.8%
∴ 출구농도 = 5.9 × (1−0.998) = 0.0118 g/m³
  = 11.8 mg/m³

10. 정답 ④
해설 중력집진 장치는 입자상물질 제거장치에 해당한다.

11. 정답 ②
해설 방해판(Baffle)을 이용하여 관성력으로 분진을 제거하는 관성력집진장치의 그림이다.

12. 정답 ③
해설 옥탄가 향상제에 쓰이는 대표적인 유기납(연)에는 사에틸납, 사메틸납이 있다.

13. 정답 ③
해설 화학적 흡착은 흡착과정이 비가역적이므로, 재생이 불가능하다.

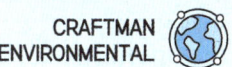

14. 정답 ①
해설 호흡성 분진은 기도로 침투하여 폐포까지도 이동하고, 크기는 4μm 이하이다.

15. 정답 ③
해설
$$Q = \left\{ \frac{2500\text{cal}}{℃} \times (23.61-21.31)℃ - \left(\frac{2.3\text{cal}}{\text{cm}} \times 10\text{cm}\right) \right\} \div 2.3g$$
$$= 2,490 cal/g$$

16. 정답 ①

17. 정답 ①

18. 정답 ①

19. 정답 ③
해설
$$X\text{m}^3/일 = \frac{700\text{m}^3}{일} \times \frac{(700-70)\text{mg}}{\text{L}} \times \frac{10^3\text{L}}{1\text{m}^3} \times \frac{1\text{kg}}{10^6\text{mg}} \times$$
$$\frac{100SL}{2TS} \times \frac{1m^3}{1,000kg} = 22.05 m^3/일$$

20. 정답 ④
해설 $V_g = \dfrac{d_p^2(\rho_p-\rho)g}{18\mu}$ (stoke's 침강속도식)

21. 정답 ④
해설 완속여과는 급속여과와 달리 여재표면에 생물막을 형성함으로써 물이 생물막을 통과할 때 생물학적 처리효과도 얻을 수 있다.

22. 정답 ④

23. 정답 ③

24. 정답 ③
해설
$$X\text{mol/L(M)} = \frac{120\text{mg}}{\text{L}} \times \frac{1\text{mol}}{58.5\text{g}} \times \frac{1\text{g}}{10^3\text{mg}}$$
$$= 2.05 \times 10^{-3} M = 0.00205 M$$

24. 정답 ③
해설 입상활성탄은 흡착제이다.

25. 정답 ①
해설 SS(Suspended Solids)는 부유물질이고, 이 SS가 하수에 혼합된 형태는 MLSS이다. SS의 혼합은 대부분 폭기조에서 이루어지므로, 폭기조내의 SS를 MLSS라 한다.

26. 정답 ③
해설 소화율(%)
$$= \left(1 - \frac{(VS_2/FS_2)}{(VS_1/FS_1)}\right) \times 100 = \left(1 - \frac{(0.5/0.5)}{(0.8/0.2)}\right) \times 100 = 75\%$$

27. 정답 ②
해설 부상법에는 용존공기, 공기, 진공부상법이 있다.

28. 정답 ③

29. 정답 ②
해설 최종단위에 포커스를 맞추자(CGS단위로 통일!)
$$V_g = \frac{d_p^2(\rho_p-\rho)g}{18\mu} = \frac{(10^{-3}\text{cm})^2 \times (2.65-1)\text{g/cm}^3 \times 980\text{cm/sec}^2}{18 \times 0.01\text{g/cm}\cdot\text{sec}}$$
$$= 8.98 \times 10^{-3} \text{cm/sec}$$

30. 정답 ②
해설 업종 및 생산방식에 따라 수질과 수량의 변동이 심하다.

31. 정답 ①

32. 정답 ④

해설
- ThOD는 반응식으로 산출한다.
  $C_2H_5OH + 3O_2 \rightarrow 2CO_2 + 3H_2O$
  46g : 3×32g(ThOD = 96g)
- TOC(총탄소분자량) = 2×12g = 24g
∴ ThOD/TOC = 96/24 = 4

33. 정답 ②

34. 정답 ④

해설 국지적인 환경조건의 영향을 크게 받는다.

35. 정답 ②

해설 A^2/O공정은 혐기조 - 무산소조 - 호기조 - 침전조로 이루어져 있다.

36. 정답 ②

해설 폐기물로 만든 퇴비는 대부분이 분뇨나 음식물쓰레기로 만들어지고, 대개 질소성분이 너무 높고, 부숙상태불량으로 비료로써의 가치가 낮다.

37. 정답 ③

해설 60cm 이상부터 식물이 자라기 좋은 두께이다.

38. 정답 ③

해설 플라스틱이나 슬러지는 격자사이로 새어나가 화격자 연소에 부적합하다.

39. 정답 ③

40. 정답 ③

해설 수은은 토양 내 불활성으로 존재하고, 수은이 박테리아에 의해 메틸수은으로 변하면 생물흡수 및 축적이 용이하게 되어 쉽게 용출되지 않는다.

41. 정답 ④

해설 부피변화율 $= \dfrac{V_2}{V_1}$

- $V_1 = 10kg \times \dfrac{cm^3}{1g} \times \dfrac{10^3 g}{1kg} = 10,000 cm^3$
- $V_2 = (10+2)kg \times \dfrac{cm^3}{1.2g} \times \dfrac{10^3 g}{1kg} = 10,000 cm^3$

∴ $\dfrac{V_2}{V_1} = \dfrac{10,000}{10,000} = 1$

42. 정답 ③

해설 폐기물 발생량 조사방법(적재차량 계수분석법, 직접계근법, 물질수지법, 전수조사법)

암기TIP - 계주 잡아라! : 계주(계근법), 차량(차량 계수분석), 수시로(물질수지법), 전부조사!(전수조사법)

43. 정답 ②

해설 체류시간이 길고 교반이 약하며, 국부가열의 문제가 있는 소각로는 고정상이다. 플라스틱과 슬러지를 태울 수 있는지 없는지가 고정상 화격자와 고정상 소각로의 차이!

44. 정답 ②

45. 정답 ④

해설 식물을 성장하게 하여 안정된 토양확보도 복토의 목적이다.

46. 정답 ④

해설 펜턴시약은 과산화수소와 철염이다.

47. 정답 ③

해설 **차량 대수**

$= \dfrac{\text{쓰레기 배출량}}{1\text{대 적재량}} + \text{대기차량수} = \dfrac{1,000m^3 \times \dfrac{0.8\text{톤}}{m^3}}{4\text{톤/대}}$

= 200대

48. 정답 ②

해설 슬러지의 비중은 다음 식을 세워서 구할 수 있다.

$$\frac{100}{S_{SL}} = \frac{TS}{S_{TS}} + \frac{W}{S_W} = \frac{VS}{S_{VS}} + \frac{FS}{S_{FS}} + \frac{W}{S_W}$$

$$\frac{100}{S_{SL}} = \frac{15 \times 0.75}{1.2} + \frac{15 \times 0.25}{2} + \frac{85}{1}$$

$$\therefore S_{SL} = 1.0389 \approx 1.04$$

49. 정답 ①

해설 연소반응식을 이용하여 산출한다.

$$A_o = O_o \times \frac{1}{0.21}$$

$H_2S + 1.5O_2 \rightarrow H_2O + SO_2$

$1m^3 : 1.5m^3(O_o)$

$$\therefore A_o = O_o \times \frac{1}{0.21} = 1.5 \times \frac{1}{0.21} = 7.14 m^3/m^3$$

50. 정답 ①

해설 수집빈도가 높을수록, 그리고 쓰레기통이 클수록 발생량이 증가하는 경향이 있다.

51. 정답 ④

해설 쓰레기 발생량이 가장 많은 곳을 하루 중 가장 먼저 수거한다.

52. 정답 ①

해설 물질회수 전처리공정은 파쇄이다.

53. 정답 ②

해설 가연성 폐기물을 장기간 혐기성 소화 시 메탄가스가 생성된다.

54. 정답 ④

해설 위생매립이란, 매립 시 폐기물의 압축과 다짐 그리고 복토과정이 있는 매립을 말하며, 샌드위치, 셀, 압축, 도랑형 매립이 있다.

55. 정답 ④

해설 ④항만 올바르다.

오답해설
① 유해성이 적거나 없는 폐기물
② 인구밀도가 낮은 지역을 수집하는 경우
③ 부패성이 없는 폐기물

56. 정답 ③

해설 가청음압범위는 $0.0002 \sim 10,000 \mu bar(2 \times 10^{-5} Pa \sim 200 Pa)$이며 그 가청 주파수 범위는 $16 \sim 20,000 Hz$이다.

57. 정답 ④

해설 다공질재료의 표면에 종이를 바르면 흡음률이 감소한다. 그러므로 얇은 천을 덧대는 것이 좋다.

58. 정답 ①

해설 **평균음압레벨**

$$= 10\log\left[\frac{1}{n}(10^{L_1/10} + 10^{L_2/10} + 10^{L_3/10} + \cdots + 10^{L_n/10})\right]$$

$$= 10\log\left[\frac{1}{3}(10^{89/10} + 10^{91/10} + 10^{95/10})\right] = 92.40 dB$$

59. 정답 ①

해설 레벨레인지 변환기가 있는 기기에 있어서 레벨레인지 변환기의 전환오차가 0.5dB 이내이어야 한다.

60. 정답 ①

해설 ②, ③, ④는 모두 이동소음에 해당한다.

UNIT 10 CBT 대비 실전모의고사(입문용) 1회

01 ①	02 ④	03 ②	04 ④	05 ④
06 ①	07 ①	08 ①	09 ④	10 ④
11 ④	12 ①	13 ③	14 ①	15 ②
16 ③	17 ②	18 ④	19 ①	20 ①
21 ①	22 ①	23 ③	24 ①	25 ①
26 ③	27 ②	28 ④	29 ①	30 ④

1과목 대기오염방지

01. 정답 ①
해설 대기의 성분 크기 순서 : 질소 > 산소 > 아르곤 > 탄산가스 > 네온
암기TIP 질 산 아 탄 네

02. 정답 ④

03. 정답 ②
해설 〈공법별 연소온도〉
- 촉매산화법(촉매연소법) : 300~400℃
- 가열연소법 : 500~700℃
- 직접연소법 : 600~800℃

04. 정답 ④
해설 ① CO_2 = 12 + 16×2 = 44
② H_2S = 1×2 + 32 = 34
③ NH_3 = 14 + 1×3 = 17
④ SO_2 = 32 + 16×2 = 64

05. 정답 ④

06. 정답 ①

07. 정답 ①

2과목 폐수처리

08. 정답 ①

09. 정답 ④
해설 슬러지 처리계통 : 농축 → 소화 → 개량 → 탈수 → 처분

10. 정답 ④
해설
- 점오염원 : 점에서 배출되는 오염원으로 배출구가 정해져 있는 배출형태(관에서 배출되는 오염원) (예 가정하수, 공장폐수, 축산폐수 등)
- 비점오염원 : 여러 군데에서 오염물질이 배출되는 배출형태(주로 강우 시 사방으로 오염물질이 유출되는 형태를 가지고 있다.) (예 도로, 산지, 농경지 등)

11. 정답 ④
해설 염소주입량 = 염소요구량 + 염소잔류량
∴ 염소주입량 = 5 + 4 = 9ppm

12. 정답 ①
해설 폐기물처리의 목적 : 감량화(부피 및 중량 감소), 안정화(유기물 제거 및 상태안정), 안전화(위험요소 제거)

13. 정답 ③
해설 식 체류시간
$$= \frac{\forall(부피)}{Q(유량)} = \frac{250 m^3}{1,000 m^3/day} \times \frac{24hr}{1day} = 6hr$$

14. 정답 ①
해설 상수도의 정수처리장 계통도는 일반적으로 물이 유입된 이후에 침사(모래 침전 제거)와 침전(부유물 제거)이 진행되고 모래여과(급속 또는 완속여과)가 진행된 후에 염소소독으로 마무리되는 순서를 따른다.

15. 정답 ②
해설 지하수는 지표수에 비해 국지적인(좁은 곳에서의) 환경조건의 영향을 크게 받는다.

16. 정답 ③
해설 산화반응은 전자를 잃는 현상이다. 반대로 환원반응은 전자를 얻는 현상이다.

17. 정답 ②
해설 공정시험기준(환경오염물질 실험기준)에서 (X + Y)는 X : Y와 같다.

18. 정답 ④
해설 식 $\eta = \left(1 - \dfrac{C_o(유출농도)}{C_i(유입농도)}\right) \times 100$

$\therefore \eta = \left(1 - \dfrac{50}{250}\right) \times 100 = 80\%$

3과목 폐기물처리

19. 정답 ①
해설 매립지에서는 분해 초기에는 질소함량이 가장 많고, 혐기화가 진행되면서 탄산가스(CO_2)가 많아졌다가 분해가 완료될수록 메탄(CH_4)함량이 가장 많아진다.

20. 정답 ①

21. 정답 ①
해설 • **고상폐기물** : 고형물함량이 15% 이상인 폐기물
• **반고상 폐기물** : 고형물함량이 5% 이상 15% 미만인 폐기물
• **액상 폐기물** : 고형물함량이 5% 이하인 폐기물

22. 정답 ①

23. 정답 ③

24. 정답 ①
해설 쓰레기의 성분은 계절마다 달라진다.
오답해설
② 수거빈도와 발생량은 비례한다.
③ 쓰레기통이 클수록 발생량이 증가한다.
④ 재활용율이 높을수록 발생량이 감소한다.

25. 정답 ①

26. 정답 ③
해설 식 균등계수 $= \dfrac{D_{60}}{D_{10}} = \dfrac{10mm}{2mm} = 5$

27. 정답 ②

28. 정답 ④
해설 아주 많은 양의 쓰레기가 발생되는 발생원은 하루 중 가장 먼저 수거한다.

4과목 소음진동방지

29. 정답 ①

30. 정답 ④

UNIT 11 CBT 대비 실전모의고사(입문용) 2회

01 ③	02 ②	03 ①	04 ③	05 ④
06 ②	07 ①	08 ③	09 ①	10 ②
11 ②	12 ②	13 ②	14 ③	15 ②
16 ④	17 ①	18 ②	19 ④	20 ④
21 ②	22 ①	23 ②	24 ③	25 ③
26 ②	27 ③	28 ①	29 ②	30 ②

1과목 대기오염방지

01. 정답 ③

02. 정답 ②

03. 정답 ①

해설 식 $A(단면적) = \dfrac{Q(유량)}{V(유속)}$

식 $A(단면적) = \dfrac{\pi \times D^2}{4}$

$A(단면적) = \dfrac{20,000 m^3}{hr} \times \dfrac{\sec}{2.5m} \times \dfrac{1hr}{3600\sec} = 2.2222 m^2$

$2.2222 m^2 = \dfrac{\pi \times D^2}{4}, \quad \therefore D = 1.68m$

04. 정답 ③

해설 물에 대한 용해도가 가장 큰 기체는 HCl이다. 이외에도 물에 대한 용해도가 큰 기체로는 SOx(황산화물), 염소화합물, 불소화합물 등이 있다.

05. 정답 ④

해설
- PM-10 : 공기역학적 직경이 10μm 미만인 입자(미세먼지)
- PM-2.5 : 공기역학적 직경이 2.5μm 미만인 입자(초미세먼지)

06. 정답 ②

07. 정답 ①

해설 LNG(액화천연가스)의 주성분은 메탄이고, LPG(액화석유가스)의 주성분은 프로판과 부탄이다.

2과목 폐수처리

08. 정답 ③

해설 $Xmg/L = \dfrac{2g}{100mL} \times \dfrac{10^3 mg}{1g} \times \dfrac{10^3 mL}{1L} = 20,000 mg/L$

09. 정답 ①

해설 식 $Q(유량) = \dfrac{\forall(용적)}{t(체류시간)}$

- $\forall = W \times L \times H = 1.8m \times 2.4m \times 0.5m = 2.16 m^3$

$\therefore Q(유량) = \dfrac{2.16 m^3}{6 min} \times \dfrac{10^3 L}{1 m^3} \times \dfrac{1 min}{60 \sec} = 6 L/\sec$

10. 정답 ②

11. 정답 ②

해설 식 $pH = \log\left(\dfrac{1}{[H^+]}\right)$

- $[H^+]$: 수소이온농도(mol/L, M) = $3.9 \times 10^{-6} M$

$\therefore pH = \log\left(\dfrac{1}{[3.9 \times 10^{-6} M]}\right) = 5.41$

12. 정답 ②

해설 식 $V = \dfrac{Q}{A}$

- $A = \dfrac{\pi D^2}{4} = \dfrac{\pi \times (0.3m)^2}{4} = 0.0706 m^2$

$\therefore V = \dfrac{20 m^3}{min} \times \dfrac{1}{0.0706 m^2} \times \dfrac{1 min}{60 \sec} = 4.72 m/\sec$

13. 정답 ②

14. 정답 ③
해설 1% = 10,000ppm

15. 정답 ②

16. 정답 ④
해설 〈수자원 중 담수의 크기 순서〉
빙하 2.1% > 지하수 0.61% > 담수호 0.009% > 하천 0.0067% > 토양수분 0.005%

17. 정답 ①
해설 식 $t = \dfrac{\forall}{Q}$

$\therefore t = 250m^3 \times \dfrac{day}{2,000m^3} \times \dfrac{24hr}{1day} = 3hr$

18. 정답 ②
해설 대장균군이 존재하면 병원균 및 바이러스가 함께 존재할 확률이 매우 높다.

3과목 폐기물처리

19. 정답 ④

20. 정답 ④
해설 식 실제공기량 $= A_o \times m$
- A_o(이론공기량) $= 5\,Sm^3/kg$
- m(공기비) $= 1.2$
∴ 실제공기량 $= 5 \times 1.2 = 6\,Sm^3/kg$

21. 정답 ②
해설 〈완전연소 조건 : 3TO〉
- Temperature(온도) : 높은 온도
- Time(시간) : 충분한 연소시간
- Turbulence(난류, 혼합) : 충분한 혼합
- Oxigen(산소) : 충분한 산소농도

22. 정답 ①

23. 정답 ②

24. 정답 ③
해설 될 수 있는 한 한번 간 길은 가지 않는다.

25. 정답 ③

26. 정답 ②
해설 식 m(질량) $= \rho$(밀도) $\times \forall$(부피)

∴ 가연성물질의 질량 $= \dfrac{450kg}{m^3} \times 10m^3 \times (1-0.72) = 1,260kg$

27. 정답 ③
해설 가능한 한 시계방향으로 수거노선을 정한다.

4과목 소음진동방지

28. 정답 ①
해설 파장 $= \dfrac{속도}{주파수} = \dfrac{20m/\sec}{100/\sec} = 0.2m$
※ Hz(헤르쯔) = 회/sec

29. 정답 ②

30. 정답 ②

UNIT 12 CBT 대비 실전모의고사(입문용) 3회

01 ①	02 ①	03 ①	04 ②	05 ③
06 ①	07 ②	08 ③	09 ④	10 ③
11 ③	12 ①	13 ④	14 ④	15 ④
16 ③	17 ③	18 ④	19 ③	20 ④
21 ①	22 ②	23 ④	24 ②	25 ②
26 ①	27 ④	28 ③	29 ②	30 ③

1과목 대기오염방지

01. 정답 ①

02. 정답 ①

03. 정답 ①
해설 〈대기의 성분별 크기 순서〉
질소 〉 산소 〉 아르곤 〉 탄산가스 〉 네온

04. 정답 ②

05. 정답 ③

06. 정답 ①
해설 연소과정에서 질소산화물의 90% 이상은 NO로써 배출된다.

07. 정답 ②

2과목 폐수처리

08. 정답 ③
해설 식 균등계수= $\dfrac{D_{60}}{D_{10}} = \dfrac{0.8}{0.5} = 1.6$
- D_{60} : 누적분포 60%에 해당하는 입경
- D_{10} : 누적분포 10%에 해당하는 입경(유효입경)

09. 정답 ④
해설 적조의 주된 발생원인 물질은 영양염류(질소(N), 인(P))이다.

10. 정답 ③
해설 해수의 pH는 약 8.2 정도로 약알칼리성이다. 암기TIP 해 파 리 (해수 pH 8.2)

11. 정답 ③
해설 식 총량(질량/시간)= 유량×농도
∴ 총량 $= \dfrac{1,000 m^3}{day} \times \dfrac{100 mg}{L} \times \dfrac{1 kg}{10^6 mg} \times \dfrac{10^3 L}{1 m^3}$
$= 100 kg/day$

12. 정답 ①
해설 식 총량(질량/시간)= 유량×농도
∴ 총량 $= \dfrac{20,000 m^3}{day} \times \dfrac{150 mg}{L} \times \dfrac{10^3 L}{1 m^3} \times \dfrac{1 kg}{10^6 mg} \times 0.3$
$= 900 kg/day$

13. 정답 ④
해설 식 체류시간(t)= $\dfrac{\forall}{Q}$
- $\forall = 15m \times 6m \times 3m = 270 m^3$
∴ $t = 270 m^3 \times \dfrac{day}{2,000 m^3} \times \dfrac{24hr}{1day} = 3.24 hr$

14. 정답 ④

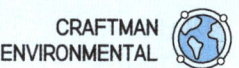

15. 정답 ④

해설 식 $\forall = Q \times t$

식 $\forall = W \times L \times H$

$\forall = \dfrac{2,000m^3}{day} \times 15\min \times \dfrac{1day}{1440\min} = 20.8333m^3$

$20.8333m^3 = 1m \times L \times 0.8m$, ∴ $L = 26.04m$

16. 정답 ③

해설 해수는 염소이온 농도가 약 35,000ppm(3.5% = 35‰)이다.

17. 정답 ③

해설 펜턴(fenton)처리공정은 난분해성물질(분해가 어려운 물질)을 과산화수소와 철염을 가지고 산화시켜 분해하는 공정이다.

18. 정답 ④

해설 같은 단위로 환산하여 비교한다.

① 0.44mg/L

② 0.44μg/mL

$= \dfrac{0.44\mu g}{mL} \times \dfrac{1mg}{10^3 \mu g} \times \dfrac{10^3 mL}{1L} = 0.44mg/L$

③ 0.44ppm $= 0.44mg/L$ (1ppm=1mg/L)

④ 44ppb $= \dfrac{44\mu g}{L} \times \dfrac{1mg}{10^3 \mu g} = 0.044mg/L$ (1ppb=1μg/L)

19. 정답 ③

해설 ① $CaCO_3$: 탄산칼슘(석회석)

② CaO_3 : 삼산화칼슘

③ CaO : 산화칼슘(생석회)

④ $Ca(OH)_2$: 수산화칼슘(소석회)

20. 정답 ④

3과목 폐기물처리

21. 정답 ①

해설 NIMBY(Not In My BackYard) : 님비현상. "우리집 뒷마당에는 안된다."는 뜻으로 우리집 근처의 혐오시설의 설치를 반대하는 현상이다.

22. 정답 ②

해설 식 $\forall = Q \times t$

∴ $\forall = \dfrac{0.5m^3}{\min} \times 2hr \times \dfrac{60\min}{1hr} = 60m^3$

23. 정답 ④

해설 식 폐기물 발생량(부피)

$= 총쓰레기 질량 \times \dfrac{1}{밀도}$

∴ 폐기물 발생량(부피)

$= \dfrac{2.5kg}{인 \cdot 일} \times 180,000인 \times \dfrac{m^3}{500kg} = 900m^3/일$

24. 정답 ②

해설 식 질량 = 부피 × 밀도

∴ 질량 $= 5m^3 \times \dfrac{500kg}{m^3} \times 0.3 = 750kg$

25. 정답 ②

해설 슬러지 개량은 탈수를 용이하게 하기 위한 전처리 공정이다.

26. 정답 ①

해설 높은 연소온도를 가진 연소상황에서 질소산화물이 발생한다. 연소온도가 높아질수록 질소산화물의 발생량은 증가한다.

27. 정답 ④

해설 반응식을 통해 몰비로써 탄소 1kg당 필요한 산소의 질량을 산출한다.

※ 1mol = 분자량(g)

반응식 $C + O_2 \rightarrow CO_2$

1mol : 1mol
12kg : 32kg
1kg : X, $X = 2.67 kg$

4과목 소음진동방지

28. 정답 ③

29. 정답 ②

30. 정답 ③

해설 소음공해는 축적성이 없다.

UNIT 13 CBT 대비 실전모의고사 1회

01 ①	02 ③	03 ①	04 ②	05 ②
06 ②	07 ②	08 ③	09 ④	10 ③
11 ①	12 ④	13 ②	14 ④	15 ③
16 ①	17 ②	18 ①	19 ②	20 ④
21 ③	22 ②	23 ①	24 ②	25 ②
26 ③	27 ②	28 ①	29 ③	30 ④
31 ①	32 ②	33 ②	34 ①	35 ②
36 ③	37 ①	38 ④	39 ②	40 ②
41 ③	42 ③	43 ④	44 ②	45 ①
46 ③	47 ②	48 ③	49 ③	50 ②
51 ②	52 ③	53 ③	54 ④	55 ②
56 ①	57 ②	58 ④	59 ②	60 ②

01. 정답 ①

해설 식 $X\,Sm^3 = 1kg \times \dfrac{22.4\,Sm^3}{44kg} = 0.51\,Sm^3$

참고 $1mmol = 분자량(mg) = 22.4\,SmL$
$1mol = 분자량(g) = 22.4\,SL$
$1kmol = 분자량(kg) = 22.4\,Sm^3$

02. 정답 ③

해설 **집진장치의 종류** : 중력집진, 관성력집진, 원심력집진, 세정집진, 여과집진, 전기집진, 음파집진

03. 정답 ①

04. 정답 ②

해설 **대표적인 오존층 파괴물질** : CFCs(프레온가스), Halon(할론류), CCl_4(사염화탄소), N_2O(아산화질소)

05. 정답 ②

해설 식 Bag filter의 수 = $\dfrac{Q_f (전체\ 여과유량)}{Q_i (여과포\ 1개로\ 유입되는\ 유량)}$

• $Q_f = \dfrac{1,000m^3}{min} \times \dfrac{1min}{60sec} = 16.6666\,m^3/sec$

• $Q_i = \pi DLV_f = \pi \times (2 \times 0.078m) \times 3m \times 0.01m/sec$
  $= 0.0147\,m^3/sec$

∴ Bag filter의 수 = $\dfrac{16.6666}{0.0147} = 1133.78$개 ≒ 1134개

참고 백필터수와 같이 설계수치는 반내림하는 숫자가 산출되더라도 완전올림하여 개수를 산출한다.

06. 정답 ②

해설 식 $D_o = \dfrac{2AB}{A+B} = \dfrac{2 \times 40 \times 50}{40 + 50} = 44.44\,m$

07. 정답 ②

해설 회분(불연분)이 많은 연료는 발열량이 낮다.

08. 정답 ③

해설 대기가 안정할 때 발생되기 쉽다.

09. 정답 ④

해설 포름알데히드(HCHO)는 수소와 탄소, 산소로 이루어진 물질이다.
※ 명칭에 염화 또는 클로로가 붙은 물질은 염소화합물이다.

10. 정답 ③

해설 반응식 $CmHn + \left(m + \dfrac{n}{4}\right)O_2 \rightarrow mCO_2 + \dfrac{n}{2}H_2O$

11. 정답 ①

12. 정답 ④

13. 정답 ②

해설 식 $S(분리계수) = \dfrac{V^2}{R \cdot g} = \dfrac{3^2}{0.16 \times 9.8} = 5.74$

14. 정답 ④

해설 **옥시단트의 대표적인 물질(광화학부산물)** : O_3, PAN, NOCl, 아크로레인, H_2O_2

15. 정답 ③

해설 반응식 $S + O_2 \rightarrow SO_2$
$\qquad\qquad$ 32kg : 22.4Sm³
$10톤 \times \dfrac{10^3 kg}{1톤} \times \dfrac{3}{100}$: X,

$\therefore X = 300kg \times 22.4Sm^3 \times \dfrac{1}{32kg} = 210Sm^3$

16. 정답 ①

해설 용존산소 측정 시 적정용액은 티오황산나트륨(싸이오황산소듐, $Na_2S_2O_3$)용액을 사용한다.

17. 정답 ②

해설 벌킹 문제는 활성슬러지공법의 문제점이다.

18. 정답 ①

19. 정답 ②

20. 정답 ④

해설 활성슬러지변법은 활성슬러지법의 폭기시스템의 변화를 준 공법들을 말한다.
활성슬러지공법 외 공법: 살수 여상법, 회전원판법, 산화지법(산화구법)

21. 정답 ③

22. 정답 ②

23. 정답 ①

해설 소독(살균)을 위한 염소주입 시 염소가 계속하여 소모되어 잔류염소량이 줄어들다가 최소점이 되었을 때, 이 점을 파괴점(또는 파과점)이라 하고 이 지점부터는 주입하는 염소량에 따라 잔류염소량이 계속해서 늘어나게 되어 소독에 충분한 잔류염소량을 형성할 수 있다.

24. 정답 ③

해설 식 $MLSS$의 양 $= C(농도) \times \forall(부피)$
$\qquad = \dfrac{2,000mg}{L} \times 450m^3 \times \dfrac{10^3 L}{1m^3} \times \dfrac{1kg}{10^6 mg}$
$\qquad = 900kg$

25. 정답 ④

해설 해수의 Mg/Ca비는 3~4 정도로 담수보다 크다.

26. 정답 ③

해설 성층현상은 여름과 겨울에 뚜렷하고, 전도현상은 봄과 가을에 발생한다.

27. 정답 ③

해설 식 BOD용적부하 $= \dfrac{BOD \times Q}{\forall}$

$1kg/m^3 \cdot 일 = \dfrac{1,715mg/L \times 700m^3/일}{\forall}$

$\therefore \forall = \dfrac{1,715mg}{L} \times \dfrac{700m^3}{일} \times \dfrac{m^3 \cdot 일}{1kg} \times \dfrac{1kg}{10^6 mg} \times \dfrac{10^3 L}{1m^3}$
$\qquad = 1,200.5m^3$

28. 정답 ①

해설 식 $SL_1(1-X_{w1}) = SL_2(1-X_{w2})$
- SL_1 : 탈수, 농축, 건조 전 슬러지
- SL_2 : 탈수, 농축, 건조 후 슬러지
- X_{w1} : 탈수, 농축, 건조 전 슬러지의 수분함량
- X_{w2} : 탈수, 농축, 건조 후 슬러지의 수분함량

$100 \times (1-0.98) = SL_2 \times (1-0.8)$, $\therefore SL_2 = 10m^3$

29. 정답 ③

해설 슬러지 용적지표는 슬러지의 침강성을 나타낸다.
- SVI 50 미만 : 부피가 매우 적은 핀플록상태(pin floc) 침강성 불량
- SVI 50 ~ 150 : 침강성 양호
- SVI 200 이상 : 슬러지 팽화(벌킹)의 우려, 침강성 불량

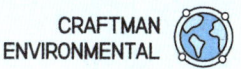

30. 정답 ④
해설 알칼리 물질의 수용액에서는 pOH를 산출할 수 있고 산출된 pOH의 값을 이용하여 pH를 산출한다.
식 $pH = 14 - pOH$
식 $pOH = \log\left(\dfrac{1}{[OH^-]}\right) = \log\left(\dfrac{1}{[0.002]}\right) = 2.70$
반응식 $Ca(OH)_2 \rightarrow Ca + 2OH$
　　　　　1　　　:　　2
　　1mM(0.001M)　:　2mM(0.002M)
∴ $pH = 14 - 2.70 = 11.3$

31. 정답 ①
해설 표면 부하율은 침전지 설계 시 요구되는 침전속도를 의미한다.

32. 정답 ④
해설 Jar test 실험시 응집반응속도와 관계되는 인자 : 온도, 점도, 교반의 세기(동력), SS농도, 응집제 주입량

33. 정답 ②

34. 정답 ②
해설 물의 밀도가 1g/mL(cm³)인 것과 물의 분자량이 18g(H₂O)인 것을 이용하여 산출한다.
식 $XM(mole/L) = \dfrac{1g}{mL} \times \dfrac{1mole}{18g} \times \dfrac{10^3 mL}{1L} = 55.56M$

35. 정답 ②
해설 이론적인 COD 또는 BOD 산출 시에는 반응식을 이용한다.
반응식 $C_6H_5OH + 7O_2 \rightarrow 6CO_2 + 3H_2O$
　　　　　94g　　:　　7×32g
　　　500mg/L　:　　X,
∴ $X = \dfrac{500mg}{L} \times \dfrac{7 \times 32g}{94g} = 1,191.49 mg/L$

36. 정답 ③
해설
반응식 $H_2 + 0.5O_2 \rightarrow H_2O$
　　　　2kg　:　18kg
　　　　1kg　:　X,　　∴ $X = \dfrac{1 \times 18}{2} = 9kg$

37. 정답 ①

38. 정답 ④
해설 퇴비화 조작 시 환경변화인자 : 수분함량, pH, 온도, 탄질비(C/N), 알칼리도, 영양물질

39. 정답 ②
해설 탄수소비(C/H)의 크기순서 : 휘발유 < 등유 < 경유 < 중유

40. 정답 ②
해설 지하수 집배수시설이 필요하지 않다. 지하수 집배수시설이 필요한 것은 표면차수막 공법이다.

41. 정답 ③
해설 대표적인 자기연소물질은 니트로글리세린, 트리니트로톨루엔(TNT)가 있다.

42. 정답 ③

43. 정답 ④
해설 폐기물 시료의 조제방법(축소방법) : 구획법, 원추4분법, 교호삽법

44. 정답 ③

45. 정답 ①

46. 정답 ③

47. 정답 ②
해설 차수재료는 투수성이 적은 점토나 합성수지가 주로 사용되고, 연직차수재료는 콘크리트나 시멘트가 주로 사용된다.

48. 정답 ③
해설 폐기물의 파쇄 메커니즘 : 압축, 충격, 전단

49. 정답 ③

50. 정답 ②

51. 정답 ②
해설 안정화 – 소화, 소각

52. 정답 ③
해설 [비슷한 용어 정리]
- LD_{50} : 시험동물의 50%가 치사하는 량
- LC_{50} : 시험동물의 50%가 치사하는 농도

53. 정답 ③
해설 열효율이 낮고 먼지발생량이 많다.

54. 정답 ④

55. 정답 ②

56. 정답 ①

57. 정답 ③

58. 정답 ④

59. 정답 ②
오답해설
① SIL – 회화방해레벨
③ NNI – 영국에서 사용되는 항공기 소음의 평가방법
④ NC – 실내소음평가레벨
참고 PNL(항공기 소음 평가)

60. 정답 ②
해설 발생음량이 많고 금속성 고주파음이다.

> [항공기 소음의 특징]
> - 피해면적이 넓다.
> - 간헐적이고 충격적이다. (고 dB, 음향출력이 큼)
> - 고주파수 성분이 주가 된다.
> - 지향성이 매우 강하다.
> - 일반적인 소음대책을 적용하기 힘들다.
>   (음원차폐, 방음벽, 흡음판 적용 어려움)

UNIT 14 CBT 대비 실전모의고사 2회

01	③	02	③	03	②	04	④	05	③
06	②	07	③	08	①	09	②	10	②
11	③	12	②	13	②	14	④	15	①
16	②	17	①	18	①	19	③	20	④
21	③	22	④	23	①	24	②	25	②
26	④	27	④	28	③	29	②	30	④
31	④	32	③	33	④	34	②	35	①
36	④	37	③	38	③	39	②	40	④
41	①	42	③	43	②	44	④	45	②
46	②	47	①	48	③	49	②	50	③
51	②	52	④	53	④	54	②	55	④
56	①	57	②	58	①	59	④	60	②

01. 정답 ③

02. 정답 ③

해설 유효고(유효굴뚝높이)는 굴뚝높이와 연기의 수직상승 높이를 합친 것을 말하고, 지상의 오염농도를 낮추기 위해서는 유효고는 높을수록 좋다.

03. 정답 ②

해설 벤젠은 재생불량성 빈혈, 백혈병 등 조혈기능 장해를 유발한다.

04. 정답 ④

05. 정답 ③

해설 식 $\eta_t = 1 - [(1-\eta_1)(1-\eta_2)]$
$\therefore \eta_t = 1 - [(1-0.9) \times (1-0.95)] = 0.995 ≒ 99.5\%$

06. 정답 ②

해설 기타 조건 없이 이론 공기량으로 연소 시켰을 경우 연소 가스량은 '이론습연소가스량'을 의미한다.

식 $G_{ow} = (1-0.21)A_o + CO_2$
- $A_o = O_o \times \dfrac{1}{0.21} = (1.867C) \times \dfrac{1}{0.21}$
$= (1.867 \times 1) \times \dfrac{1}{0.21} = 8.8904 Sm^3/kg$
$\therefore G_{ow} = (1-0.21) \times 8.8904 + 1.867 \times 1 = 8.89 Sm^3/kg$

07. 정답 ③

해설 암기TIP 비 냉 암모 (물냉 좋아!)
비료공장, 냉동공장 → 암모니아 발생원

08. 정답 ①

해설 일반적으로 집진효율이 가장 높은 집진기는 여과집진기와 전기집진기가 있다. (두 집진기는 집진기의 형태와 설치요건에 따라 효율이 다르므로 우위를 가릴 수 없음)

09. 정답 ②

해설 식 $Xm^3/hr = \dfrac{100,000 m^3}{hr} \times \dfrac{273+500}{273} \times \dfrac{760}{740}$
$= 290,802.89 m^3/hr$

10. 정답 ②

해설 원심력 집진장치의 집진효율을 증가시키려면 가스의 회전수를 증가시키는 쪽으로 사이클론 몸통 직경은 작게, 길이를 길게 하여야 하고 유속은 설계범위 내에서 클수록 좋다.

11. 정답 ③

해설 주어진 식에 조건을 대입하여 답을 산출한다.

식 $t_m = \dfrac{(200-100)}{2.3\log\left(\dfrac{200}{100}\right)} = \dfrac{(100)}{2.3\log(2)} = \dfrac{100}{2.3 \times 0.3} = 144.93℃$

12. 정답 ②

해설 문제의 설명은 흡광광도법(자외선/가시선 분광법)에 대한 설명이다.

13. 정답 ②

해설 완전연소 시 필요한 공기가 적게 소요된다.

14. 정답 ④

15. 정답 ①

해설 식 $Z = 273H \times \left(\dfrac{\gamma_a}{273+t_a} - \dfrac{\gamma_g}{273+t_g}\right)$

∴ $Z = 273 \times 30 \times \left(\dfrac{1.3}{273+20} - \dfrac{1.3}{273+250}\right) = 15.98 mmH_2O$

16. 정답 ②

해설 알칼리도는 물에 산을 주입, 소모된 산물질의 양을 환산한 값이다.
※ 산도는 물에 알칼리를 주입, 소모된 알칼리물질의 양을 환산한 값이다.

17. 정답 ①

18. 정답 ①

19. 정답 ③

해설 시간이 흐른 뒤 남아있는 BOD를 물었으므로 BOD 잔류식을 이용하여 답을 산출한다.

식 $BOD_t = BOD_u \times 10^{-k \cdot t}$

∴ $BOD_t = 15 \times 10^{-0.2 \times 1} = 9.46 mg/L$

20. 정답 ④

해설 ④항만 올바르다.

오답해설
① 압력이 높을수록 용해율 증가
② 수온이 낮을수록 용해율 증가
③ 물의 흐름이 난류일 때 용해율 증가

21. 정답 ③

해설 식 균등계수 $= \dfrac{D_{60}}{D_{10}} = \dfrac{0.8mm}{0.5mm} = 1.6$

22. 정답 ④

해설 찬곳 15℃ 이하 (암기TIP) 뻥 찬공(찬곳) 일오(15)버렸어요.)

23. 정답 ①

해설 침강속도 식에서 비례, 반비례 인자를 확인한다.

식 $V_s = \dfrac{d_p^2(\rho_p - \rho)}{18\mu}$

24. 정답 ②

해설 크롬폐수처리는 6가를 독성이 없는 3가로 pH 2~4에서 환원시키고, 다시 3가를 pH 8~11에서 침전시켜 처리한다.

25. 정답 ④

해설 COD : 화학적 산소요구량
※ BOD : 생물화학적 산소요구량(생화학적 산소요구량)

26. 정답 ④

해설 철염에 비해 floc이 가볍다.

27. 정답 ③

28. 정답 ③

해설 식 염화석회 사용량
$= 1,000m^3 \times \dfrac{2.5mg(염소)}{L} \times \dfrac{10^3 L}{1m^3} \times \dfrac{1kg}{10^6 mg} \times \dfrac{100(염화석회)}{15(염소)}$
$= 16.67 kg$

29. 정답 ②

해설 SBR은 하나의 조를 모든 처리를 하는 반응조로 슬러지 반송이 필요없다.

30. 정답 ④

해설 • 카드뮴 – 골연화증
• 시안 – 질식, 소화장애

31. 정답 ④
해설 콜로이드 입자의 표면전하를 감소시킨다.

32. 정답 ③

33. 정답 ④
해설 암모니아 탈기는 pH 10 이상부터 진행된다.

34. 정답 ②

35. 정답 ①

36. 정답 ④
해설 적환장의 형식은 피트에 저장하여 큰 차로 이송하는 저장 투하방식, 적환장에서 큰 차에 직접 폐기물을 투하하여 이송하는 직접 투하방식, 직접-저장 복합 투하방식이 있다.

37. 정답 ②
해설 스컴은 기름성분으로 구성된 생성물로 발열량이 높다.

38. 정답 ③
해설 식 $\dfrac{100}{\rho_{SL}} = \dfrac{TS}{\rho_{TS}} + \dfrac{W}{\rho_W}$

$\dfrac{100}{\rho_{SL}} = \dfrac{30}{1.5} + \dfrac{70}{1}$, ∴ $\rho_{SL} = 1.11$

39. 정답 ②
해설 하수처리장의 슬러지와 음식물쓰레기, 가축분뇨는 퇴비화의 주 재료가 된다. 퇴비화과정에서 C/N비를 맞추는데 슬러지는 중요한 역할을 하고 있다.

40. 정답 ④
해설 호기성보다 처리시간이 느리다.

41. 정답 ①

42. 정답 ③
해설 Jigs(수중체선별법)는 습식선별공정이다.

43. 정답 ②
해설 pH는 8 이상의 알칼리성이다.

44. 정답 ④
해설 분뇨는 시간에 따른 특성변화가 크다.

45. 정답 ②
해설 pH : 퇴비화 미생물의 최적 생육 pH는 6.0~8.0이다. (또는 pH 6.5 ~ 8.0, 환경에 따라 차등이 있음)

46. 정답 ②
해설 ① Ⅰ : 호기성 단계 – 산소가 잔존
② Ⅱ : 혐기성 비메탄 생성단계(산생성 단계) – 산과 이산화탄소 증가
③ Ⅲ : 혐기성 메탄생성 단계 – 메탄의 비율이 높아지고 이산화탄소 비율 감소
④ Ⅳ : 정상상태 – 메탄의 조성이 55% 이상

47. 정답 ①
해설 **선별방법의 종류** : 공기선별, 테이블, 지그(jigs), 자석선별, 와전류선별, 수선별, 트롬멜스크린(스크린선별), 세퍼레이터 등

48. 정답 ③
해설 **폐기물 발생량의 조사방법** : 직접계근법, 적재차량 계수분석법, 물질수지법, 전수조사법
암기TIP 도망간 계주 잡아라!(차량조사, 수지로 조사, 전부 조사!)

49. 정답 ②
해설 수집 및 운반비용이 많이 든다.
※ **수집 및 운반** : 폐기물처리에서 가장 큰 비용발생 부분

50. 정답 ③

해설 다이옥신의 제거를 위해서는 집진기로는 여과집진기, 가스처리장치로는 활성탄 흡착탑과 SCR이 주로 적용된다.

51. 정답 ②

해설 [화격자 소각로의 특징]
- 체류시간이 길고 교반력이 약하다.
- 열에 쉽게 용융되는 물질의 소각에 부적합하다.
- 가동·정지 조작이 어렵고, 구동부분의 마모 손실이 크다.

52. 정답 ④

해설 식 소각로 열부하 = $\dfrac{발열량 \times 연료투입량}{소각로 부피}$

$40,000 kcal/m^3 \cdot hr = \dfrac{\dfrac{500 kcal}{kg} \times \dfrac{20,000 kcal}{day} \times \dfrac{1 day}{10 hr}}{소각로 부피}$

∴ 소각로 부피 = $25 m^3$

53. 정답 ④

54. 정답 ②

해설 퇴비화한 후에는 C/N비가 낮아진다.

55. 정답 ④

해설 소요 차량 대수 = $\dfrac{폐기물 발생량}{1대당 운반량}$ + 대기차량

∴ 소요 차량 대수 = $\dfrac{\dfrac{200 m^3}{day} \times \dfrac{750 kg}{m^3} \times \dfrac{1톤}{10^3 kg}}{5톤/대}$ = 30대

56. 정답 ①

해설
- 하한주파수 = $\dfrac{f_c}{\sqrt{1.26}} = \dfrac{1,000}{\sqrt{1.26}} = 890.87 Hz$
- 상한주파수 = $1.26 \times 하한주파수 = 1.26 \times 890.87 = 1,122.50 Hz$

57. 정답 ②

해설 식 $TL = 18\log(mf) - 44$

- $f = 0.1 kHz = 100 Hz$

∴ $TL = 18\log(300 \times 100) - 44 = 36.59 dB$

58. 정답 ①

해설 회절하는 정도는 파장에 비례한다.

59. 정답 ④

해설 수직진동은 4~8Hz에서 영향이 크다.
- 사람이 가장 민감하게 느끼는 수평진동의 범위 : 1~2Hz
- 사람이 가장 민감하게 느끼는 수직진동의 범위 : 4~8Hz

60. 정답 ②

해설
(1) 자유공간 - 지향계수 1, 지향지수 = 0dB
(2) 반자유공간 - 지향계수 2, 지향지수 = +3dB
(3) 두 변이 만나는 구석 - 지향계수 4, 지향지수 = +6dB
(4) 세 변이 만나는 구석 - 지향계수 8, 지향지수 = +9dB

UNIT 15 CBT 대비 실전모의고사 3회

01 ②	02 ①	03 ②	04 ④	05 ③
06 ①	07 ④	08 ②	09 ④	10 ①
11 ②	12 ①	13 ③	14 ①	15 ①
16 ①	17 ④	18 ②	19 ①	20 ①
21 ①	22 ②	23 ③	24 ②	25 ④
26 ④	27 ①	28 ③	29 ③	30 ③
31 ③	32 ①	33 ①	34 ①	35 ①
36 ①	37 ②	38 ①	39 ②	40 ①
41 ③	42 ②	43 ③	44 ②	45 ①
46 ②	47 ③	48 ④	49 ②	50 ②
51 ①	52 ②	53 ③	54 ②	55 ③
56 ②	57 ③	58 ③	59 ④	60 ①

01. 정답 ②

02. 정답 ①

03. 정답 ②
해설 거리감쇠는 전파경로대책에 해당한다.

04. 정답 ④
해설 $Xkg/인·일 = \dfrac{5,000m^3}{1주} \times \dfrac{1주}{7일} \times \dfrac{450kg}{m^3} \times \dfrac{1}{200,000인}$
$= 1.61 kg/인·일$

05. 정답 ③
해설 반응식 $H_2 + 0.5O_2 \rightarrow H_2O$
  $2kg : 0.5 \times 32kg$
  $1kg : X$, ∴ $X = 8kg$

06. 정답 ①

07. 정답 ④
해설 적조와 녹조 발생의 주원인은 질소와 인이다.

08. 정답 ②

09. 정답 ④
해설 랭뮤어와 프로인들리히식은 흡착관련식이다.

10. 정답 ①
해설 인구 밀도가 낮은 지역을 수집하는 경우 필요하다.

11. 정답 ②

12. 정답 ①

13. 정답 ③

14. 정답 ①

15. 정답 ①
해설 식 $O_o = 2.6667C + 8H + S - O(kg/kg)$
∴ $O_o = 2.6667 \times 0.86 + 8 \times 0.04 + 0.02 - 0.08$
$= 2.5533 kg/kg$

16. 정답 ①
해설 ①항만 올바르다.
오답해설
② 화학적 흡착은 온도가 높을수록 흡착이 잘 된다.
③ 물리적 흡착은 화학적 흡착보다 분자간의 인력이 크다.
④ 물리적 흡착에서는 용질의 분자량이 높을수록 유리하게 흡착한다.

17. 정답 ④

18. 정답 ②
해설 미생물 및 자외선에 대한 안정성이 약하다.

19. 정답 ①

20. 정답 ①

21. 정답 ①

해설 반응식 $C_8H_{18} + 12.5O_2 \rightarrow 8CO_2 + 9H_2O$

$$AFR_v(부피기준) = \frac{공기부피}{연료부피} = \frac{m_a \times 22.4}{m_f \times 22.4}$$

$$= \frac{12.5 \times \frac{1}{0.21} \times 22.4}{1 \times 22.4} = 59.52$$

$$AFR_m(무게기준) = \frac{공기부피}{연료부피} = \frac{m_a \times M_a}{m_f \times M_f}$$

$$= \frac{12.5 \times \frac{1}{0.21} \times 29}{1 \times 114} = 15.14$$

- m_f : 연료 몰수
- m_a : 공기 몰수
- M_f : 연료 분자량
- M_a : 공기 분자량

22. 정답 ②

23. 정답 ③

해설 $Xeq/L = \frac{1.84g}{mL} \times \frac{10^3 mL}{L} \times \frac{1eq}{(98/2)g} \times 0.95 = 35.67 eq/L$

24. 정답 ②

해설 식 $V = C \times \sqrt{\frac{2gP_v}{\gamma}}$

$\therefore V = 0.85 \times \sqrt{\frac{2 \times 9.8 \times 5}{1.3}} = 7.38 m/\sec$

25. 정답 ④

해설 산성비의 원인 물질은 SOx, NOx, 염소화합물, 불소화합물, 개미산, 포름알데히드이고, 주된 원인물질은 SOx, NOx, 염소화합물이다.

26. 정답 ④

해설 식 $Hl = Hh - 600(9H + W)$

$\therefore Hl = 13,000 - 600 \times (9 \times 0.15 + 0.01) = 12,184 kcal/kg$

27. 정답 ①

28. 정답 ③

29. 정답 ③

30. 정답 ③

해설 충격부하 및 부하변동에 강하다.

31. 정답 ③

32. 정답 ①

33. 정답 ①

해설 고농도의 일정한 유량을 처리하는데 적합하나 고부하(많은 유량)의 처리시 충분히 침전되지 못하고 처리되지 않은 유입수가 유출될 우려가 있다.

34. 정답 ①

해설 자기조립법(UASB)은 조립이 느리고, 안정된 블랭킷 유지가 힘들다. 또한 과립의 유실방지로 유속을 느리게 유지해야 하고, 처리효율은 낮은편이나 에너지소비가 적고 기타 부대설비가 적은 공법이다.

35. 정답 ①

해설 가스의 온도가 낮고 과잉공기량이 적어 NOx 발생이 적다.

36. 정답 ①

해설 매립 후 정상상태에서 가장 많은 가스는 메탄이고, 두 번째는 이산화탄소이다.

37. 정답 ②

38. 정답 ①

해설 식 $C_o = C_i \times P$

$8 = C_i \times 0.1$, ∴ $C_i = 80 mg/m^3 = 0.08 g/m^3$

39. 정답 ②

40. 정답 ①

41. 정답 ③

해설 언덕길에서는 내려오면서 수거한다.

42. 정답 ②

해설 $SL_1(1-X_{w1}) = SL_2(1-X_{w2})$

$50 \times (1-0.97) = SL_2 \times (1-0.89)$

∴ $SL_2 = 13.64 m^3$

43. 정답 ③

44. 정답 ②

해설 식 $\ln \dfrac{C_t}{C_0} = -k \times t$

・$\ln \dfrac{0.5 C_0}{C_0} = -k \times 4년$, $k = 0.1732/년$

$\ln \dfrac{0.1 C_0}{C_0} = -0.1732 \times t$, ∴ $t = 13.29년$

45. 정답 ①

46. 정답 ②

해설 충격파쇄기에 비해 대체적으로 파쇄속도가 느리다.

47. 정답 ③

해설 식 $L_1 = 20\log\left(\dfrac{r_2}{r_1}\right)$

∴ $L_1 = 20\log\left(\dfrac{4}{1}\right) = 12 dB$

48. 정답 ④

49. 정답 ②

해설 지하수의 염분농도는 지표수 평균농도보다 높다.

50. 정답 ②

해설 이따이이따이병을 유발하는 것은 카드뮴이다.

51. 정답 ①

52. 정답 ②

해설 Suspension 상태로 존재한다.

53. 정답 ③

해설 이론적 COD는 ThOD와 같으므로 반응식을 이용하여 산출한다.

반응식 $C_6H_{12}O_6 + 6O_2 \rightarrow 6CO_2 + 6H_2O$

180g : 6×32g

600mg/L : X,

∴ $X = \dfrac{600 \times 6 \times 32}{180} = 640 mg/L$

54. 정답 ②

해설 식 경도(HD)

$= \sum 경도유발물질(mg/L) \times \dfrac{(100/2) as\ CaCO_3}{경도유발물질의\ eq}$

∴ HD $= \dfrac{20 mg}{L} \times \dfrac{(100/2) as\ CaCO_3}{40/2\ mg} + \dfrac{36 mg}{L}$

$\times \dfrac{(100/2) as\ CaCO_3}{24/2\ mg} = 200 mg/L$

55. 정답 ③

56. 정답 ②

57. 정답 ③

해설 두 가지 풀이로 해설한다.

Sol 1) 식 $L_d = C_i \times V_f \times \eta \times t$

- L_d : 먼지부하
- C_i : 유입농도
- V_f : 여과속도
- t : 운전시간(= 탈진시간)

$444 = 20 \times 0.6 \times 0.95 \times t$, ∴ $t = 38.95 \text{sec}$

Sol 2) 단위와 개념으로 해결

$$X \text{sec} = \frac{\text{sec}}{0.6m} \times \frac{m^3}{20g \times 0.95} \times \frac{444g}{m^2} = 38.95 \text{sec}$$

58. 정답 ③

해설 식 $\eta = 1 - e^{\left(-\frac{A_e \times W_e}{Q}\right)}$

- A_e (집진면적) $= \pi DL = \pi \times (0.045 \times 2)m \times 1.2m = 0.3392 m^2$
- $Q = AV = \frac{\pi \times (0.045 \times 2m)^2}{4} \times 2.2 m/\text{sec} = 0.0139 m^3/\text{sec}$

∴ $\eta = 1 - e^{\left(-\frac{0.3392 \times 0.22}{0.0139}\right)} = 0.9953 ≒ 99.53\%$

59. 정답 ①

해설 식 $\text{pH} = 14 - \text{pOH} = 14 - \log\frac{1}{[OH^-]}$

반응식 NaOH ⇌ Na + OH

$\quad\quad\quad\quad$ 1 $\quad$: $\quad$ 1
$\quad\quad\quad\quad 1 \times 10^{-5}$: 1×10^{-5}

∴ $\text{pH} = 14 - \log\frac{1}{(1 \times 10^{-5})} = 9$

∴ 답 : 9

60. 정답 ①

UNIT 16 CBT 대비 실전모의고사 4회

01 ②	02 ①	03 ③	04 ④	05 ①
06 ③	07 ④	08 ①	09 ①	10 ③
11 ③	12 ②	13 ①	14 ②	15 ①
16 ①	17 ③	18 ②	19 ③	20 ②
21 ②	22 ③	23 ③	24 ③	25 ④
26 ③	27 ①	28 ③	29 ③	30 ①
31 ②	32 ③	33 ①	34 ③	35 ②
36 ①	37 ③	38 ③	39 ④	40 ①
41 ④	42 ①	43 ④	44 ①	45 ④
46 ③	47 ①	48 ②	49 ②	50 ①
51 ④	52 ③	53 ②	54 ④	55 ①
56 ②	57 ③	58 ③	59 ③	60 ②

01. 정답 ②
해설 바젤협약은 유해폐기물의 국가 간 이동을 금지하는 협약이다.

02. 정답 ①
해설 바람을 일으키는 힘에는 기압 경도력, 마찰력, 전향력, 원심력이 작용한다. 대체로 1km 이하인 행성경계층에서는 기압 경도력, 마찰력, 전향력이 작용하고, 1km 이상인 자유대기층에서는 기압 경도력, 전향력, 원심력이 작용한다.

03. 정답 ③
해설 해수는 강전해질로 염소이온농도가 약 35,000ppm(=3.5%=35‰) 정도이다.

04. 정답 ④
해설 식 $\dfrac{100}{\rho_{SL}} = \dfrac{TS}{\rho_{TS}} + \dfrac{W}{\rho_W}$

$\dfrac{100}{\rho_{SL}} = \dfrac{38}{1.42} + \dfrac{62}{1}$, ∴ $\rho_{SL} = 1.13$

05. 정답 ①
해설 식 투과율(τ) = $\dfrac{I_o}{I_i} = \dfrac{10^{-4}}{10^{-2}} = 0.01$

식 투과손실 = $10\log\left(\dfrac{1}{\tau}\right) = 10\log\left(\dfrac{1}{0.01}\right) = 20$dB

06. 정답 ③

07. 정답 ④
해설 식 $NV = N'V'$
- $N = \dfrac{1mol}{L} \times \dfrac{98g}{1mol} \times \dfrac{1eq}{(98/2)g} = 2eq/L$
- $V = 10mL$
- $N' = \dfrac{1mol}{L} \times \dfrac{40g}{1mol} \times \dfrac{1eq}{40g} = 1eq/L$

$2 \times 10 = 1 \times V'$, ∴ $V' = 20mL$

08. 정답 ①
해설 헨리의 법칙에 따라 기체의 용해도는 용액 위에 미치는 기체의 압력에 비례하여 결정되기 때문에 기압이 낮은 여름철에 산소의 용해량이 적어지므로 어패류의 질식현상이 발생할 우려가 있다.

09. 정답 ①
해설 질소산화물은 환원제(NH₃, CO, CH₄, H₂S)와 결합하여 질소가스와 물로 전환된다.
식 NOx + NH₃ → N₂ + H₂O

10. 정답 ③
해설 식 $f = \dfrac{K_2}{K_1}$

∴ $f = \dfrac{6}{0.2} = 30$

11. 정답 ③

12. 정답 ②
해설 압력손실이 작아 동력비가 적게 소요된다.

13. 정답 ①

14. 정답 ③

해설 식 $L_s = 10\log(10^{L_1/10} + 10^{L_2/10} + \cdots + 10^{L_n/10})$

∴ $L_s = 10\log(10^{80/10} \times 3) = 84.77 dB$

15. 정답 ③

해설 식 $A_o = O_o \times \dfrac{1}{0.21}$

반응식 $C_3H_8 + 5O_2 \to 3CO_2 + 4H_2O$

$1Sm^3 : 5Sm^3$

$5Sm^3 : X, \quad X(O_o) = 25Sm^3$

∴ $A_o = 25 \times \dfrac{1}{0.21} = 119.05 Sm^3$

16. 정답 ①

해설 식 $N_c = \dfrac{1}{2\pi}\sqrt{\dfrac{g}{r}} \times 60$

∴ $N_c = \dfrac{1}{2\pi}\sqrt{\dfrac{9.8}{2.5}} \times 60 = 18.9 rpm$

17. 정답 ③

18. 정답 ②

19. 정답 ③

해설 **해수의 성분** : 염 라 (대) 왕 막 칼 가는 중
Cl(염) - Na(나) - SO₄(황) - Mg(마) - Ca(칼) - K(칼) - HCO₃(중)

20. 정답 ②

해설 식 $SAR = \dfrac{Na}{\sqrt{\dfrac{Ca + Mg}{2}}}$

식에 대입할 때, Na, Ca, Mg의 값은 meq/L로 환산하여 대입한다.

※ meq = 분자량(mg)/가수(산화수)

$SAR = \dfrac{460/23}{\sqrt{\dfrac{[200/(40/2)] + [264/(24/2)]}{2}}} = 5$

21. 정답 ②

해설 기체분산형은 단탑(plate tower), 기포탑이 있다. 단탑은 포종탑과 다공판탑으로 분류된다.

22. 정답 ③

23. 정답 ③

24. 정답 ③

25. 정답 ④

해설 식 침출수 발생량 = CIA

- C : 유출계수 = 0.4
- I : 강우강도 = $1,350 mm/year$
- $A = 500,000 m^2$

∴ 침출수 발생량

$= 1 \times \dfrac{1350mm}{year} \times 500,000 m^2 \times \dfrac{1m}{10^3 mm}$

$\times \dfrac{1톤}{1m^3} \times 0.4 = 270,000톤/년$

26. 정답 ③

해설 BTEX = B(벤젠), T(톨루엔), E(에틸벤젠), X(자일렌)

27. 정답 ①

해설 식 $SVI = \dfrac{SV_{30}}{MLSS} = \dfrac{400 mL/L}{3 g/L} = 133.33 mL/g$

∴ SVI가 50~150일 때 침전상태는 양호하다.

28. 정답 ③

해설 식 $C_6H_{12}O_6 \to 3CO_2 + 3CH_4$

180g : 3×22.4L

10g : X, ∴ $X = 3.73L$

29. 정답 ②

해설 성층의 구분 중 약층(thermocline)은 수심에 따른 수온변화가 크다.

30. 정답 ①

해설 식 $F/M = \dfrac{BOD \times Q}{MLSS \times \forall}$

- $MLSS \times \forall (kg) = 4000kg$

$0.2 = \dfrac{BOD \times 4000}{4,000}$

$\therefore BOD = \dfrac{0.2kg}{m^3} \times \dfrac{10^6 mg}{1kg} \times \dfrac{1m^3}{10^3 L} = 200mg/L$

31. 정답 ②

해설 식 재의 밀도(톤/m^3) = $\dfrac{10톤 \times 0.3}{2m^3}$ = $1.5톤/m^3$

32. 정답 ④

해설 로타리 킬른식은 전처리가 필요없으나 미연소물질의 배출우려가 있어 후단에 2차 연소실이 필요하다.

33. 정답 ①

34. 정답 ④

해설 SO_2는 대류권에서 파장 280~290nm에서 강한 흡수를 나타내며, 광분해되지 않는다.

35. 정답 ③

해설 석탄 중에 황분은 배출되는 SO_x의 양과 관련이 있다.

36. 정답 ①

해설 연료의 발열량은 탄소수가 많을수록, 탄소수가 같다면, 수소수가 많을수록 크다.

37. 정답 ④

해설 ④항만 올바르다.

오답해설

① 질산균의 에너지원은 무기물이다.
② 질산균의 증식속도는 활성슬러지 내 미생물보다 느리다.
③ 질산균의 질산화 반응 시 알칼리도가 소모된다.

38. 정답 ③

해설 반응식 $NH_3^{-N} + 2O_2 \rightarrow HNO_3 + H_2O$

14g : $2 \times 32g$

42mg/L : $X_1 = 192mg/L$

반응식 $NO_2^{-N} + 0.5O_2 \rightarrow NO_3^{-N}$

14g : $0.5 \times 32g$

14mg/L : $X_2 = 16mg/L$

$\therefore$ 산소요구량 $= 192 + 16 = 208mg/L$

39. 정답 ④

해설 %는 부피 대 부피 또는 중량 대 중량, 즉 분모와 분자 단위가 같아야 하므로, g단위로 통일한 후 100곱하여 %로 환산한다.

$X(\%) = \dfrac{0.01eq}{L} \times \dfrac{40g}{1eq} \times \dfrac{1L}{10^3 g} \times 100(\%) = 0.04\%$

40. 정답 ①

해설 식 $A = \log \dfrac{1}{t}$

$0.35 = \log \dfrac{1}{t}$

$10^{0.35} = \dfrac{1}{t}$

$\therefore t = 0.4466$

41. 정답 ④

해설 쓰레기 발생량 계절에 따른 차이가 있다.

42. 정답 ①

43. 정답 ④

해설 1 Dobson(DU)은 오존의 두께 0.01mm를 나타낸다.

44. 정답 ①

45. 정답 ④

해설 식 $CR = \dfrac{V_1}{V_2}$

- VR(부피감소율) $= \dfrac{V_1 - V_2}{V_1} \times 100$

$0.45 = \dfrac{V_1 - V_2}{V_1} = 1 - \dfrac{V_2}{V_1} = 1 - \dfrac{1}{CR}$, ∴ $CR = 1.82$

46. 정답 ③
해설 **측정진동레벨** : 소음진동 공정시험기준에서 정한 측정방법으로 측정한 진동레벨을 말한다.
평가진동레벨 : 대상진동레벨에 보정치를 보정한 후 얻어진 진동레벨을 말한다.

47. 정답 ①

48. 정답 ②
해설 침강실의 높이가 짧고, 길이가 길수록 집진율이 높아진다.

49. 정답 ②

50. 정답 ①

51. 정답 ④

52. 정답 ③
해설 식 $VAL = 20\log\left(\dfrac{a}{a_o}\right)$

- $a = \dfrac{a_s}{\sqrt{2}} = \dfrac{0.02}{\sqrt{2}} = 0.0141$

∴ $VAL = 20\log\left(\dfrac{0.0141}{10^{-5}}\right) = 63\,dB$

53. 정답 ②

54. 정답 ④
해설 식 차량대수 $= \dfrac{쓰레기의\,양}{1대당\,적재량} + 대기차량$

∴ 차량대수 $= \dfrac{200m^3/day \times 750kg/m^3}{5톤 \times \dfrac{10^3 kg}{1톤}} = 30$대

55. 정답 ①
해설 암모니아 탈기법(암모니아 스트리핑)은 수중의 암모늄을 pH 10까지 증가시켜 암모니아로 전환한 후 온도를 높이면서 공기를 주입하여 암모니아를 물 밖으로 탈기시키는 방법이다.

56. 정답 ②

57. 정답 ④
해설 간헐식은 중·소량의 가스 처리에 적합하며, 점성있는 조대먼지의 탈진이 어렵다.

58. 정답 ③
해설 Gradient wind(경도풍)

59. 정답 ③

60. 정답 ②
해설 식 $SPL = 20\log\left(\dfrac{P}{P_o}\right) = 20\log(10) = 20$

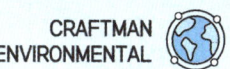

UNIT 17 CBT 대비 실전모의고사 5회

01 ②	02 ②	03 ②	04 ③	05 ③
06 ③	07 ②	08 ①	09 ②	10 ④
11 ②	12 ①	13 ③	14 ②	15 ①
16 ①	17 ②	18 ③	19 ③	20 ②
21 ②	22 ③	23 ③	24 ②	25 ②
26 ①	27 ②	28 ③	29 ③	30 ③
31 ②	32 ③	33 ③	34 ①	35 ③
36 ④	37 ④	38 ③	39 ④	40 ④
41 ④	42 ②	43 ④	44 ④	45 ①
46 ②	47 ①	48 ③	49 ②	50 ③
51 ④	52 ①	53 ③	54 ②	55 ①
56 ①	57 ①	58 ③	59 ②	60 ④

01. 정답 ②
해설 폐포까지 침투할 수 있는 입자의 크기는 약 4㎛이하의 호흡성 분진이다.

02. 정답 ②
해설 $X kg/day = \dfrac{50m^3}{hr} \times \dfrac{470mL}{m^3} \times \dfrac{24hr}{day} \times \dfrac{64mg}{22.4mL} \times \dfrac{1kg}{10^6 mg}$
$= 1.61 kg/day$

03. 정답 ②
해설 참고 - 점도 단위
P(푸아즈, g/cm·sec), cP(센티푸아즈), Pa·sec(파스칼-초), N·sec/m²(뉴턴-초/제곱미터)

04. 정답 ③
해설 폐기물 조사방법 : 직접계근법, 적재차량 계수분석법, 물질수지법, 전수조사법

05. 정답 ③

06. 정답 ③
해설 $VCF = \dfrac{V_2}{V_1}$
- $V_2 = (10+5)kg \times \dfrac{10^3 g}{1kg} \times \dfrac{1cm^3}{2g} = 7500 cm^3$
- $V_1 = 10kg \times \dfrac{10^3 g}{1kg} \times \dfrac{1cm^3}{1g} = 10000 cm^3$
∴ $VCF = \dfrac{7500}{10000} = 0.75$

07. 정답 ②

08. 정답 ①

09. 정답 ②
해설 사용진폭이 작아 댐퍼가 필요한 경우가 많다.

10. 정답 ④
해설 황산화물은 가스상물질이고, 먼지, 매연, 검댕은 입자상물질에 해당한다.

11. 정답 ②
해설 연속회분식 반응조는 유입량과 유출량의 조절이 가능하기 때문에 슬러지의 반송이 필요없다.

12. 정답 ①
해설 식 $pH = \log\dfrac{1}{[H^+]} = \log\dfrac{1}{[3.9 \times 10^{-6}]} = 5.41$

13. 정답 ③

14. 정답 ②
해설 식 투과율 $= 10^{-(L/10)} = 10^{-(32/10)} = 6.3095 \times 10^{-4}$

15. 정답 ①

16. 정답 ①
해설 회절하는 정도는 파장에 비례한다.

17. 정답 ②

18. 정답 ③

19. 정답 ③
해설 NOx 발생량이 적고, 기타유해가스의 배출도 적다.

20. 정답 ②

21. 정답 ②
해설 식 $A_o = O_o \times \dfrac{1}{0.21}$

반응식 $H_2S + 1.5O_2 \rightarrow H_2O + SO_2$
$\quad\quad\quad 1 \ : \ 1.5$

$\therefore A_o = 1.5 \times \dfrac{1}{0.21} = 7.14 Sm^3$

22. 정답 ③
해설 식 $Xhr = \dfrac{\sec}{0.05m^3} \times (20m \times 30m \times 3m) \times \dfrac{1hr}{3600\sec}$
$\quad\quad\quad = 10hr$

23. 정답 ③
해설 여름과 겨울은 성층, 봄과 가을은 전도현상이 발생한다.

24. 정답 ②
해설 공기의 절대습도란 이론적으로 함유된 수증기 또는 물의 함량을 말하며 단위는 g/m^3이다.

25. 정답 ③
해설 $Xmg/m^3 = \dfrac{448mL}{m^3} \times \dfrac{Mmg}{22.4mL} = 20M(mg/m^3)$

26. 정답 ①

27. 정답 ③

28. 정답 ②
해설 식 $C(\%) = \dfrac{W_1 - W_2}{\text{시료량}} \times 100(\%)$
$\quad\quad\quad = \dfrac{0.0176 - 0.0011}{30} \times 100(\%) = 0.055\%$

29. 정답 ③
해설 염산 농도의 중량 대 부피백분율(%)은 다음과 같이 산출된다.

식 염산농도(W/V%) = $\dfrac{\text{염산}(g)}{(\text{물}+\text{염산})(mL)} \times 100\%$

· 염산(g) = $100mL \times \dfrac{1.18g}{1mL} = 118g$

$\therefore C_{HCl}(W/V\%) = \dfrac{118g}{(1,000+100)mL} \times 100\% = 10.73\%$

30. 정답 ③

31. 정답 ②
해설 CO_2 독성은 10% 정도에서 인체와 식물에 해롭다.

32. 정답 ②

33. 정답 ②
해설 식 함수율(%) = $\dfrac{\text{수분}}{\text{총물질량}} \times 100$

$\therefore$ 함수율(%) = $\left(0.5 \times \dfrac{7}{10} + 0.9 \times \dfrac{3}{10}\right) \times 100 = 62\%$

34. 정답 ①

35. 정답 ③

36. 정답 ④
해설 납은 가솔린자동차에서 배출된다.

37. 정답 ④
해설 퇴비화 과정에서 부피의 감소율은 50%이하로 다른 처리방식에 비하여 감용율이 낮다. 부피가 90%이상 줄어 최종처리에 소요되는 비용이 절감되는 것은 소각처리이다.

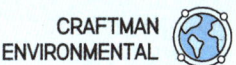

38. 정답 ①

39. 정답 ④
해설 식 $T=2\pi\sqrt{(L/g)}=2\times\pi\times\sqrt{(2m/9.8m/s^2)}=2.84\text{sec}$

40. 정답 ④

41. 정답 ④
해설 반응식 $C_5H_7O_2N + 5O_2 \rightarrow 5CO_2 + 2H_2O + NH_3$
　　　　　113kg : 5×32kg
　　　　　1kg : X,　∴ $X=\dfrac{1\times5\times32}{113}=1.42kg$

42. 정답 ②
해설 식 $MHT=\dfrac{수거인부수\times수거시간(hr)}{쓰레기\ 발생량(톤)}$

$MHT=\dfrac{3000인\times1년\times\dfrac{300day}{1년}\times\dfrac{8hr}{1day}}{3,000,000톤}=2.4MHT$

43. 정답 ④

44. 정답 ④

45. 정답 ①
해설 Blow down으로 운전하면 입자 재비산이 감소되어 효율이 증가된다.

46. 정답 ②
해설 ②항만 올바르다.
오답해설
① 접촉시간을 늘린다.　③ 압력을 증가시킨다.
④ 흡착제의 표면적을 늘인다.

47. 정답 ①
해설 **완속여과속도** : 4~5m/day
　　　급속여과속도 : 120~150m/day

48. 정답 ③
해설 80%는 수분, 20%는 고형물질로 구성되어 있다.

49. 정답 ②

50. 정답 ③
해설 시설비 및 유지관리비가 많이 든다.

51. 정답 ④

52. 정답 ①

53. 정답 ③

54. 정답 ③

55. 정답 ①
해설 노인성 난청은 고주파음(6,000Hz)에서부터 난청이 시작된다.

56. 정답 ①
해설 무색이며, 비릿한 냄새를 가지는 산화력이 강한 기체이다.

57. 정답 ①

58. 정답 ③

59. 정답 ②
해설 주요 간선도로에서 가까운 곳

60. 정답 ④

UNIT 18 CBT 대비 실전모의고사 6회

01 ①	02 ④	03 ②	04 ②	05 ④
06 ①	07 ④	08 ④	09 ③	10 ②
11 ②	12 ①	13 ③	14 ①	15 ③
16 ④	17 ③	18 ④	19 ②	20 ①
21 ③	22 ④	23 ③	24 ①	25 ④
26 ③	27 ②	28 ②	29 ④	30 ③
31 ③	32 ②	33 ②	34 ③	35 ④
36 ④	37 ①	38 ①	39 ③	40 ①
41 ②	42 ③	43 ①	44 ①	45 ③
46 ①	47 ④	48 ③	49 ③	50 ②
51 ②	52 ④	53 ③	54 ④	55 ③
56 ③	57 ③	58 ③	59 ③	60 ①

01. 정답 ①

해설 식 $P = H \times C$

$$\therefore H = \frac{P}{C} = 38 mmHg \times \frac{m^3}{2.5 kmol} \times \frac{1 atm}{760 mmHg}$$
$$= 0.02 atm \cdot m^3 / kmol$$

02. 정답 ④

해설 질소산화물의 연속자동측정방법 : 암기TIP 화 정 적 자(화학발광법, 정전위전해법, 적외선흡수법, 자외선흡수법)

03. 정답 ②

해설 0.1N H₂SO₄로 적정하여 소비된 양을 탄산칼슘의 당량으로 환산하여 mg/L로 나타낸다.

04. 정답 ②

05. 정답 ④

해설 압력손실이 높다.

06. 정답 ①

해설 식 함수율(%) = $\frac{수분}{총 물질량} \times 100$

$$\therefore 함수율(\%) = \frac{(2,000 - 1,500) kg}{2,000 kg} \times 100 = 25\%$$

07. 정답 ④

해설 밤(지표부근의 온도가 상공보다 저온)이 낮(지표부근의 온도가 상공보다 고온)보다 거리감쇠가 작다. 밤에는 소리가 아래로 (지면으로) 가고, 낮에는 공중으로 퍼지므로 낮에 거리감쇠가 더 크다.

08. 정답 ④

09. 정답 ③

해설 $A_o = O_o \times \frac{1}{0.21} = 1.8 \times \frac{1}{0.21} = 8.57 Sm^3/kg$

10. 정답 ②

11. 정답 ②

12. 정답 ①

13. 정답 ③

14. 정답 ①

해설 완전연소를 위해 체류시간은 가능한 한 길어야 한다.

15. 정답 ③

해설 탄소는 연소되어 이산화탄소로 배출된다.

16. 정답 ④

해설 물에 잘 녹지 않는다. (난용성)

17. 정답 ③

해설 식 체류시간 = $\frac{\forall}{Q}$

∴ 체류시간 = $\frac{3m \times \frac{\pi \times (0.5m)^2}{4}}{36m^3/day} \times \frac{24hr}{1day} = 0.39hr$

18. 정답 ④

해설 식 주입농도 = 요구량 + 잔류량

∴ 주입농도 = $\frac{20kg/day}{50,000m^3/day} \times \frac{10^6 mg}{1kg} \times \frac{1m^3}{10^3 L}$
= $0.4mg/L$

0.4 = 요구량 + 0.2, ∴ 요구량 = 0.6mg/L

19. 정답 ②

해설 식 $VR = \frac{V_1 - V_2}{V_1} = 1 - \frac{1}{CR}$

• $CR = \frac{V_1}{V_2}$

∴ $VR = 1 - \frac{1}{1.67} = 0.4012 = 40.12\%$

20. 정답 ①

해설 사업장폐기물 중 환경부령으로 정하는 폐기물을 의미한다.

21. 정답 ③

해설 반응식 $S + O_2 \rightarrow SO_2$

32kg : 22.4m³

$\frac{10톤}{hr} \times \frac{1.8}{100} \times \frac{10^3 kg}{1톤}$: X_1, ∴ $X_1 = 126m^3$

반응식 $SO_2 + CaCO_3 + 0.5O_2 \rightarrow CaSO_4 + CO_2$

22.4m³ : 100kg

126m³ : X_2

∴ $X_2 = \frac{100kg \times 126m^3}{22.4m^3} = 562.5kg = 0.5625톤$

22. 정답 ④

해설 암모니아 가스 주입은 먼지의 전기저항을 높이기 위한 방법이다.

23. 정답 ③

해설 휘발성이 작아야 한다.

24. 정답 ①

해설 식 수면적 부하 = $\frac{처리유량(Q)}{수면적(A)}$

• 체류시간 = $\frac{\forall}{Q}$

• 수심 = $\frac{\forall}{A}$

∴ 수면적 부하 = $\frac{수심(\forall/A)}{체류시간(\forall/Q)} = \frac{\forall \times Q}{\forall \times A}$

= $\frac{4m}{3hr \times \frac{1day}{24hr}} = 32m^3/m^2 \cdot day$

25. 정답 ④

26. 정답 ③

27. 정답 ②

해설 쓰레기 배출량 = $\frac{1.5kg}{인 \cdot 일} \times 300,000인 \times \frac{m^3}{400kg}$
= $1,125m^3/day$

28. 정답 ②

29. 정답 ④

해설 폐기물로부터 회수에너지 이용은 감량화 이후에 이루어지는 처리공정이다.

30. 정답 ③

31. 정답 ③

해설 소화속도가 혐기성에 비해 빠른 편이며, 효율은 온도변화에 따라 변한다.

32. 정답 ②

33. 정답 ②
해설 ThOD는 반응식을 통해 산출한다.
반응식 $CH_2O + O_2 \rightarrow CO_2 + H_2O$
$\quad\quad$ 1mol : 32g
- TOC = C_1 = 12g
$\therefore \dfrac{ThOD}{TOC} = \dfrac{32g}{12g} = 2.67$

34. 정답 ③

35. 정답 ④

36. 정답 ④

37. 정답 ①

38. 정답 ①
해설 식 $NV = N'V'$
- $V = 50mL$
- $N' = 0.4N$
- $V' = 25mL$
$N \times 50mL = 0.4N \times 25mL \quad \therefore N = 0.2N$

39. 정답 ③
해설 용존산소 과포화는 추운 지역이나 물의 흐름이 활발한 곳에서 일어나는 현상이다. 해양에서 일어나는 현상이 아니다.

40. 정답 ①
해설 함수율이 낮을 것

41. 정답 ②

42. 정답 ③
해설 Land fill(매립)은 폐기물로 에너지나 자원을 회수하는 방법이 아니다. 그렇기 때문에 매립은 폐기물의 최종처분으로 가장 나중에 고려되어야 하는 처리방법이다.

43. 정답 ①

44. 정답 ①
해설 식 $m = \dfrac{21}{21 - O_2}$
$\therefore m = \dfrac{21}{21 - 8} = 1.62$

45. 정답 ③
해설 식 $\dfrac{X}{M} = K \times C^{\frac{1}{n}}$
- X : 흡착된 오염물질의 양
- M : 흡착제의 주입량
- C : 유출농도
- K, n : 상수
$\dfrac{(30-10)}{M} = 0.5 \times 10^{\frac{1}{1}}, \quad \therefore M = 4mg/L$

46. 정답 ①

47. 정답 ④
해설 식 $Q = AV$
- $V = \dfrac{KI}{\epsilon} = \dfrac{20m}{day} \times \left(\dfrac{4m}{500m}\right) \times \dfrac{1}{1} = 0.16m/day$
- I(구배) = 수두차/수평거리
$\therefore Q = 200m^2 \times 0.16m/day = 32m^3/day$

48. 정답 ③
해설 ③항만 올바르다.
① 변동하는 소음의 에너지 평균값으로 어떤 시간대에서 변동하는 소음에너지를 같은 시간 동안의 정상소음에너지로 치환한 것이다. - 등가소음도
② 소음에 의해 대화에서 방해되는 정도를 표현하기 위해 사용한다. - 회화방해레벨

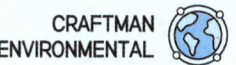

④ 항공기에 의해 어느 지역에 장시간 동안 노출되는 소음을 평가하는 척도이다. – 항공기 소음

49. 정답 ③

해설 $Xkg = 100kg \times \dfrac{22.4m^3}{44kg} = 50.91m^3$

50. 정답 ②

해설 세정형 탈진방법은 존재하지 않는다. 탈진방법에는 간헐식(진동식, 역기류, 역기류진동형, 음파형)과 연속식(Pulse jet, Reverse jet)방식이 있다.

51. 정답 ②

52. 정답 ④

해설 슬러지벌킹 발생은 침전지에서 주로 발생한다.

53. 정답 ③

해설 공기량을 줄이는 것이 질소산화물을 줄이는 방법이다.

54. 정답 ④

해설 대기 중의 CO_2는 태양광선 중 적외선을 흡수하여 온실효과를 일으킨다.

55. 정답 ③

해설 $Xmg/L = \dfrac{0.2g}{100mL} \times 15mL \times \dfrac{1}{300mL} \times \dfrac{10^3 mg}{1g} \times \dfrac{10^3 mL}{1L}$
$= 100mg/L$

56. 정답 ③

57. 정답 ③

해설 침전속도는 입자지름의 제곱에 비례한다.

58. 정답 ③

59. 정답 ③

60. 정답 ①

UNIT 19 CBT 대비 실전모의고사 7회

01 ①	02 ③	03 ③	04 ①	05 ②
06 ③	07 ②	08 ④	09 ④	10 ①
11 ①	12 ①	13 ①	14 ②	15 ②
16 ③	17 ③	18 ②	19 ①	20 ④
21 ④	22 ③	23 ①	24 ④	25 ②
26 ①	27 ①	28 ④	29 ①	30 ④
31 ①	32 ③	33 ①	34 ②	35 ④
36 ②	37 ③	38 ②	39 ①	40 ④
41 ②	42 ③	43 ③	44 ①	45 ②
46 ②	47 ②	48 ④	49 ②	50 ①
51 ④	52 ③	53 ④	54 ③	55 ③
56 ①	57 ①	58 ②	59 ②	60 ③

01. 정답 ①

02. 정답 ③

03. 정답 ③
해설 겉보기 여과속도가 작을수록 미세한 입자를 포집한다.

04. 정답 ①
해설 식 $COD = (a-b) \times f \times \dfrac{10^3}{V} \times 0.2$

$\therefore COD = (5.13 - 0.13) \times 0.98 \times \dfrac{10^3}{100} \times 0.2 = 9.8 \text{mg/L}$

05. 정답 ②
해설 식 $L_A = \dfrac{C \times Q}{A} \rightarrow A = \dfrac{C \times Q}{L_A}$

$\therefore A = \dfrac{15g}{L} \times \dfrac{500m^3}{day} \times \dfrac{10^3 L}{1m^3} \times \dfrac{1kg}{10^3 g} \times \dfrac{m^2 \cdot hr}{2.6kg} \times \dfrac{1day}{24hr}$

$= 120.19 m^2$

06. 정답 ③

07. 정답 ②
해설 운전온도까지 온도상승이 더디고, 보조연료 사용조절이 어렵다.

08. 정답 ④
해설 식 $BOD = (D_1 - D_2) \times P$

· $P(\text{희석배수}) = \dfrac{\text{전체 시료량}}{\text{희석 전 시료량}} = \dfrac{100}{0.2}$

$\therefore BOD = (6.8 - 2.6) \times \dfrac{100}{0.2} = 2,100 mg/L$

09. 정답 ④

10. 정답 ①
해설 식 $\eta_T = 1 - (1-\eta_1)(1-\eta_2)$

$0.99 = 1 - (1-\eta_1)(1-0.96), \therefore \eta_1 = 0.75 ≒ 75\%$

11. 정답 ①
해설 부식효과를 촉진하여 분해속도를 높인다.

12. 정답 ①

13. 정답 ①
해설 따로 시험에 사용된 노말헥산 전량을 미리 항량으로 하여 무게를 단 증발용기에 넣어, 시료와 같이 조작하여 노말헥산을 날려보내어 바탕시험을 행하고 보정한다.

14. 정답 ②

15. 정답 ②

16. 정답 ③
해설 마루와 마루 또는 골과 골 사이의 거리를 파장이라 한다. 주기는 마루에서 마루나 골에서 골까지 이르는데 소요되는 시간을 말한다.

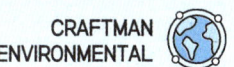

17. 정답 ③

18. 정답 ②

19. 정답 ①

해설 식 $m = \dfrac{A}{A_o}$

- $A_o = O_o \times \dfrac{1}{0.21} = 1.76 \times \dfrac{1}{0.21} = 8.38 m^3$
- $O_o = O_o(\text{메탄 필요 산소량}) - O_2(\text{연료 내 산소량})$
  $= 2 \times 0.9 - 0.04 = 1.76 m^3$

$\therefore m = \dfrac{10}{8.38} = 1.19$

20. 정답 ④

21. 정답 ④

22. 정답 ③

23. 정답 ①

24. 정답 ④

해설 식 $PWL = 10 \times \log\left(\dfrac{W}{W_o}\right)$

$125 = 10 \times \log\left(\dfrac{W}{10^{-12} W}\right), \quad \therefore W = 3.16 W$

25. 정답 ②

해설 식 $V_f = \dfrac{Q_f}{A_f}$

- $A_f(\text{여과면적}) = A_i \times n = 2.83 \times 18 = 50.94 m^2$
- $A_i(\text{단위여과면적, 1개의 여과면적}) = \pi DL = \pi \times 0.3 \times 3$
  $= 2.83 m^2$

$\therefore V_f = \dfrac{Q_f}{A_f} = \dfrac{30 m^3/\min}{50.94 m^2} = 0.59 m/\min$

26. 정답 ①

27. 정답 ①

해설 CO는 환원제이다.

28. 정답 ④

해설 개량은 슬러지를 탈수성을 개선하기 위한 과정으로 대표적 방법으로는 습식산화, 세정이 있다.

29. 정답 ①

30. 정답 ④

31. 정답 ①

해설 소화가스의 발생량 저하는 유기물의 부족으로 발생한다.

32. 정답 ③

해설 식 $\eta_R = \dfrac{X_c}{X_i} - \dfrac{Y_c}{Y_i}$

$\therefore \eta_R = \dfrac{550}{550+70} - \dfrac{50}{1000-(550+70)} = 0.76 = 76\%$

33. 정답 ①

해설 식 $X_{CO_2}(\%) = \dfrac{CO_2}{G_d}$

반응식 $CH_4 + 2O_2 \rightarrow CO_2 + 2H_2O$
$\quad\quad 1 \ : \ 2 \ : \ 1 \ : \ 2$

- $G_d = (m - 0.21)A_o + CO_2 = (1 - 0.21) \times \left(2 \times \dfrac{1}{0.21}\right) + 1$
  $= 8.52 mol$

$\therefore X_{CO_2}(\%) = \dfrac{1}{8.52} \times 100 = 11.73\%$

34. 정답 ②

35. 정답 ④

해설 pH 미터는 보통 유리전극 또는 안티몬전극과 비교전극으로 구성되어 있다.

36. 정답 ②

해설
- 아질산이온(NO_2^-)이 질산이온(NO_3^-)으로 변할 때 : 니트로박터 (2단계 질산화)
- 암모니아(NH_3)가 아질산이온(NO_2^-)으로 변할 때 : 니트로조모나스 (1단계 질산화)

37. 정답 ③

38. 정답 ②

해설 $X m^3/day = \dfrac{1000 m^3}{day} \times \dfrac{500 mg}{L} \times 0.9 \times \dfrac{10^3 L}{1 m^3} \times \dfrac{1 kg}{10^6 mg} \times \dfrac{1.5 m^3}{1 kg} \times 0.6 = 405 m^3/day$

39. 정답 ①

40. 정답 ②

해설 SVI만 슬러지 용적지표이고, 나머지 항은 부하에 대한 인자이다. F/M비(BOD / MLSS 부하), 슬러지 부하, BOD 용적부하

41. 정답 ②

42. 정답 ③

해설 농축계수란 생물의 체내농도를 유해물의 수중 농도로 나눈 값을 말한다.

43. 정답 ③

해설 식 $X m^3 = (40m \times 25m \times 0.3m) \times (1-0.7) = 90 m^3$

44. 정답 ①

45. 정답 ②

해설 식 $W = I \times S$
- $S = 2\pi r^2$ (반자유공간 기준)
$S = 2 \times \pi \times 10^2 = 628.32 m^2$
$100 W = I \times 628.32 m^2$, ∴ $I = 0.16 W/m^2$

46. 정답 ②

해설 침전지 효율은 침전속도/표면부하율로 산정된다.
식 $\eta = \dfrac{V_s}{L_A}$
- $L_A = \dfrac{50 m^3/day}{50 m^2} = 1 m/day$
∴ $\eta = \dfrac{0.5}{1} ≒ 50\%$

47. 정답 ②

48. 정답 ④

49. 정답 ②

50. 정답 ①

51. 정답 ④

해설 잔류성이 없으므로 잔류 소독효과를 얻기 위해 염소를 추가로 주입할 필요가 있다.

52. 정답 ②

53. 정답 ④

해설 $L_{10} > L_{50} > L_{90}$

54. 정답 ③

해설 식 $CR = \dfrac{V_1}{V_2} = \dfrac{\rho_2}{\rho_1} = \dfrac{0.85}{0.4} = 2.125$

55. 정답 ③

해설 식 $N_{Re} = \dfrac{DV\rho}{\mu}$

56. 정답 ①

57. 정답 ①

58. 정답 ②

해설 물은 분자량이 유사한 다른 화합물에 비하여 비열은 크고, 압축성도 크다.

59. 정답 ②

해설 경도가 높은 물은 관로의 통수저항을 증가시켜 공업용수(섬유 제지 등)로 부적합하다.

60. 정답 ③

해설 가용성 무기질소의 용출량을 감소시켜 영양보유력을 높여 준다.

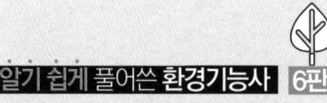

알기 쉽게 풀어쓴 환경기능사 6판

부 록

01
더 확실한 합격을 위한!

02
환경기능사 실기

CHAPTER 01 더 확실한 합격을 위핸!

UNIT 01 환경기준

1 대기

항목	기준
아황산가스 (SO_2)	연간 평균치 → 0.02ppm 이하
	24시간 평균치 → 0.05ppm 이하
	1시간 평균치 → 0.15ppm 이하
일산화탄소 (CO)	8시간 평균치 → 9ppm 이하
	1시간 평균치 → 25ppm 이하
이산화질소 (NO_2)	연간 평균치 → 0.03ppm 이하
	24시간 평균치 → 0.06ppm 이하
	1시간 평균치 → 0.10ppm 이하
미세먼지 (PM-10)	연간 평균치 → 50㎍/㎥ 이하
	24시간 평균치 → 100㎍/㎥ 이하
미세먼지 (PM-2.5)	연간 평균치 → 15㎍/㎥ 이하
	24시간 평균치 → 35㎍/㎥ 이하
오존 (O_3)	8시간 평균치 → 0.06ppm 이하
	1시간 평균치 → 0.1ppm 이하
납(Pb)	연간 평균치 → 0.5㎍/㎥ 이하
벤젠	연간 평균치 → 5㎍/㎥ 이하

2 소음

(단위: Leq dB(A))

지역 구분	적용 대상지역	기준 낮 (06:00 ~ 22:00)	기준 밤 (22:00 ~ 06:00)
일반 지역	"가"지역	50	40
	"나"지역	55	45
	"다"지역	65	55
	"라"지역	70	65
도로변 지역	"가" 및 "나"지역	65	55
	"다"지역	70	60
	"라"지역	75	70

UNIT 02 특정수질/대기유해물질

1 특정수질유해물질

특정수질유해물질(제4조 관련)	
1. 구리와 그 화합물	16. 디클로로메탄
2. 납과 그 화합물	17. 1, 1-디클로로에틸렌
3. 비소와 그 화합물	18. 1, 2-디클로로에탄
4. 수은과 그 화합물	19. 클로로포름
5. 시안화합물	20. 1,4-다이옥산
6. 유기인 화합물	21. 디에틸헥실프탈레이트(DEHP)
7. 6가크롬 화합물	22. 염화비닐
8. 카드뮴과 그 화합물	23. 아크릴로니트릴
9. 테트라클로로에틸렌	24. 브로모포름
10. 트리클로로에틸렌	25. 아크릴아미드
11. 삭제 〈2016.5.20.〉	26. 나프탈렌
12. 폴리클로리네이티드바이페닐	27. 폼알데하이드
13. 셀레늄과 그 화합물	28. 에피클로로하이드린
14. 벤젠	29. 페놀
15. 사염화탄소	30. 펜타클로로페놀

2 특정대기유해물질

특정대기유해물질(제4조 관련)	
1. 카드뮴 및 그 화합물	18. 사염화탄소
2. 시안화수소	19. 이황화메틸
3. 납 및 그 화합물	20. 아닐린
4. 폴리염화비페닐	21. 클로로포름
5. 크롬 및 그 화합물	22. 포름알데히드
6. 비소 및 그 화합물	23. 아세트알데히드
7. 수은 및 그 화합물	24. 벤지딘
8. 프로필렌 옥사이드	25. 1,3-부타디엔
9. 염소 및 염화수소	26. 다환 방향족 탄화수소류
10. 불소화물	27. 에틸렌옥사이드
11. 석면	28. 디클로로메탄
12. 니켈 및 그 화합물	29. 스틸렌
13. 염화비닐	30. 테트라클로로에틸렌
14. 다이옥신	31. 1,2-디클로로에탄
15. 페놀 및 그 화합물	32. 에틸벤젠
16. 베릴륨 및 그 화합물	33. 트리클로로에틸렌
17. 벤젠	34. 아크릴로니트릴
	35. 히드라진

UNIT 03 지정폐기물의 종류

1 특정시설에서 발생되는 폐기물

(1) 폐합성 고분자화합물

① 폐합성 수지(고체상태의 것은 제외한다)
② 폐합성 고무(고체상태의 것은 제외한다)

(2) 오니류(수분함량이 95퍼센트 미만이거나 고형물함량이 5퍼센트 이상인 것으로 한정한다)

① 폐수처리 오니(환경부령으로 정하는 물질을 함유한 것으로 환경부장관이 고시한 시설에서 발생되는 것으로 한정한다)
② 공정 오니(환경부령으로 정하는 물질을 함유한 것으로 환경부장관이 고시한 시설에서 발생되는 것으로 한정한다)

(3) 폐농약(농약의 제조 · 판매업소에서 발생되는 것으로 한정한다)

2 부식성 폐기물

① 폐산(액체상태의 폐기물로서 수소이온 농도지수가 2.0 이하인 것으로 한정한다)
② 폐알칼리(액체상태의 폐기물로서 수소이온 농도지수가 12.5 이상인 것으로 한정하며, 수산화칼륨 및 수산화나트륨을 포함한다)

3 유해물질함유 폐기물(환경부령으로 정하는 물질을 함유한 것으로 한정한다)

① 광재(鑛滓)[철광 원석의 사용으로 인한 고로(高爐)슬래그(slag)는 제외한다]
② 분진(대기오염 방지시설에서 포집된 것으로 한정하되, 소각시설에서 발생되는 것은 제외한다)
③ 폐주물사 및 샌드블라스트 폐사(廢砂)
④ 폐내화물(廢耐火物) 및 재벌구이 전에 유약을 바른 도자기 조각
⑤ 소각재
⑥ 안정화 또는 고형화·고화 처리물
⑦ 폐촉매
⑧ 폐흡착제 및 폐흡수제[광물유·동물유 및 식물유{폐식용유(식용을 목적으로 식품 재료와 원료를 제조·조리·가공하는 과정, 식용유를 유통·사용하는 과정 또는 음식물류 폐기물을 재활용하는 과정에서 발생하는 기름을 말한다. 이하 같다)는 제외한다}의 정제에 사용된 폐토사(廢土砂)를 포함한다]
⑨ 폐형광등의 파쇄물(폐형광등을 재활용하는 과정에서 발생되는 것으로 한정한다)

4 폐유기용제

① 할로겐족(환경부령으로 정하는 물질 또는 이를 함유한 물질로 한정한다)
② 그 밖의 폐유기용제(① 외의 유기용제를 말한다)

5 폐페인트 및 폐래커(다음 각 목의 것을 포함한다)

① 페인트 및 래커와 유기용제가 혼합된 것으로서 페인트 및 래커 제조업, 용적 5세제곱미터 이상 또는 동력 3마력 이상의 도장(塗裝)시설, 폐기물을 재활용하는 시설에서 발생되는 것
② 페인트 보관용기에 남아 있는 페인트를 제거하기 위하여 유기용제와 혼합된 것
③ 폐페인트 용기(용기 안에 남아 있는 페인트가 건조되어 있고, 그 잔존량이 용기 바닥에서 6밀리미터를 넘지 아니하는 것은 제외한다)

6 폐유

[기름성분을 5퍼센트 이상 함유한 것을 포함하며, 폴리클로리네이티드비페닐(PCBs)함유 폐기물, 폐식용유와 그 잔재물, 폐흡착제 및 폐흡수제는 제외한다]

7 폐석면

① 건조고형물의 함량을 기준으로 하여 석면이 1퍼센트 이상 함유된 제품·설비(뿜칠로 사용된 것은 포함한다) 등의 해체·제거 시 발생되는 것
② 슬레이트 등 고형화된 석면 제품 등의 연마·절단·가공 공정에서 발생된 부스러기 및 연마·절단·가공 시설의 집진기에서 모아진 분진
③ 석면의 제거작업에 사용된 바닥비닐시트(뿜칠로 사용된 석면의 해체·제거작업에 사용된 경우에는 모든 비닐시트)·방진마스크·작업복 등

8 폴리클로리네이티드비페닐 함유 폐기물

① 액체상태의 것(1리터당 2밀리그램 이상 함유한 것으로 한정한다)
② 액체상태 외의 것(용출액 1리터당 0.003밀리그램 이상 함유한 것으로 한정한다)

9 폐유독물질

「화학물질관리법」 제2조제2호의 유독물질을 폐기하는 경우로 한정하되, 제1호다목의 폐농약(농약의 제조·판매업소에서 발생되는 것으로 한정한다), 제2호의 부식성 폐기물, 제4호의 폐유기용제 및 제8호의 폴리클로리네이티드비페닐 함유 폐기물은 제외한다.

10 의료폐기물

환경부령으로 정하는 의료기관이나 시험·검사 기관 등에서 발생되는 것으로 한정한다.

UNIT 04 환경관련 국제협약(정리)

1 지구온난화 관련 협약

① **기후변화협약(1992)** : 리우회의에서 지속가능한 발전을 모토로 기후변화로 인한 피해를 막기 위해 각 국이 노력하자는 협약
② **교토의정서(1997)** : 기후변화협약 수정안으로 선진국 37개국을 중심으로 온실가스 감축을 목표로 설립된 협약
　　※ 교토의정서 세부 제도
　　㉠ **배출권거래제** : 의무 감축량을 초과달성한 나라가 그 초과분을 의무 감축량을 채우지 못한 나라에 팔 수 있도록 한 제도

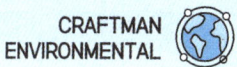

　　ⓒ **공동이행제도** : 선진국가들 사이에서 온실가스 감축사업을 공동으로 수행하는 것을 인정하는 것으로 한 국가가 다른 국가에 투자하여 감축한 온실가스 감축량의 일부분을 투자국의 감축실적으로 인정하는 제도
　　ⓔ **청정개발체제** : 온실가스 감축목표를 부여받은 선진국들이 감축목표가 없는 개발도상국가에 자본과 기술을 투자하여 온실가스 감축사업을 실시한 결과로 달성한 온실가스 감축량을 선진국의 감축목표에 포함시키는 제도
　③ **파리협정(2015)** : 교토의정서를 대체하는 협약으로 195개 당사국 모두가 당사국의 사정에 맞게 스스로 온실가스 감축 목표를 설정하고 감축의무를 부여한 협약

2 폐기물 관련 협약

① **런던협약** : 폐기물의 투기로 인한 해양오염의 방지(1972)
② **바젤협약** : 유해폐기물의 국가 간 이동 및 교역 규제(1989)
③ **로테르담 협약(PIC)** : 특정 유해화학물질 및 농약의 국제교역에 있어서 환경에 악영향을 미치는 것을 방지하기 위해 정보교환을 촉진하고, 사전통보승인에 관한 협약
④ **스톡홀름 협약** : 스톡홀름에서 발효, 다이옥신·PCB·DDT 등 12가지 잔류성유기오염물질의 사용, 생산 및 배출을 저감 또는 근절하기 위해 체결(2004)

3 오존층 파괴 관련 협약

① **몬트리올의정서(1987)** : 오존층 파괴물질인 염화불화탄소(CFCs, 일명 프레온가스)의 생산과 사용을 규제하려는 목적에서 제정
② **비엔나협약(1985)** : 오존층 보호를 주요 내용
③ **런던회의(1990)** : 몬트리올의정서 2차회의(할론류에 대한 추가 규제)
④ **코펜하겐회의(1994)** : 몬트리올의정서 4차회의(규제 강화)

4 생태계 보호 관련 협약

① **람사르협약(1975)** : 물새서식지(습지)보존을 위한 국제협약
② **생물다양성협약(1992)** : 리우회의에서 지속가능한 발전을 모토로 종의 다양성을 보호하기 위한 협약

5 산성비 관련 협약

① **제네바 협약(1979)** : 대기오염물질의 장거리이동(국가 간 이동) 규제에 관한 협약
② **헬싱키 의정서(1987)** : SO_x 감축 결의(최저 30% 삭감)
③ **소피아 의정서(1988)** : NO_x 감축 결의(최저 30% 삭감)

CHAPTER 02 환경기능사 실기

| UNIT 01 | 용존산소 실험과정(윙클러 – 아지드화나트륨 변법) |

※ 과정 암기 필수

ⓞ 유리기구 세척

테이블 위에 비치된 모든 실험기구를 수돗물로 세척 후 실험을 진행한다.

① 시료채취

채수병(V_1 : 300mL)에 시료를 취한다.
⇨ **조작요령** : BOD병에 시험장에 준비된 시료를 넘칠 듯 가득 채운 후 마개를 닫는다. 이때 마개를 닫았을 때 물이 넘칠 정도로 닫는다. (공기방울이 들어가지 않게 담는 것이 point !)
(채수용 호스는 BOD병에 바닥에 닿게 하고 채수 시 공기방울이 생기지 않도록 유의하며 채수한다.)

② 시약첨가

황산망간($MnSO_4$)용액 1mL 첨가
알칼리성 요오드화칼륨-아지드화나트륨($KI-NaN_3$) 1mL 첨가
R : 2mL[황산망간($MnSO_4$)용액 1mL + 알칼리성 요오드화칼륨-아지드화나트륨($KI-NaN_3$) 1mL]
⇨ **조작요령** : 준비된 황산망간용액(분홍색 시약) 1mL를 피펫으로 취하여 BOD병에 분취하고, 아지드화나트륨(흰색 시약)을 피펫으로 취하여 BOD병에 분취한다.

③ 전도

주의 깊게 공기방울이 빠지도록 병마개를 막고 혼합한다.
⇨ **조작요령** : 마개를 닫았을 때, 용액이 흘러나온 만큼 따라 내고, 마개를 잘 잡은 상태에서 10분 정도 흔들어준다.

4 정치

앙금이 병 체적의 1/2 정도로 가라앉을 때까지 충분히 정치시킨다.
위에 맑은 액에 미세한 침전이 남아 있으면 다시 회전하여 혼화한 다음 정치한다.

5 황산용액 2mL 첨가

⇨ **조작요령** : 황산용액을 아주 조심히 다룬다. 피펫으로 2mL 취하여 BOD병에 분취한다.

6 전도

다시 주의 깊게 병마개를 막고, 흘러나온 만큼을 따라 낸 후에 갈색의 침전물이 완전히 분해될 때까지 여러 번 병을 전도하면서 혼합시킨다. 용해되지 않으면 다시 전도하여 용해시킨다.

7 검수

삼각플라스크에 취한다.(V_2 : 200mL)
⇨ **조작요령** : BOD병에서 용액을 100mL 메스실린더를 이용하여 두 번 취하여, 삼각플라스크에 분취한다.
(200mL 메스플라스크가 주어질 경우 용액을 먼저 비커(50mL 또는 100mL)에 옮겨 담은 후 200mL 메스플라스크에 표선까지 따라준다.)

8 적정(1차 적정, 예비 적정)

$0.025M-Na_2S_2O_3$(티오황산나트륨) 용액으로 옅은 황색이 될 때까지 삼각플라스크를 흔들면서 적정한다.
⇨ **조작요령** : 티오황산나트륨용액을 깔때기를 이용하여 뷰렛에 넣고, 맑은 황색이 될 때까지 천천히 적정하고, 이미 시료가 옅은 황색일 경우에는 한 방울만 떨어뜨린다. 적정 후 뷰렛에 추가로 용액을 채우지 않는다.

9 전분 지시약 1mL(황색 → 청색)

⇨ **조작요령** : 전분 지시약을 1mL를 분취하고, 흔든다.

🔟 적정

0.025M-$Na_2S_2O_3$(티오황산나트륨) 용액으로 무색이 될 때까지 삼각플라스크를 흔들면서 적정한다. 8과 10에서 적정에 사용된 0.025M-$Na_2S_2O_3$(티오황산나트륨) 용액의 양을 a라고 한다.

1️⃣1️⃣ 결과정리 및 계산

답안지(예시)

DO 분석 – 윙클러 아지드화나트륨 변법

01. 용존 산소 산출식을 쓰고 기호의 의미를 기술하시오.

(1) $DO(mg/L) = a \times f \times \dfrac{V_1}{V_2} \times \dfrac{1000}{V_1 - R} \times 0.2$

V_1 : 전체시료량(mL)
V_2 : 적정에 사용된 시료량(mL)
R : 첨가된 $MnSO_4$ 및 KI–NaN_3의 양(mL)
a : 적정에 소비된 $0.025M$–$Na_2S_2O_3$의 양(mL)
f : $0.025M$–$Na_2S_2O_3$의 역가(factor)

(2) 계산 과정

$$DO(mg/L) = a \times f \times \dfrac{V_1}{V_2} \times \dfrac{1000}{V_1 - R} \times 0.2$$
$$= 5 \times 1.000 \times \dfrac{300}{200} \times \dfrac{1000}{300 - 2} \times 0.2 = 5.0335\,mg/L$$

02. DO(mg/L) = 5.03mg/L

적정량	5.00 mL	5.03 mg/L	확인

※ 답안지 주의사항
→ 계산식 인자 설명 시 단위를 반드시 기입하세요.
a : 소수 둘째자리까지 표기
DO : 계산과정에는 소수 넷째자리까지 표기하시고 답에는 소수 둘째자리까지 표기하세요.
(최종결과 값은 소수 둘째자리에서 반올림하여 첫째자리까지 구하여야 합니다.)

답안지(연습)

DO 분석 - 윙클러 아지드화나트륨 변법

01. 용존 산소 산출식을 쓰고 기호의 의미를 기술하시오.

02. DO(mg/L) =

적정량	mL		확인

※ 답안지 주의사항

→ 계산식 인자 설명 시 단위를 반드시 기입하세요.

a : 소수 둘째자리까지 표기

DO : 계산과정에는 소수 넷째자리까지 표기하시고 답에는 소수 둘째자리까지 표기하세요.
(최종결과 값은 소수 둘째자리에서 반올림하여 첫째자리까지 구하여야 합니다.)

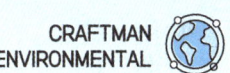

UNIT 02 대기오염물질 시료 채취

1 시료채취 장치구성

(1) 흡수병을 쓰는 경우(시료 채취량 10L~20L의 경우)

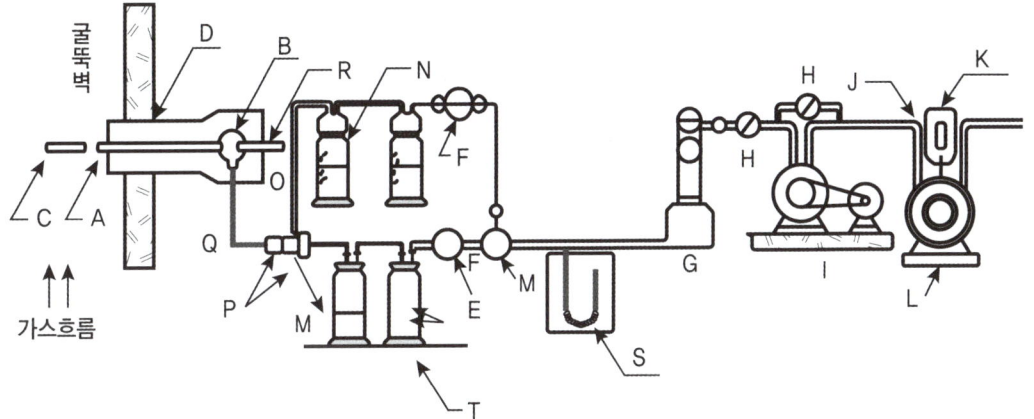

A : 시료 채취관 G : 가스 건조탑 N : 바이패스용 세척병(E와 같은 것)
B : 연결관 H : 유량 조절 콕 O : 실리콘 고무판
C : 여과지 I : 밀폐식 흡인펌프 P : 구면 갈아 맞춤 이용관
D : 보온재 J : 온도계 Q : 히터
E : 흡수병 K : 압력계 R : 온도계
F : 유리여과지 L : 습식가스 미터 S : 수은 마노미터
　　　　　　　　M : 3방 콕 T : 조절대

> 💡 **1형식 또는 2형식으로 나열하여야 함**
>
> **[순서 1형식]** : 바이패스병이나 3방 콕이 주어졌을 때 1형식대로 나열합니다.
> 굴뚝 – 여과지 – 채취관 – 3방 콕 – 바이패스병(1) – 3방 콕 – 건조탑 – 흡인펌프 – 가스미터
> 　　　　　　　　　　　　흡수병(2)
>
> **[순서 2형식]** : 미스트 트랩이나 시료공기도입관이 주어졌을 때 2형식대로 나열합니다.
> (기능사에서 시료채취는 소량채취를 가정하므로 주로 2형식으로 출제)
> 시료공기도입관(굴뚝) – 여과지홀더 – 여과지 – 흡수관 – 미스트 트랩 – 흡인펌프 – 가스미터(유량계)

2 시료채취용 흡수액과 바이패스용액

가상시료(가스)	흡수액	바이패스 용액(세척액)
암모니아	붕산용액(0.5W/V%)	황산(10V/V%)용액
염화수소	NaOH(0.1N)	NaOH(20W/V%)용액
황산화물	H_2O_2(1+9) 용액	H_2O_2(1+9) 용액
황화수소	아연아민착염용액	NaOH(20W/V%)용액
폼알데하이드(아세톤아세틸법)	아세틸아세톤 함유 흡수액	없음
폼알데하이드(크로모트로핀산법)	크로모트로핀산 + 황산	없음
폼알데하이드(액체크로마토그래피법)	2,4-DNPH	없음
벤젠(메틸에틸케톤법)	질산암모늄 + 황산	없음
벤젠(기체크로마토그래피법)	없음	없음

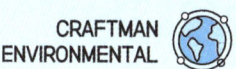

3 구술면접 예상질문과 모범답변

Q 여과재(미스트 트랩)의 방향은 어떻게 하여야 합니까?

A 여과솜이 가스미터 방향으로 쏠리게 위치하게 하여 가스의 압력에도 밀리지 않게 위치시킵니다.

Q 여과재(미스트 트랩)의 기능은 무엇입니까?

A 입자상물질을 제거합니다.

Q 삼방코크의 밸브방향은 어떻게 하여야 합니까?

A 먼저, 밸브를 바이패스병 쪽으로 열어 관내를 충분히 치환시킨 다음, 흡수병 쪽으로 열어 시료를 채취합니다.

Q 삼방코크 밸브방향이 바이패스 쪽으로 먼저 여는 이유는 무엇입니까?

A 채취 시 오차를 줄이기 위해서입니다.

Q 가스미터의 기능은 무엇입니까?

A 시료채취량을 산정한다.

Q 건조탑의 기능은 무엇입니까?

A 수분을 제거하여 후단의 가스미터와 펌프의 고장을 방지합니다.

"
꿈은

날짜와 함께 적으면 목표가 되고,
목표를 잘게 나누면 계획이 되며,
계획을 실행에 옮기면 꿈은 실현된다.
"

- 그레그 -